NF文庫
ノンフィクション

日本陸軍航空武器

機関銃・機関砲の発達と変遷

佐山二郎

潮書房光人新社

日本陸軍航空武器――目次

空中戦闘の沿革　13
航空機用試製軽機関銃　29
八七式軽爆撃機射撃装置　50
八九式固定機関銃　54
八九式旋回機関銃　83
八九式固定・旋回機関銃弾薬　119
九一式戦闘機射撃装置　125
八九式旋回機関銃（特）　133
九二式偵察機射撃装置　138
八九式発射連動機　142
九四式旋回機関砲　145
九四式旋回銃架　149
試製単銃身旋回機関銃一型「テ一」　156
試製単銃身旋回機関銃二型「テ四」　160

九九式旋回機関銃　170
九九式特殊実包「マ一〇一」　181
弾薬整備作業　185
九八式固定機関銃・九八式旋回機関銃　190
九八式旋回機関銃　209
九五式発射連動機　218
九五式戦闘機（二型）射撃装置　223
九七式戦闘機武装法　229
九七式戦闘機武装法教程　231
九七式軽爆撃機射撃装置　241
九七式重爆撃機射撃装置　245
九七式重爆撃機武装法　252
九七式重爆撃機（武装強化機）装備法　259

航空兵器研究方針の変遷 268
航空兵器に関する議論 273
九八式直協機武装法 280
九八式軽爆撃機武装法 287
九九式襲撃機武装作業 291
九九式双軽爆撃機射撃装置 297
一〇〇式重爆撃機射撃装置 309
一〇〇式重爆撃機射撃装備 325
一〇〇式重爆撃機武装法 330
「ホ一」旋回機関砲 333
一〇〇式旋回砲架（一） 345
一〇〇式旋回砲架（二） 349
一式旋回機関銃「テ三」 354
試製二十粍固定機関砲「ホ三」 359
航空兵器に関する議論（続） 361

試製二十粍翼内固定機関砲　373
一式十二・七粍固定機関砲「ホ一〇三」　377
「ホ一〇三」固定機関砲　381
「ホ一〇三」十二・七ミリ弾薬　390
武装強化要領　393
「ホ五」　398
二式軽量二十粍機関砲「ホ五」　406
マウザー二十粍航空用機関砲の購買　413
「ホ二〇三」「ホ三〇一」「ホ四〇一」「ホ五〇一」　416
「ホ一五五」「ホ二〇四」　433
「キ一〇九」搭載砲　439
試製二十粍旋回機関砲　444
中央工業の最終試作状況　450
終戦時における各工廠の研究状況　455

昭和二十年度整備計画　459
航空武器製造実績　461
作戦用機関砲弾薬集積状況　464
戦略爆撃調査団の質問に対する回答　476
日本特殊鋼における機関砲製造　480
明野陸軍飛行学校「兵器学教程」　491
航空機関銃（砲）用弾薬　504
航空用機関砲弾薬　508
空中戦闘　529
一式戦闘機武装法　546
二式戦闘機武装法　551
三式戦闘機（二型）武装法　556
二式発射連動機　565
三式砲架　568

航空兵射擊教育　572
航空兵戦闘射擊　577
機関砲弾薬支給定数　579
航空機用照準具　584
空中射擊学　588
航空兵器略号一覧　591
航空機関銃・砲諸元一覧　611
萱場製作所試製機関砲　617
あとがき　621

日本陸軍航空武器

機関銃・機関砲の発達と変遷

空中戦闘の沿革（昭和十九年九月　陸軍航空総監部「空中戦闘教程」）

一、前欧州大戦末期までの状況

空中における航空機相互の戦闘およびこれに関連する戦術は欧州大戦間に初めて発生したが、既に大戦前欧州諸国においては航空機の発達に伴い将来戦においては空中戦が必然的に生起することを予期すると共に、それに備えて一部の研究を行なっていた。当時はまだ航空機自体の発達が幼稚だったため、各国は空中戦闘に関する何らの準備をしないまま欧州大戦に入った。戦前の予想は的中し開戦後間もなく、すなわち一九一四年八月下旬英独飛行機の空中戦闘に端を発し、爾後における各国の兵器器材の進歩改善と戦法の革新とが相俟って空中戦術の発達を著しく促進するに至った。その戦闘方式も単機戦闘より部隊戦闘に移行し、あるいは対地攻撃戦闘を実現し、また武装においても軽砲を装備するに至り、夜間戦闘をも実施し、かつ戦後における無線の進歩発達と航法能力の発達とが相俟って今日に見る空中戦力の偉大さを招来した。

第一期

前欧州大戦が開始される前から飛行機用武器として機関銃が適当であることは独仏共に認めていたが、戦前にはまだ実用の域に達していなかった。従って開戦と同時に両軍が装備したのは小銃あるいは拳銃で、専ら護身用としてこれを携行し、主として戦略的偵察を実施したが、敵愾心と戦場の縮小とは両軍飛行機が遭遇する機会を増加し、遂に護身用武器を以て空中戦闘を挑むようになった。

独軍

バルカンの形勢が切迫するに伴い動員を準備し、宣戦布告と共に行動を開始し、その一部は一九一四年八月三日敵情の捜索に任じた。当時独軍は飛行機の進歩においては敵の方が一日の長があることを認め、かつ既に敵が機関銃を装備していることを偵知した結果、拳銃または騎銃を携行するのみの独軍は極力空中遭遇を回避した。

独軍最初の空中戦闘は一九一四年八月二十二日英軍モーブージュ飛行場上空において独機アルバトロフ型と英機B型との小銃戦闘であった。独軍においては仏軍飛行機用機関銃に対抗するため一九一四年末初めて自動装填銃を考案したが精度不良のためマルヌ、エーヌ会戦後の陣地戦において空中戦闘の要求に対応することはできず、敵機の跳梁をどうすることもできなかった。

仏軍

一九一八年八月六日行動を開始したが数週間は何ら武装を持たず、空中において敵と遭遇しても相見交わして通過した。

第二期

1、旋回火器のみによる戦闘

独軍

一九一四年自働銃の失敗により地上用水冷式機関銃を同乗者用として装備したが、重量、形状の関係から成果は思わしくなかった。一九一五年機体の改造と共に空冷式機関銃を同乗席に装備しこれを防禦戦闘に使用したことにより、遂に飛行機の武装に成功した。

仏軍

一九一四年秋ホッチキス機関銃をボオアサン機の同乗席に装備したがしばしば故障を起こした。しかしフランツ軍曹はこの飛行機で一九一四年十月五日最初に独機を撃墜した。当時空中戦闘法は何ら戦術的観念なく、搭乗者の技量と気概のある者を随時出動させ敵機との空中戦に任じた。

仏軍飛行機は開戦以来主として戦略的捜索に任じ、その飛行高度は対空射撃を顧慮し八〇〇メートル以上を安全としていたが、一九一四年十月高度一五〇〇メートルで飛行中の一機が地上から小銃弾を受けたので、その後は偵察の任務においても低空飛行を戒めるようになった。

2、固定、旋回火器による戦闘

仏軍

エーヌ会戦後は陣地戦となったため、空中戦闘は地上作戦の要求に従い計画的に発生するようになった。この種空中戦闘において最も威力を発揮したのは駆逐機で、この飛行機にはプロペラ面を通過して射撃することに着意し、遂にローランガロス中尉は発射連動機を創意し固定機関銃を完成した。しかしガロス中尉は一九一五年四月二日出動中不時着して機体と共に独軍の捕虜となり独軍に逆用される結果となった。当時ニューポールはフォッカーより性能は優れていたが携行弾数が少なかったためしばしば不利な戦闘を交えることがあった。

一九一五年八月三十一日ベグーはベルホール上空において爆撃機の邀撃戦闘中単機を以て敵編隊長を求めて突進し遂に戦死した。彼の戦法は敵の死界を求めて潜入し、敵の操縦者または油槽を射撃することを常とした。この戦法は今日なお空中戦上の重要原則とされている。

第三期

独軍

一九一五年シャンパニュー秋季会戦において駆逐機はよく空中優勢を獲得した。当時までは一騎打ちの戦闘だったが、次第に三機ないし五機の編隊戦闘を実施した。一九一六年初頭のベルダン戦においては駆逐隊、偵察隊を集結し、飛行隊集結使用の起源となった。仏軍も他正面より飛行隊をこの地区に集中しその機数を増加すると、独軍の多くはその戦線付近において敵機を掃討する主義を採用した。これを空中阻塞といった。当時の空中戦を見ると空中戦における勝利は必ずしも機数の多寡によるものではなく、むしろ優秀な編隊長の指揮下に団結して技量が優秀なものに帰した。

かのベルケ等の率いる駆逐隊は劣勢な兵力でよく優勢に対抗した。ベルケは独軍における空中戦術の案出者で彼の性格は空中戦闘の要求に適合し、その創意考案は多くが空中戦闘の原則を生んだが一九一六年十月十八日戦闘中僚機と衝突し戦死した。

仏軍

一九一六年六月末ソンムの攻撃に対し連合軍は飛行機で低空からの対地射撃を実施した。これに大いに悩まされた独軍は八月各部隊に分散していた駆逐機を集結し、固有の駆逐中隊を編成した。また優秀な操縦者を駆逐中隊に編入し、これを重点に使用した。当時の使用機は固定銃二を装備するD型機であった。

従来爆撃隊は単機または単なる編隊を以て行動していたため、独駆逐機による損害が大きかった。一九一五年九月頃より編隊による防禦火網の構成あるいは駆逐機による掩護下に行動するようになった。また一九一六年夏ルイス機関銃が発明され、機関銃の威力も漸く独軍に対抗できるようになった。

ベルダン戦の初期においてこの方面の空中勢力は独軍が優勢であったので、仏軍総司令官は各方面の飛行機をベルダン方面に集中し、かつ駆逐中隊を集めて駆逐大隊を編成した。この大隊には仏軍の有名な駆逐操縦者キンヌメル、ナバール等がいて大いに活躍した。ベルダン会戦間飛行機の地上戦闘参加は英軍飛行隊により開始され、仏軍にもこの戦法を採用して一時独軍を大いに驚愕させた。

第四期

独軍

大戦第二年すなわち一九一六年は幾多の改変をもたらした。駆逐中隊および掩護中隊固有編成の完結はもとより、飛行隊観測所の設置、高射砲隊との連合による空中戦闘あるいは重要な時期、地点に対する絶対的空中優勢の獲得並びに夜間駆逐等である。この時期における空中戦闘において最も名声を挙げたのはリヒトホーヘン大尉の指揮する駆逐飛行第十一中隊で、中隊は一七年一月より四月にわたる間実に一〇〇回の戦勝を得た。大尉は典型的な駆逐操縦者であって、その優秀な技量は全軍鑽仰の的となり敵もまた畏敬するところであった。当時三〇ないし四〇機の空中戦を指揮できるのは彼一人であった。一九一八年三月の大攻勢において独軍航空部隊は全力を挙げて奮闘し、特に駆逐飛行第一大隊はリヒトホーヘン大尉の指揮下にあって大いに奮闘した。大尉は地上部隊の推進に伴いしばしば飛行場を第一線に変換し勇戦奮闘した。

地上部隊の夜間行動の増加に伴い飛行機もまた夜間の行動を要求され、遂に夜間駆逐を開始したがその飛行機は単座より複座が有利と認められたので、C式機に夜間駆逐の任を与えた。独海軍機は一九一八年後半期に至り二十粍の旋回機関砲を同乗者席に整備したが実用することなく休戦となった。

仏軍

陣地戦的影響の濃厚化と飛行部隊の増加に伴い、駆逐隊の任務として敵機の戦線侵入を妨害し、または掃討することが求められるようになり、兵力の関係上警急姿勢による邀撃出動および一時期の制空の戦法が採られるようになった。使用機はスパッド機でヴィッカース機関銃を装備した。

一九一六年中期以降漸次兵力の増加を来し、一九一七年四月さらに駆逐隊五大隊の編成に着手した。当時までの戦法は五機の単編隊の戦闘で高度差二〇〇〇ないし一五〇〇メートルの空域を警戒し得るに過ぎなかったので、単編隊を階段的に配置し協同で戦闘するようにし、いわゆる編隊群戦闘の起源となった。また偵察隊は駆逐隊と密接に連携し、駆逐隊により制空されている空域において安全に偵察を遂行するという原則を生じた。

一九一六年編隊戦闘の発達にも拘らず優秀操縦者の自由駆逐を認めていたため、単機で編隊内に突入する結果たちまち各方面より包囲集中攻撃を受け、撃墜されたのでこれを中止した。この戦法によりドルムはフランドルに戦死し、ギンヌメル、ドーランは一九一七年九月遂に負傷した。ここにおいて仏軍は単機による自由駆逐を禁止するに至った。

一九一八年八月二十日夜半のスガブル攻勢において既に編成を完結した駆逐爆撃二集団を使用し、最大の威力を発揮した。この集団内にある駆逐機は通常二群に分れ一群は敵機を求めて攻撃し、他の一群はその上空を掩護し、今日の上空掩護の部署を生んだ。

2、支那事変前の状況

欧州大戦終了後世界は英米仏の軍縮思想のため軍備に関する一切の思想はただ彼等の現状維持の美名のもとに葬り去られる状況にあった。しかしドイツは他日必ず起こり得るかつ起こさなければならない彼等の頭上に加えられた鉄鎖打破の戦争のために、またソ連は赤化による世界制覇の野望を達成するため営々として研究を進めつつあった。このとき空中戦術に大変革を来す新しい意見を吐露したのはイタリアのドーウエ将軍であった。彼の意見は将来戦は空軍の威力により勝敗が決まるとし、最も望まれる分科を爆撃隊とするいわゆる爆撃万能の思想を発表した。

一方当時米国において最も発達を遂げつつあったのは商業輸送機の高性能化で、その速度増加の趨勢はこの思想を端的に反映していた。世界の空中戦術思想は高速度かつ高々度から行なう爆撃は戦闘機による捕捉は不可能であるとし、かつて大戦に華々しく登場した戦闘機の存在さえ危ぶまれる域に達した。またスペイン内戦において各国は大戦後に開発した飛行機を自国の義勇隊に托し、赤色政権打倒の空中戦に投じて公然とその試験を実施する状況であった。

また米英は空軍力、海軍力に関しその威力に関する意見は定まらず、特に爆撃により戦艦を撃沈できるかどうかについて研究したが、彼等の思想はただ物資の威力のみを以てこの問題を研究しようとする所に重大な誤謬があった。

わが国においても爆撃万能の思想は上下を風靡し、戦闘隊の威力が過小評価される嫌いがあったが、識者はよく空中戦の本質を把握して誤らず、他日の活躍に備え空中戦力の増強に邁進しつつあった。

3、支那事変以降の状況

満州事変および上海事変において敵の空中勢力は微弱でわが航空勢力が圧倒的であったため真の空中戦はなかったが、支那事変が勃発すると支那空軍は特にソ連の援助をあてにして戦闘隊を充実し、時として大空中戦を生起した。当時支那軍が使用したのはN－15、N－16等であった。

昭和十四年春ソ満国境にノモンハン事件が発生すると約半年にわたり日ソ空軍特に戦闘隊はホロンバイル上空に死闘を演じ、わが戦闘隊は常に数倍の敵に対し圧倒的な勝利を得た。本事件における最大の教訓は制空権のないところ地上作戦の遂行はもとより空中他分科の行動はほとんど不可能であるということであった。

昭和十六年十二月八日大東亜戦争が開始されると満を持したわが陸海軍航空部隊は一挙にして遠くマレー半島より比島、ハワイに至る攻撃を敢行、数日を出でずして制空権を獲得し特にハワイ真珠湾およびマレー沖においては一瞬にして不沈と称する戦艦を轟沈し従来の定説を覆した。

爾来ビルマ、ジャワ、スマトラ、ソロモン、アリューシャンの戦場に樹立された赫々たる戦果は航空勢力の圧倒的優勢下においてのみ可能であった。その空中勢力の根幹は戦闘隊であり、精強無比の戦闘隊が戦場上空で完勝し制空権を把握しているときにおいてのみ空陸海

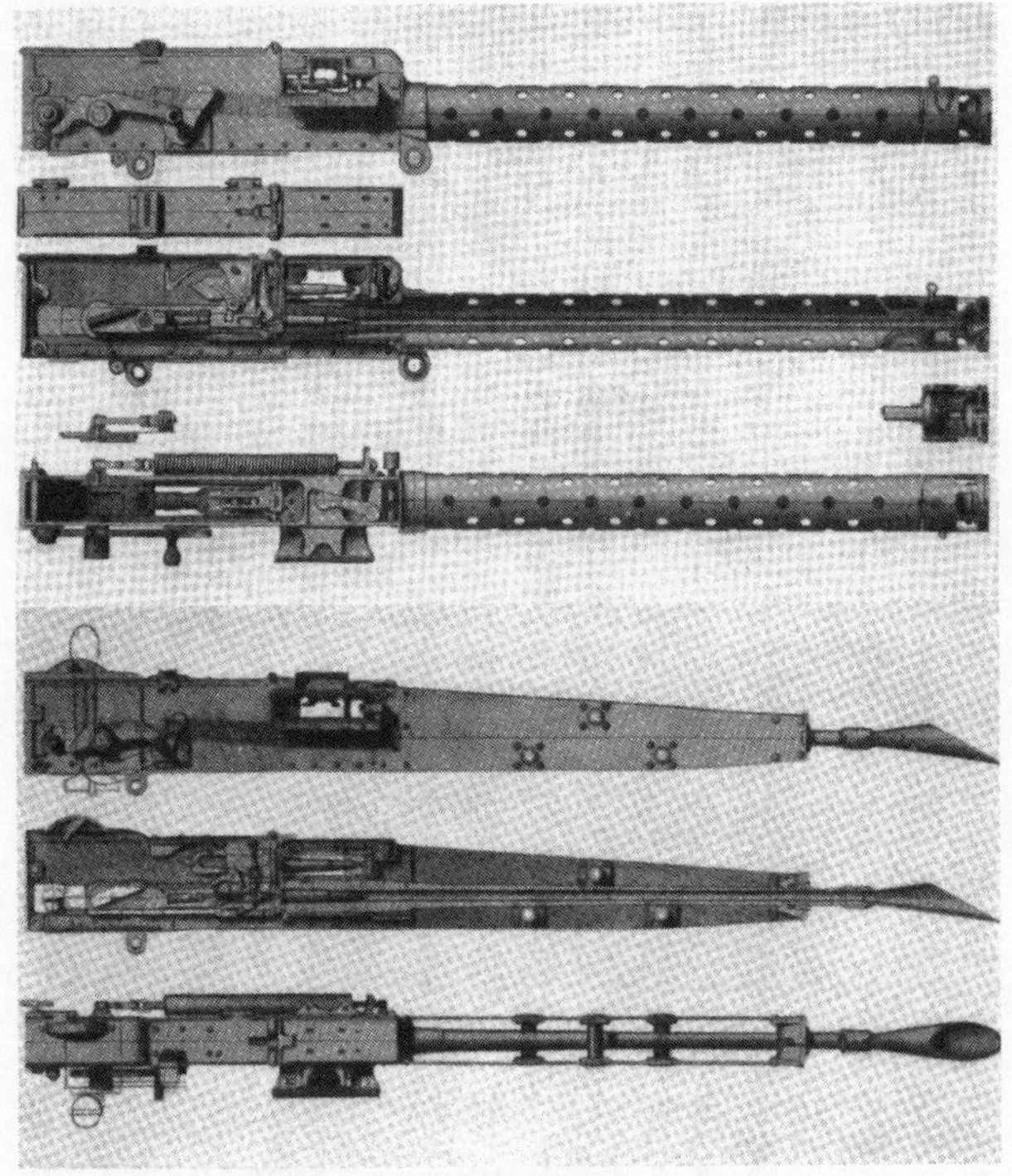

〈上〉ヴィッカースE型航空機関銃、イギリス
〈下〉ヴィッカース12ミリ航空機関銃、イギリス

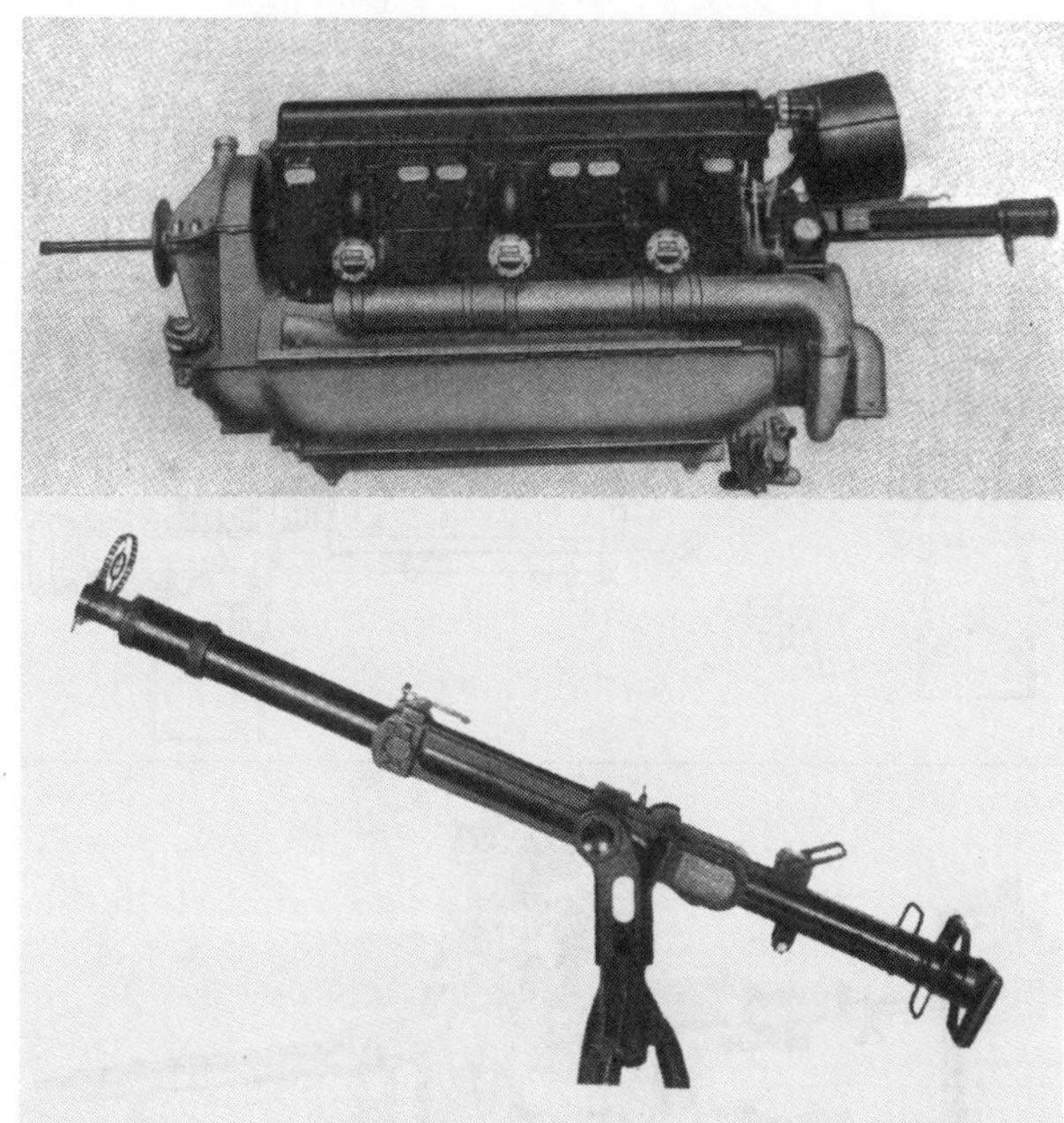

〈上〉イスパノ・スイザ発動機の軸心に組込まれたエリコン20ミリ機関砲
〈下〉ベッカー20ミリ機関砲

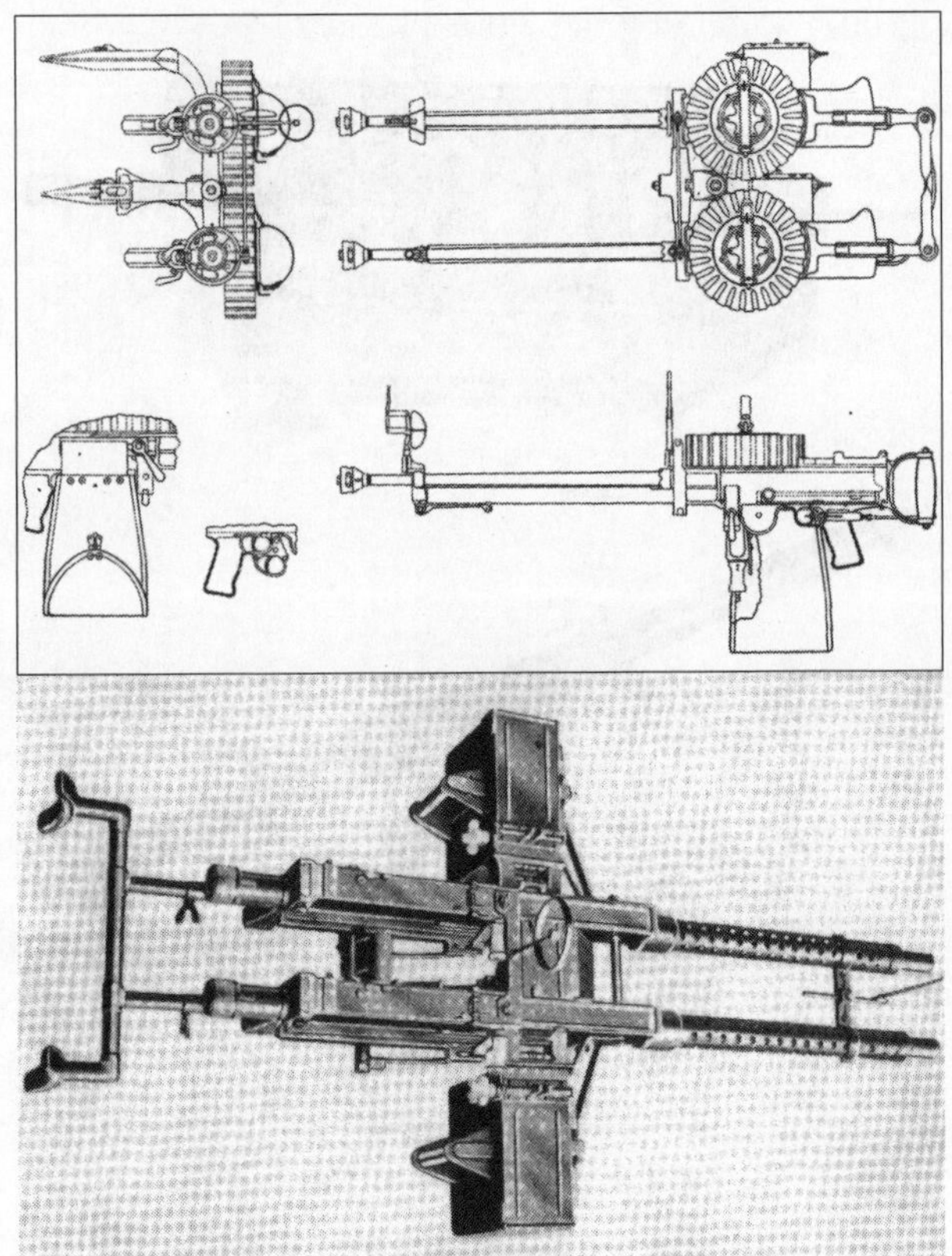

〈上〉ルイス航空双連旋回機関銃、アメリカ
〈下〉ブレダ航空双連旋回機関銃、イタリア

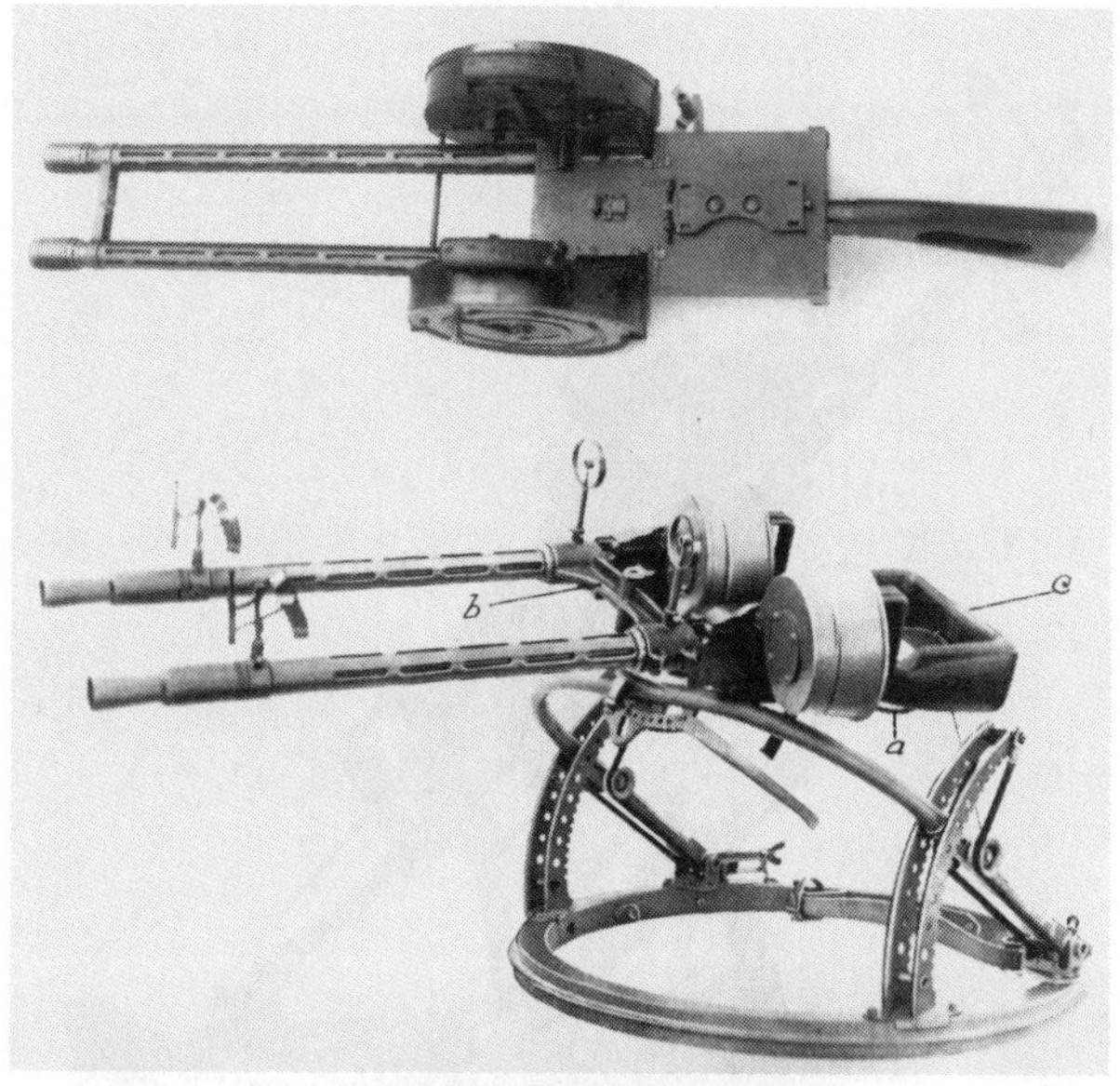

〈上〉ガスト航空双連旋回機関銃、ドイツ
〈下〉マドセン航空双連旋回機関銃、オランダ

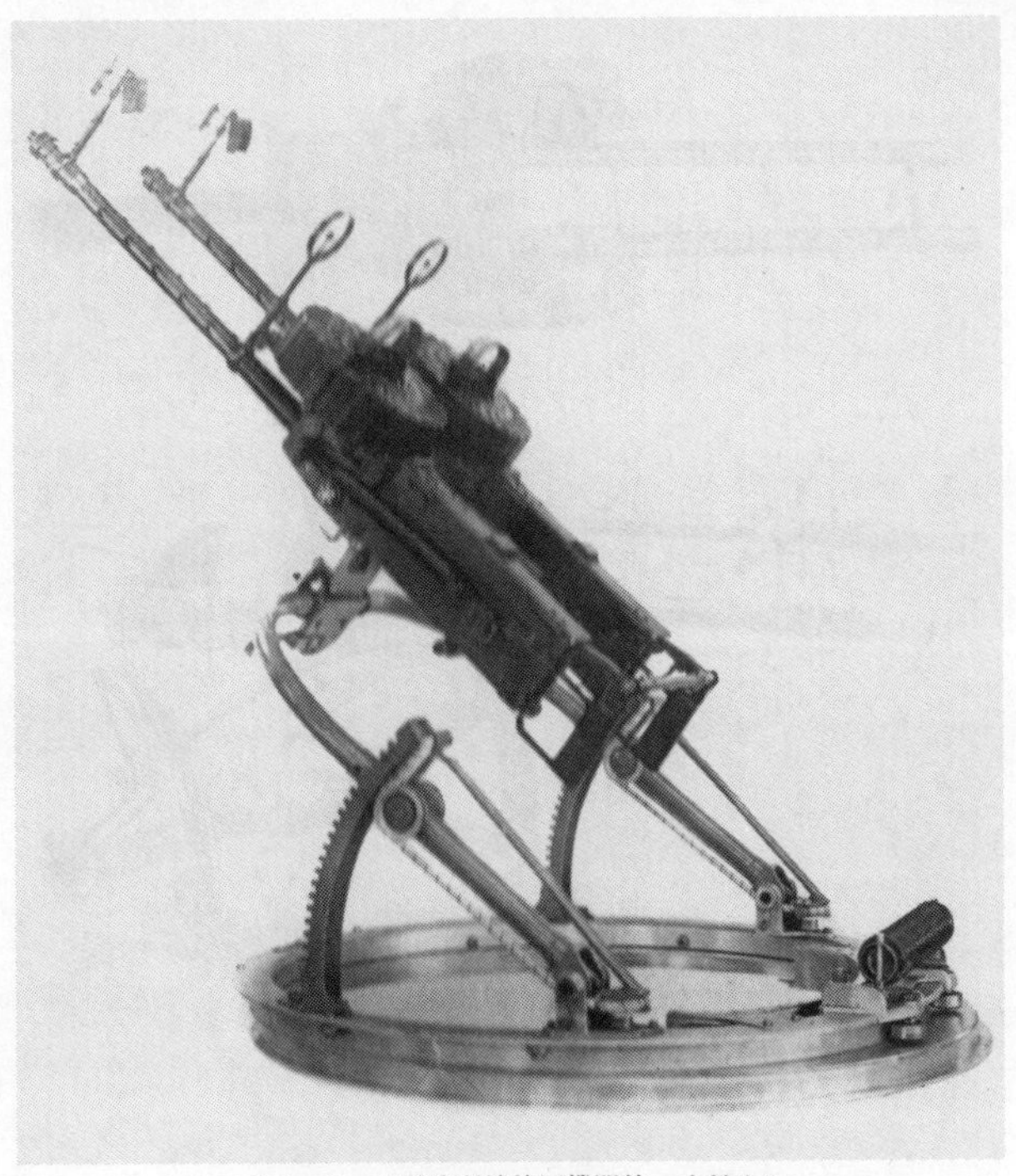

ヴィッカース航空双連旋回機関銃、イギリス

の作戦は順調に実施することができるのであって、制空権のない作戦が如何に困難かつ悲壮であるかはガダルカナル島、アッツ島の戦いが教えるところである。
また独軍のロンドン攻撃の例からも明らかである。すなわち現在においては航空勢力のないところ陸海の作戦は成立せず、かつ戦闘隊のないところ制空権も把握することはできないのである。

4、わが国戦法の変遷

空中戦闘は既述のように同乗者相互の戦闘から操縦者による直接格闘戦に移行した。大戦間において空中の覇者として最も名声が高かった戦闘操縦者アスはわが国の空中戦闘においても厳然たる地位を占めていた。その格闘戦はわが国の国民性に適合し、高度の訓練と相俟って一騎当千の空中戦士を輩出した。しかし支那事変までは第一次大戦の教訓を活用することでよかったが、空中戦法の変化の見透しは未だ大戦のアス戦法の域を脱していなかった。空中戦闘兵力の増加に伴う部隊戦法の採用、訓練の進歩発達があるといっても、部隊戦闘はすなわち単機格闘戦闘の集合体に他ならず、その完成にはさらに高度の訓練を必要とする状況にあった。

支那事変勃発以前における空中戦闘はただスペイン内戦の状況を遠く観察する程度にとどまり、戦闘の体験から戦法を改変する必要性を実感して具体的方策を樹立することはなかった。昭和一二年支那事変が勃発するとわが飛行部隊の主力は北支の空に活躍するに至ったが、彼我空中戦力の格段の相違は支那軍に対し常に圧倒的勝利を収め、陸軍の北支、海軍の中支における空中決戦は従来の単機格闘戦法を以てよくこれを達成したので、格闘戦に対する危惧は深刻に議論されていなかった。

ところが昭和十四年春日ソ両軍がその戦闘機の全力を挙げホロンバイル上空に死闘したノモンハン事件が発生すると、わが軍は当初単機戦法によりソ軍に対し勝利を得たが、逐次わが方の損害続出と敵の厖大な兵力の使用に対し苦戦を強いられるようになり、大部隊に対する大部隊の戦闘は個々の力の集合ではなく一貫した組織力のある兵力を統合した大部隊によって運用されなければ不可能となった。ここで注意すべきは飛行機の速度の増加は従来の格闘戦すなわち卍戦の生起を次第に困難としただけでなく、奇襲実施の公算を大きくし、単機行動の危険を増加したことであった。

昭和十六年十二月八日大東亜戦争が勃発すると緒戦において赫々たる戦果を収めたが、敵の量による反撃と飛行機速度の増加（翼加重の増大）とは空中戦法の改革を決定的とし、現在における部隊戦法の発展に到達した。部隊戦法は一面高速疎開戦で、部隊の戦力を一指揮官の下に有機体的に統合し、各機の鏈鎖ある行動により戦闘を終始し、個々の格闘戦を禁じることにより部隊の戦力を集中発揮するのみならず、高速疎開を以て行動し奇襲的効果を発揮すると共に、敵を包囲する態勢を整え、敵の捕捉を確実なものにするようになり、現下における戦闘機発達の趨勢に適合するということができる。

航空機用試製軽機関銃

大正三年七月に勃発した第一次世界大戦ではわが国はドイツに宣戦布告し、青島攻略のため航空隊を派遣することになった。ドイツ軍機はルンプラー一機だけだったので、飛行機の数はわが軍が四機と優勢だったが、敵機の速度および上昇力はわが軍のモーリス・ファルマン一九一三年型およびニューポール一九一二年型より優れており、また機関銃を搭載していた。そこでわが軍もニューポール機に地上用の機関銃を積み、モ式機による空中偵察を掩護するよう航空隊長は部署した。この機関銃は保弾板を使用したというから三八式機関銃であろう。

十月に入って攻城準備に着手し、両軍が相対峙すると敵飛行機は活動を開始し、盛んにわが軍の陣地上を飛んで偵察を行なうと共に時々爆弾を投下した。敵には三機の飛行機があったというが二機は最後まで姿を現わさず、活躍したのは終始ルンプラー一機のみで、この飛行機は戦前日本に来遊していた。操縦したのはフランツ・オステルという飛行家で、その操縦は極めて軽快であった。わが軍の頭上七、八〇〇メートルに下降して大胆な偵察を行ない、砲兵に情報を与えていたと見えて、各砲台から撃ち出す砲弾は常にわが砲兵陣地に落下して損害を与えた。

敵は飛行機を盛んに飛ばし、それ以前の十月二日勞山港においてわが特務船関東丸に爆弾を投下したのを始めに連日長時間飛行し、盛んに爆弾を投下してわが軍を威嚇した。このときわが陸軍飛行隊は狗塔埠に根拠地を置き、海軍は母艦若宮丸が水雷に罹った後沙子口に上陸根拠地を置き、陸海相連絡して青島上空を飛行し偵察および爆弾投下を行なったが、敵のルンプラーが跳梁するのを見て切歯扼腕していた。

十三日午前六時五分敵のルンプラーは約二〇〇〇メートルの高度を保ちつつ、わが軍の右翼姑山から第一線に沿い左翼に向って侵入してきた。これを発見したわが司令部は直ちに電話で陸軍航空隊および海軍根拠地に通報し、陸軍飛行隊三機は飛行機に機関銃を装備し、相前後して南に向って発進した。長澤中尉のニューポールはその快速を利用して一挙に敵に迫ろうとすると、敵はこれを見て外洋上に逃げ、高度を上げて追跡を免れようとしたが、わが三機は単縦陣を作って追跡した。このとき海軍機一機は一直線に小公島、大公島の沖合を飛行して敵の退路を断ったので、敵はわが国の四機に包囲され、彼我五機の飛行機が追いつ追われつ巴となって飛行した。

わが陸軍機は次第に近づいて機関銃を発射し、機を見て衝突をすら辞さない態度を示したので、敵はいよいよ高く昇騰し三〇〇〇メートルの高空に逃げた。わが飛行機も激しく追跡したが雲に遮られて敵の機影を見失った。ここにおいてわが陸海の飛行機は追撃を中止し根拠地に帰航した。この間二時間に及び、わが国における最初の空中戦となった。

本戦闘から次の戦訓を得た。飛行機用機関銃は薬莢が飛散しない特別の装置が必要である。保弾板は風圧のため屈曲し、あるいは一方に偏し、銃の機能に障害を起こしやすい。また一連の発射を終わり、次の保弾板を挿入する間に敵機を逃がすことがしばしばあるので、保弾帯に改める必要がある。

保弾板は金属製の板上に実包を支持するための発條性爪を持ち、これに弾薬を平行に連結して保持するもので、この板には送弾機が引っ掛かる欠部があり、送弾機の運動に伴い逐次これに引っ掛けて装填架内に移送し、実包を一発ずつ供給する仕組みである。

保弾帯の機能は大体において保弾板と同じだが、一連の布製帯からなり実包を支持する金属製発條を装した布製保弾帯と、実包を支持する発條性の金属製保弾子を連結する金属製分離保弾帯の二種がある。

大正四年五月臨時軍用気球研究会はモ式四型機に機関銃を装着して空中試験を実施したが、命中精度は良くなかった。

同年九月陸軍省兵器局銃砲課は陸軍技術審査部に対し、将来航空機に機関銃若しくは自動小銃を搭載する必要があるので、現用三八式銃実包を用いる航空機用銃の制式を審査覆申するよう命じた。

大正六年四月陸軍技術審査部は航空機に装着する研究的機関銃を試製し、本年の特別大演習に使用する飛行機に装着の上、実地使用上の実験を行ないたいと上申した。試製品は飛行機に装着する機関銃六梃と空包用銃身六梃、それに銅板製保弾帯弾倉共三〇個であった。試製は東京砲兵工廠で行ない費用は軍事費兵器弾薬費で支弁し陸軍兵器本廠へ請求することが決まった。

大正六年に試作を完了した航空機用試製機関銃（三年式機関銃を改造）をモ式六型機に装着して空中試験を実施し、良好な成績を収めた。

欧州では空中射撃の重要性が認められ、その方面の研究が進んでいたから、大正六年研究会は当時フランスで優秀とされていたニューポール24型戦闘機とスパット7型戦闘機を購入することにした。両機はイギリス製のヴィッカースおよびルイス機関銃を搭載し、大正七年三月各務原飛行場で空中射撃試験を実施した。

陸軍大学校の大正七年度航空戦術講授録に当時の世界における航空用火器について次のように解説している。

武装は今や機種の如何を問わずこれを必要とし、各機二ないし四機関銃を装備するに至った。戦闘機では小口径砲一を備えるものがある。機関銃の装置は固定式および回転式で、固定式では通常螺旋機と連動式とし、翅面を避けて横断発射する。回転式では所望の方向に回転し発射することができるので射界が広い。近時四機関銃を備えるものでは前方、斜側方、後上方、後下方を射撃できるよう装備し、敵機に接近させないようになった。ドイツ軍のゴーター型は三銃を装備し、フランス軍の最新型では四銃を備える。かつてフランス軍において観測用または偵察用として名声を博したモーリス・ファルマン型が遂に戦場から姿を消したのは、この飛行機が推進式である関係上後下方に死角を生じ、敵にこの死角を常に狙われる不利に陥ったからである。

一機関銃に対する携行弾薬数は近時ますます増加し、通常二〇〇ないし一〇〇〇発を携行するようになった。その弾種をドイツ軍について示すと次の四種がある。

侵徹弾　核心に硬鋼を用いる

曳火弾　発射後二〇〇ないし三〇〇メートルにて爆裂する

光弾　内部にマグネシウム粉末を有し、銃口より弾道を明示し、かつ侵徹力がある。通常五発ないし一〇発毎にこれを介入する

焼夷弾　燐を填実するもので、気球の焼夷に使用する

大正七年四月陸軍省兵器局銃砲課は航空機用軽機関銃について目下審査中で多数を製造できる設備を欠くので、審査を終了し多数を製造できる設備が完了するまで応急的処置として三年式機関銃を重量約一七キロに改造した様式のものを製造することにした。これを「試製乙号航空機用軽機関銃」と称し、東京砲兵工廠で一〇〇梃製造し陸軍兵器本廠へ引渡すよう命じた。陸軍航空部の要求に基づく修正要領は次の点であった。

一、保弾板式を回転弾倉式とする。

二、尾筒は装填口の部分を回転弾倉に応じるよう加修する。

三、円筒を加修する。

四、活塞を新調する。

五、床尾を加修する。

〈上〉試製航空機用回転弾倉機関銃、銃床と握把の試製2様式
〈中〉試製乙号航空機用軽機関銃回転弾倉式全体
〈下〉試製乙号航空機用軽機関銃、銃架、照準器装着

〈上〉試製乙号航空機用軽機関銃分解
〈下〉試製乙号航空機用軽機関銃弾倉

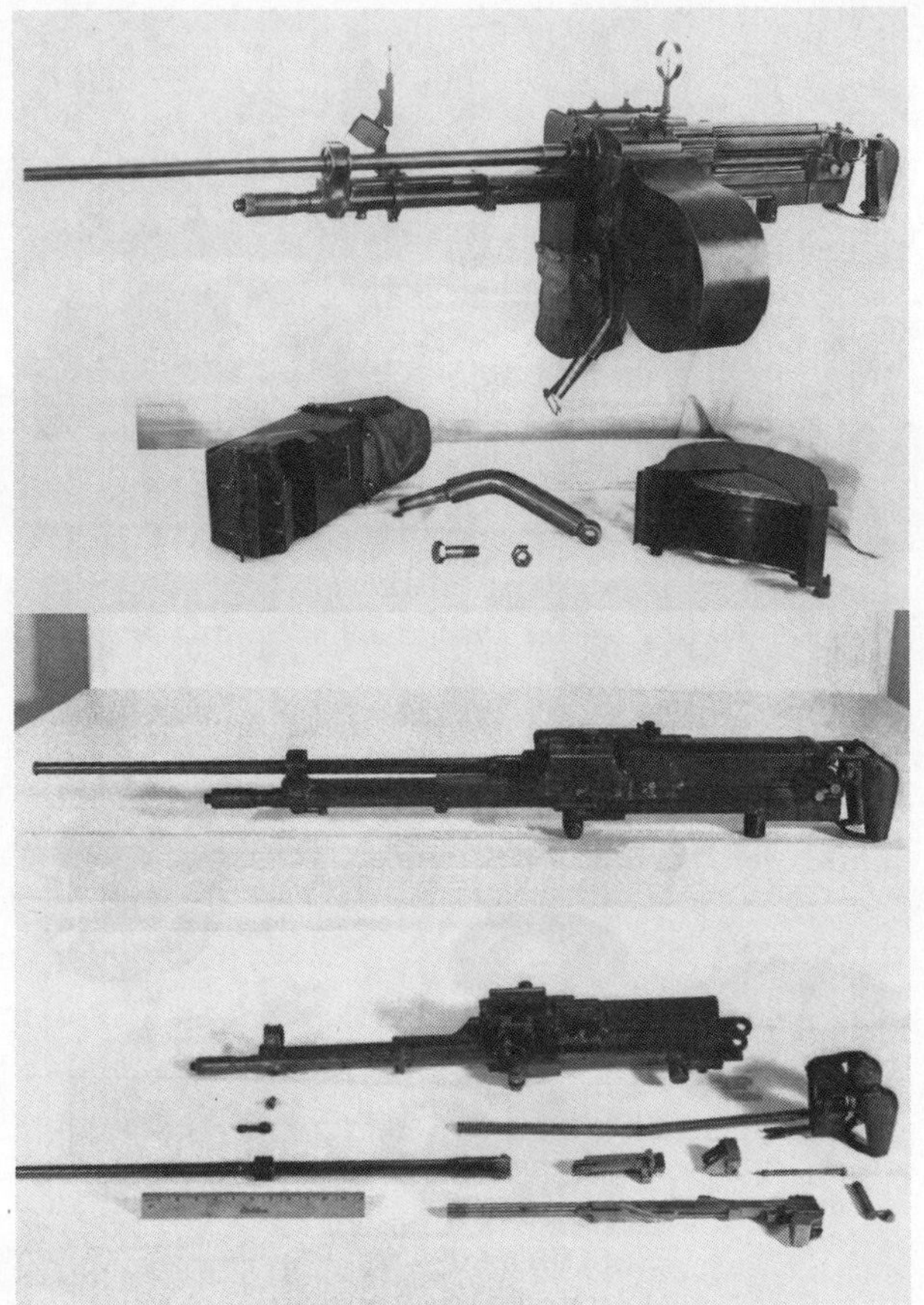

〈上〉試製航空機用軽機関銃、弾帯式弾倉装着全体、弾倉、薬莢受
〈中〉試製航空機用軽機関銃全体
〈下〉試製航空機用軽機関銃分解

〈上下〉飛行機に搭載した試製航空機用軽機関銃

同乗席に爆弾を搭載

六、照星、照門は高さを増すよう加修する。
七、回転弾倉（一〇七発入り）は一銃につき三個を属す。

大正十一年二月、陸軍航空部本部長は山梨陸軍大臣に対し、航空学校および航空隊における射撃教育のため必要であるから、次のとおり機関銃および弾薬を支給するよう上申した。弾薬は一年間の所要数量とする。

航空学校
固定式機関銃三〇、回転式機関銃三〇、固定式機関銃用弾帯二四〇、回転式機関銃用弾倉二一六、三年式機関銃二七、三年式機関銃保弾板七七五〇、固定式機関銃実包八万、回転式機関銃実包七万八〇〇〇、三年式機関銃実包二三万二五〇〇
航空第一大隊
固定式機関銃八、固定式機関銃用弾帯六四、固定式機関銃実包一万七二〇〇
航空第二大隊
固定式機関銃六、回転式機関銃四、固定式機関銃用弾帯四八、回転式機関銃用弾倉三二、固定式機関銃実包一万二九〇〇、回転式機関銃実包四三〇〇
航空第三大隊
固定式機関銃一二、固定式機関銃用弾帯九六、固定式機関銃実包二万一〇〇〇
航空第四大隊

固定式機関銃九、回転式機関銃六、固定式機関銃用弾帯七二、回転式機関銃用弾倉四八、固定式機関銃実包一万六二〇〇、回転式機関銃実包五四〇〇

航空第五大隊

固定式機関銃九、回転式機関銃六、固定式機関銃用弾帯七二、回転式機関銃用弾倉四八、固定式機関銃実包一万六二〇〇、回転式機関銃実包五四〇〇

航空第六大隊

固定式機関銃九、回転式機関銃六、固定式機関銃用弾帯七二、回転式機関銃用弾倉四八、固定式機関銃実包一万六二〇〇、回転式機関銃実包五四〇〇

合計

固定式機関銃八三、回転式機関銃五二、固定式機関銃用弾帯六六四、回転式機関銃用弾倉三九二、三年式機関銃二七、三年式機関銃保弾板七七五〇、固定式機関銃実包一七万九七〇〇、回転式機関銃実包九万八五〇〇、三年式機関銃実包二三万二五〇〇

これを受けて同月陸軍航空部本部は航空機用フランス製ダルヌ（DARNE）機関銃四〇梃および同実包二五万三〇〇〇発の購入を陸軍兵器本廠に指示した。費用は国防充備費航空充備費より支払うこととした。ダルヌ機関銃は口径七・七ミリ、機関様式はガス利用で旋回式（回転弾倉）と固定式（分離保弾子）があった。重量は何れも七・六キロ。回転弾倉は保弾帯を用いず、実包を軸周に法線方向に重畳して配列し、送弾機の運動により逐次弾倉が回転

し、実包を供給するもので、弾倉の容積が比較的小さいので特に風圧が小さいことを希望する航空機に賞用された。

回転弾倉にはヴィッカースおよびルイス機関銃のように弾倉を垂直軸周に回転するものと、ガスト機関銃のように水平軸周に回転するものの二種がある。水平軸周に回転するものは風圧が大きく、操用が困難で実用に適さなかった。

ダルヌ機関銃は直ぐには輸入されなかった。陸軍が飛行機用装備品等の輸入およびその研究に重点を指向したのは大正十二年以降で、飛行機に比べて大きく立ち遅れていた。

大正十三年三月三十一日陸軍航空部本部長安満欽一は陸軍大臣宇垣一成に対し航空機用機関銃整備に関し上申した。その内容は内地製航空機用機関銃の制式が決定し航空部隊に支給されるまでは教育訓練用としてヴィッカース式機関銃（固定式用）およびダルヌ式機関銃（固定式用）を航空部隊に使用させたいというものであった。この申請を受け陸軍省副官より陸軍航空部本部長に対し、差当り陸軍航空学校に対し固定式並びに回転式機関銃代用として仏国製ダルヌ機関銃四〇梃と同機関銃用実包一五万八〇〇〇発を支給し、費用は軍事費兵器および馬匹費より支払うよう陸軍兵器本廠に命じた旨通牒があった。なお上申の当初案には外国製機関銃二種の他に国産の「航空機用軽機関銃（推進式）」を併記していたが、決裁書類では棒線で抹消されている。

航空機用軽機関銃はそれまで「試製三年式航空機用機関銃」と称していた。後に刊行された「兵器検査の着眼」では「三年式航空機関銃」の名称が使われているが、その名称で制式化されてはいない。

大正一三年十一月陸軍省兵器局銃砲課は飛行諸部隊における航空機用機関銃は当分の間その定数を兵器表甲号により整理することなく、現に各部隊が保管しているものを引続き備付けることとした。各部隊の現在数は以下のとおりであった。

部隊	銃種	現在数	摘要
所沢飛行学校	ヴィッカース機関銃	二	乙式一型用
明野飛行学校	ヴィッカース機関銃	三一	五は甲式三型用、二六は乙式一型用
	航空機用試製軽機関銃	一五	
飛行第一大隊	ヴィッカース機関銃	二	甲式三型用
飛行第二大隊	ヴィッカース機関銃	二	乙式一型用
	航空機用試製軽機関銃	三	
飛行第三大隊	ヴィッカース機関銃	二	甲式三型用
飛行第四大隊	ヴィッカース機関銃	二	乙式一型用
	航空機用試製軽機関銃	四	
飛行第五大隊	ヴィッカース機関銃	二	乙式一型用
	航空機用試製軽機関銃	三	
飛行第六大隊	ヴィッカース機関銃	四	乙式一型用

航空機用試製軽機関銃　五

大正十四年九月「航空機用試製軽機関銃（回転式）」の油槽を改修した。これは三年式機関銃では既に油導子の位置を改修実施済であったが、これと同一制式の航空機用試製軽機関銃では改修未実施のため、射撃間に漏油し使用上不便であったことによる。

大正十五年に定められた航空機用機関銃の定数は次のとおりである。

支給部隊	ヴィッカース（新）	同（旧）	試製航空機用機関銃
飛行第一聯隊	一〇	六	四
飛行第二聯隊	五	二	〇
飛行第三聯隊	一〇	二	三
飛行第四聯隊	一〇	六	〇
飛行第五聯隊	一〇	六	一
飛行第六聯隊	五	五	〇
飛行第七聯隊	八	〇	一一
飛行第八聯隊	五	五	二
所沢陸軍飛行学校	四	〇	〇
下志津陸軍飛行学校	五	〇	四

明野陸軍飛行学校	二〇	〇	〇
計	九二	三二	二五

昭和二年に定められた航空機用機関銃の定数は次のとおりである。

兵器表甲号平時定数	ヴィッカース（新）	同（旧）	試製航空機用機関銃
飛行第一聯隊	一〇	八	四
飛行第二聯隊	五	四	三
飛行第三聯隊	一〇	四	三
飛行第四聯隊	一〇	八	四
飛行第五聯隊	一〇	八	四
飛行第六聯隊	五	九	五
飛行第七聯隊	八	〇	一二
飛行第八聯隊	五	五	三
所沢陸軍飛行学校	四	〇	〇
下志津陸軍飛行学校	五	〇	五
明野陸軍飛行学校	二〇	四	二四

陸軍士官学校	三	〇	三
計	九五	五〇	七〇

昭和二年八月陸軍航空本部長は白川陸軍大臣に航空機関銃等の特別支給を申請し、認可された。費用は軍事費兵器及馬匹費で支弁した。

支給部隊	名称	数量	
明野陸軍飛行学校	毘式機関銃	一〇	右装填架
所沢陸軍飛行学校	回転式機関銃	三	
	十年式信号拳銃	一〇	

特別支給の理由は次のとおりであった。

明野飛行学校の現定数は固定式および回転式共に二四である。回転式機関銃は飛行機へ装脱容易であるから機上用と地上用を流用して教育することができるが、固定式機関銃は飛行機への装脱に時間を要するのみならず、装着後は厳密な調整を要するので、回転式のように随時機上用と地上用を流用することはできない。従って教育科目に応じて整備区分をしておく必要がある。特に射撃学生二種および火器学生一種合計三種の学生を同時に教育する必要がある状況ではさらにその必要がある。

その使用区分を例示すれば次のようになる。

機上装着用　甲式用	八
〃　　　　　乙式用	八
地上射撃用	六
分解結合・武装教育用	八
予備	四
計	三四

故に現支給数の他少なくとも一〇梃を増加支給する必要がある。

信号拳銃については、各隊および各学校に支給されているが所沢飛行学校のみ支給されていない。同校といえどもしばしば煙火信号により空地の連絡を必要とすることがあるのみならず、夜間飛行において特にその必要がある。従来は必要に際し下志津飛行学校から借用して使用しているが下志津飛行学校における学生召集時においては不足を訴える状況である。故に明野飛行学校の定数に準じ一〇梃を支給する必要がある。

昭和二年五月航空本部長井上幾太郎中将は宇垣陸軍大臣に対し、航空機用機関銃の実情を訴え、さらに航空機用機関銃定数決定上の基礎を提出して、これの早急な増加を重ねて要望した。当時航空部隊に支給していた機関銃は新ヴィッカース九二、旧ヴィッカース三二、試製機関銃二五に過ぎず、定数決定上の基礎による所要数は学校用を含めて四〇五であった。
昭和三年八月航空機用機関銃の定数は装備の関係上次のように定められた。

飛行第一戦隊
　固定機関銃定数　右槓桿右装填架一〇、左槓桿左装填架一〇
飛行第二戦隊
　固定機関銃定数　右槓桿右装填架九
　回転式機関銃定数四、弾倉二〇、薬莢受一〇、保弾帯二〇〇
飛行第三戦隊
　固定機関銃定数　右槓桿右装填架八、左槓桿左装填架八
飛行第四戦隊
　固定機関銃定数　右槓桿右装填架一三、左槓桿左装填架五
　回転式機関銃定数四、弾倉二〇、薬莢受一〇、保弾帯二〇〇
飛行第五戦隊
　固定機関銃定数　右槓桿右装填架一六
　回転式機関銃定数八、弾倉四〇、薬莢受二〇、保弾帯四〇〇
飛行第六戦隊
　固定機関銃定数　右槓桿右装填架一二、左槓桿左装填架二

回転式機関銃定数五、弾倉二五、薬莢受一二、保弾帯二五〇

飛行第七戦隊

固定機関銃定数　右槓桿左装填架四、左槓桿右装填架四

回転式機関銃定数一二、弾倉六〇、薬莢受三〇、保弾帯六〇〇

飛行第八戦隊

固定機関銃定数　右槓桿右装填架八、左槓桿左装填架二

回転式機関銃定数三、弾倉一五、薬莢受八、保弾帯一五〇

所沢飛行学校

固定機関銃定数　右槓桿右装填架二、左槓桿左装填架二

下志津飛行学校

固定機関銃定数　右槓桿右装填架三、左槓桿左装填架二

回転式機関銃定数五、弾倉二五、薬莢受一二、保弾帯二五〇

明野飛行学校

固定機関銃定数　右槓桿右装填架一四、左槓桿左装填架一〇

回転式機関銃定数二四、弾倉九五、薬莢受四八、保弾帯九五〇

保弾帯は五発一連のものとする。

固定式機関銃の左銃・右銃の区別は戦闘隊は左右各半数ずつ、偵察隊は左銃を用いる、所

飛、下飛は左右各半数、明野は左右比率を約四対六といった区分があったが、その都度変化が見られる。

八七式軽爆撃機射撃装置

（昭和二年十二月　陸軍航空本部「八七式軽爆撃機仮説明書」）

本機はイスパノスイザー四五〇馬力発動機を装備する複坐機で主として昼間爆撃機として使用する。

本機に装備する火器は次のとおり。

区分	員数	重量（キロ）
固定機関銃および同装置	二組	四一・五
回転機関銃および同装置	一組	三八・三五
下方機関銃および同装置	一組	一一・九
固定機関銃用弾薬（保弾子共）	六〇〇	二〇・一
回転機関銃用弾薬（弾倉共）	一〇〇〇	五〇・〇
下方機関銃用弾薬（弾倉共）	四〇〇	二一・六

仮説明書には火器の制式名称は記されていないが、当時開発途上にあった八九式固定・旋回機関銃が既に搭載されていた。下方機関銃は回転弾倉式の試製乙号航空機用軽機関銃である。

固定機関銃照準具は環形照準器とオーイージー照準眼鏡を使用する。機体中心に対し六五ミリの間隔を保ち、右に照準眼鏡、左に環形照準器を装着する。各照準器の位置は銃手の体格に応じ適当に調整することができる。

弾倉に弾帯を装入するには弾倉蓋を開き、弾帯を装入すると同時に側方開閉扉を開き、視孔より覗きつつ開閉扉より手を挿入し、弾帯を重畳する。弾帯は転輪を経て機関銃に挿入する。

発射連動機はＣＣ同調装置と称するもので、歪輪(わいりん)の調整は歪輪緊締金具の周囲に穿たれた三六個の孔と歪輪の周囲に穿たれた四二個の孔の組合せにより行ない、最小調整角度は一度二五分四二秒、最大誤差は正四二分五一秒から負四二分五一秒である。

下方機関銃は後席下架梁中央部の蝋燭状孔に機関銃の取付栓を挿入することにより簡単に取付けることができる。平常下方機関銃を同部に取付けない場合は射撃口に蓋をしておく。

回転機関銃に附属の弾倉は前席と後席間の胴体上部成型部に六個を格納する。格納庫内の弾倉は開閉扉の下面に取付けられた帯状発條により振動を防ぐ。

八七式軽爆撃機全体

八七式軽爆撃機固定機関銃取付部詳細

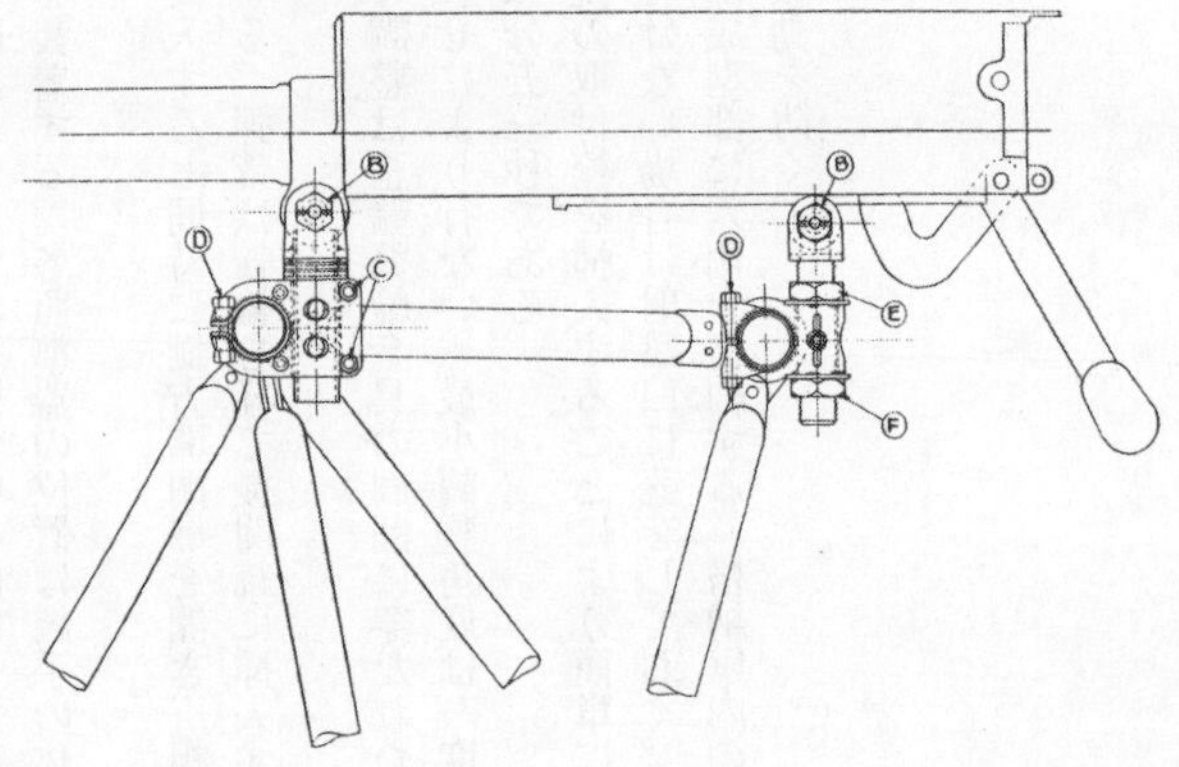

八七式軽爆撃機固定機関銃弾倉

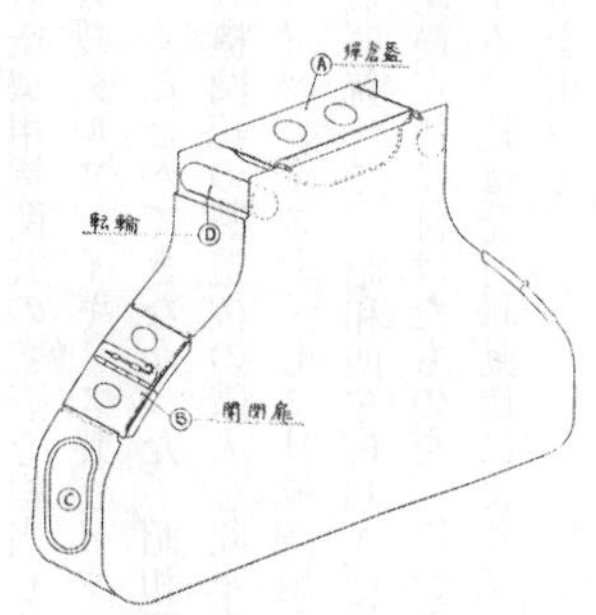

八七式軽爆撃機回転機関銃取付要領

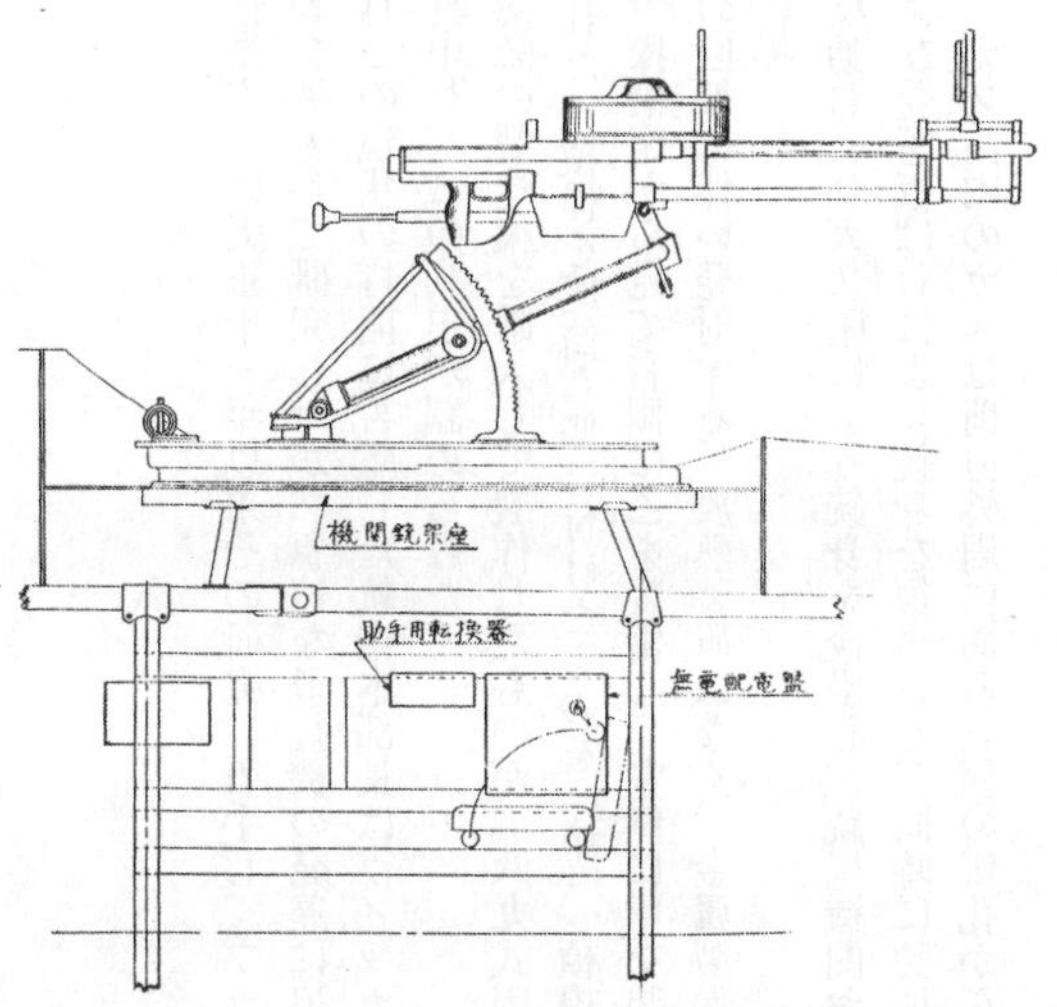

八九式固定機関銃

航空機用機関銃の審査を担当していた技術本部は大正十一年以来その研究に着手し、フランス製ダルヌ、イギリス製ヴィッカース等を購入して研究したが、急速な飛行機の発達に追いつくことができなかった。昭和二年九月この現状の打開に苦慮した航空本部長はヴィッカース機関銃の製造権の購入を陸軍大臣に具申し、この具申が認められた。ヴィッカース七・七ミリ航空用E型機関銃の製造権を購入して製作したものが「八九式固定機関銃」で、昭和四年仮制式に制定された。槓桿を尾筒右側に付けたものを「甲」、槓桿を尾筒左側に付けたものを「乙」という。操縦席から見て右側に乙を装備し、左側に甲を装備する。銃は発射聯動機によりプロペラの回転に伴い発射する。放熱装置はなく、金属製保弾帯を用いる。

八九式固定機関銃は発射の際に生じる反動およびガス圧により銃身を後坐し、銃尾機関および送弾機関に運動を与え、復坐ばねおよび受圧板ばねにより銃身を復坐させ、同時に装填閉鎖を行ない、自動的に発射を復行する。ガス筒内のガスは前方外周にある五個の気孔から逃避する。

銃身は銃用鋼第一号、尾筒は銃用鋼第二号、撃茎は銃用鋼第三号で製造する。

後方蓋板上に撃発調整器を付けたものを「八九式固定機関銃二型」という。これは単発不能の故障が起るとプロペラを貫通するおそれがあるのでこれを防止するもので、尾栓その他に一部肉厚された部分がある。二型は機能上の安全作用を有すると共に撃発調整器により安全を確保される。

昭和十二年三月明野陸軍飛行学校刊「八九式固定機関銃教程」から主要諸元を引用する。口径七・七ミリ、銃全備重量（甲）一二・五〇キロ（甲装填架〇・八キロ、乙装填架一・〇キロ、従って甲、乙に〇・二キロの差がある）、実包一〇〇発（保弾子共）重量三・二七キロ、初速八二〇メートル／秒、腔綫右転綫四条等齊、ビ式E型改修は左転綫五条等齊、発射速度高速駐鏈約一一〇〇発／分、常速駐鏈約八〇〇発／分、復坐ばね張力は四キロとする、受圧板ばねを除くときの常速駐鏈では毎分五〇〇発程度となる。

熊谷陸軍飛行学校の兵器学教程では高速一〇〇〇発、常速七五〇発としている。高速、常速共銃尾機関の後退量は同様だが、高速用は復坐ばねの伸長度が常速用より約二二ミリ大きいため復坐ばねの復坐力の蓄積が大きく、復坐に要する時間が短縮されて発射速度を増大するものである。常速駐鏈は主として平時の訓練において銃の衰損を防止し、弾薬使用の調節を図るために使用する。

昭和十八年三月陸軍航空整備学校刊「幹部候補生用兵器学教程全」には八九式固定機関銃の実用射距離は三〇〇メートル以下としている。

単発射撃を行なうには、先ず大槓桿を操作して第一実包を装填準備の位置に送り、遊頭に攫持させ、次いで小槓桿を引いて第一実包を薬室に装填した後、引鉄を圧する。発射により銃身および銃尾機関は後退し、第一実包を擲出して閉鎖すると共に、遊頭は第二実包を攫持したままとなり、発射は停止するので、爾後小槓桿を操作することにより単発射撃を実施することができる。

単発射撃より連発射撃に移るには小槓桿の代わりに大槓桿を引く。また連発射撃から単発射撃に移るには一旦射撃を中止して小槓桿を引く。そのときは薬室内の実包を排出し、装填架内の実包を薬室に移し、単発の準備姿勢となる。空包射撃は受圧板ばねを除いて実施する。この場合発射速度は毎分約五〇〇発となる。

撃茎突出量は一・七ミリを正規とするが、各種の原因により突出量不足となって不発を生じ易い傾向があった。撃茎突出量が一・八ミリを超えると逆に雷管衝破を起し易くなる。旋回機関銃は撃茎を活塞にて衝撃発射するもので、緩衝されていないため撃茎突出量は少量で〇・八ないし一・一ミリとしているが、本銃においてはばねの弾撥力により撃茎を突出発射させるものであるため、撃茎突出量が大きくなっている。

弾帯の挿入は保弾子一個の端末を先にして装填口より挿入し、第一実包が碍子頭を圧下通過して碍子に掛かった音が出るまで圧入し、わずかに弾帯を引っ張って鉤止の状況を確かめる。

空薬莢は遊底の後退に伴い遊頭に引っ掛かって薬室から抽出され、遊頭降下の際自重と慣

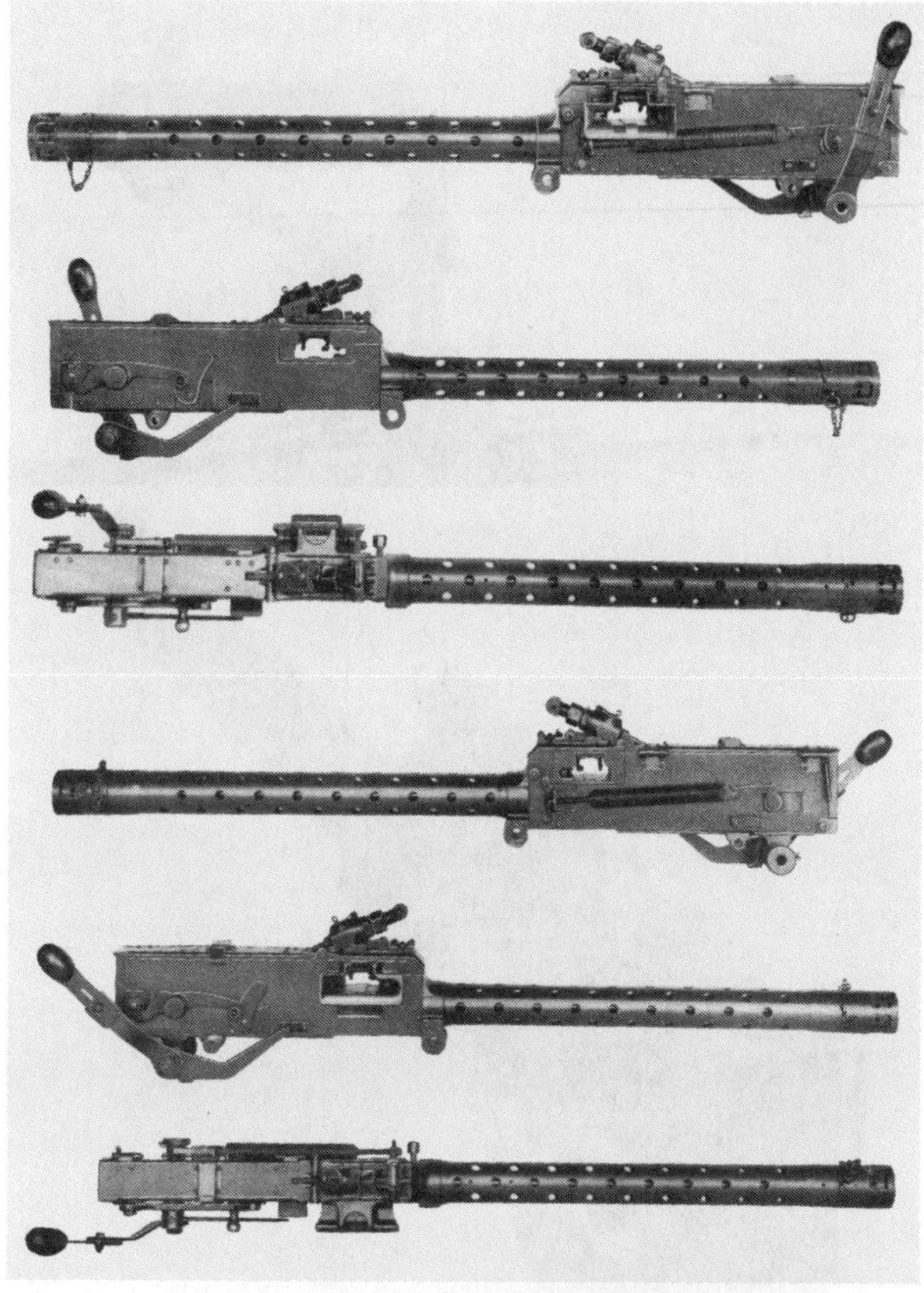

〈上〉ヴィッカース航空機関銃E型左槓桿
〈下〉ヴィッカース航空機関銃E型右槓桿

〈上〉八九式固定機関銃、機関銃架に装載、全体
〈下〉八九式固定機関銃全体後視

59　八九式固定機関銃

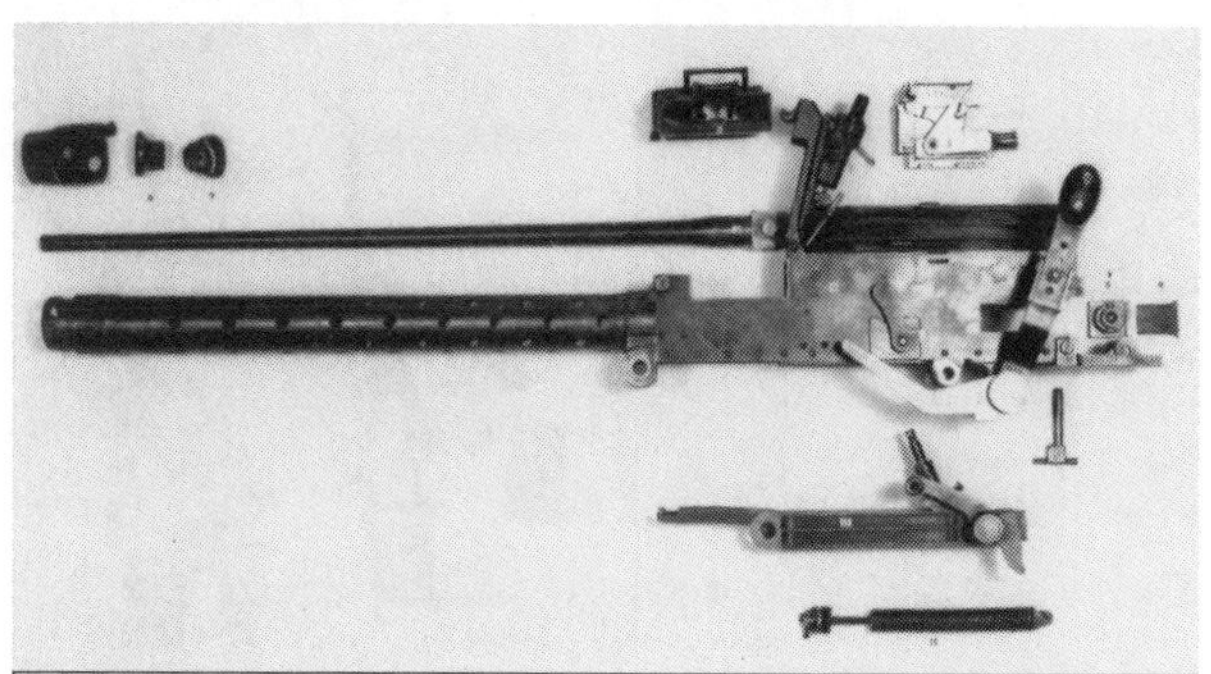

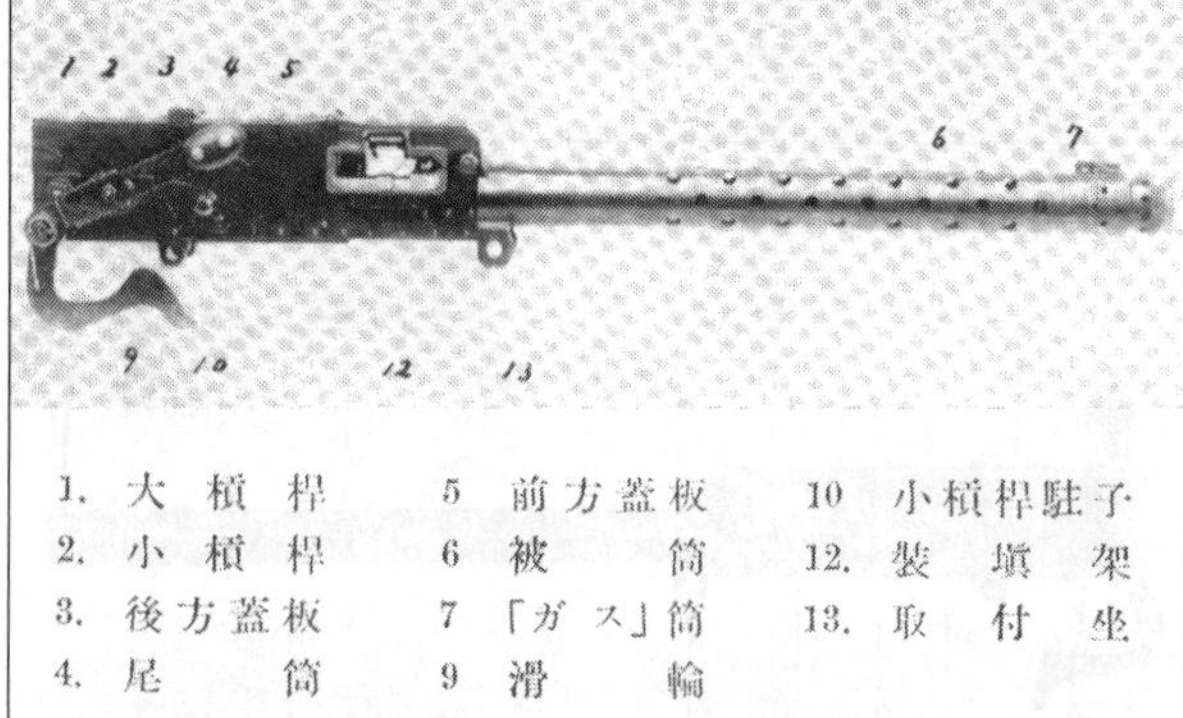

〈上〉八九式固定機関銃分解
〈下〉八九式固定機関銃各部名称、昭和12年2月陸軍航空技術学校「兵器学教程附図」所載

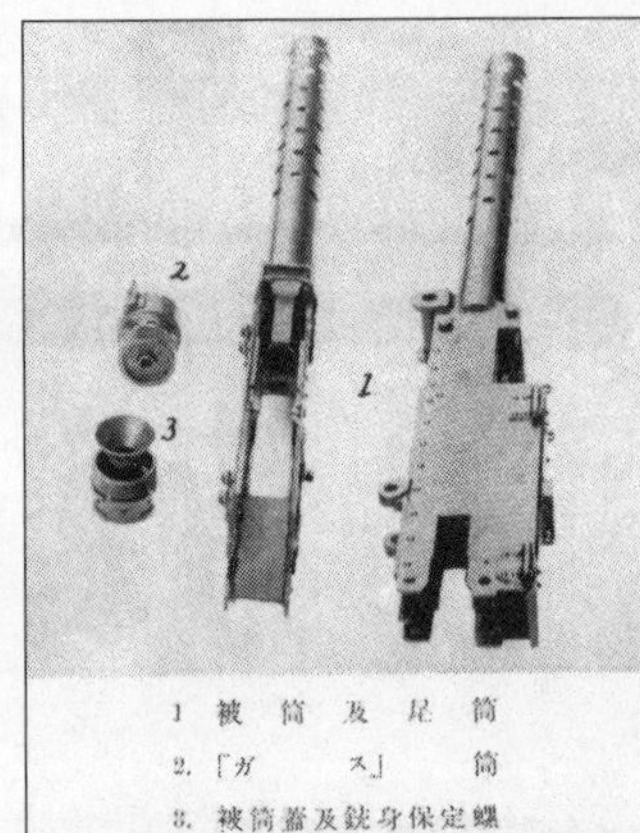

1 被筒及尾筒
2.「ガス」筒
3. 被筒蓋及銃身保定螺

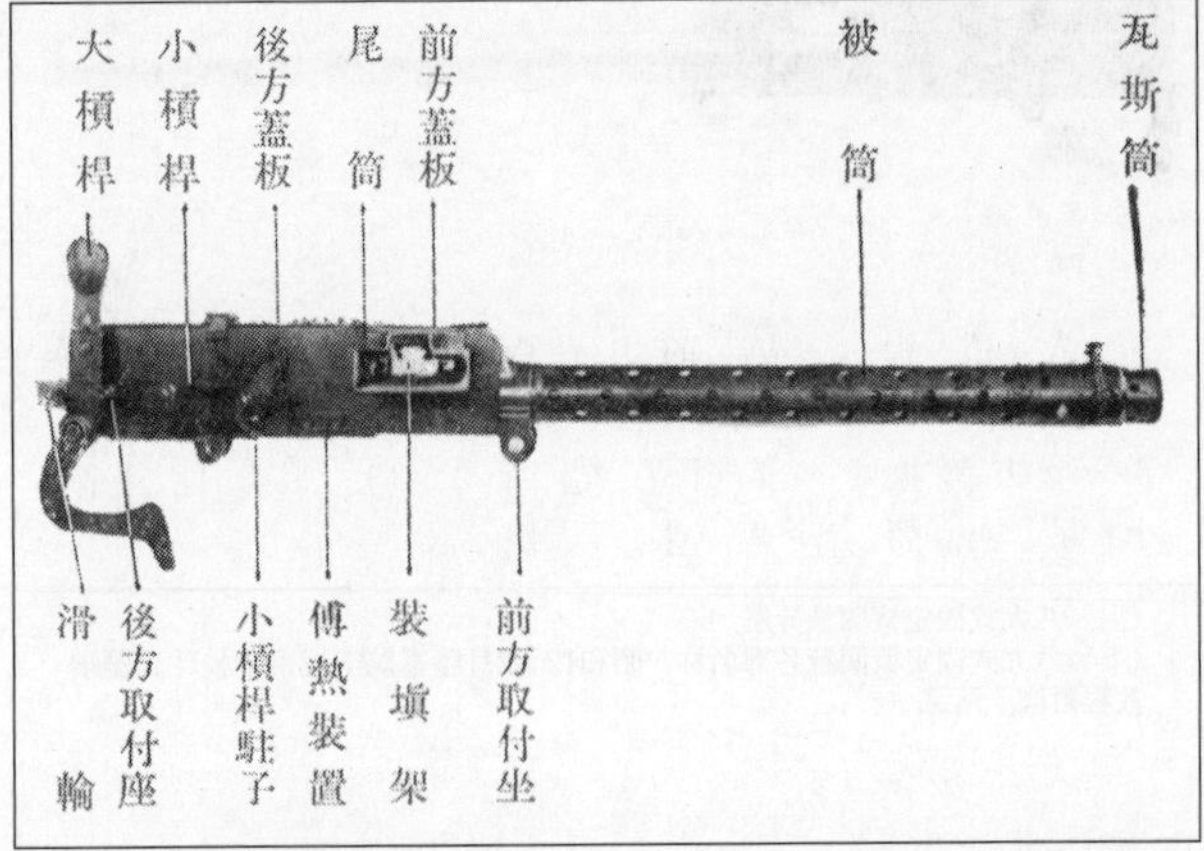

〈上〉八九式固定機関銃被筒および尾筒、昭和12年2月陸軍航空技術学校「兵器学教程附図」所載
〈下〉八九式固定機関銃各部名称、昭和13年改訂陸軍士官学校「航空学教程巻一」所載

61　八九式固定機関銃

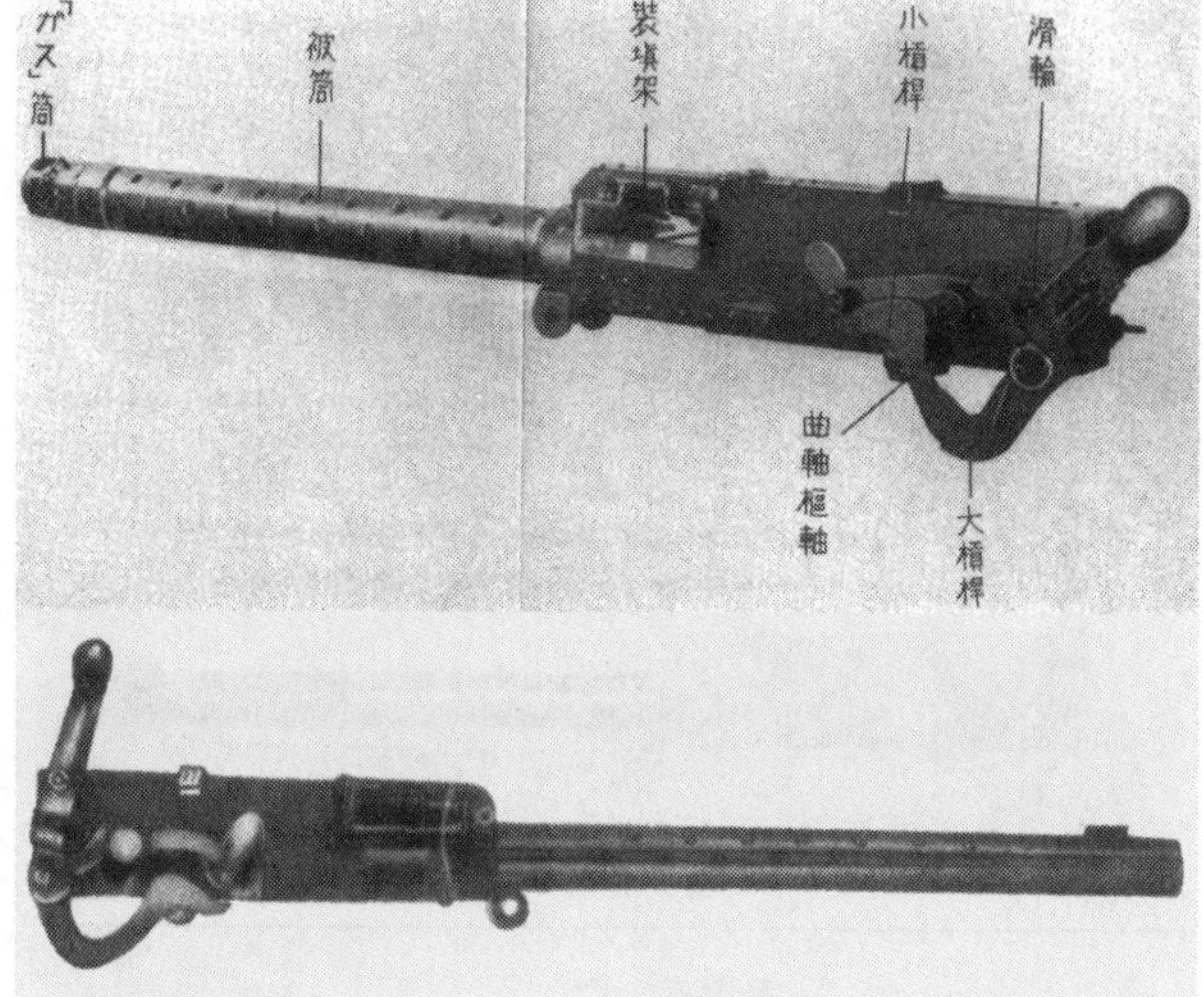

〈上〉八九式固定機関銃乙各部名称、昭和14年陸軍航空士官学校「兵器学教程付録」所載
〈下〉八九式固定機関銃、昭和16年改訂陸軍航空士官学校「空中射撃学仮教程全」所載

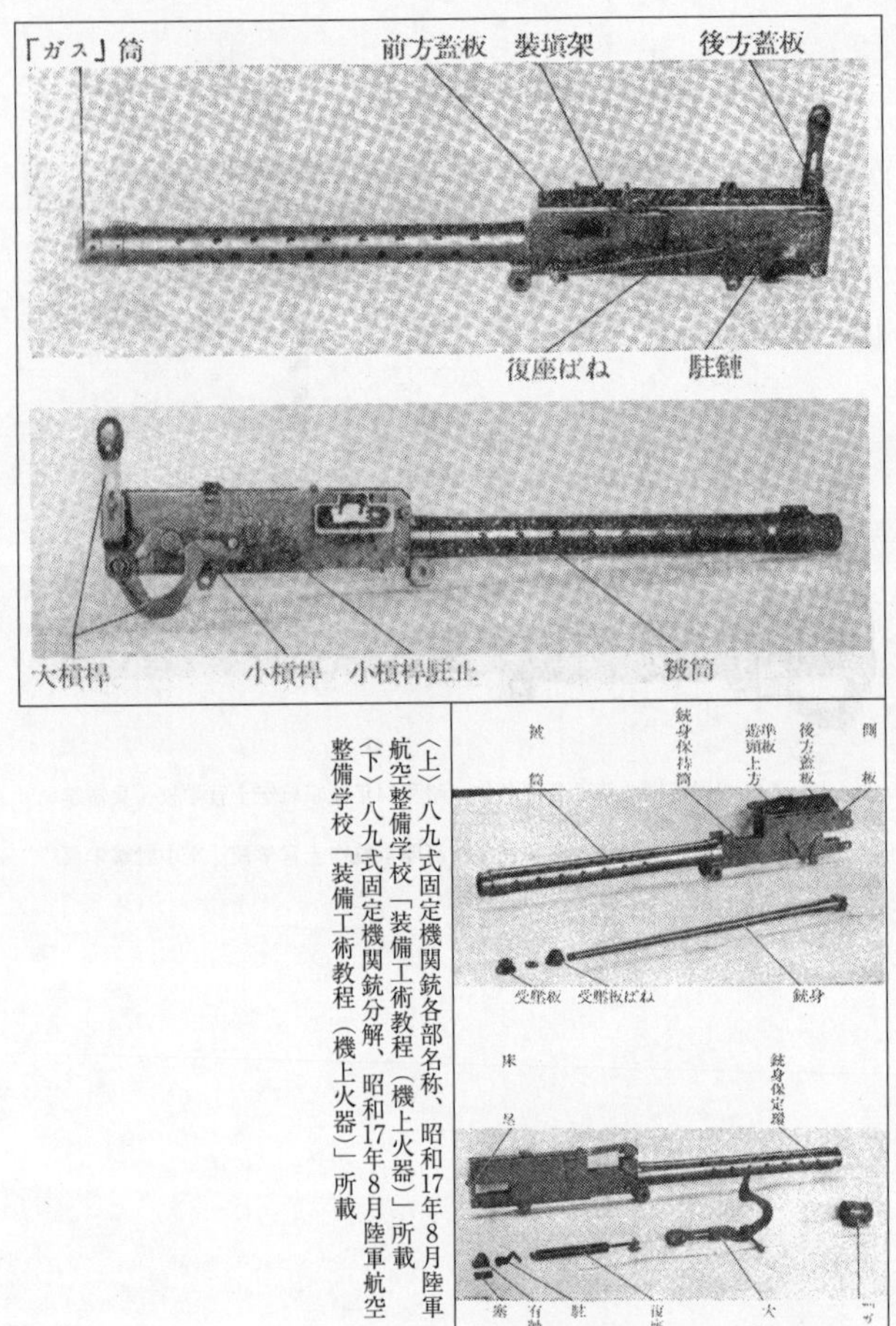

〈上〉八九式固定機関銃各部名称、昭和17年8月陸軍航空整備学校「装備工術教程（機上火器）」所載
〈下〉八九式固定機関銃分解、昭和17年8月陸軍航空整備学校「装備工術教程（機上火器）」所載

63　八九式固定機関銃

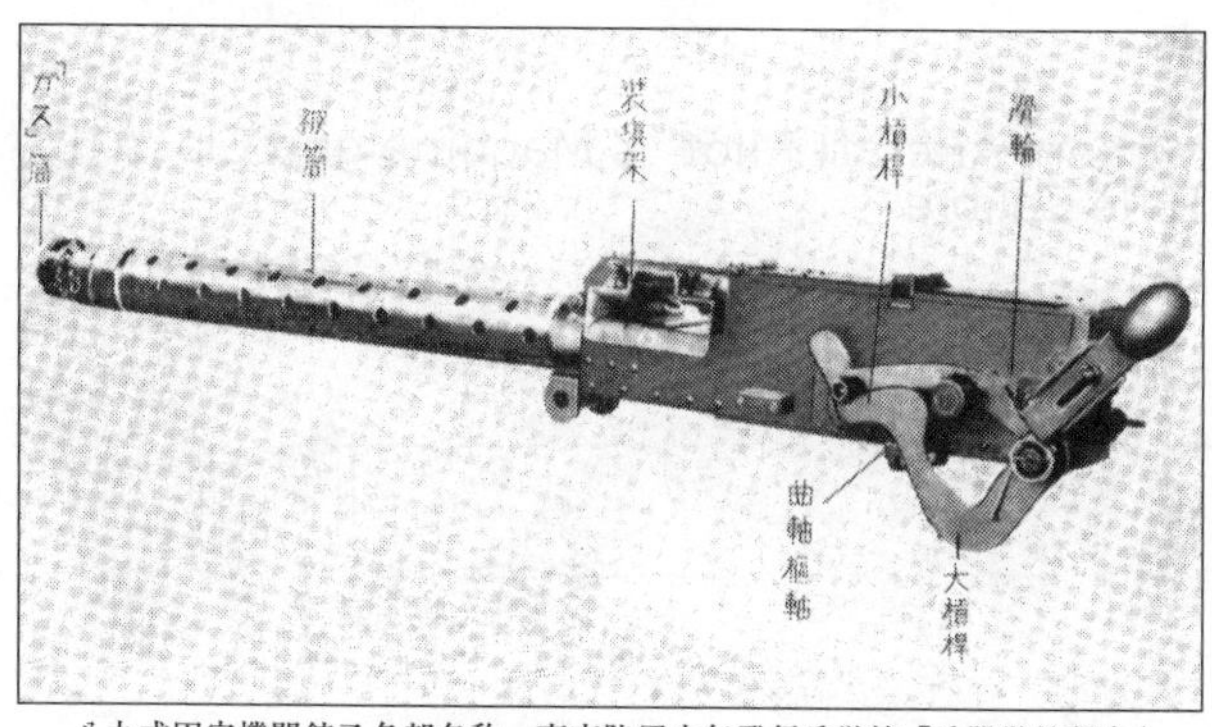

八九式固定機関銃乙各部名称、東京陸軍少年飛行兵学校「兵器学教程全」所載

Vickers Aircraft Pilot' s Machine gun Class "E" Rifle Calibre

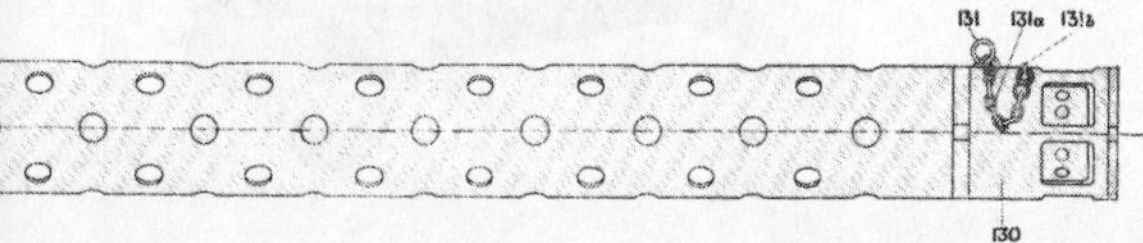

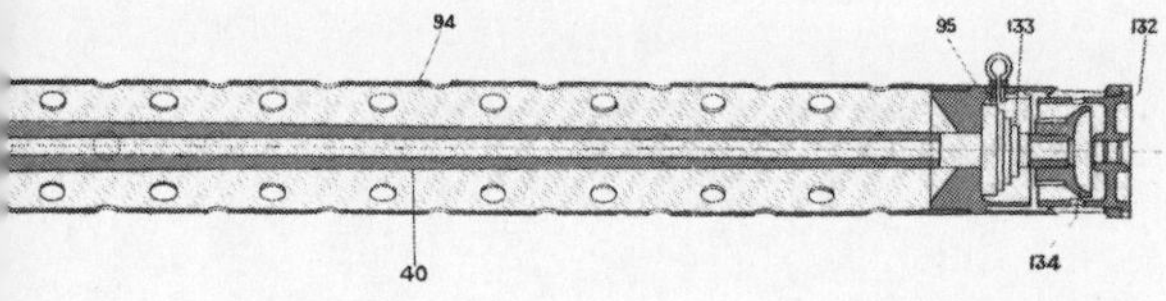

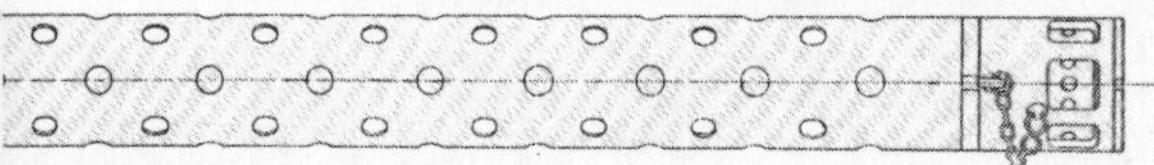

Gun, Class "E"—Rifle Calibre.
ment of the Gun

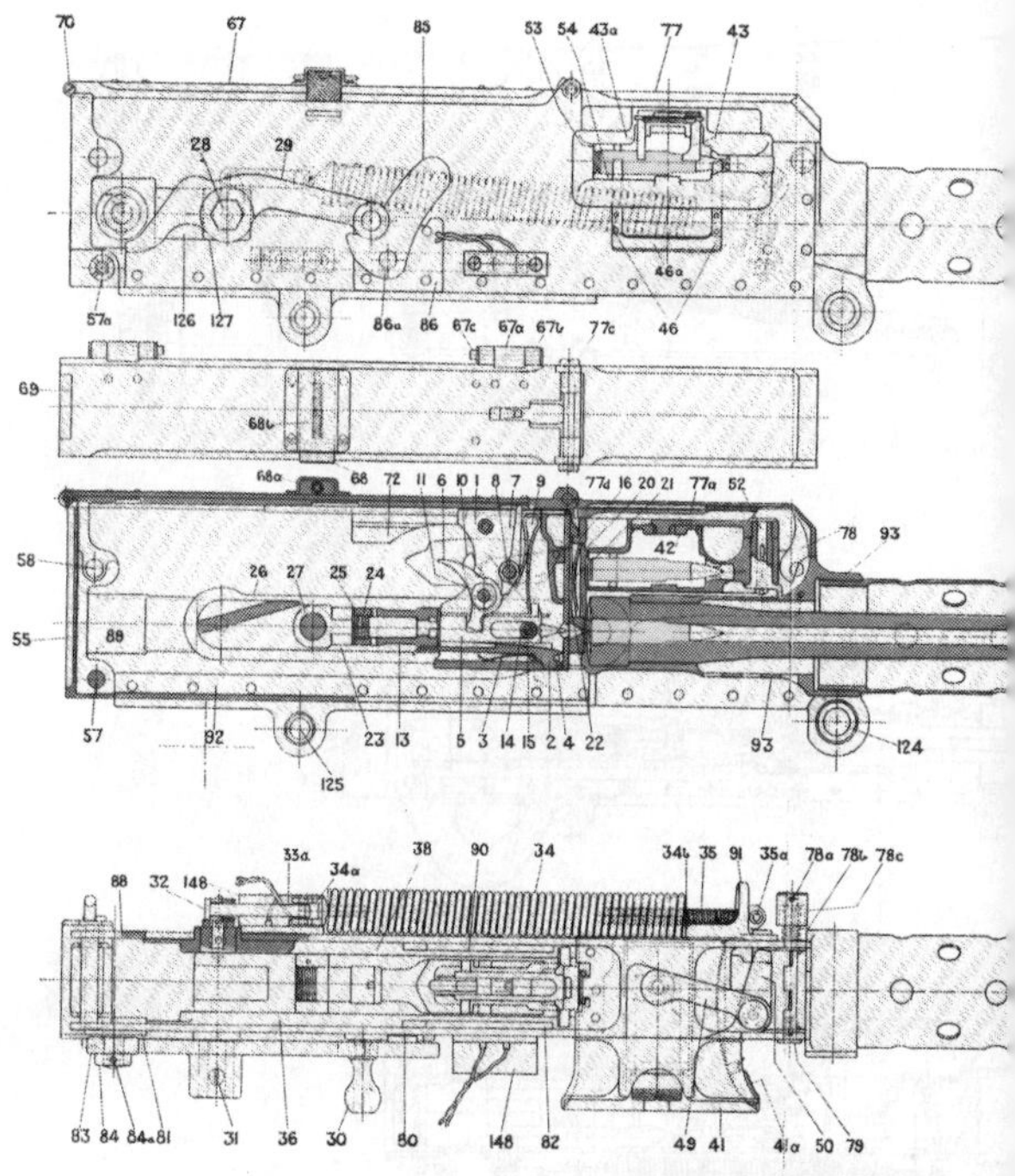

Vickers Aircraft Pilot's Machine
General Arrange

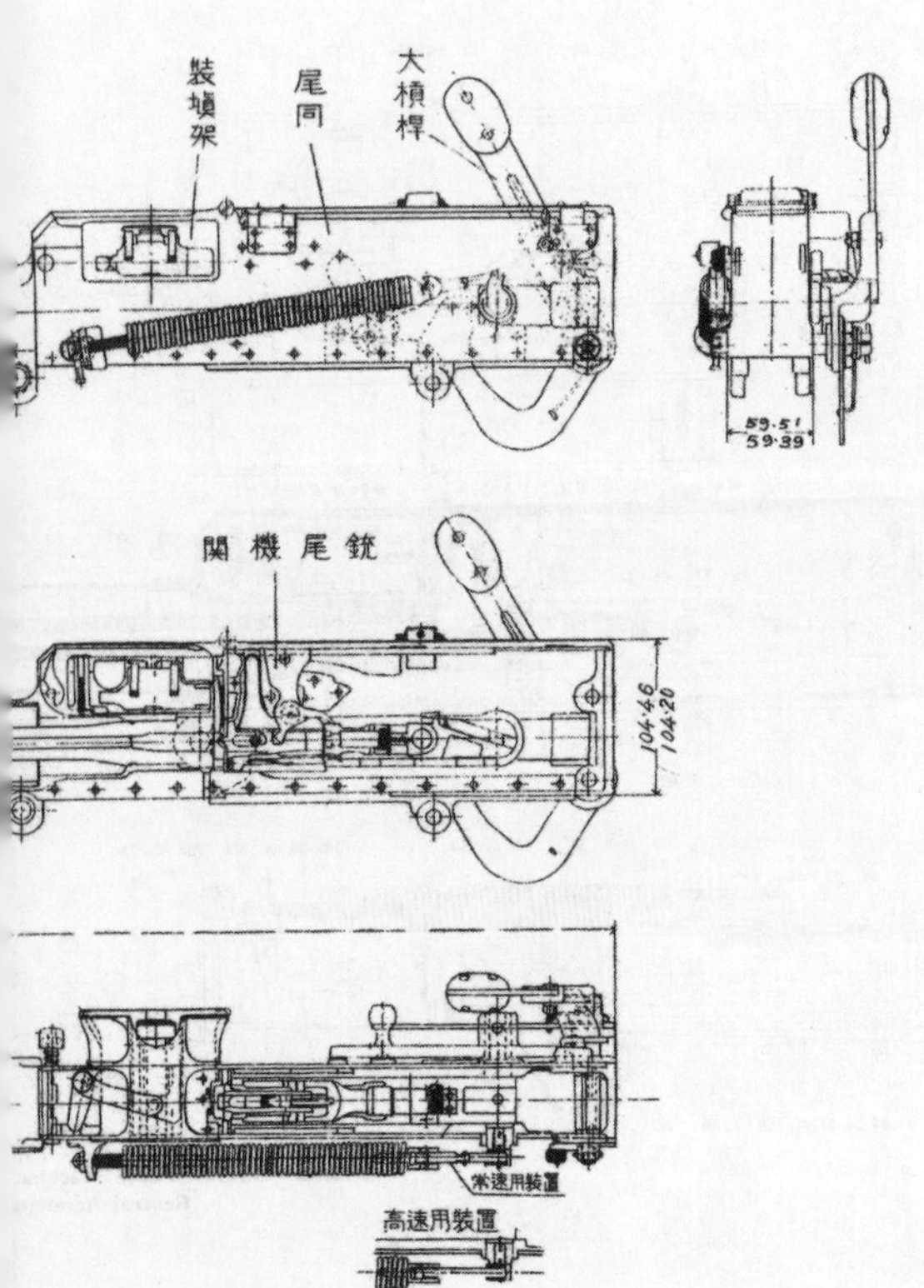

装塡架
尾筒
大槓桿
59.51
59.39
銃尾機関
104.46
104.20
常速用装置
高速用装置

八九式固定機関銃甲全体各部名称
昭和12年3月明野陸軍飛行学校
「八九式固定機関銃教程」所載（以下同じ）

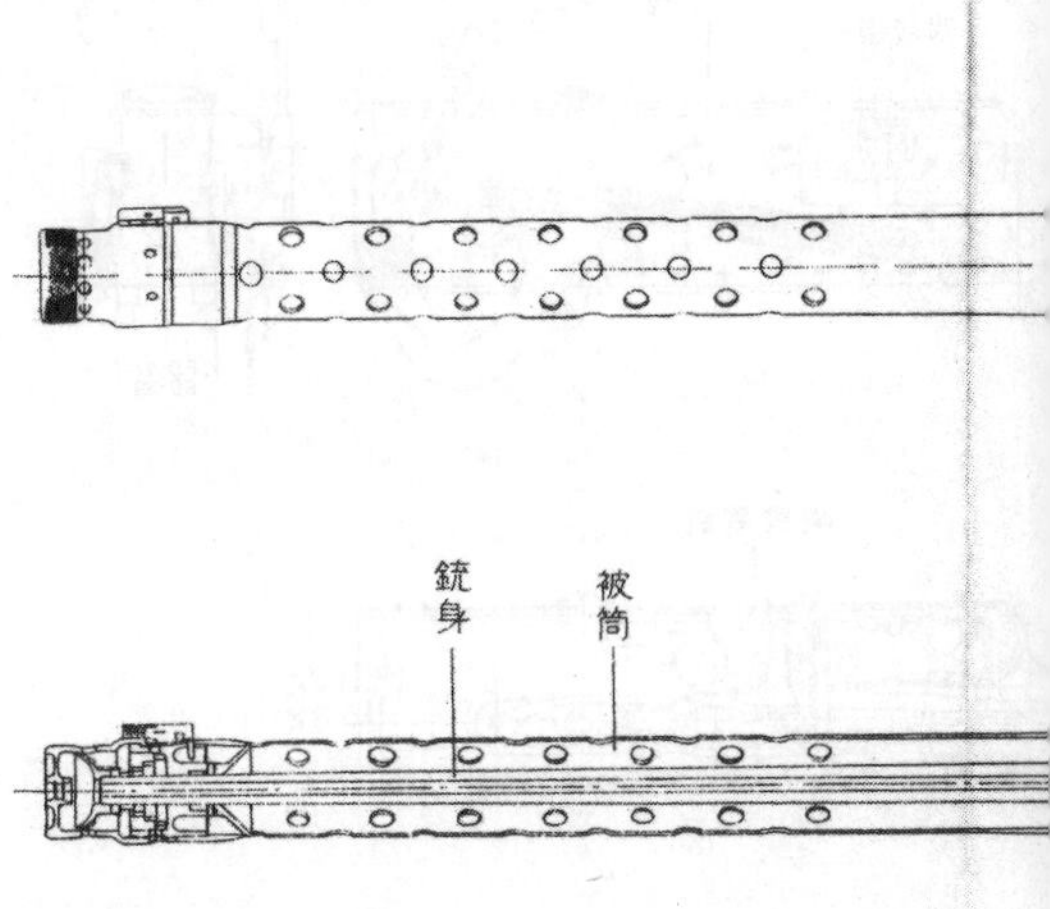

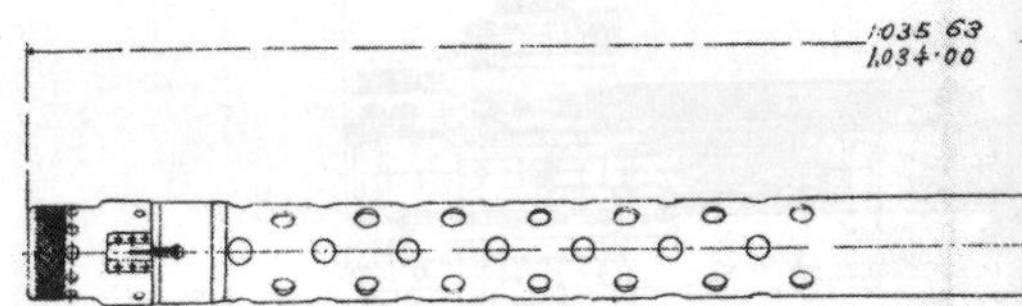

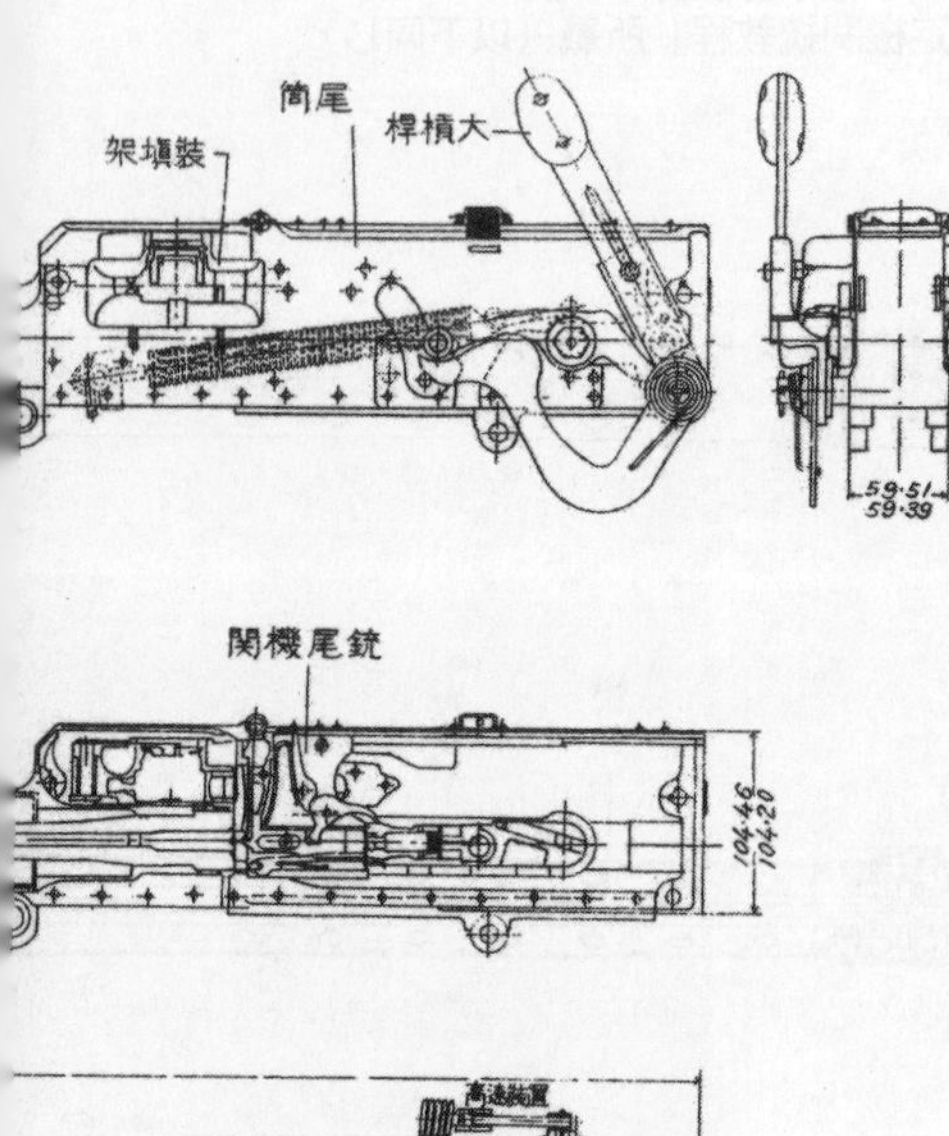

装填架
尾筒
大槓桿
59.51
59.39
銃尾機関
104.46
104.20

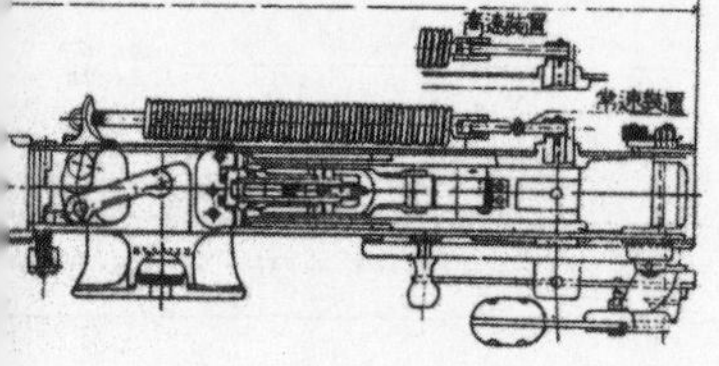

高速装置
常速装置

八九式固定機関銃乙全体各部名称

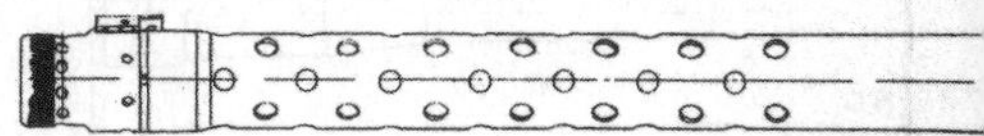

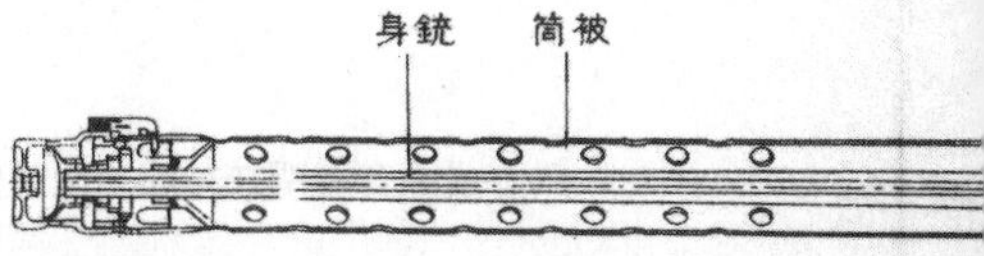

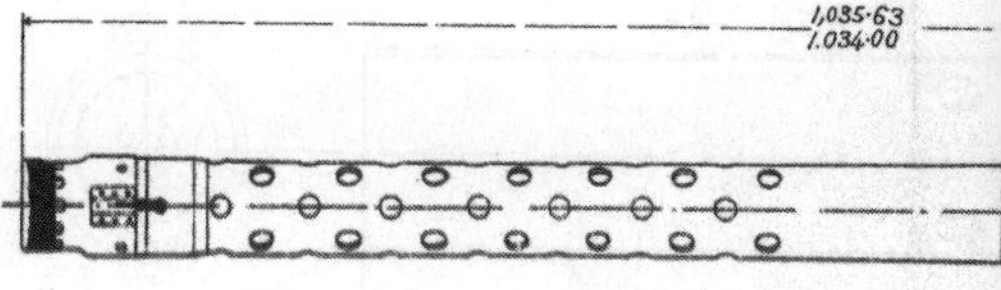

八九式固定機関銃銃身および付随品

銃

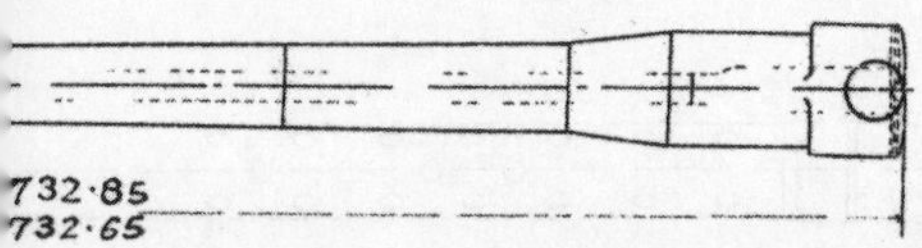

筒 被

八九式固定機関銃被筒および付随品

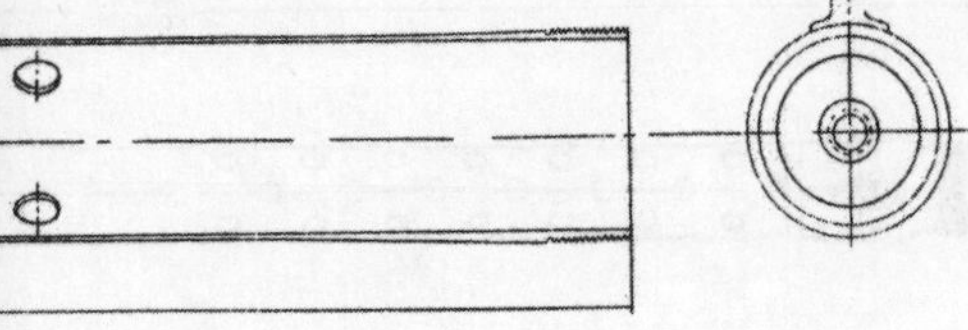

身及附隨品

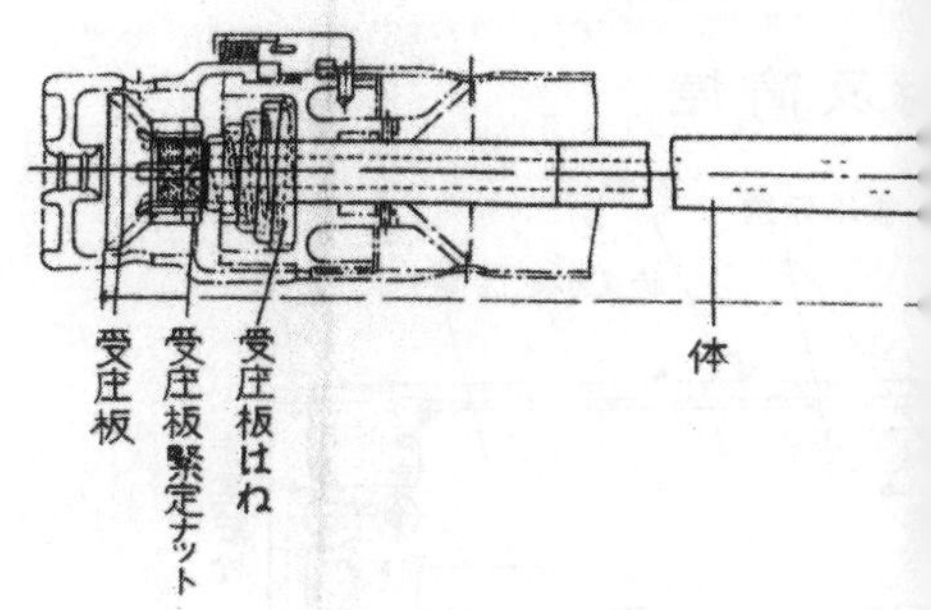

及附隨品

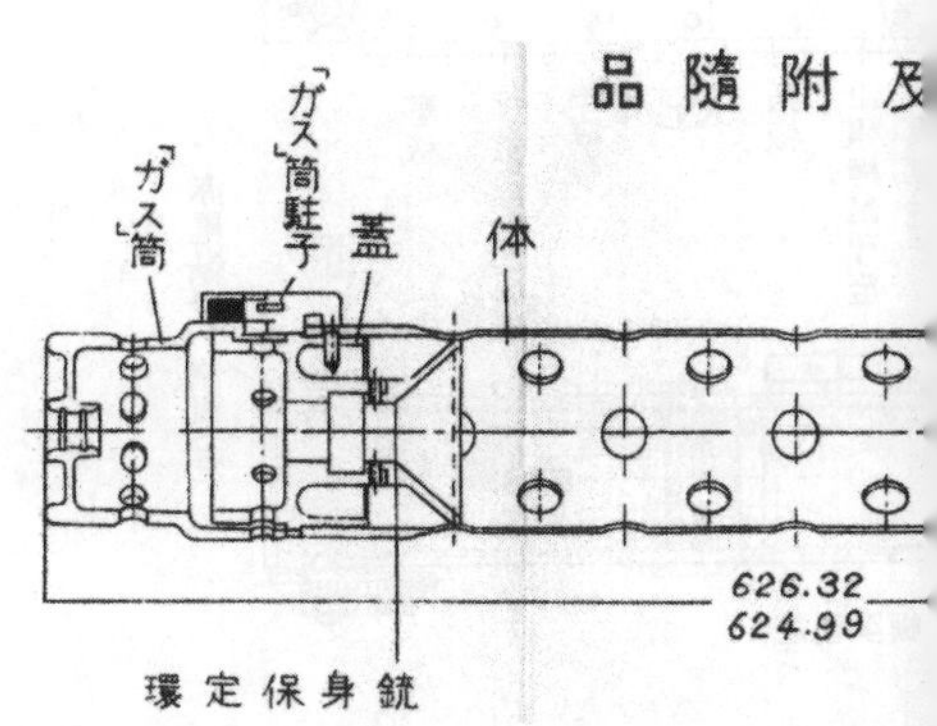

及筒尾

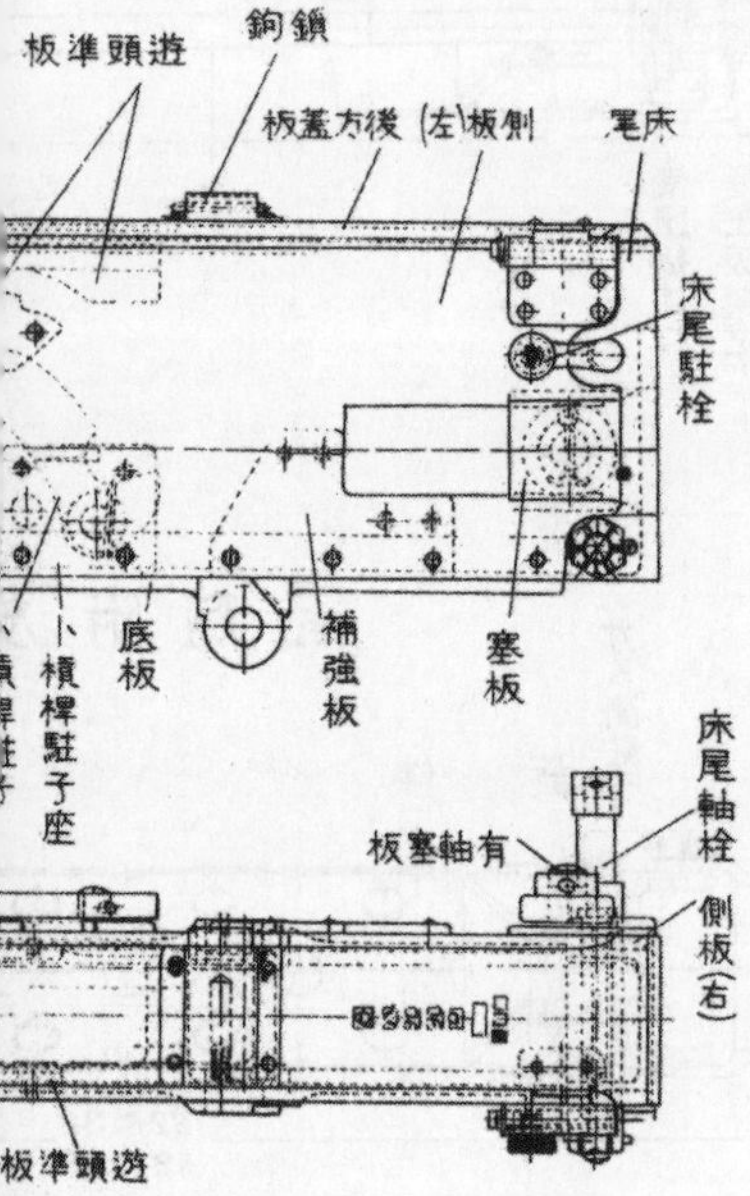

八九式固定機関銃甲尾筒および付随品

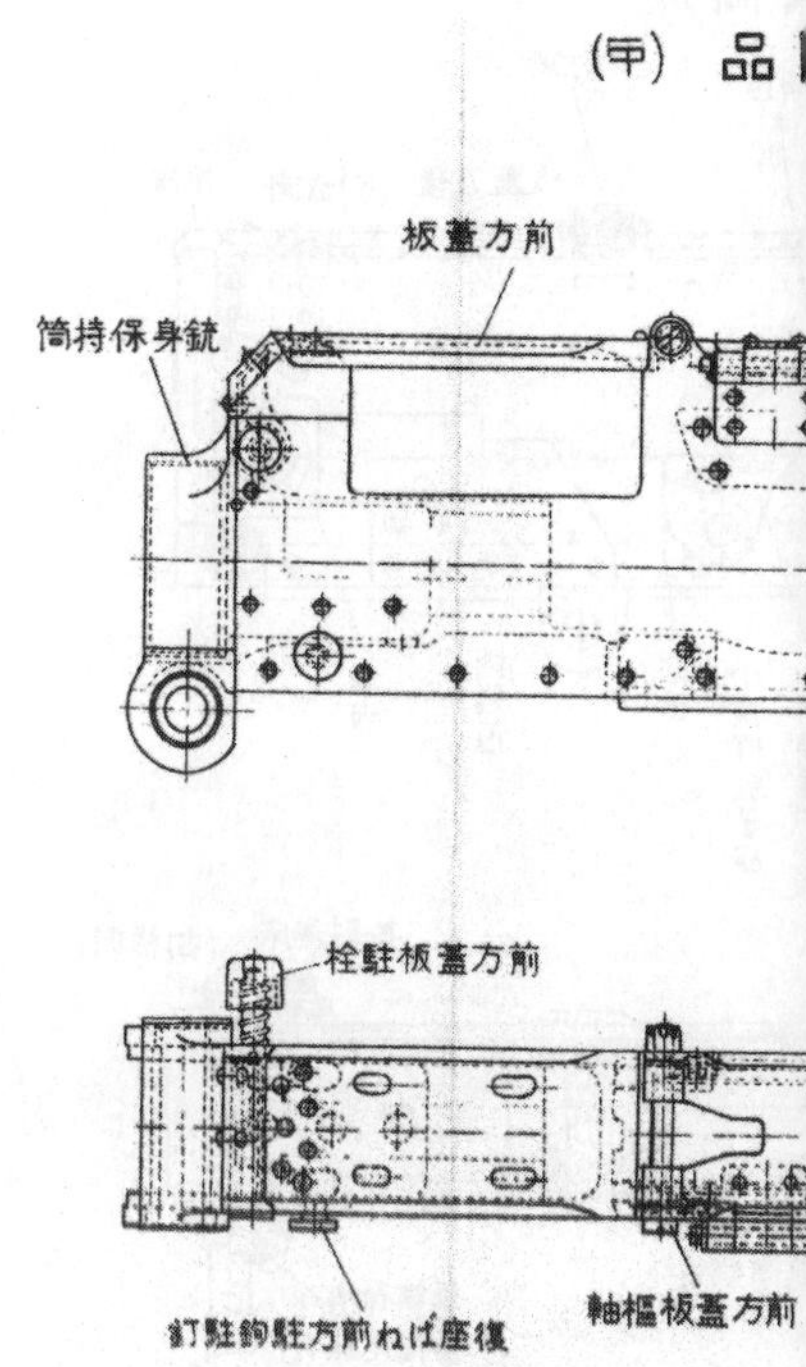

及筒尾

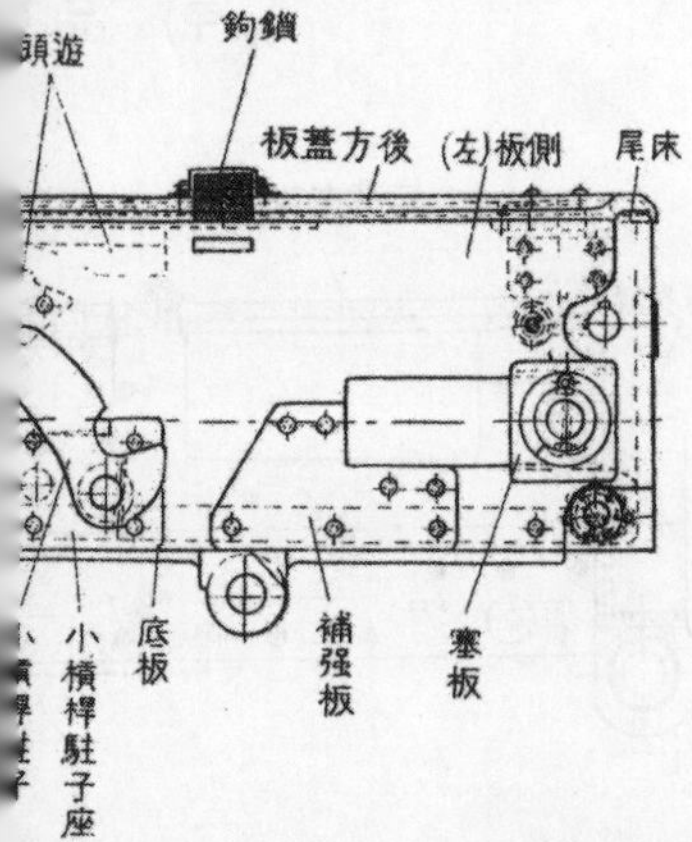

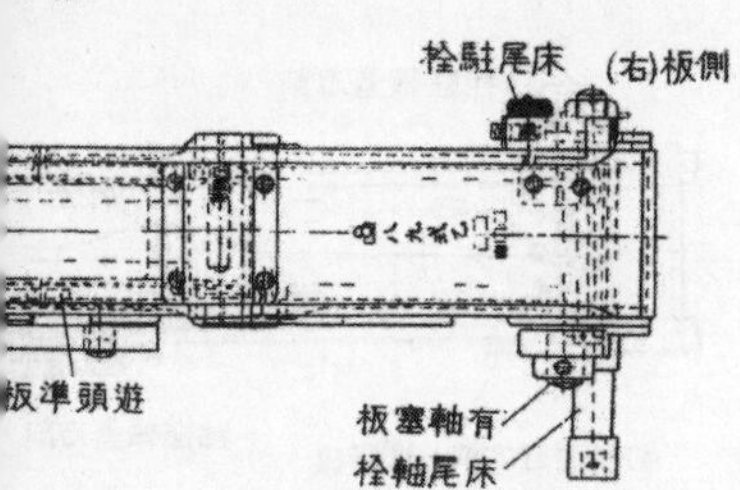

八九式固定機関銃乙尾筒および付随品

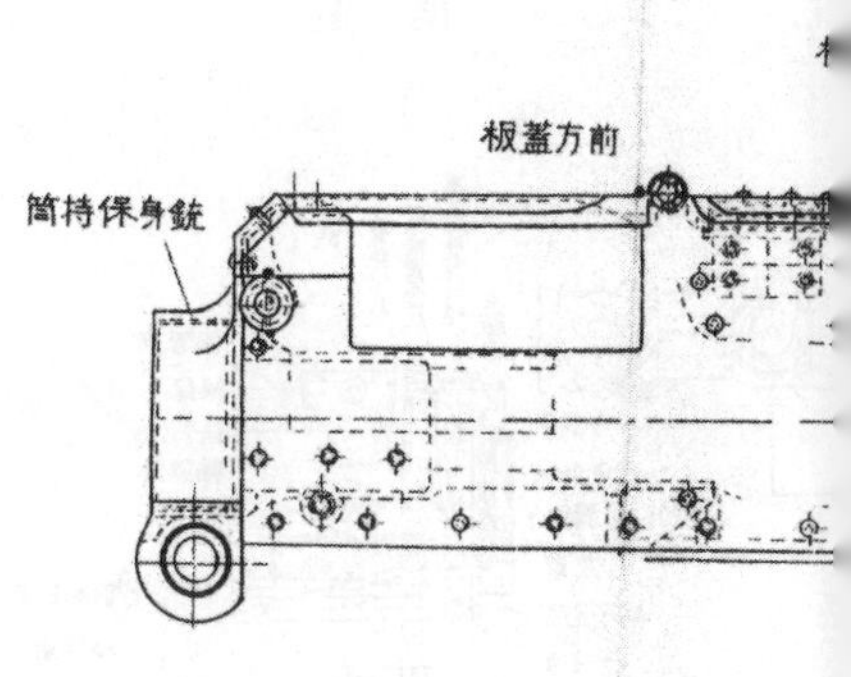

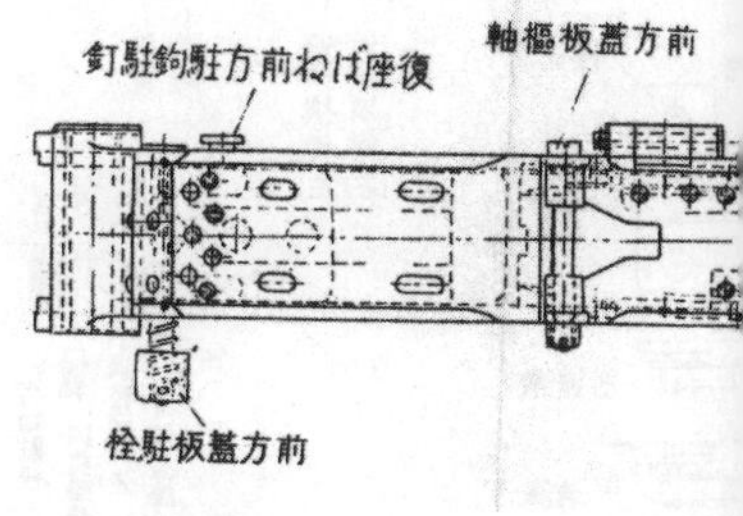

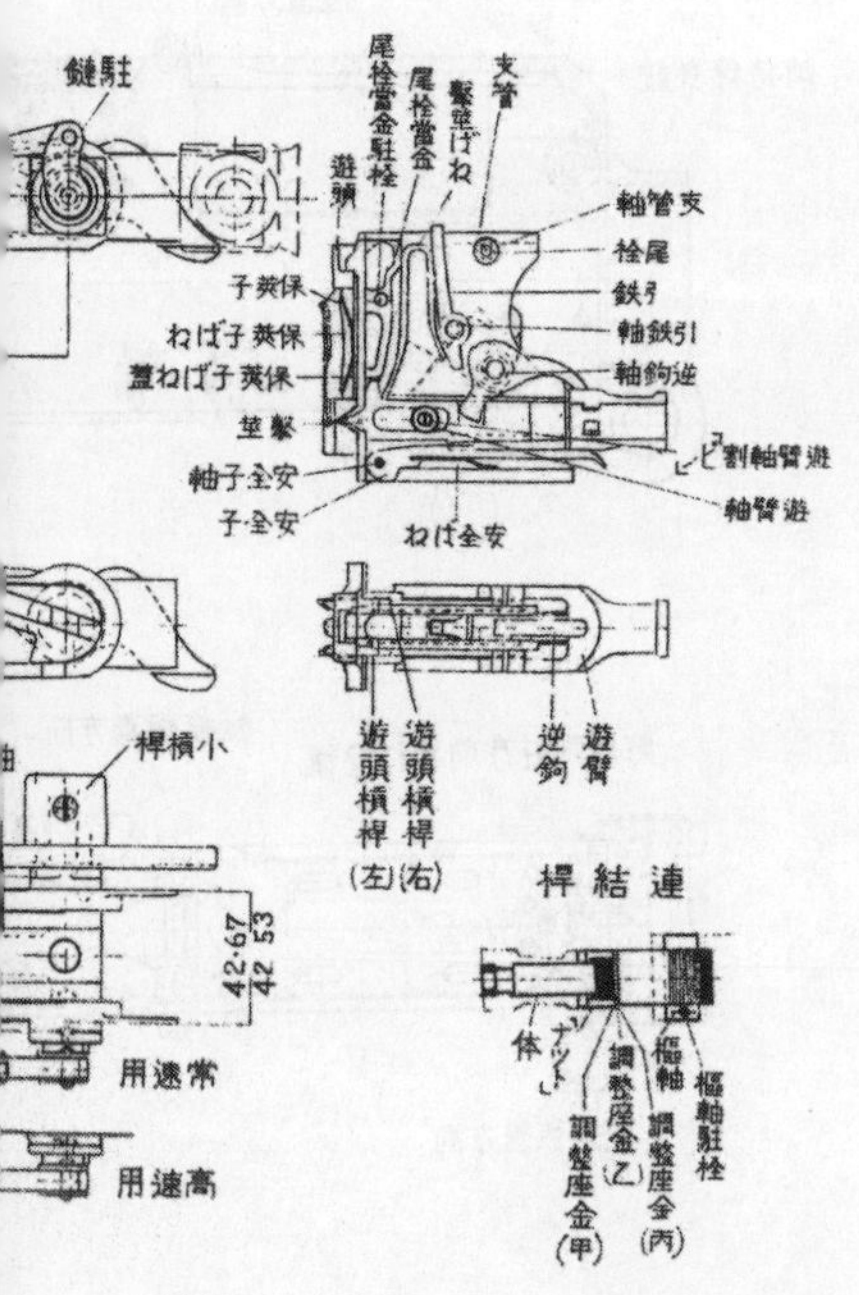

遊底
駐鍵
尾栓當金駐栓
尾栓當金
撃茎ばね
支管
遊頭
支管軸
尾栓
引鉄
引鉄軸
逆鉤軸
保莢子
保莢子ばね
保莢子ばね蓋
撃針
安全子軸
安全子
安全ばね
遊臂軸割ピ
遊臂軸
遊頭横桿(左)
遊頭横桿(右)
逆鉤
遊臂
連結桿
小横桿
42.67
42.53
常速用
高速用
体
ナット
調整座金(甲)
調整座金(乙)
調整座金(丙)
樞軸
樞軸駐栓

八九式固定機関銃甲銃尾機関

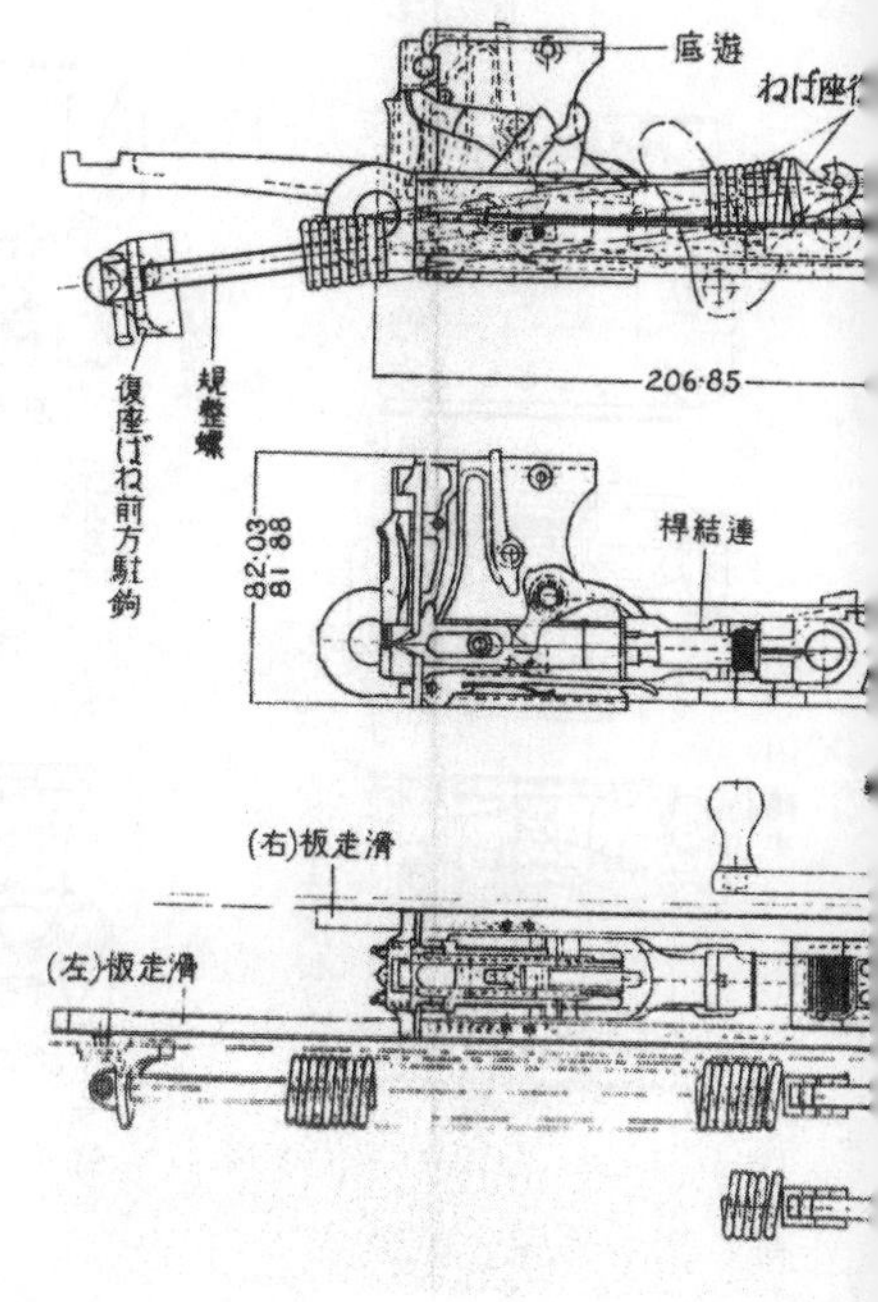

八九式固定機関銃装填架右・左

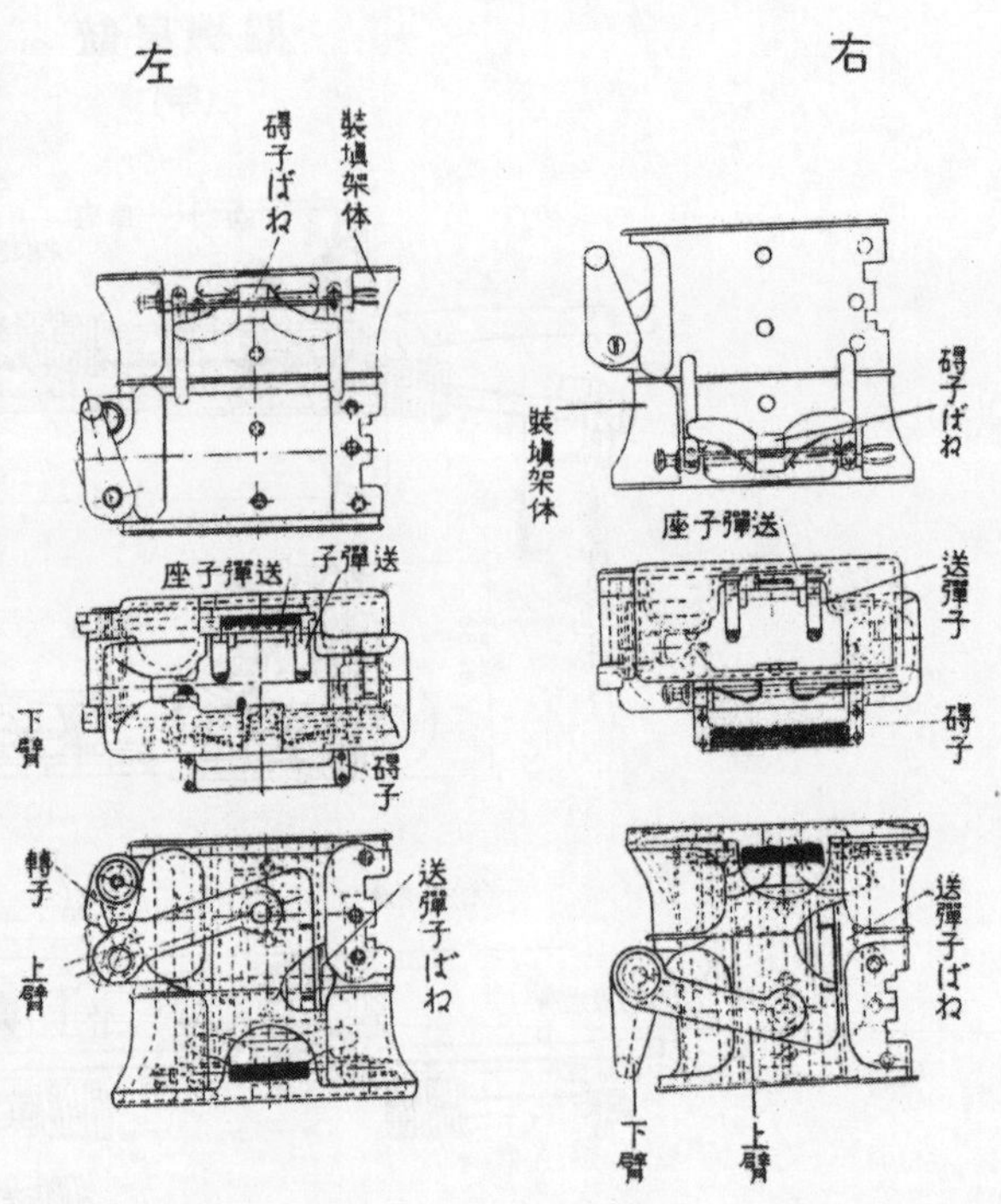

八九式固定機関銃甲送弾機能

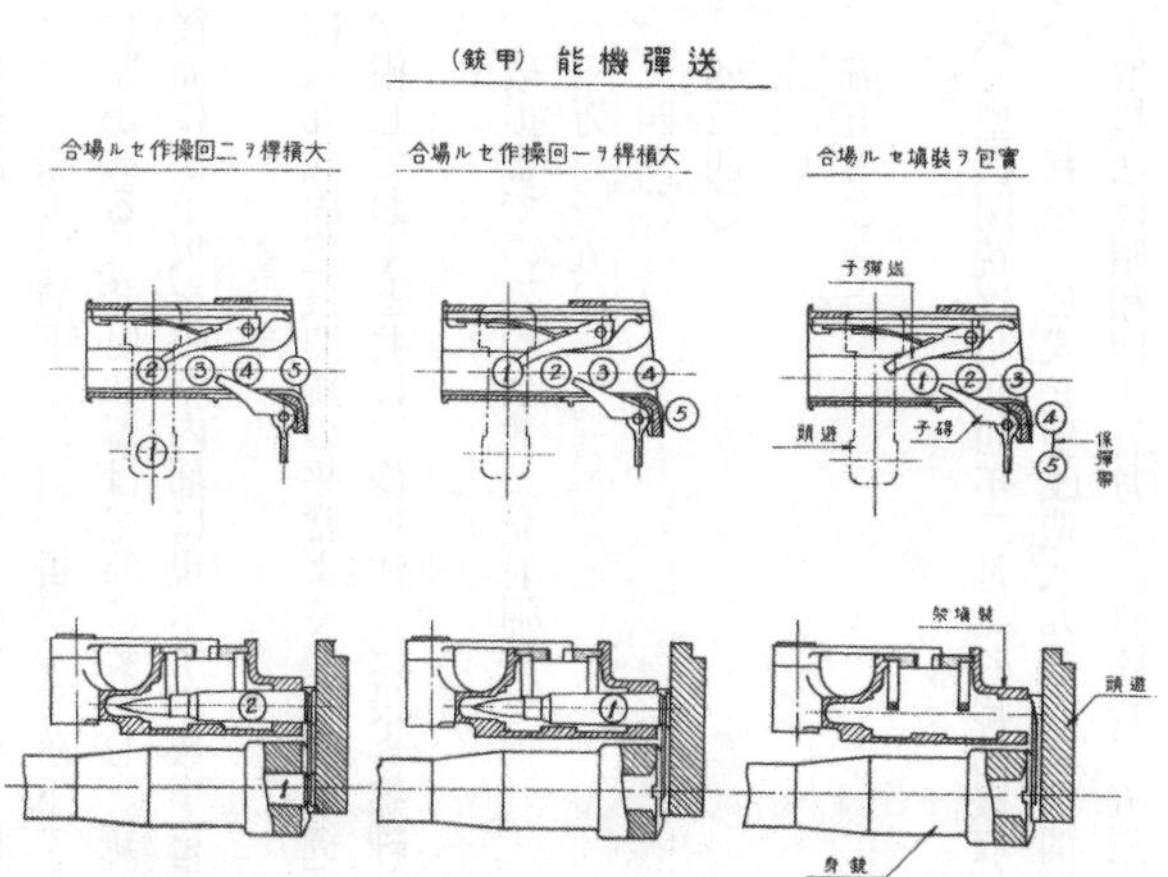

性により前下方に擲出されるか、あるいは射撃姿勢の関係上落下しない場合は遊底復坐直前における遊頭上昇の際、尾筒下面に引っ掛かって落下する。

属品に発射数器がある。発射数器は尾筒に装着し、銃尾機関の運動を受け発射弾数を現示するもので、後面に硝子板を張り内部に現示する数字を看読する。数字は零に戻すことができる。

統計によれば八九式固定機関銃の平常よく破損する箇所は概ね一定しているので、これらの部品は常に完備しておくと共に、修理法には最も熟練しなければならない。

部品名称	破損までの平均命数（発射弾数）
銃身	一万三一五二
尾栓	三四八〇
遊頭	四三四〇
撃茎ばね	三三〇〇
復坐ばね	五五五〇

購入済のビ式E型機関銃は昭和四年二月発射聯動機取付のため前方蓋板を改修し、九年に底板を改造した。これを「ビ式E型改造八九式固定機関銃」と称して区別した。ビ式E型機関銃甲（乙）仮取扱法は昭和四年五月三〇日陸普二五三八号で制定された。

二式戦闘機（二型）における八九式固定機関銃操作は次の要領で行なう。

一、装填把手を引き装弾する。

二、原動機操作把手を引き作動位置に駐止すると発射聯動機は駆動され、このとき操作把手左側に設けられた赤色警灯が点灯し、発射聯動機の作動を標示する。

三、ガスレバー（スロットルレバー）前方に装着する引金を引き、撃発機乙を通じて射撃の管制を実施する。

四、射撃完了後は原動機把手を必ず原位置に復帰しておく。

五、原動機操作を行なわないと引金は操作できない。

六、発射は原則として左右同時に行ない、片銃発射を行なう場合は他の銃に装弾しない。

八九式固定機関銃の略射撃表

高度四〇〇〇メートル、気温一五度、気圧四六〇ミリ

弾種八九式普通実包、初速八一〇・三メートル／秒

射距離（m）	経過時間（秒）	落速（m／秒）
一〇〇	〇・一二	七六九
二〇〇	〇・二五	七二八
三〇〇	〇・三九	六八八
五〇〇	〇・七〇	六一〇

七〇〇　一・〇五　五三六

一〇〇〇　一・六七　四二九

八九式旋回機関銃

航空機用遊動式機関銃は最初応急的に三年式機関銃を改造したものを使用したが、発射速度が遅くかつ弾帯を使用する関係上機能不良であったので、新たに設計することになった。大正十一年四月研究方針追加事項により「甲号遊動式」の名称で回転弾倉式のものを試製したが射撃速度がまた不十分で実用に適さなかったので十四年十二月本銃の開発は中止した。

先にフランスから購入したダルヌ遊動式機関銃二種は操法が不便で機能不十分な点があったが、そのうち一種は左銃および右銃からなり、同乗者が操作する方式であった。この二銃身併列式は発射速度十分で実用価値が大きいと認められたので、この二銃身併列式を採用し、操法を便利にしかつ機能良好にしたものを研究することになり、十四年三月五日「乙号遊動式機関銃」の研究が命じられた。設計上の要件は次のとおりであった。

一、旋回銃架上において風圧僅少操作容易なること。

二、空中射撃の特性上発射時間の僅少を補うため双連式とし、一銃の発射速度毎分六〇〇発以上なること。

三、初速概ね毎秒八〇〇メートルなること。

四、操作容易なるため重量（除弾倉）二五キロ以内なること。
五、収容弾数は一弾倉につき一〇〇発内外なること。
六、弾倉の交換特に容易なること。
七、故障絶無にしてもし発生するもその排除容易なること。

乙号遊動式は陸軍造兵廠東京工廠小銃製造所の吉田智準少佐と岩下賢蔵大尉がわずか三ヵ月の短期間に急遽設計を命じられ、十一年式軽機関銃型の銃身を横に二銃併列し、これを旋回銃架に取付けて斉発を可能にしたものであった。放熱筒は有せず給油装置は特に必要がないので使用しない。十一年式軽機関銃に比べて故障が極めて少ないだけでなく、射撃効力も大きく機上操作は容易であった。

十四年三月十七日明野飛行学校に乙号遊動式機関銃の実用試験を委託した結果、弾倉と銃架に修正を加えれば実用に適するとの判決を得た。同年八月前回試験の結果に基づき改修を加えた結果、機能概ね良好にして操用も前回に比べて便利になった。同年九月前回の結果に鑑み修正を加え一〇梃を試製し、昭和二年三月試製完了したものを明野飛行学校に実用試験を委託した。その結果、活塞隆鼻部の亀裂、弾倉の弾列乱れ、後退不足、不発、抽筒不良、挿弾子落下不良等の故障が生じたが、大体の形状は機上の操作に至便であると認められた。

昭和三年二月弾倉の弾丸排出部、装弾子の形状、活塞緩衝装置等に改正を加え、機能試験を実施した結果機能良好であった。同年三月富津射場において耐久試験を行ない良好な成績を収めた。同年四月および十二月以降明野飛行学校において実施した実用試験の結果成績良好にして実用に適すと判定された。

四年二月より四月にわたり明野飛行学校で実施された実用試験の成績に鑑み陸軍航空本部の本銃に対する意見は次のとおりであった。

本機関銃を迅速に整備する必要および兵器独立の見地より航空用旋回機関銃は特種のものを除き半起縁実包を用いるもの（八九式旋回機関銃をいう）を仮制式として採用するものとする。ただし試験の際発生した諸欠点を改善し、新整備品の機能を一層向上すると共に今後部隊実用の結果を参酌しなるべく速やかに研究完璧を仂められんことを望む。

爾後陸軍航空本部の意見に基づき細部の改良を行ない成案を得るに至った。昭和四年十月二十五日「八九式旋回機関銃」として仮制式を制定された。

本銃は発射の際発生する火薬ガス圧力を利用して遊底を開き、薬莢を排出し、さらに復坐ばねの弾撥力により次発の実包を装填発射し、自動的にこれを復行するもので、航空機用旋回機関銃として特に設計されたものであった。

当初用いられていた遊動式機関銃の名称を旋回機関銃に改めたのは昭和四年六月である。旋回機関銃の名称は「遊動式」から一時「推進式」に、次いで「回転式」となり、最後の仮制式制定では「旋回」に変更され、爾後旋回機関銃の名称が固定した。

四年六月陸軍技術本部第一部が作成した「供覧兵器一覧表」に次の記述がある。

項目：試製航空機用乙号遊動式機関銃

研究目的：航空機用として遊動式機関銃を研究するにあり
概説：試製試験中のものにして主要諸元左の如し
口径七・七ミリ、初速約八〇〇メートル、射撃速度一銃一分約七五〇発、重量銃（一銃、除弾倉）約八キロ、銃架約一四キロ、全重量約三五キロ、全長約一・一メートル、両銃間隔約一〇センチ

仮制式制定時の主要諸元は次のとおりである。

口径七・七ミリ、初速七〇〇メートル／秒、射撃速度一銃約七〇〇発／分、全備重量（除実包）約二八・二キロ、全備全長（胸当最長）約一メートル一六五、銃全長約九七〇ミリ、弾倉重量約二・二キロ（空）、約五・四キロ（一〇〇発填実）、銃架（薬莢受、照準機共）約六・二キロ、予備銃身を有する。

昭和一七年八月陸軍航空整備学校刊「装備工術教程（機上兵器）」に記載された八九式旋回機関銃の重要諸元は次のとおりである。

銃の全重量（弾薬二〇〇発を含む）三五・一〇キロ、銃の重量（左右各）八・七五キロ、初速八一〇・三メートル／秒、発射速度（片銃）一分間七〇〇〜七五〇発
射撃速度は双連で一分間に一六〇〇発とする資料もある。

実用距離は命中精度の関係上三〇〇メートル以下とする。

八九式固定機関銃は操縦者が操作するが、八九式旋回機関銃は同乗者が操作する。本銃の

使用に当たっては旋回銃座に装置し、左右の握把を両手で把持し、必要に応じて胸当を胸部に接するようにして射撃を行なう。

本銃の構造は一銃架上に二銃を併列に銃身を外側に位置するよう取付け、各銃に一〇〇発を装填できる扇形弾倉を備える。送弾機能は十一年式軽機関銃とほぼ同じ様式である。

弾倉はアルミニウム製で実包は五発ずつ挿弾子に挿入して弾倉内に併列する。弾倉は銃に水平に取付けるため風圧の軽減に有効で、弾倉の交換は片手で簡単に行なうことができる。

本銃は射距離三〇〇メートルにおいて両銃平均弾着点の間隔が概ね七五センチ以内となるよう設計されている。

本銃の特徴として次の点が挙げられる。

一、銃身交換式

機関銃工手により容易に銃身を交換することができる。

二、空気冷却式

航空機用であるから放熱装置を付けず、従って地上射撃の場合は注意を要する。地上において連発一五〇発の場合、ガス漏孔付近の温度は約三三〇℃となり、爾後の連発は金質を害する。銃身を手で握り得るまでは冷却すること。

三、照準および射撃操作の容易確実

銃架に有する胸当てと両手で支持する握把によって照準および射撃操作を容易かつ確実に

した。

四、挿弾子に挿入した実包をそのまま使用できるようにし、小銃に七・七ミリ実包採用の際における弾丸の融通を便利にした。

五、口径を七・七ミリとしたため活力が増加し、かつ特殊実包を使用できる。

六、銃尾機関および銃尾を堅牢にするため尾筒底に閂子緩衝器および活塞緩衝器を付けた。

七、発射速度増大のため次の処置を施した。

(一)活塞筒に作用するガス圧および受圧面積を大にして後退速度を増した。

(二)復坐ばね力を大にし、かつ活塞緩衝器に活塞弾撥器を兼ねさせ復坐速度を増大した。

(三)銃尾機関の後退量を減少した。

八、機能確実な安全装置を付けた。

九、銃架の変歪による悪影響を銃身に及ぼさないよう、銃と銃架を結合の際、銃身と銃身支坐間に円周上各〇・五ミリの遊隙を設けた。

銃尾機関後退に要する勢力は火薬全勢力の一パーセント内外とし、各規整子分画に応じ活塞に作用するガス圧力は概ね次のとおりである。

規整子分画	ガス圧力
四・〇ミリ	九〇二キロ／平方メートル
三・五ミリ	八七〇キロ／平方メートル

三・〇ミリ　八二五キロ／平方メートル
二・五ミリ　七五〇キロ／平方メートル
二・〇ミリ　六三二キロ／平方メートル

八九式旋回機関銃ではガス漏孔よりガスが逃げるので、固定機関銃に比べて初速が少し落ちる。

八九式旋回機関銃用の旋回銃架は昭和二年二月飛行器材「回転銃座（一型）」として準制式制定された。銃架の主体は鋼管でできており上面に銃および弾倉の取付部を、下面に薬莢受および旋回銃座に嵌装する支軸がある。後部に第二引鉄を備え、二銃同時または単独発射の機構を有し、後端に胸当が付いている。胸当は射手の姿勢に応じ伸縮する構造で、必要があれば折畳むことができる。

八九式旋回機関銃の照準具は空中射撃の特性に応じる目標修正並びに射手修正を行ない、かつ地上における射撃も実施できるよう照門環、移動照星、固定照星からなり、銃架の中心線上に装する。

照門環は目標修正を行なう用具で目標航速二〇〇キロおよび一〇〇キロ、射距離二〇〇メートルを基準として設計されている。射手の目の位置を環の後方五四センチに置いたとき、外環の半径は時速二〇〇キロ、内環の半径は時速一〇〇キロに応じる目標修正量となる。照門環は射距離に応じて高さを規正し、射距離三〇〇メートルに応じる照門環高は約八一・五

〈上〉フランス・ダルヌ社双連旋回機関銃、旋回銃架に装載
〈下〉ダルヌ社から購入した双連旋回機関銃

ダルヌ社から購入した双連旋回機関銃

試製航空機用乙号遊動式機関銃、昭和4年6月供覧の試製機関銃

陸軍技術本部開発担当者による試製航空機用乙号遊動式機関銃の試験射撃

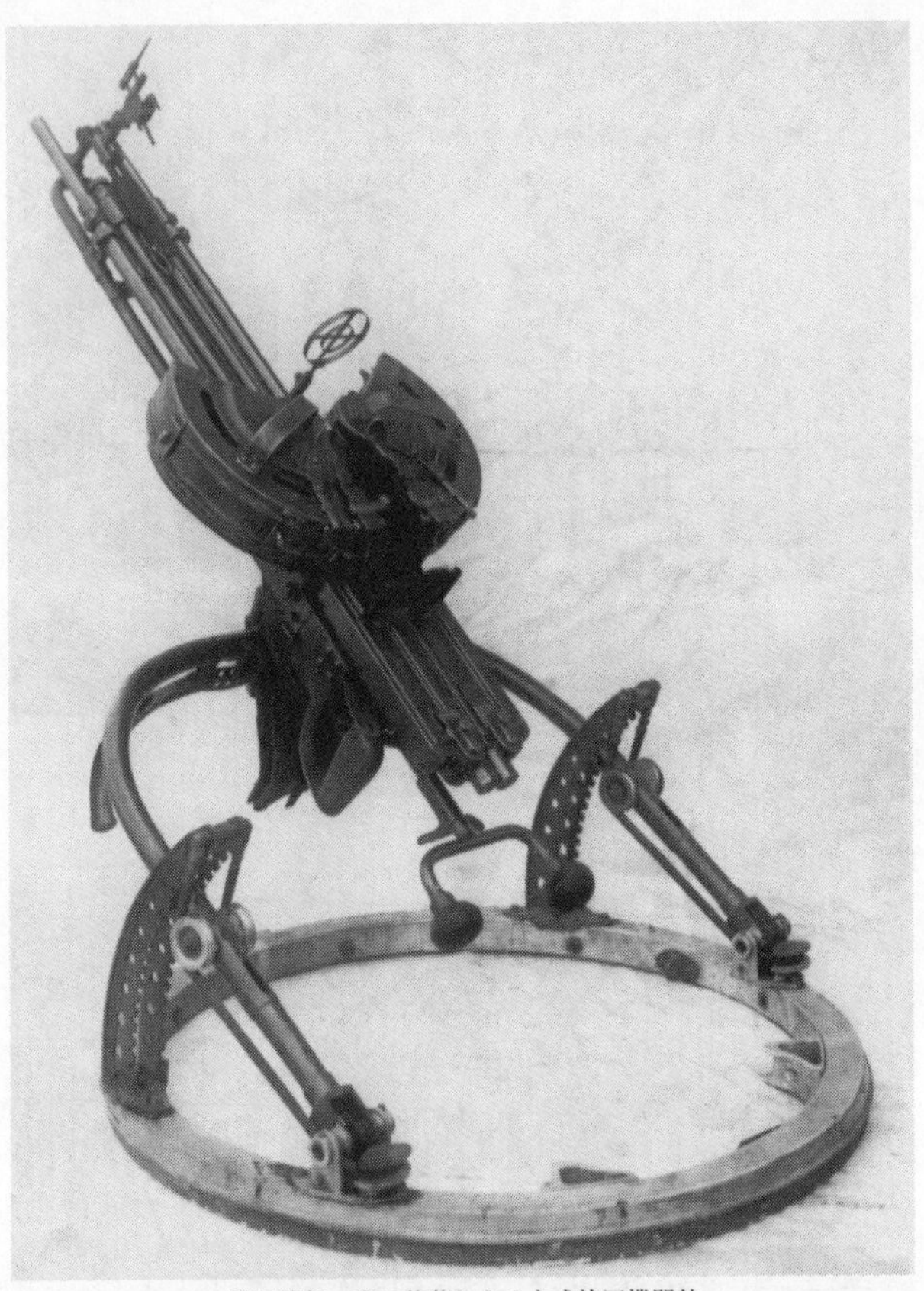

旋回銃架一型に装載した八九式旋回機関銃

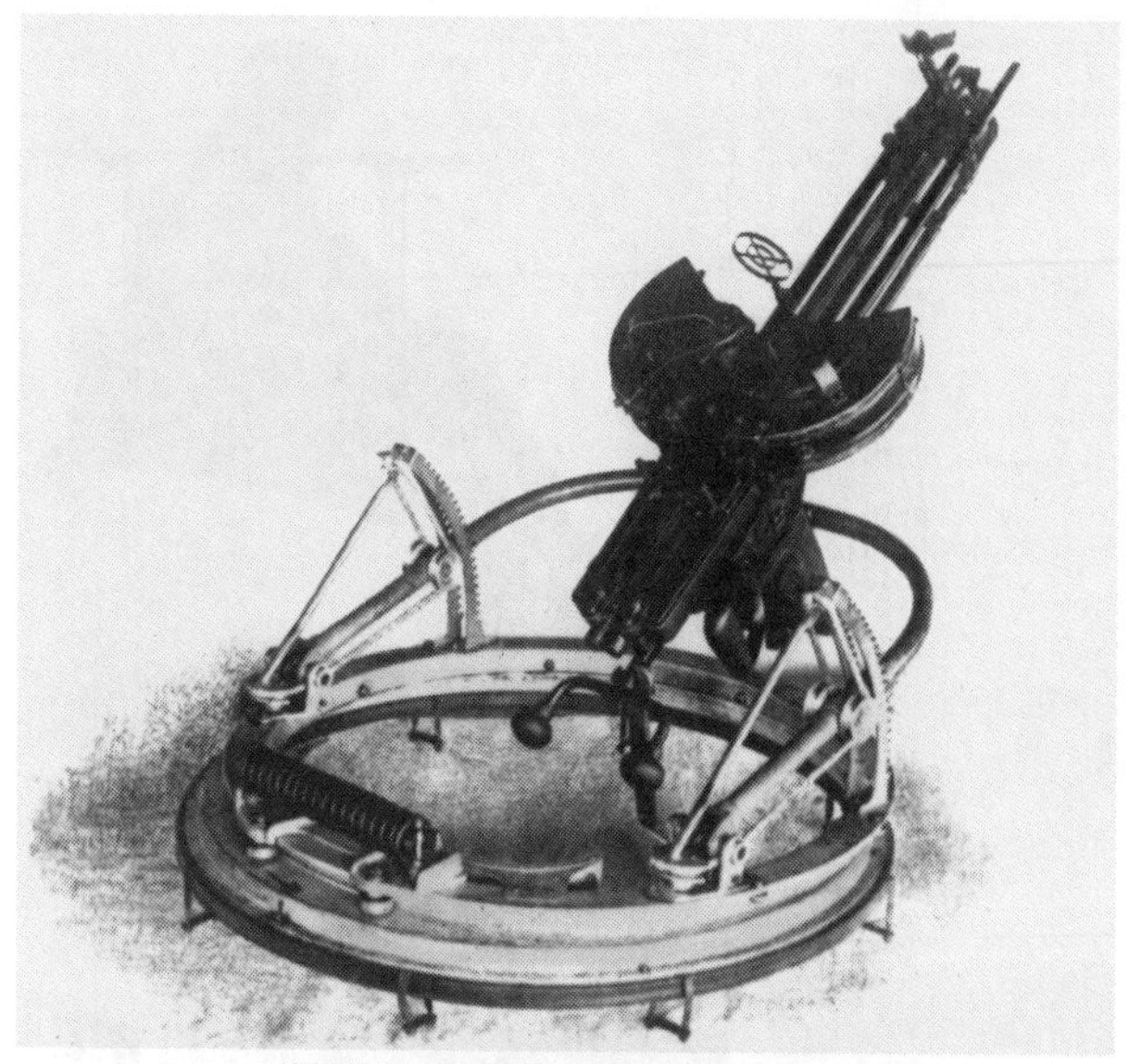

旋回銃架二型に装載した八九式旋回機関銃

〈上〉八九式旋回機関銃の射撃姿勢、銃手は防寒被服を着装し胸当により銃を安定させる
〈中〉八九式旋回機関銃全体、昭和12年2月陸軍航空技術学校「兵器学教程附図」所載
〈下〉八九式旋回機関銃上視、昭和12年2月陸軍航空技術学校「兵器学教程附図」所載

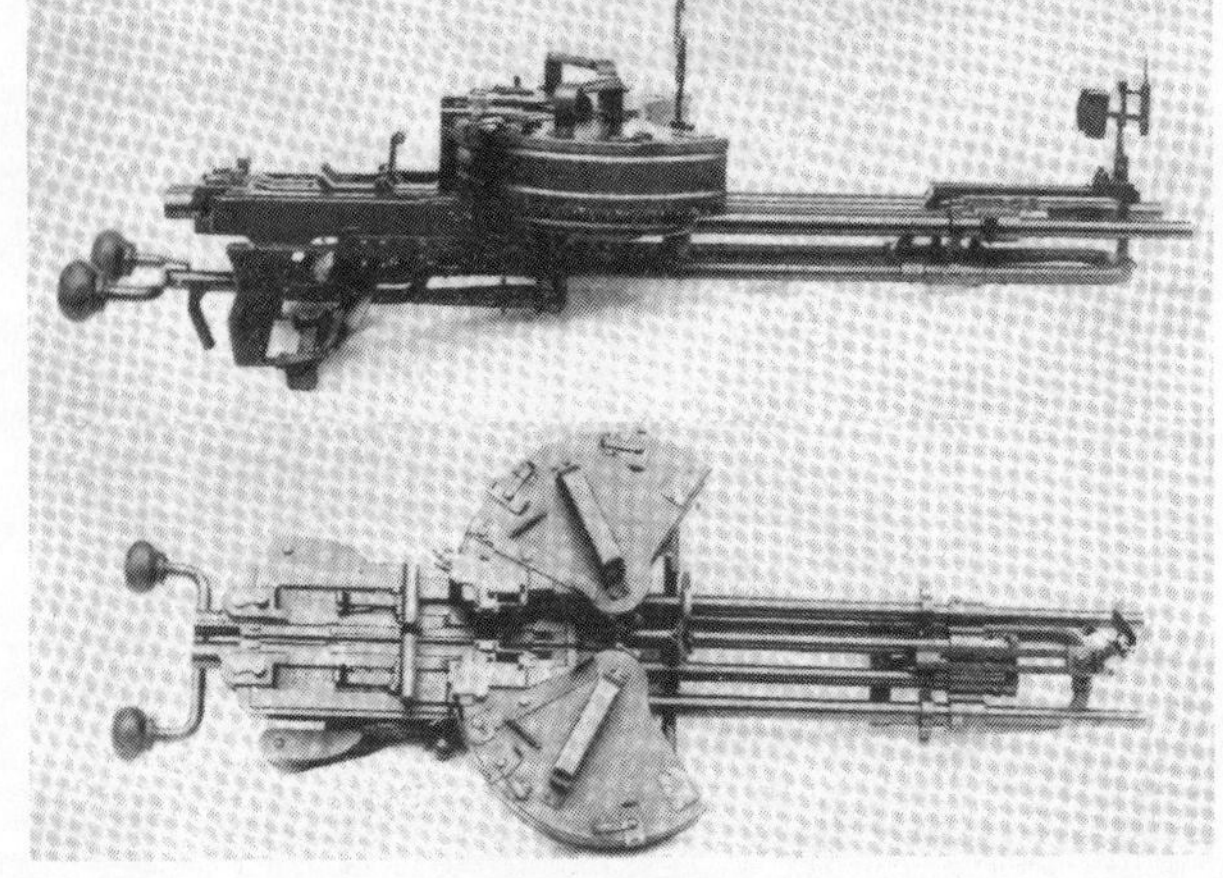

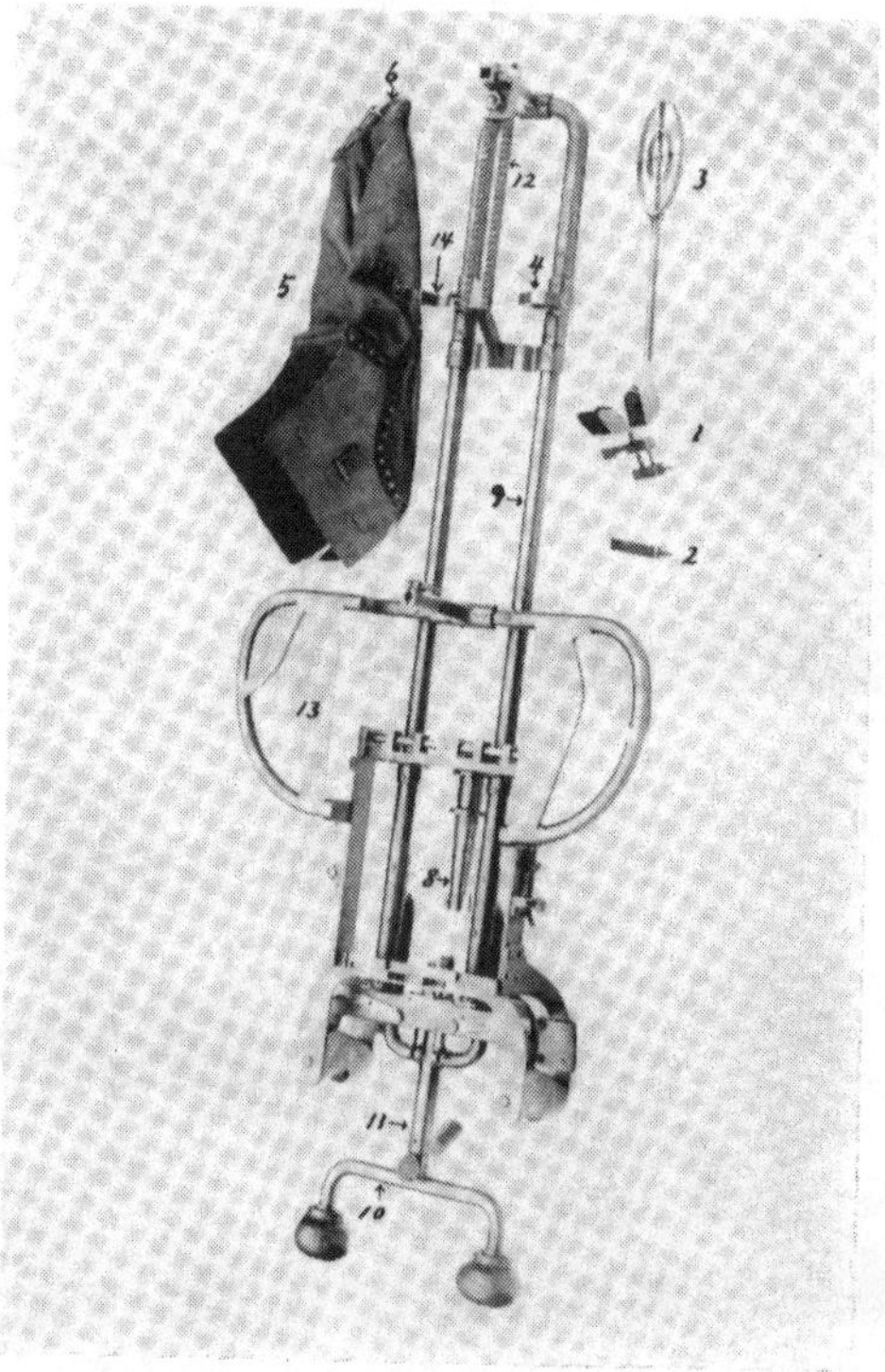

1 移動照星
2. 固定照星
3. 照門環
4. 銃身支坐蓋駐板
5 薬莢受
6. 薬莢受口金
8. 支軸
9. 平方管
10. 胸當支管
11 胸當托管
12. 照星坐支坐
13. 彈倉支臺
14. 銃身支坐

八九式旋回機関銃銃架、照門環、移動照星、固定照星、薬莢受

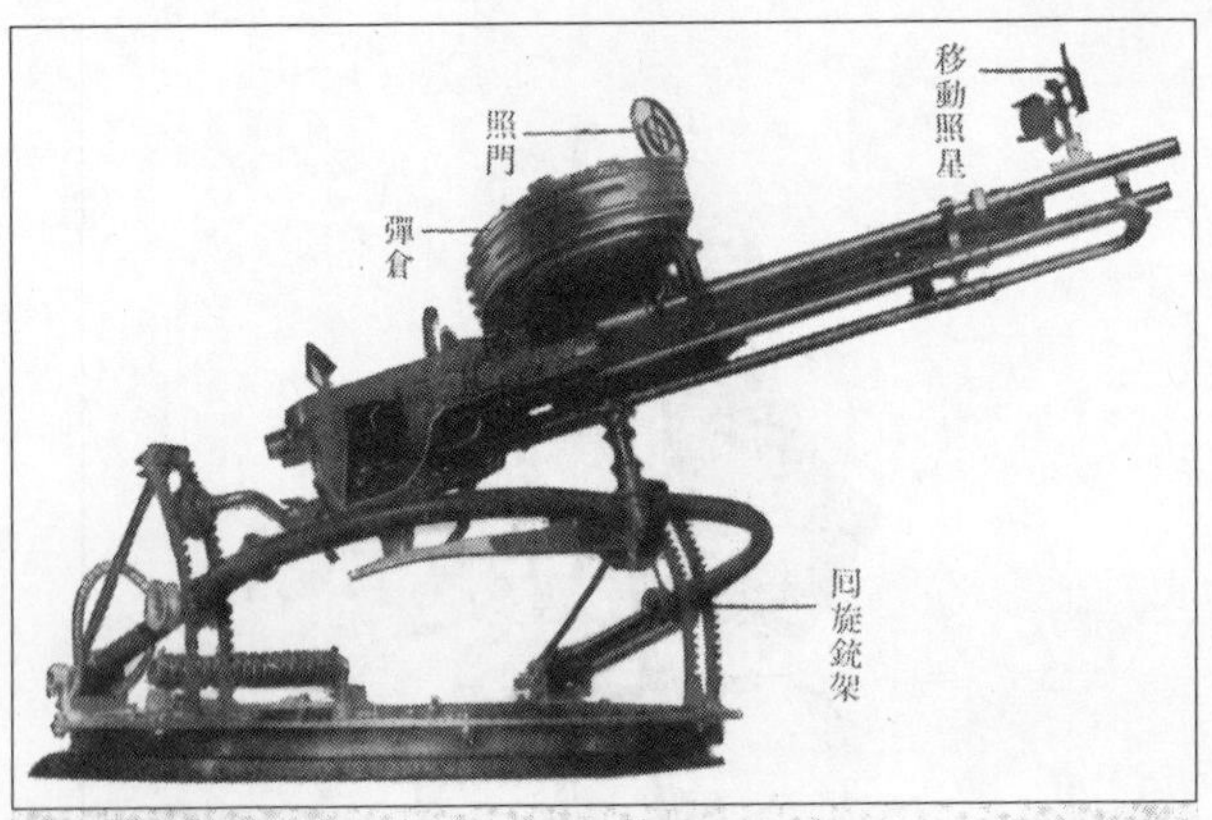

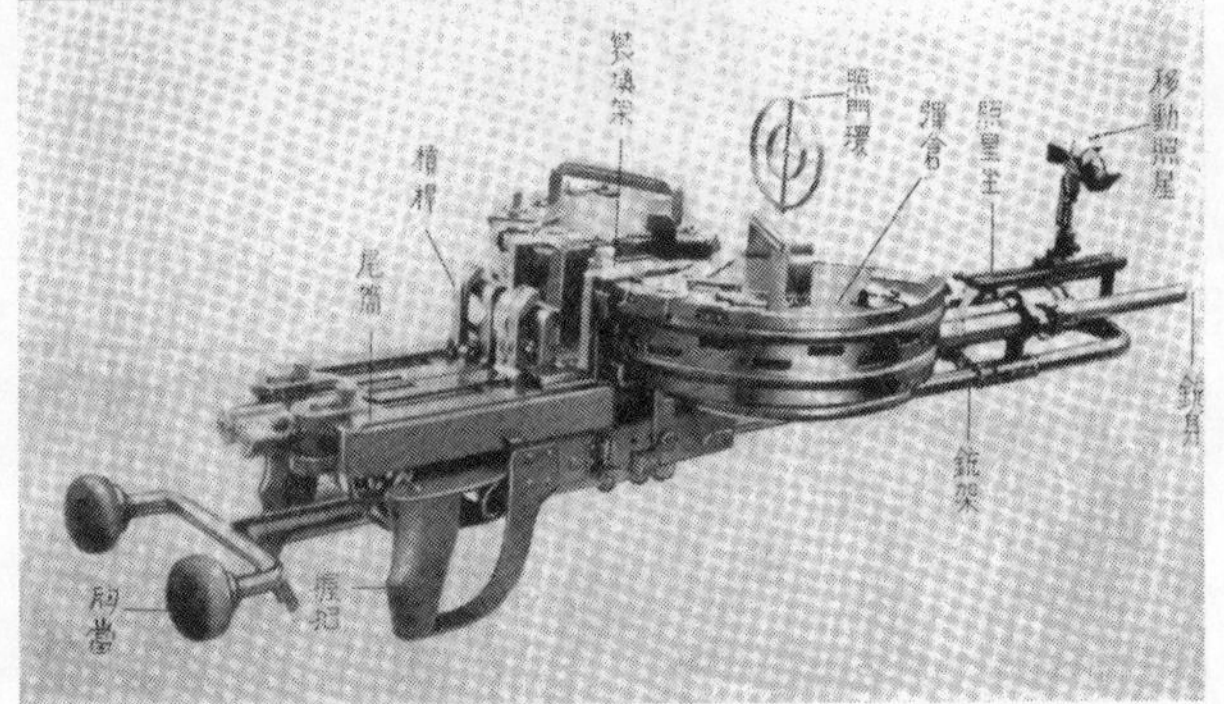

〈上〉八九式旋回機関銃全体、昭和13年改訂陸軍士官学校「航空学教程巻一（航空兵器ノ部）」所載
〈下〉八九式旋回機関銃全体、東京陸軍少年飛行兵学校「兵器学教程全」所載

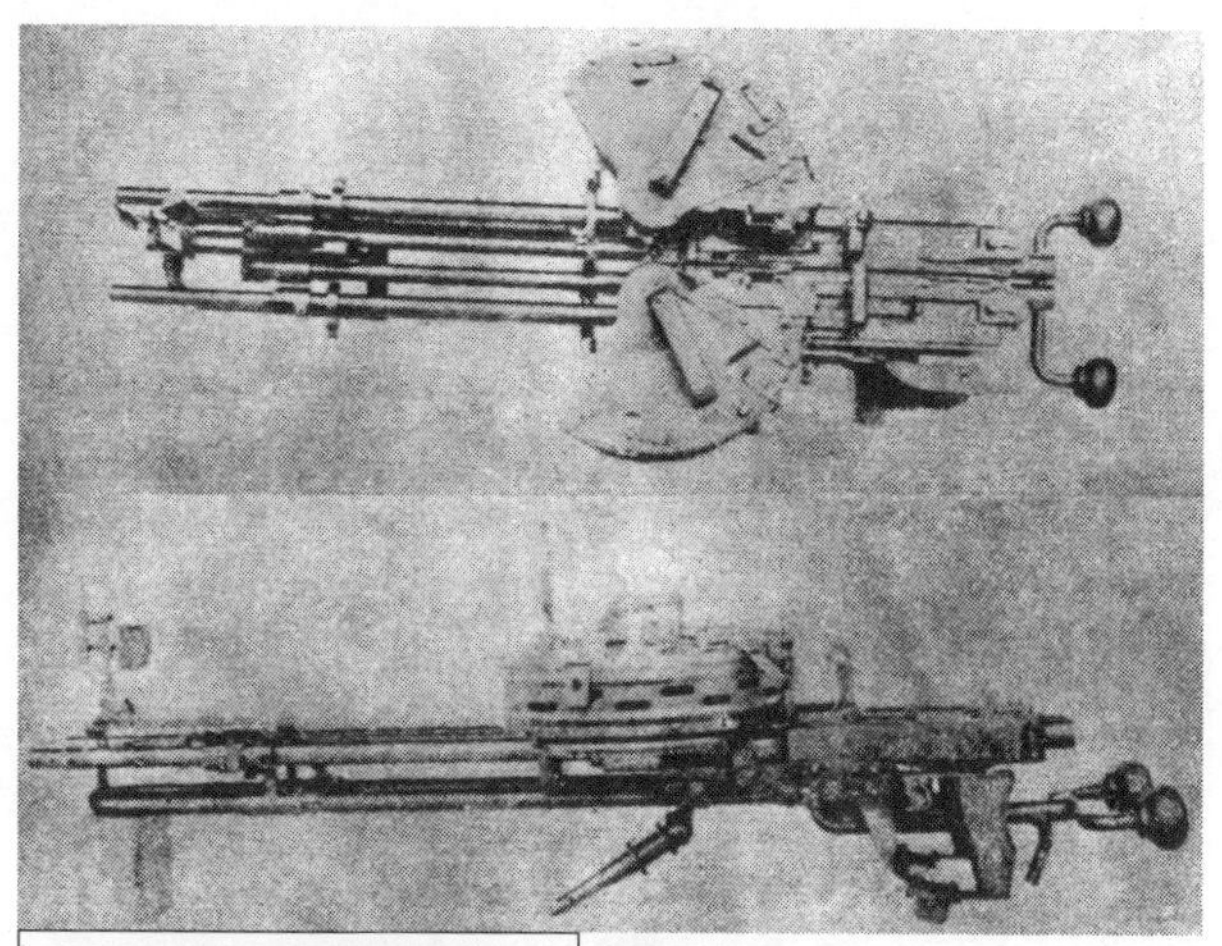

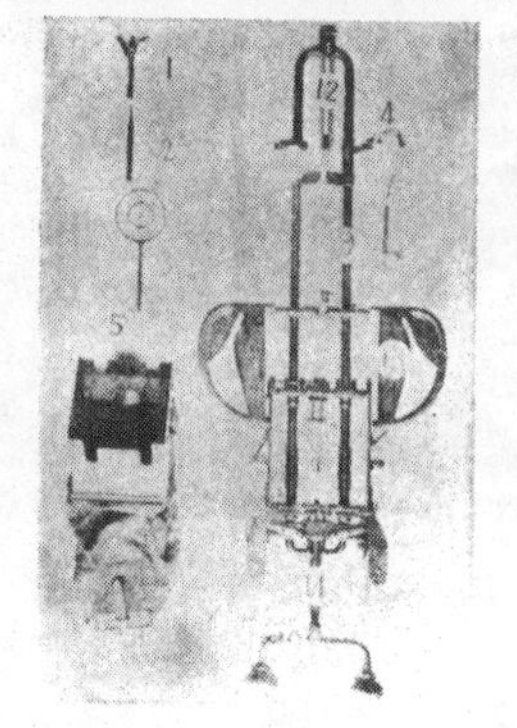

1. 移動照星
2. 固定照星
3. 照門環
4. 銃身支坐蓋駐板
5. 薬莢受
6. 薬莢受口金
7. 尾筒前方駐桿
8. 支　軸
9. 平方管
10. 胸當支管
11. 胸當託管
12. 照星坐支坐
13. 彈倉支臺
14. 銃身支坐

〈上〉八九式旋回機関銃全体、昭和16年4月熊谷陸軍飛行学校「兵器学教程第三巻」所載
〈下〉八九式旋回機関銃銃架、昭和16年4月熊谷陸軍飛行学校「兵器学教程第三巻」所載

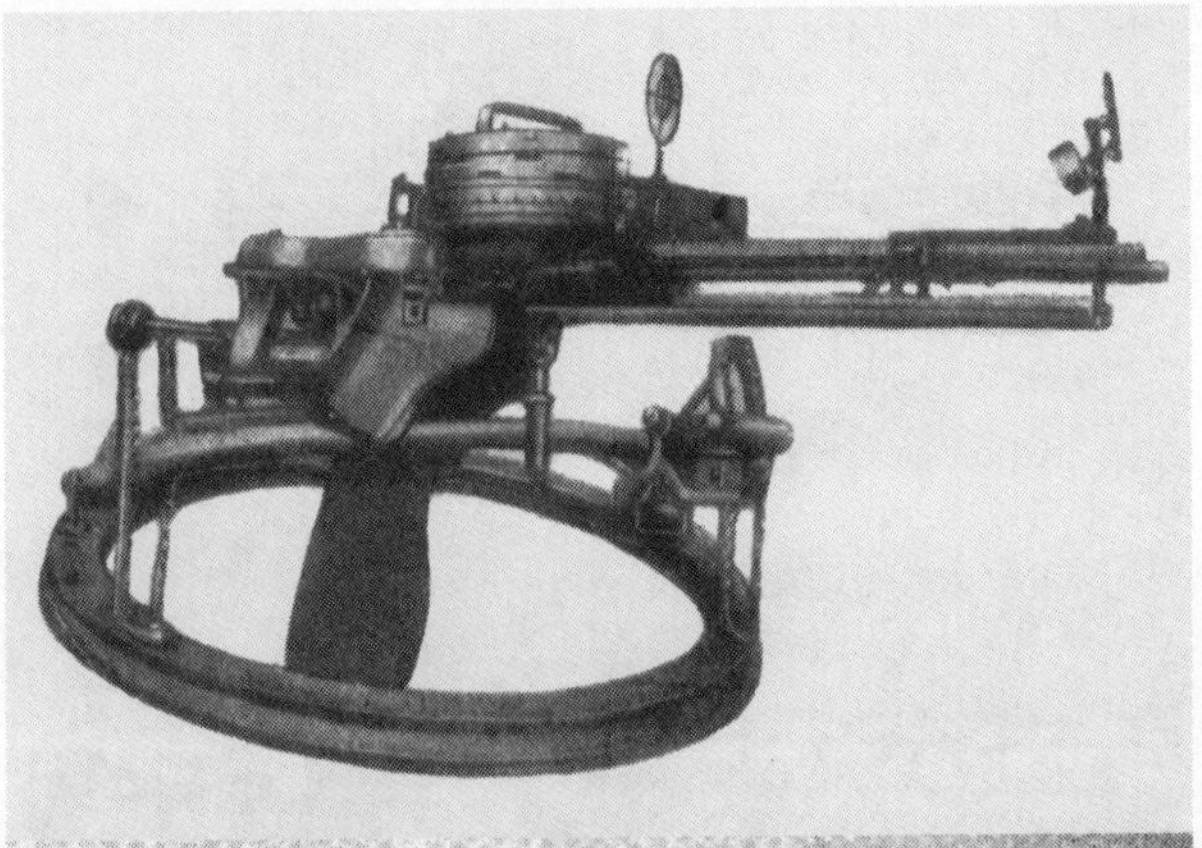

〈上〉八九式旋回機関銃全体、昭和16年改訂陸軍航空士官学校「空中射撃学仮教程全」所載
〈下〉八九式旋回機関銃全体、昭和17年8月陸軍航空整備学校「整備工術教程（機上火器）」所載（以下同じ）

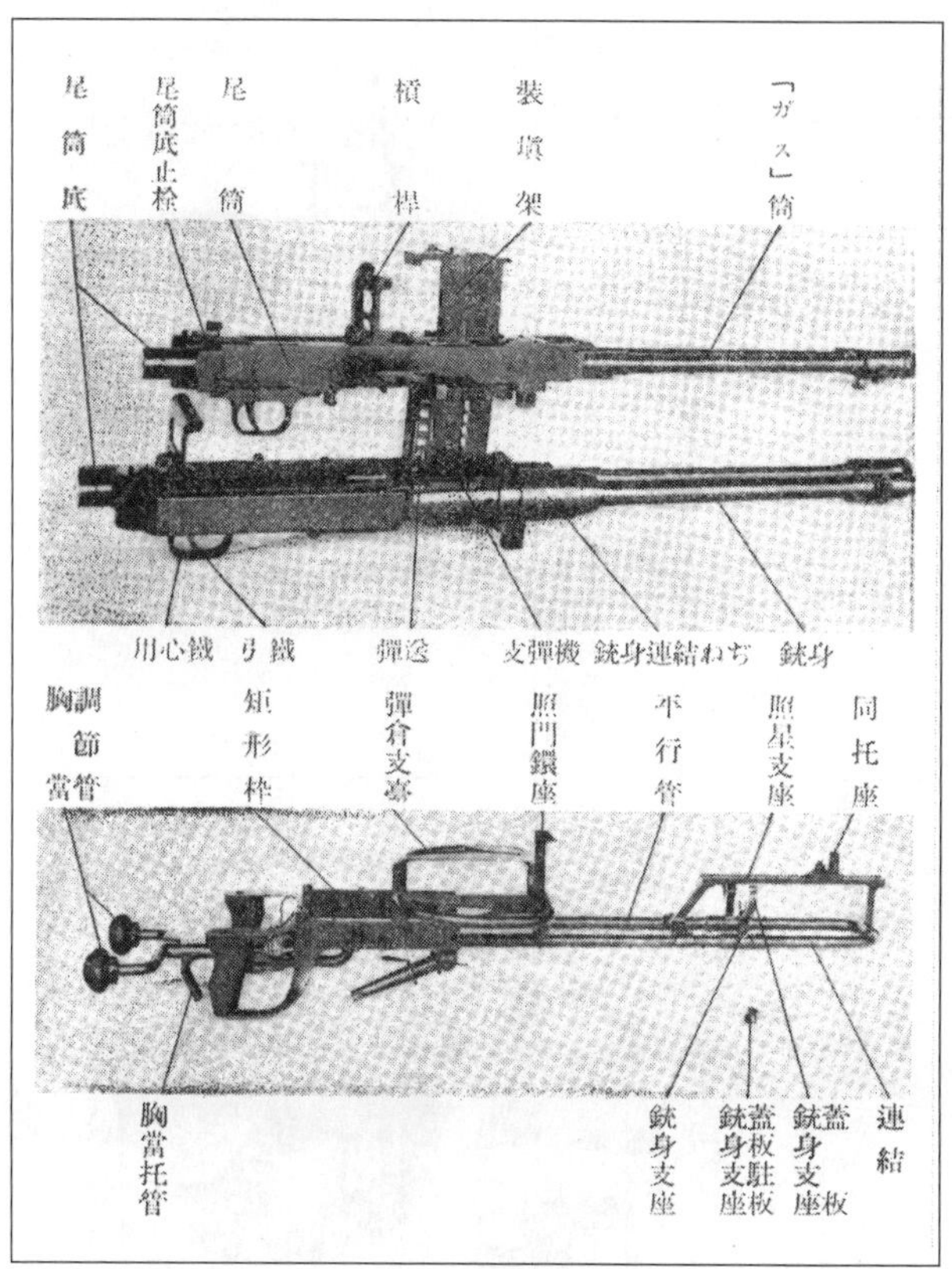

八九式旋回機関銃銃身および銃架

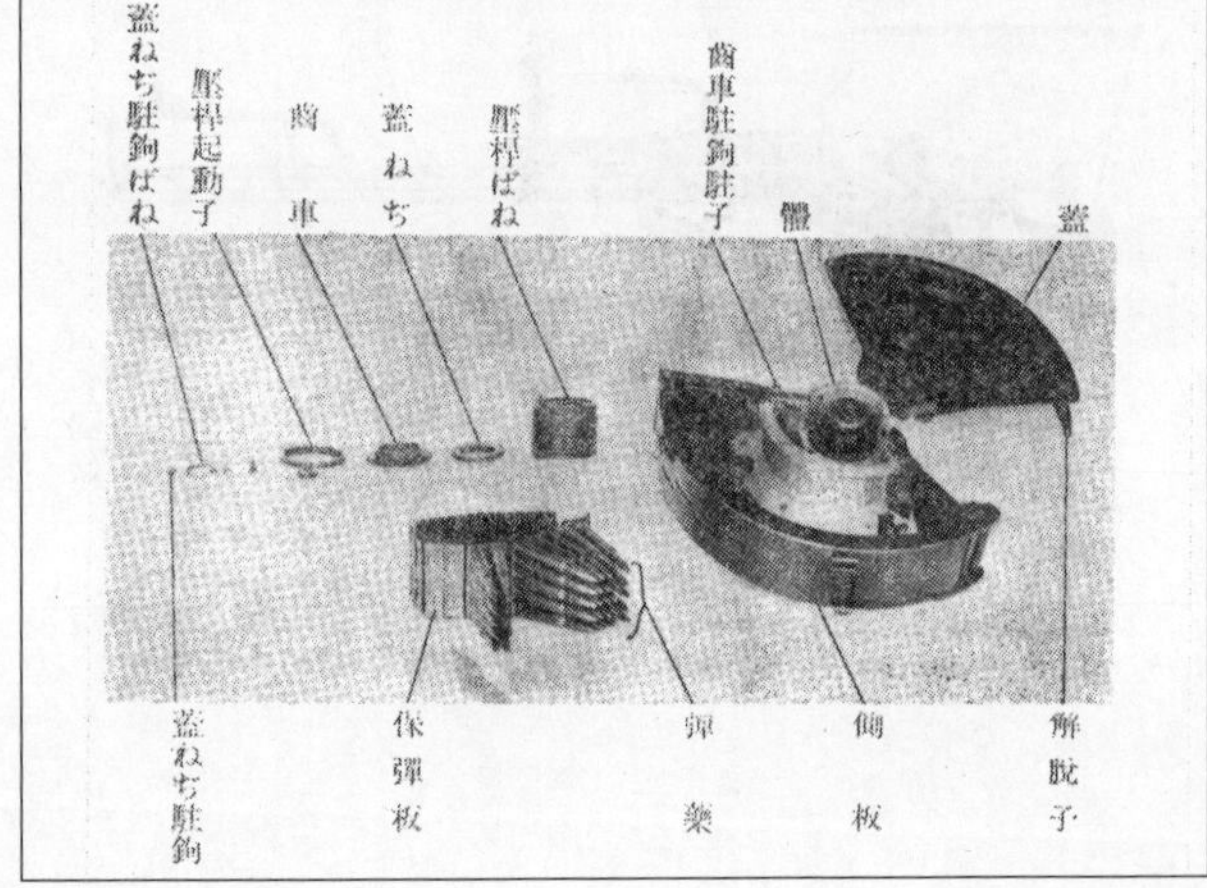

〈上〉八九式旋回機関銃握把
〈下〉八九式旋回機関銃弾倉

103　八九式旋回機関銃

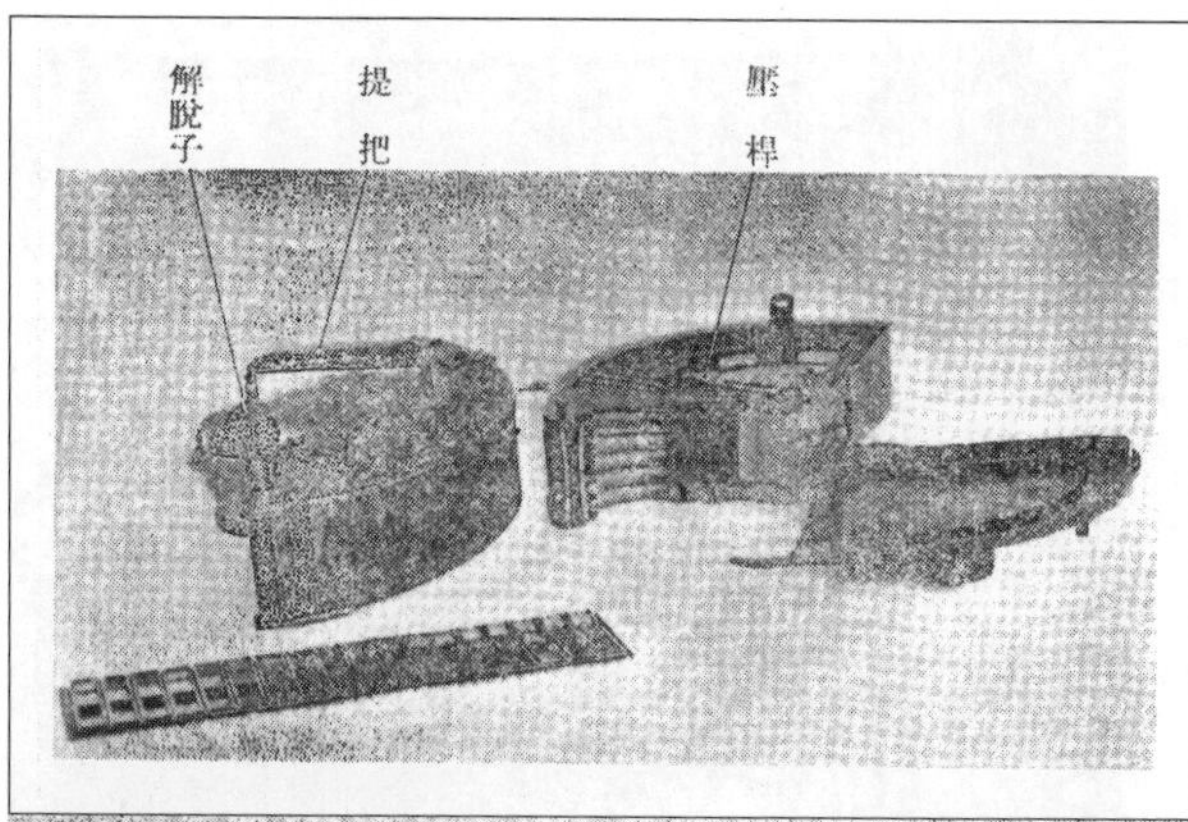

〈上〉八九式旋回機関銃弾倉
〈下〉八九式旋回機関銃機上射撃姿勢

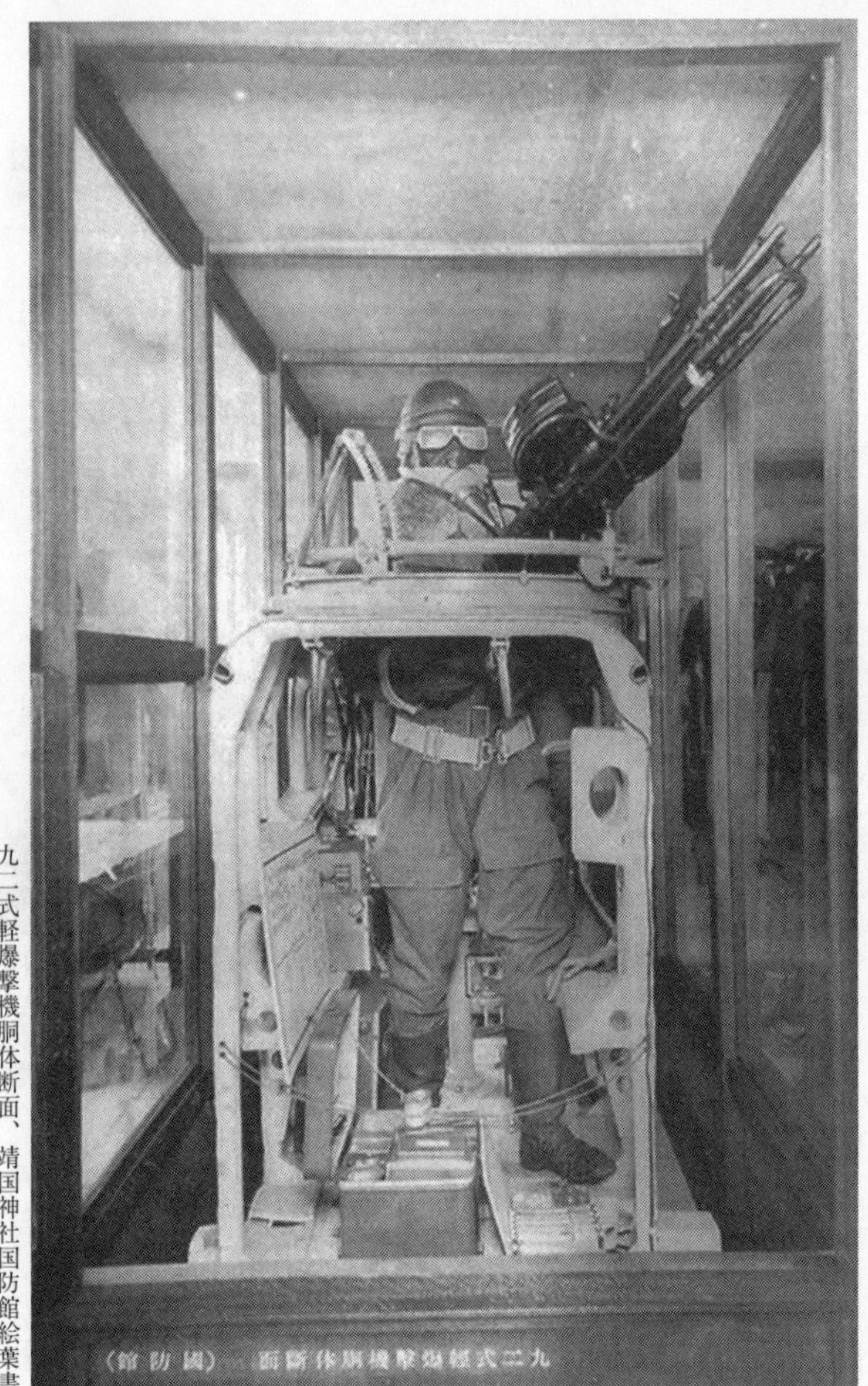

九二式軽爆撃機胴体断面、靖国神社国防館絵葉書

105　八九式旋回機関銃

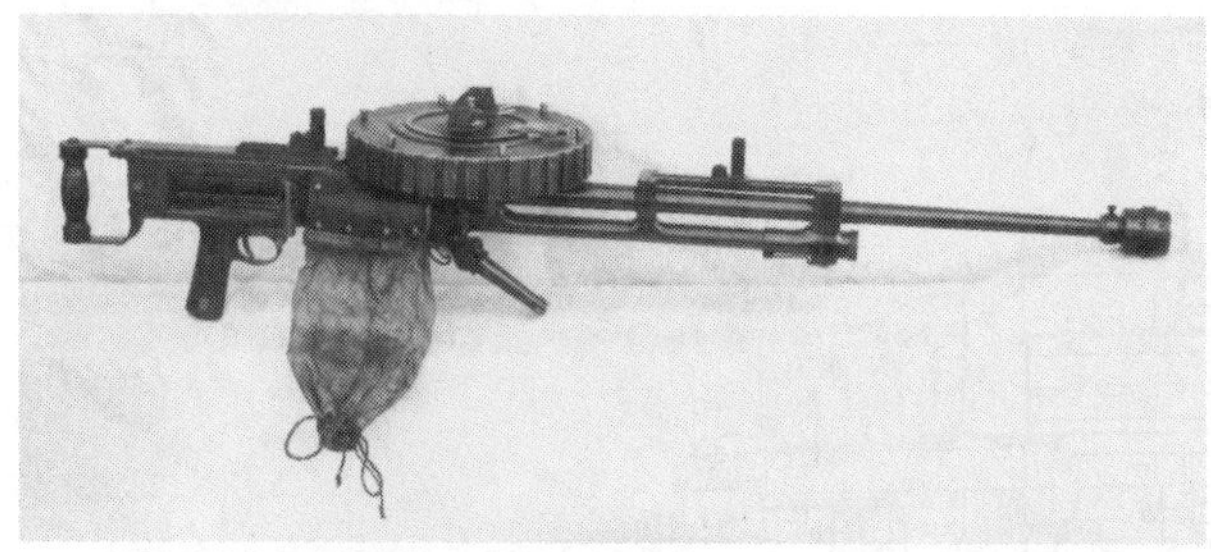

試製丙号旋回式機関銃、試製旋回機関銃の一つと思われるが詳細不明

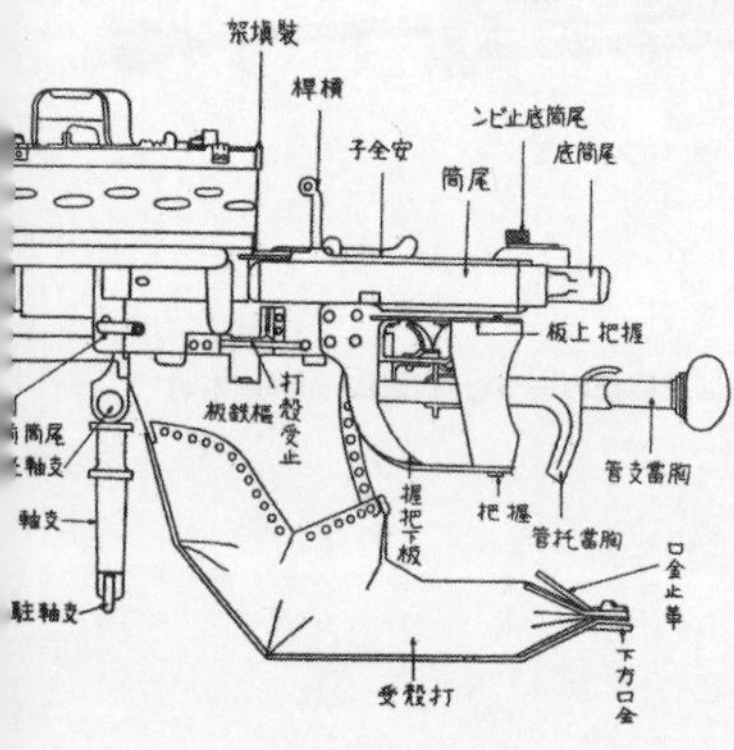
架槓裝
桿横
ンピ止底筒尾
子全安
筒尾
底筒尾
板上把握
打殻受止
板鈑欄
握把下板
管支當胸
把握
管托當胸
口金止革
下方口金
受殻打
軸支
駐軸支

銃

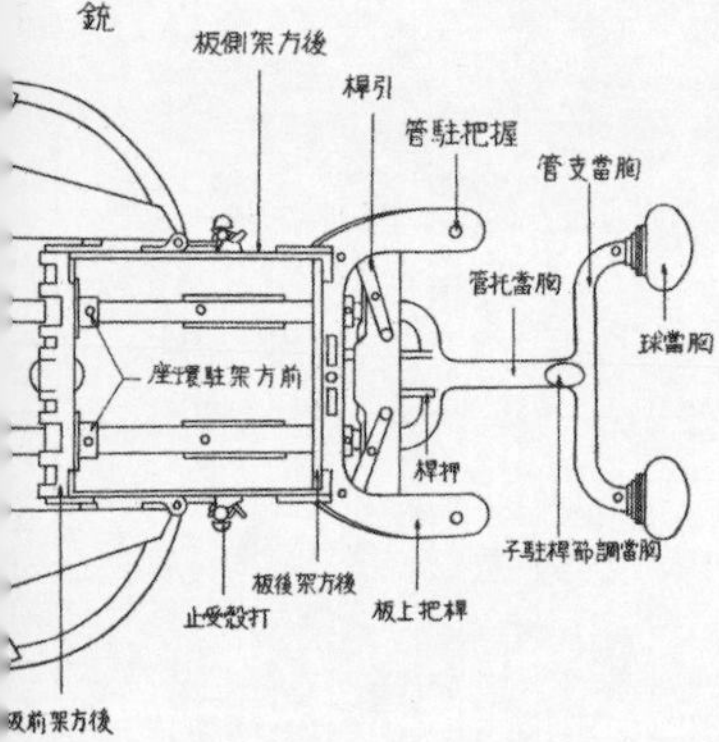
板側架方後
桿引
管駐把握
管支當胸
管托當胸
座擐駐架方前
球當胸
桿押
子駐桿節調當胸
板後架方後
止受殻打
板上把桿

八九式旋回機関銃全体
昭和16年11月水戸陸軍飛行学校
「八九式旋回機関銃教程」所載

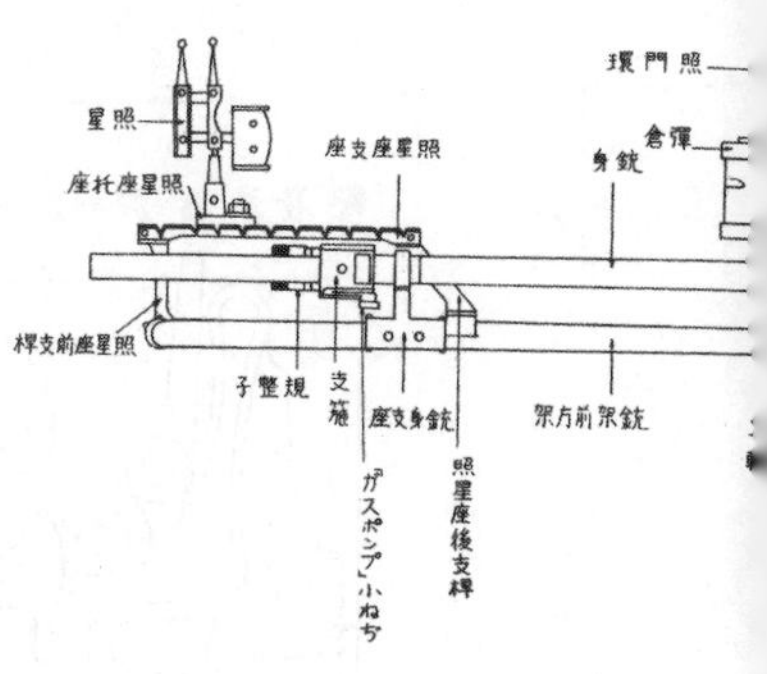

八九式旋回機関銃銃架
昭和16年11月水戸陸軍飛行学校
「八九式旋回機関銃教程」所載

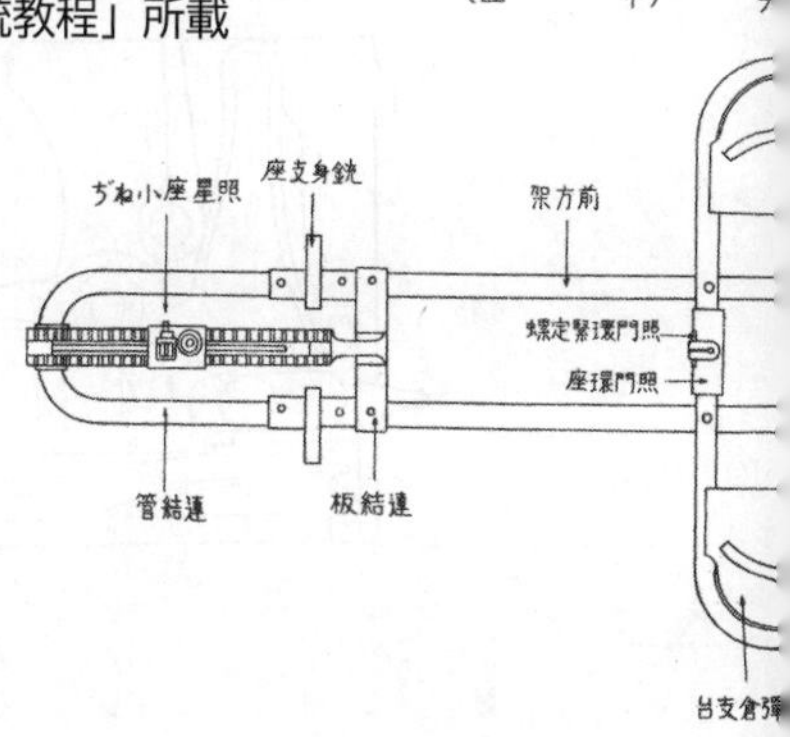

撃發準備ニ於ケル遊底内部

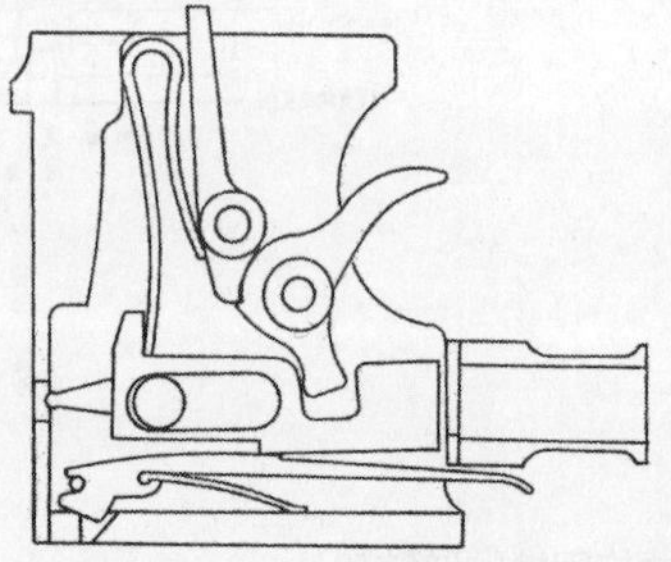

撃發位置ニ於ケル遊底内部

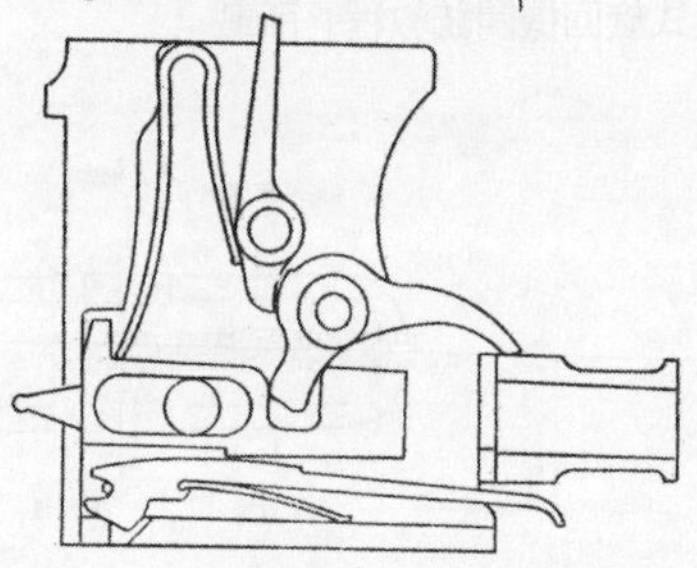

八九式旋回機関銃遊底
昭和12年2月陸軍航空技術学校
「兵器学教程附図」所載

撃發位置ニ於ケル遊底外部

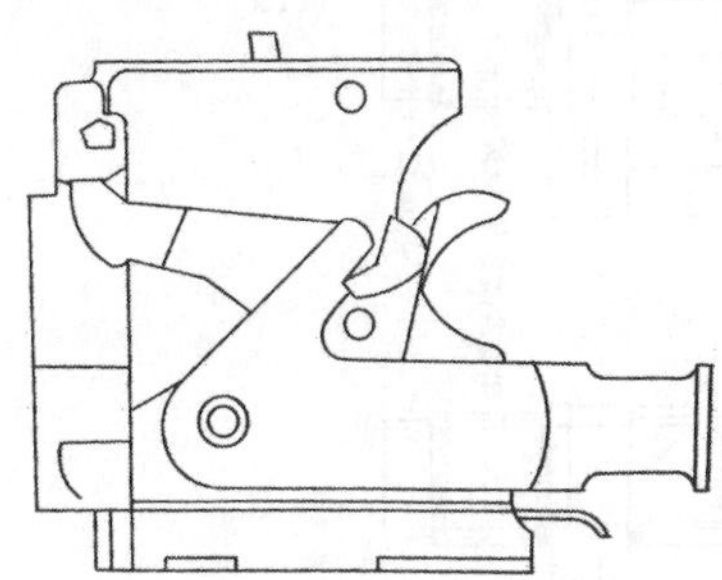

遊底後退ノ位置ニ於ケル遊底内部

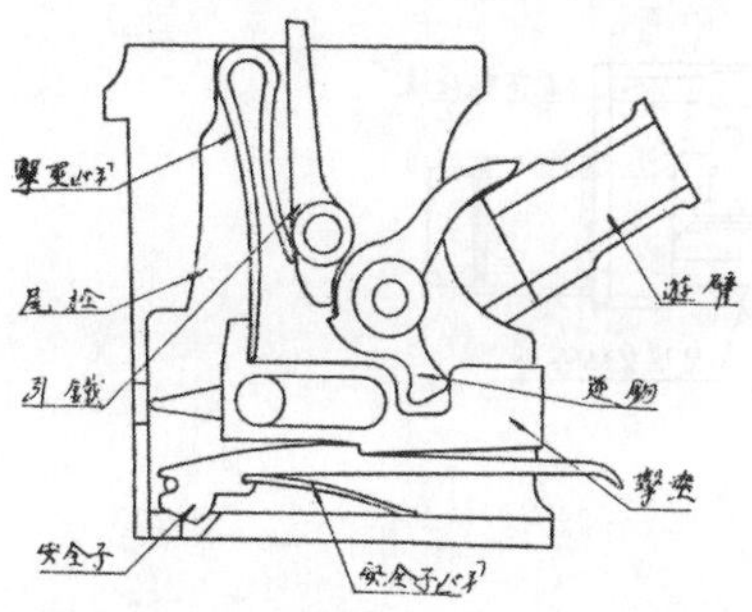

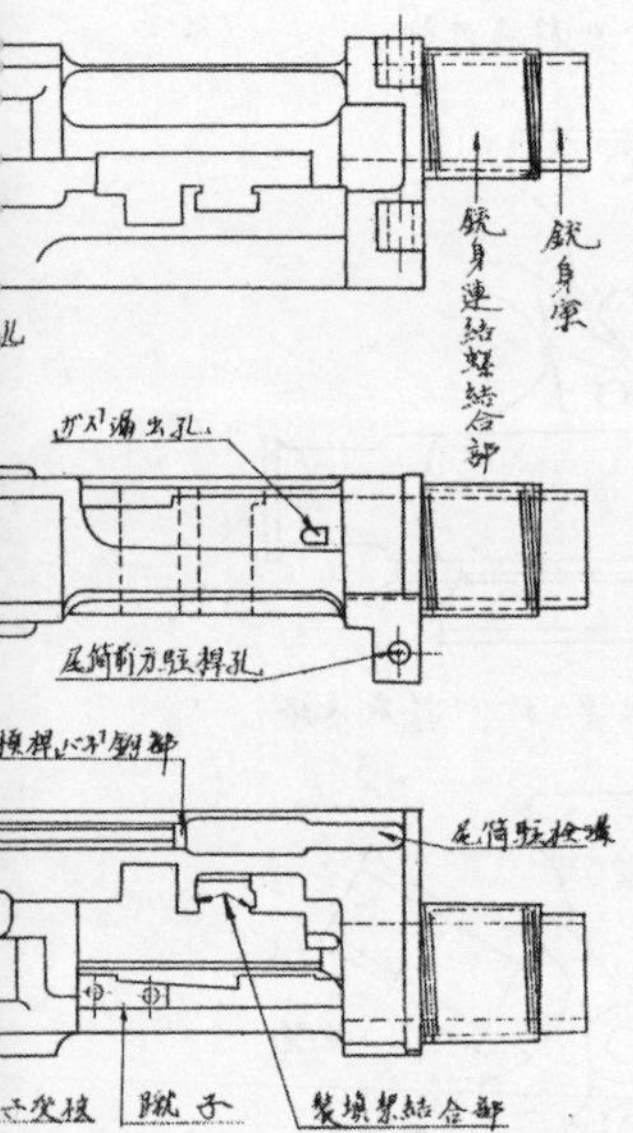

銃身連結螺結合部
銃身室
ガス漏出孔
尾筒前方駐桿孔
尾筒駐栓溝
蹴子
装填架結合部

八九式旋回機関銃尾筒
昭和12年2月陸軍航空技術学校
「兵器学教程附図」所載

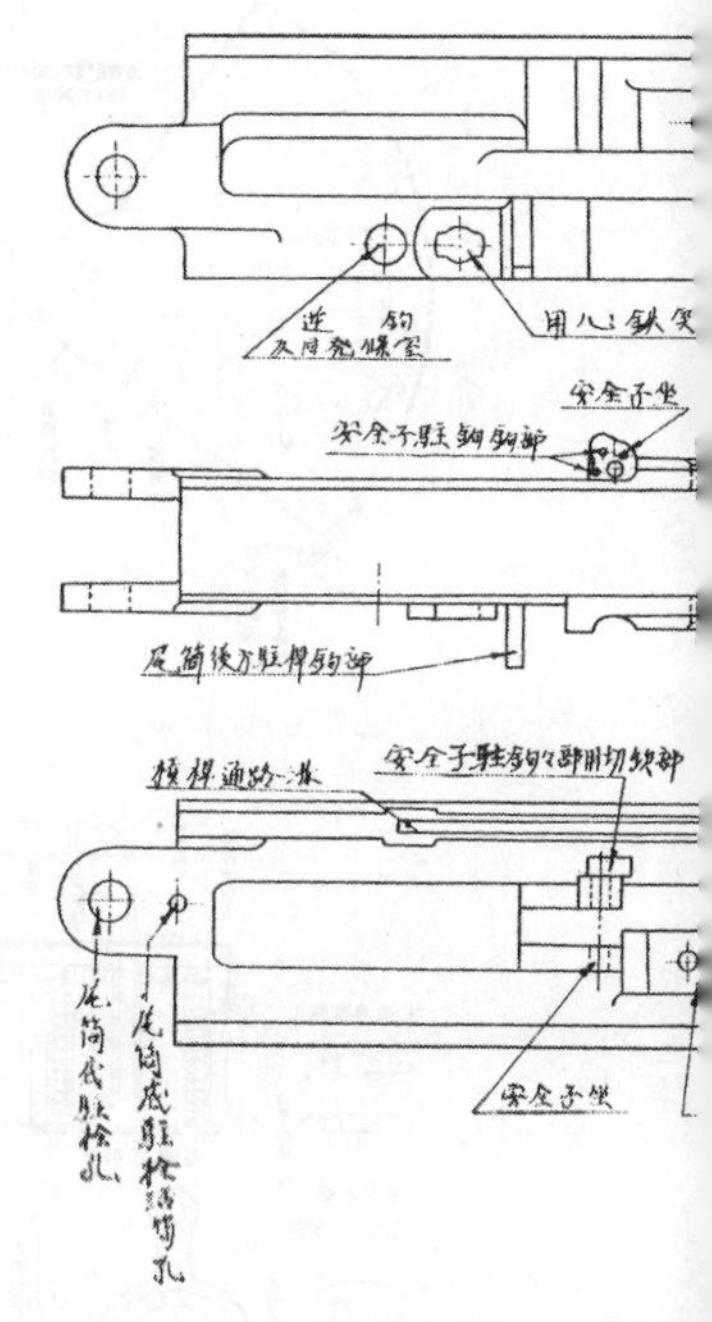

八九式旋回機関銃弾倉
昭和16年4月熊谷陸軍飛行学校
「兵器学教程第三巻」所載

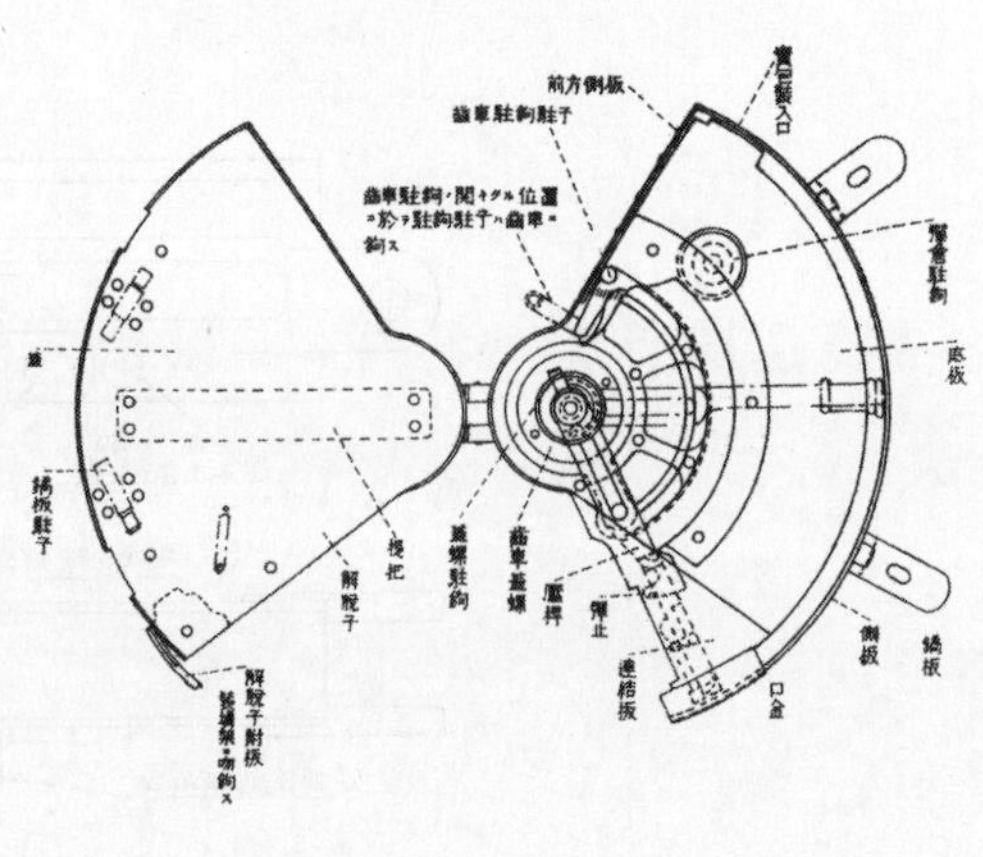

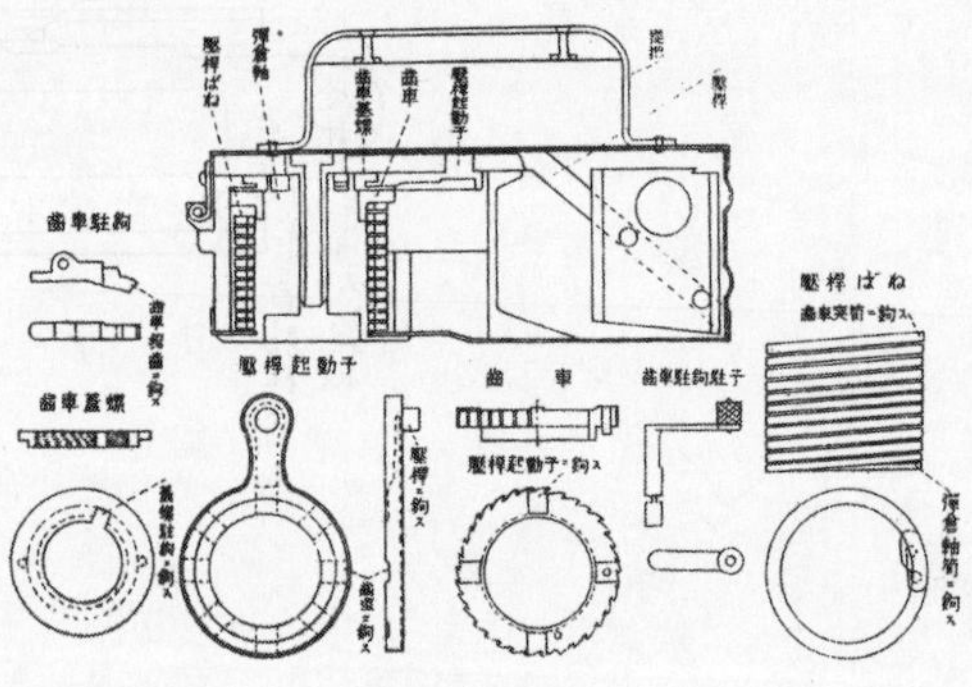

八九式旋回機関銃弾倉
昭和16年11月水戸陸軍飛行学校
「八九式旋回機関銃教程」所載

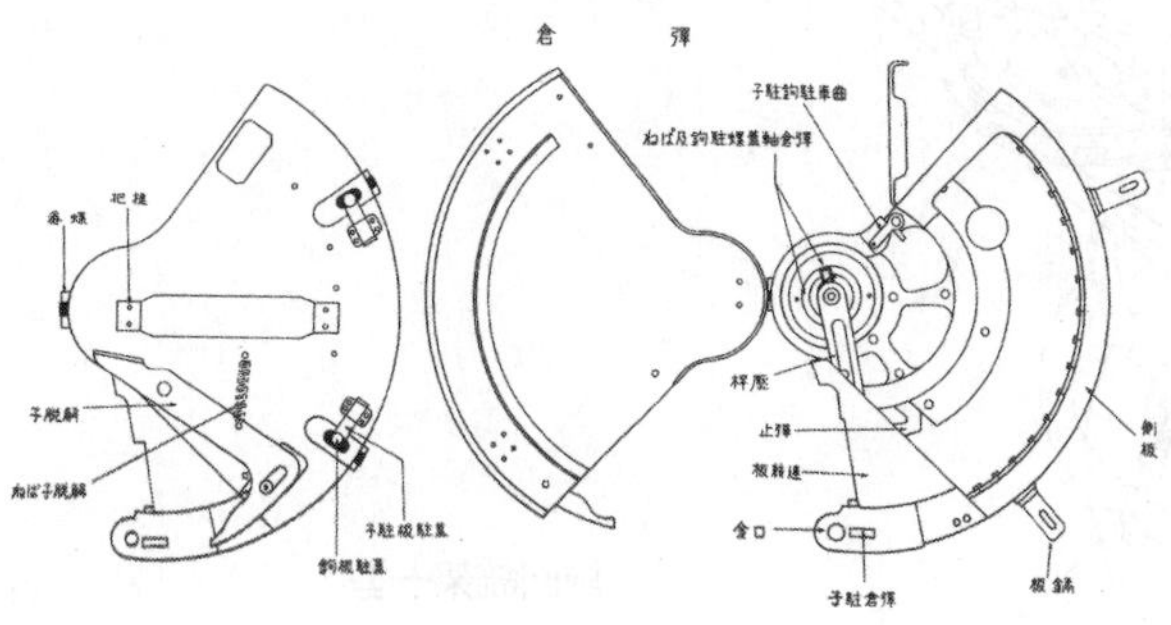

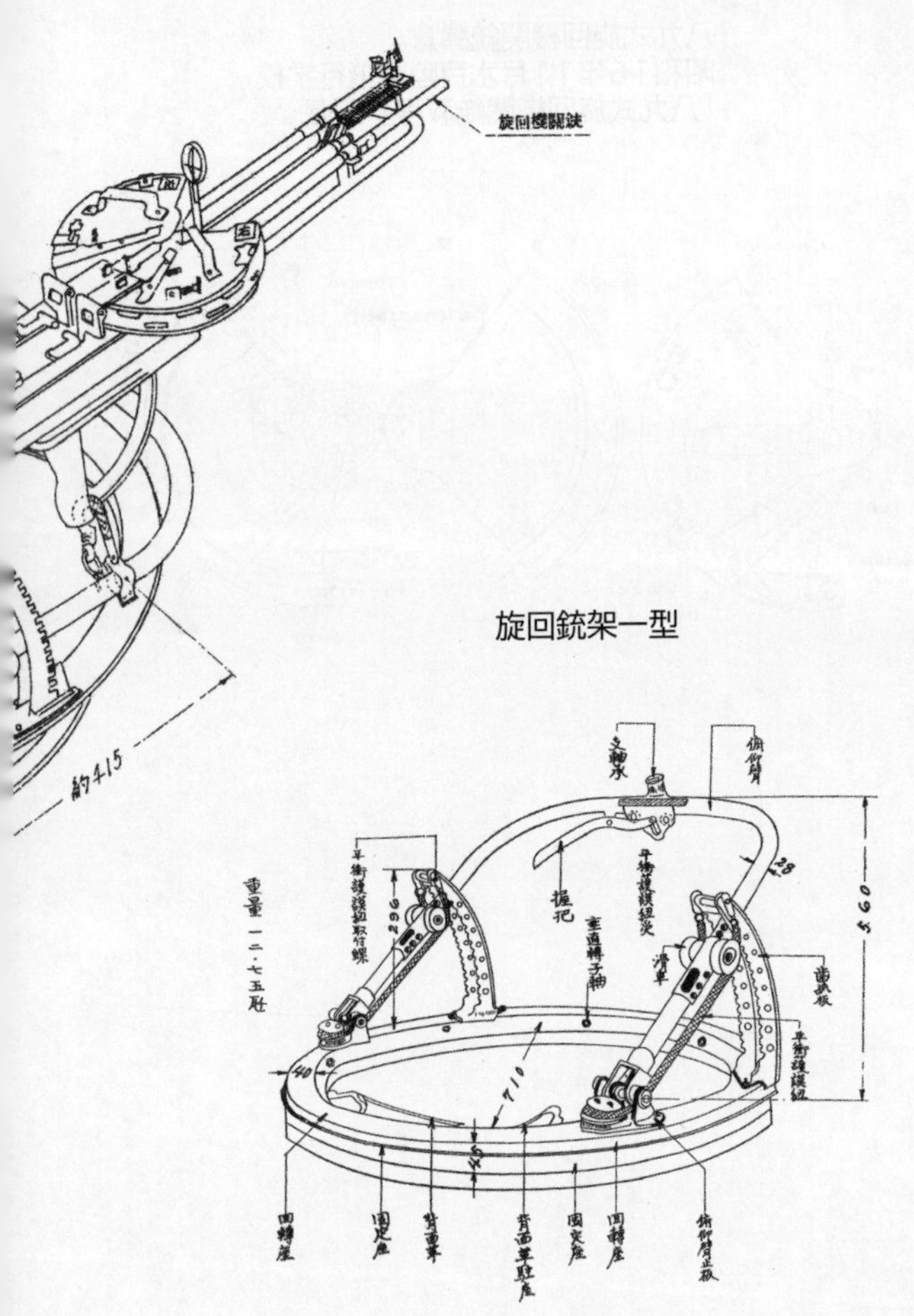
旋回機關銃
約415
重量 一二・七五瓩
支軸承
俯仰臂
28
560
296
710
40
滑車
回轉座
固定座
背面革
背面革駐座
固定座
回轉座
俯仰臂止板
旋回銃架一型

旋回銃架二型、九三式重爆撃機二型搭載

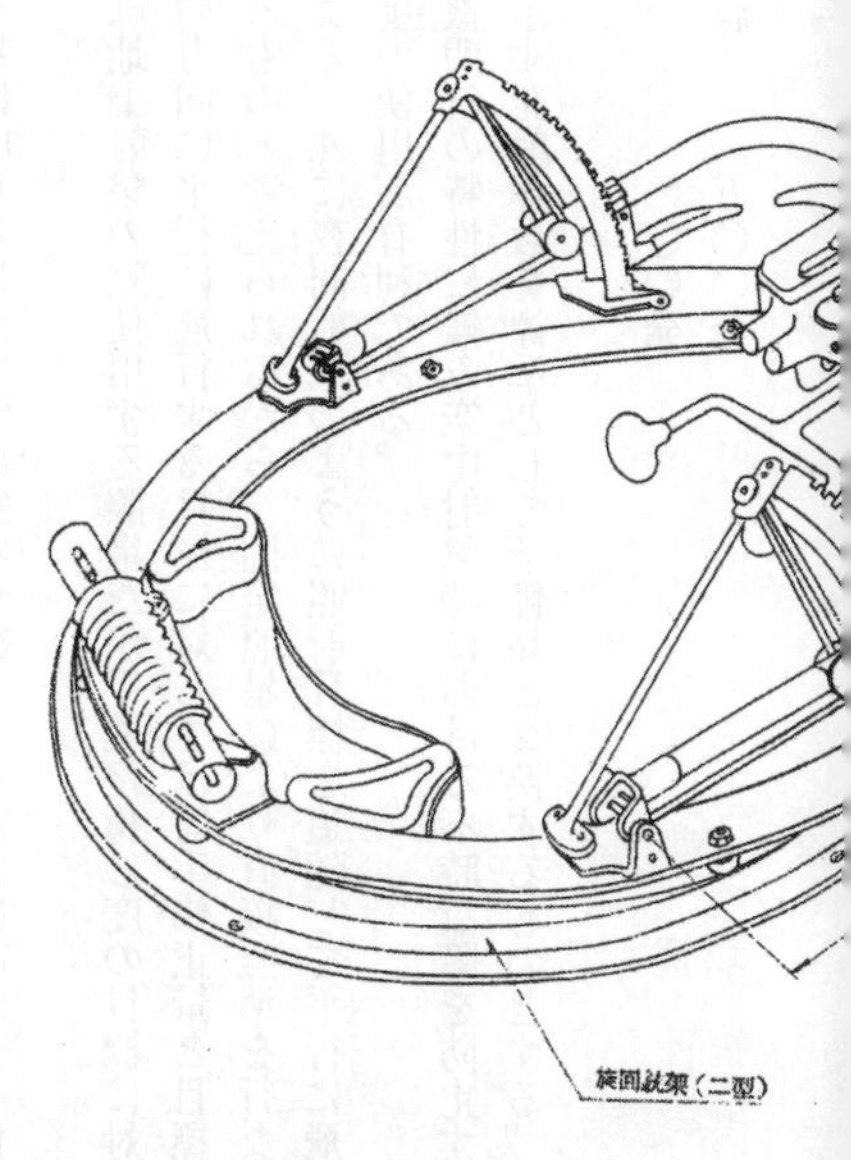

ミリとなる。

移動照星は射手修正を行なう用具で射距離二〇〇メートルを基準として製作され、機上射撃にのみ使用する。照星桿の上端に赤色の照星球を付け、照星桿に連結板を結合する。連結板は上下に回転して風板に自由な上下運動を与え、互いに平衡を保つ。風板は左右二枚の傾斜した薄板よりなり、飛行間その斜面に風圧を受け、回転軸に対し飛行方向と反対側に位置し、照星球に常に飛行方向と同一方向を保たせ、照星桿と回転軸との距離の関係により照準線を射手修正量に応じる量だけ常に銃身軸線よりも前方に向かせ、自動的に修正作用を行なう。

固定照星は地上射撃の際使用する照星だが、進路角〇度の目標に対しては機上射撃にも使用できる。同方向に平行に飛行する目標に対しては射手修正量と目標修正量との差は僅少で概ね相殺するものと考えられるから、固定照星により直接照準を行なう方が容易かつ有利とすることによる。殊に夜間射撃のように照射目標を追随して平行に飛行しつつ射撃する場合には固定照星の使用が有利である。

航空機用機関銃の特性に鑑み空中射撃時における不時故障を防止するため、戦時に際しては概ね次に示す発射弾数を標準として予備品と交換するものとする。

抽筒子　一〇〇〇発
抽筒子ばね　一五〇〇発

撃茎　　　　一五〇〇発
弾送（たまおくり）　　　　二〇〇〇発

昭和六年二月陸軍技術本部第一部が調整した「供覧兵器説明資料」には八九式固定機関銃および旋回機関銃について次の記述がある。天皇陛下に対し現物をお示ししながら口頭で説明した内容である。

名称　八九式旋回機関銃
用途　航空機に搭載し同乗者の使用するものにして回転銃座に装し左右の握把を両手に把持して射撃す。
性能　航空機用遊動式機関銃にして十一年式軽機関銃の銃身を外方にし横に二銃を併列しこれを一銃架に取付けたるものにして扇形弾倉を使用す。
口径七粍七、初速八〇〇米、全長九七〇粍、射撃速度（二銃身一分時）一六〇〇発、銃（一銃）八・九瓩、弾倉二・四瓩、銃架六・四瓩。

名称　八九式固定機関銃
用途　航空機に搭載し操縦者これを使用し発射聯動機により射撃す。
性能　航空機用固定式機関銃にして発射の際生じる反動により銃身を後坐せしめ銃尾機関、送弾機関に運動を与え更に復坐発条の弾発力により銃身を復坐せしめ同時に装填閉鎖を行うものとす。

口径七粍七、初速約八〇〇米、全長一・〇四米、重量一二・六瓩、射撃速度七五〇乃至一〇〇〇発。

昭和六年二月の「供覧兵器説明資料」には「毘式〇・五吋航空機用固定式機関砲」の記述もある。航空機用機関砲の研究のためヴィッカース社から購入したものだが、供覧兵器に加えたことから国産化の意図があったのかもしれない。同時に「毘式〇・五吋D型高射機関砲」も供覧されている。

毘式〇・五吋航空機用固定式機関砲に対し次のような説明がなされた。

航空機に搭載使用するものにして給弾装置は装填架と布製保弾帯とを以てし、保弾帯は実包一〇〇発を装置し得。

口径〇・五吋（一二・七ミリ）、初速約八〇〇メートル、銃の全重量二三・六キロ、発射速度約六〇〇発、射程射角一〇度―三三〇〇メートル、射角一九度―四四〇〇メートル

八九式固定・旋回機関銃弾薬

八九式固定・旋回機関銃の実包は大正九年七月の研究方針に基づき開発されたもので、普通実包は航空機用機関銃の研究に伴い研究を継続し、昭和三年十二月明野飛行学校における八九式旋回機関銃の実用試験において試験を完了した。その後本実包を固定式機関銃に兼用する目的で固定式機関銃の審査に伴って研究を継続し、多少の修正を加えて両銃に兼用する実包を完成した。八九式普通実包の重量は約二十四・四グラム、弾丸重量約一〇・五グラム、装薬は無煙小銃薬乙三グラムで、装弾子に五発挿入して用いる。

普通実包は殺傷威力を主たる目的とし、被甲は白銅製で次の役割を担う。

一、腔綫と相俟って弾丸に旋動を付与する。

二、火薬ガスに対する緊塞作用をなす。

三、腔内運動間弾身の変形を防ぎ、命中精度を良好とする。

四、弾丸着達の際の変形を防ぎ、侵徹力を維持する。

徹甲実包は鋼心実包の名称で研究され、大正十四年五月より昭和三年二月に至る間、四回の試験により完成した。敵飛行機の装甲部、発動機または油槽等に対し侵徹破壊を目的とするもので、本弾丸が鋼板に命中すると黄銅製被甲が粘着して反跳を防止し、特殊鋼製弾身は鋼板を貫通する。

鋼板厚（㎜）	四	五	六	七	八	九	一〇	一二
貫徹距離（m）	一二〇〇	一〇〇〇	九〇〇	八〇〇	七〇〇	六〇〇	三〇〇	二〇〇

コルク張りまたはゴム張りの油槽および発動機に対する効力も試験の結果十分であることが認められた。

徹甲実包を連続発射すると被甲が腔面に付着し、命中精度を害する傾向があるが普通実包の少数発射により除去できるので実用上差支えないものと認められた。また銃腔内に付着した被甲を取除く目的の被鋼実包もある。

八九式徹甲実包の諸元は八九式普通実包に同じ。

八九式焼夷実包の目的は普通実包と混用し、飛行機の油槽または気球の気嚢に命中点火してこれを焼夷することにある。弾道標示噴気孔は軟らかい鉛で閉塞されているので、発射の際の熱でこれが熔け、黄燐が少しずつ燃焼する。物に当たると一気に燃焼する。

八九式焼夷実包の重量は約二四・九グラム、弾丸重量約一一グラム、装薬は無煙小銃薬乙三グラム、黄燐重量は約〇・九五グラムである。

八九式曳光実包は普通実包と共に一連の弾倉中に混ぜて発射するもので、弾丸内部の光剤により射手に直接弾道を目視させ、射弾を有効に誘導することを目的とする。発射時の熱で点火剤に点火し、曳光剤（マグネシウム）を少しずつ燃焼して進み、六〇〇メートルで強烈な光度となる。

八九式曳光実包の諸元は光剤重量約二グラムの他は焼夷実包に同じ。

焼夷および曳光実包共に弾丸のみは十一年式として仮制式制定済であったが実包としては銃の審査未了のため未制定であった。今回普通実包、徹甲実包と共に八九式固定・旋回機関銃実包として使用することに審査完了し、昭和五年九月これらの実包は擬製弾とともに仮制式を制定された。

八九式旋回・固定機関銃弾薬九二式曳光実包は九二式重機関銃弾薬九二式曳光実包を兼用するもので、普通実包または徹甲実包と混合するかあるいは本実包のみを連続発射し曳光により弾道の指示を企図するもので、八九式曳光実包に比べて弾道性および機能を一層向上した。本弾丸は発射に際し火薬ガスにより点火剤に、次いで曳光剤に点火し赤色の光輝を発しつつ飛行する。夜間曳光距離は約一〇〇〇メートルである。

昭和十三年一月第五野戦航空廠（上海）弾薬消費量調査表

八九式旋回・固定機関銃

品目	十月	十一月	十二月	一月	計
普通実包	九七三二	二三四四	一万六二一九	五三六〇	五万三六五五

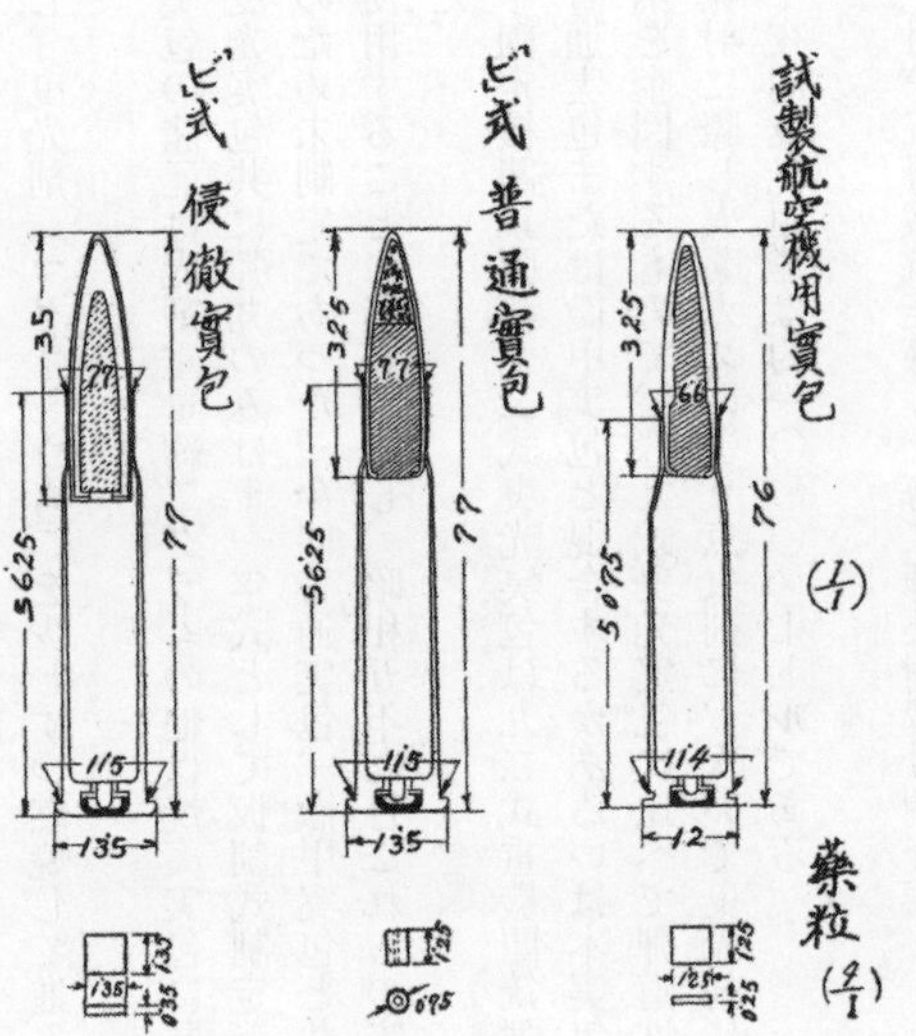

ビ式 曳徹實包
35
77
56.25
115
135
ビ式 普通實包
32.5
77
56.25
115
135
試製航空機用實包
32.5
66
76
50.75
114
12
(1/1)
藥粒
(9/1)

航空機用各種実包断面図
昭和6年3月明野陸軍飛行学校「兵器学教程」所載

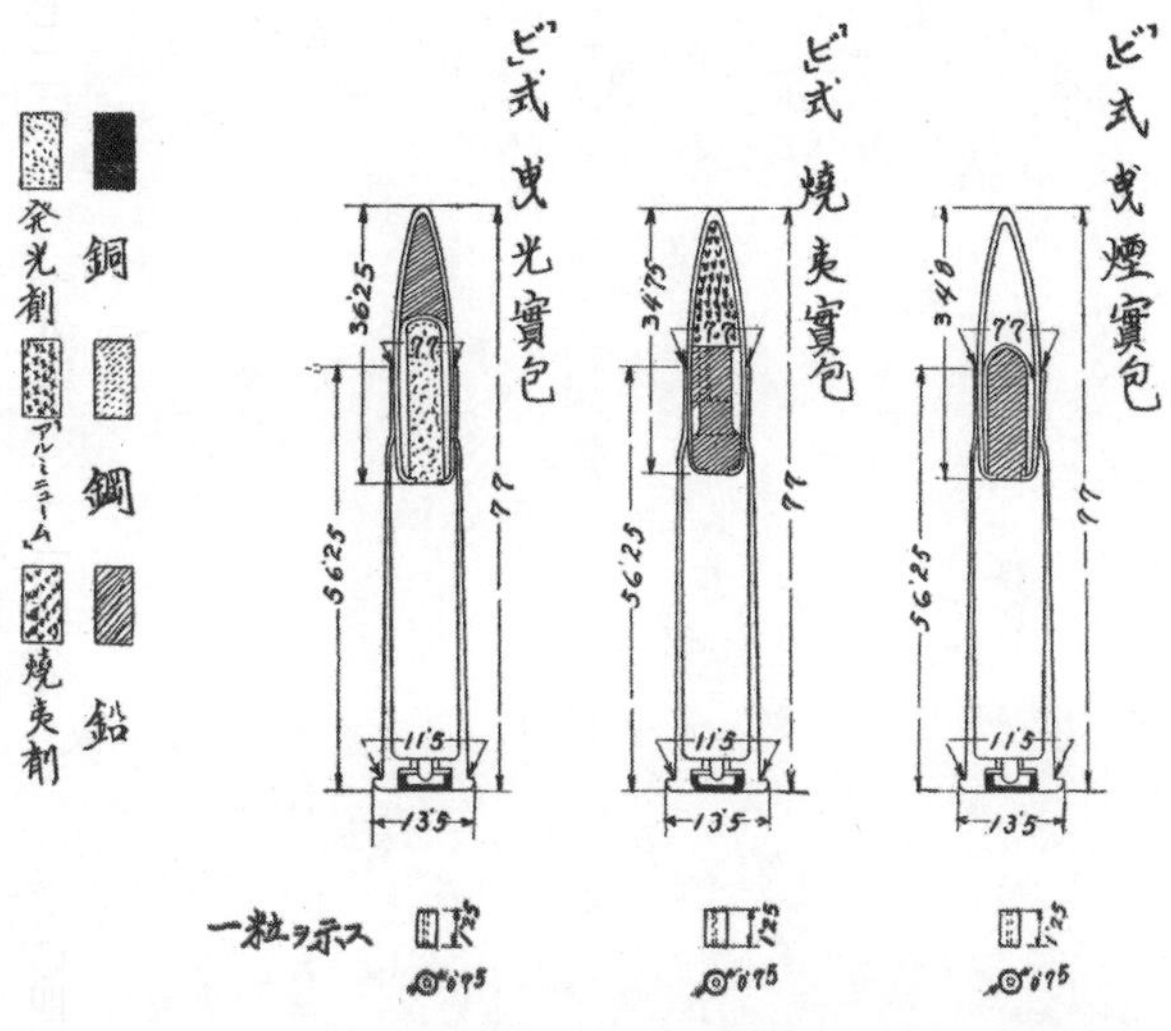

徹甲実包	一七九	三一三	一〇五四	一八一	一七二七
焼夷実包	七一三	一九九八	一五六八	一〇四三	五三二二

九一式戦闘機射撃装置（昭和七年十月十日　陸軍航空本部「九一式戦闘機説明書」）

本機は胴体内にビ式E型または八九式固定機関銃二銃を装備し、これに応じる弾薬を携行し、空中射撃に必要な射撃器材を設備する。

固定機関銃は操縦席前方胴体上部機関銃装着架に装備し、右側に甲銃（右槓桿、右装填架銃）、左側に乙銃（左槓桿、左装填架銃）を装備する。前方取付金具は銃の上下の調整を行ない、後方取付金具は銃の左右の調整を行なう。

弾倉はジュラルミン製で左右各銃に一個ずつ左右対称に胴体内第二円框直前方に装着し、胴体壁に固定する。その形状は瓢箪を二分したような経始を有し、右方銃に対しては右方より、左方銃に対しては左方より送弾する。

収容実包数は各々五〇〇発（保弾子五〇一個共）。弾帯装填に際しては弾帯最下端を送弾口より装入し、下方点検口および上部側方点検口の扉を開いてこれを整頓重畳し、保弾帯の先端を銃装填架内に入れるようにし、送弾口蓋を挿入し、弾抑発條にて弾帯の飛躍を防ぐようにする。

空薬莢受および保弾子受は機関銃取付架直下部において一体となり、その下部は排出筒に共通連絡し排出口に至る。排出された空薬莢および保弾子は二〇〇発までは排出路変換板を中央に変換することにより、弾倉下部内に収容する。排出口は常時蓋で覆う。

本機に装着する固定機関銃は八九式発射連動機によりプロペラ翼間通過射撃を行なう。

発射連動機は発動機部品として予め発動機に装着し、アルミニウム製匣内に収容する。歪輪は二個の歪山を一八〇度間隔に有するもので、発射起動機の起動軸は発動機局軸より減速比一の歯車により直接伝達されるので起動軸の回転数はプロペラと同じ、回転方向はプロペラと反対で、操縦者から見て右回りである。

発射連動機の調整は先ずプロペラを正回転（左回り）し、その後縁が右銃口延線を通過するとき、前方歪輪歪山の中央を右方原動機の中心線に一致させるようにし、さらにプロペラを回転しその後縁が左銃口延線を通過するとき、後方歪輪の歪山中央を左原動機の中心線に一致するよう歯を噛合わせる。

このとき歪輪角は理論上一一八度三〇分となるはずであるが、もし正確に一致できないときは誤差の少ない方を採用する。最大誤差は三・三三度を越えないものとする。前方歪輪歪山はまず右方原動機を衝撃し、右方銃を撃発させ、次に後方歪輪歪山は両機関銃の発動機中心に対する中心角三八度三〇分を回転した後、左方原動機を衝撃し、左方銃を撃発する。

射撃引金並びに連動索は機体部品として設備する。引金は操縦桿頭に装し人差指で引いて射撃する。射撃に際しては安全栓を右方に移動し、安全装置を解除する。

固定機関銃照準具として中央に固定機関銃用照準具（照準眼鏡）あるいはオイゲー照準眼

九一式戦闘機

九一式戦闘機固定機関銃装備要領

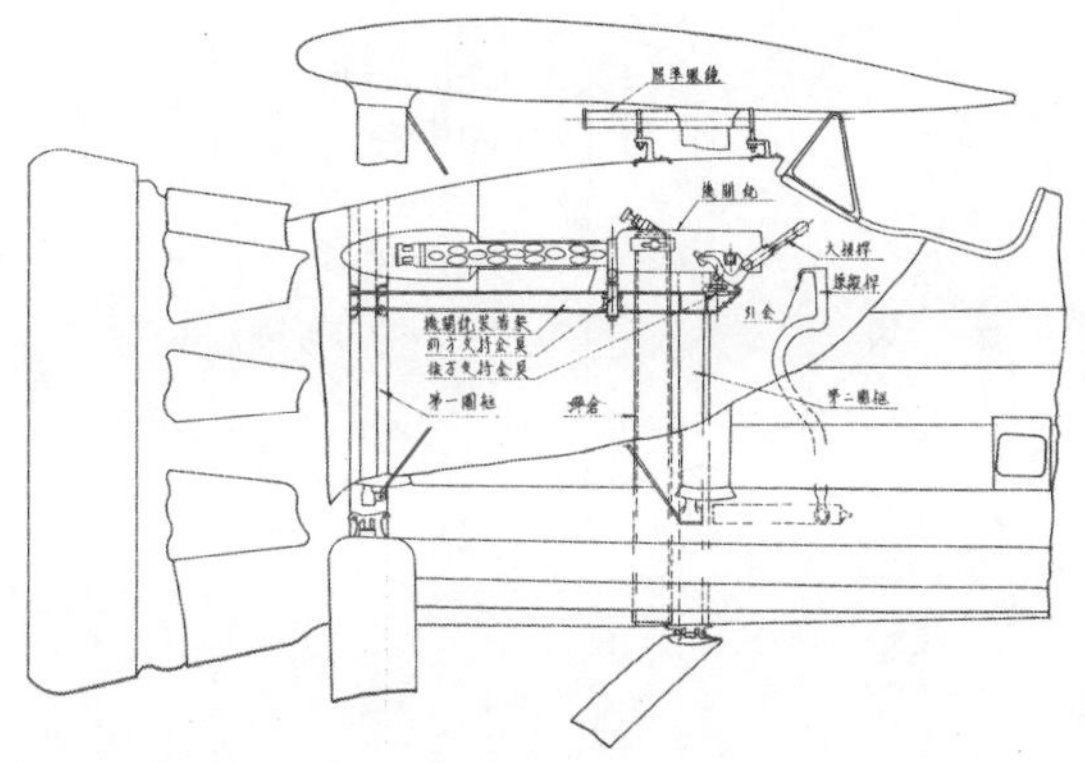

九一式戦闘機機関銃
および照準眼鏡、環形照準具関係位置

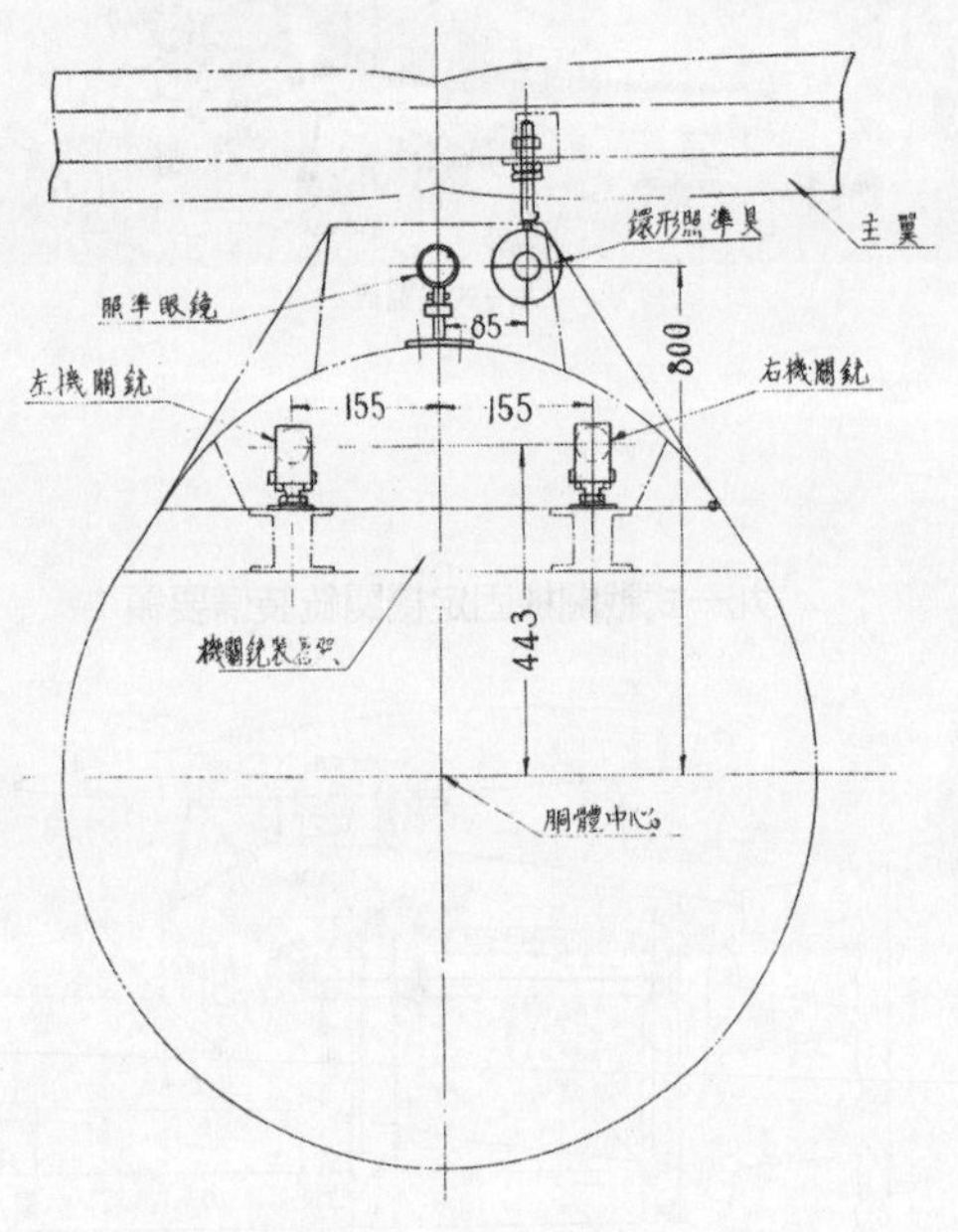

九一式戦闘機固定機関銃弾倉、空薬莢受、保弾子受

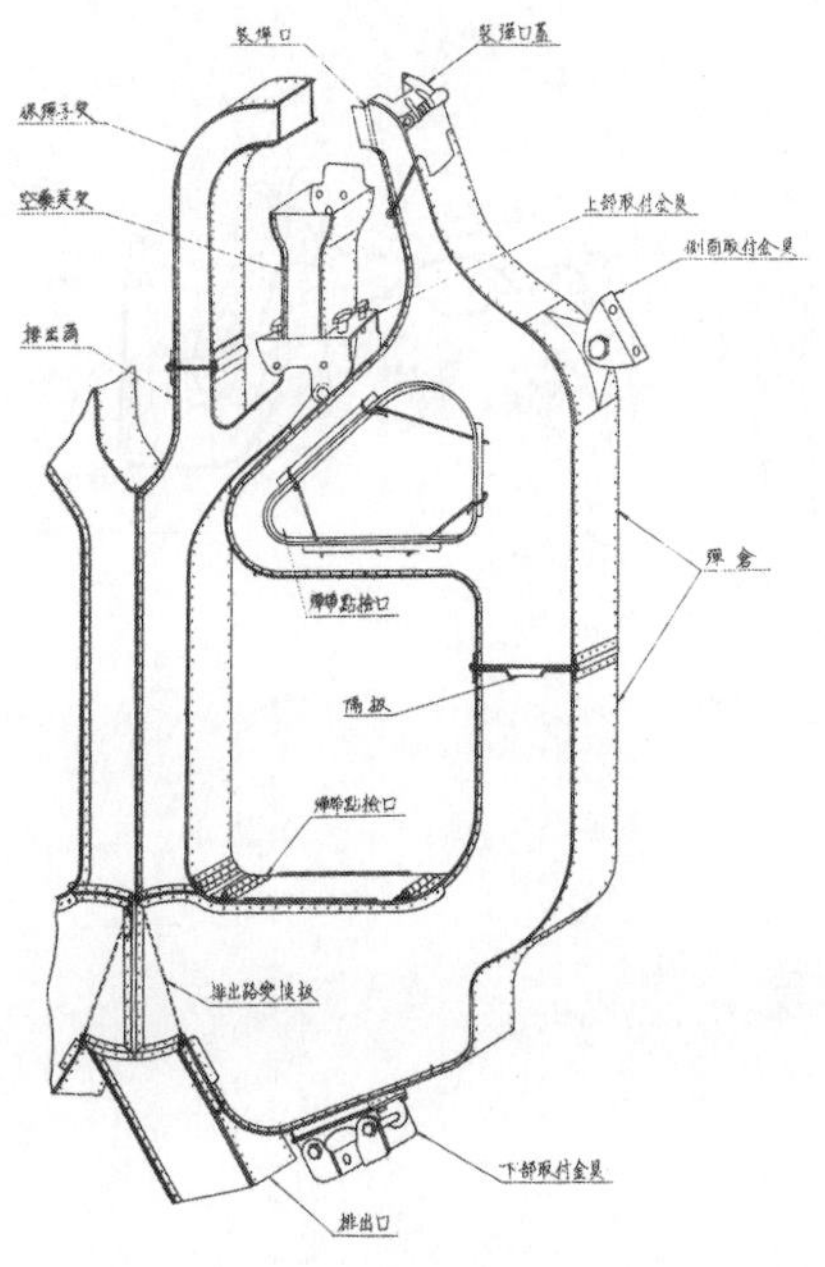

九一式戦闘機八九式発射連動機装備要領

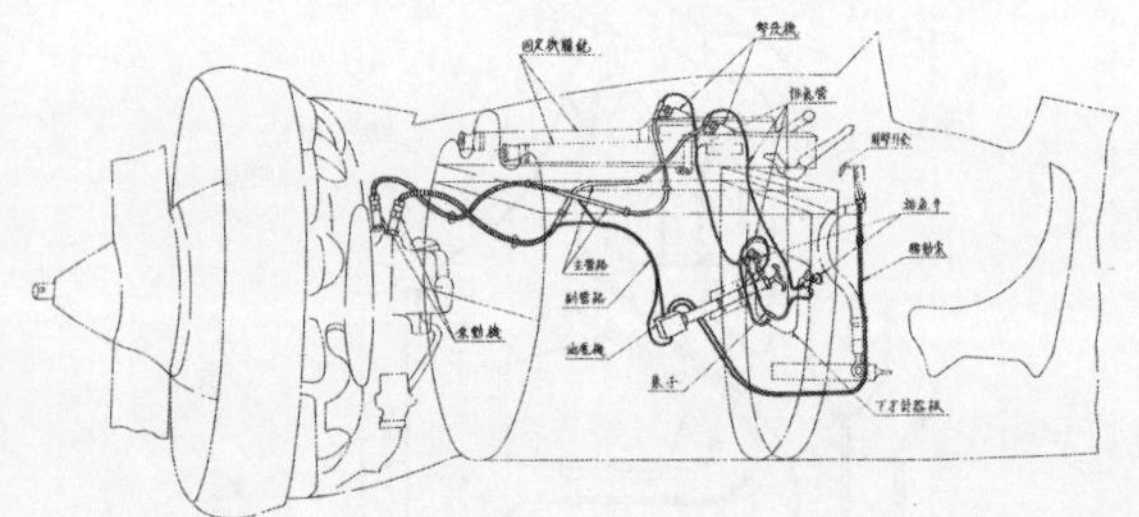

九一式戦闘機八九式発射連動機調整要領

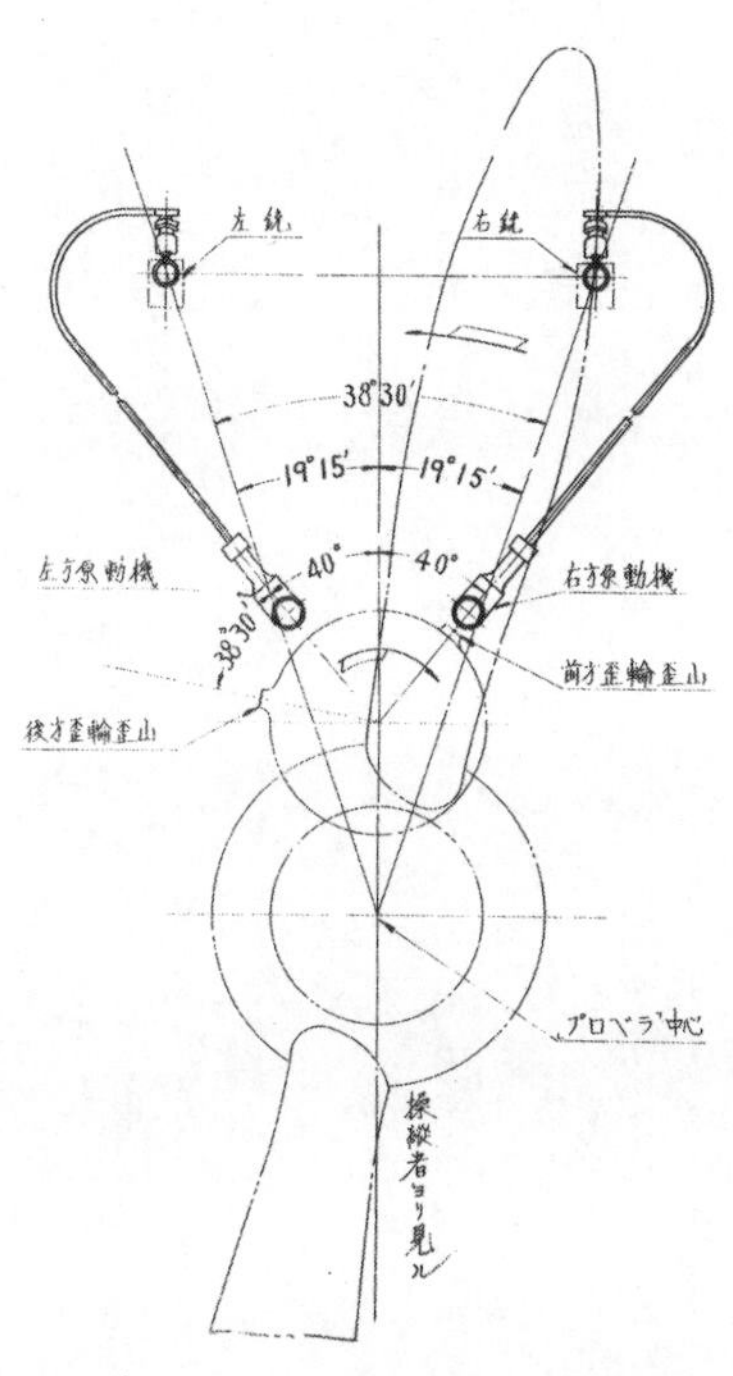

鏡を、右方には環形照準具を装着する。環形照準具照明装置は胴体に開孔した照明口から照明する。

八九式旋回機関銃（特）

昭和七年十一月八九式旋回機関銃（特）が仮制式制定された。これは八九式旋回機関銃が弾倉に実包を装弾子に挿入したまま収容するようになっていたため、飛散する装弾子によりプロペラおよび操縦者が損傷を受けることがあったので、重爆撃機搭載用として弾薬装弾子の飛散を防止するため、および故障予防の目的で弾倉を保弾帯に改めたものであった。

本銃は弾倉を除く他は八九式旋回機関銃と同じで、弾倉の内部には九〇発を装填できるよう装弾子一八個を連結する帯を収容し、撃ち尽くした保弾帯は圧桿発条により逐次弾倉の側板内面に回転し繰出される構造であった。

本銃は当初「九二式旋回機関銃」の名称で制定される予定だったので九二式の刻印や表示が実施されていたが、仮制式制定時に「八九式旋回機関銃（特）」と改称されたので、刻印の改刻や表示の書替えが行なわれた。

水戸陸軍飛行学校刊の「八九式旋回機関銃教程」は昭和七年六月に編纂され、十五年六月に改纂の後、十六年十一月に改訂された。十六年十一月の版では八九式旋回機関銃（特）についで記述していることから、この頃には八九式旋回機関銃（特）が使用されていたものと

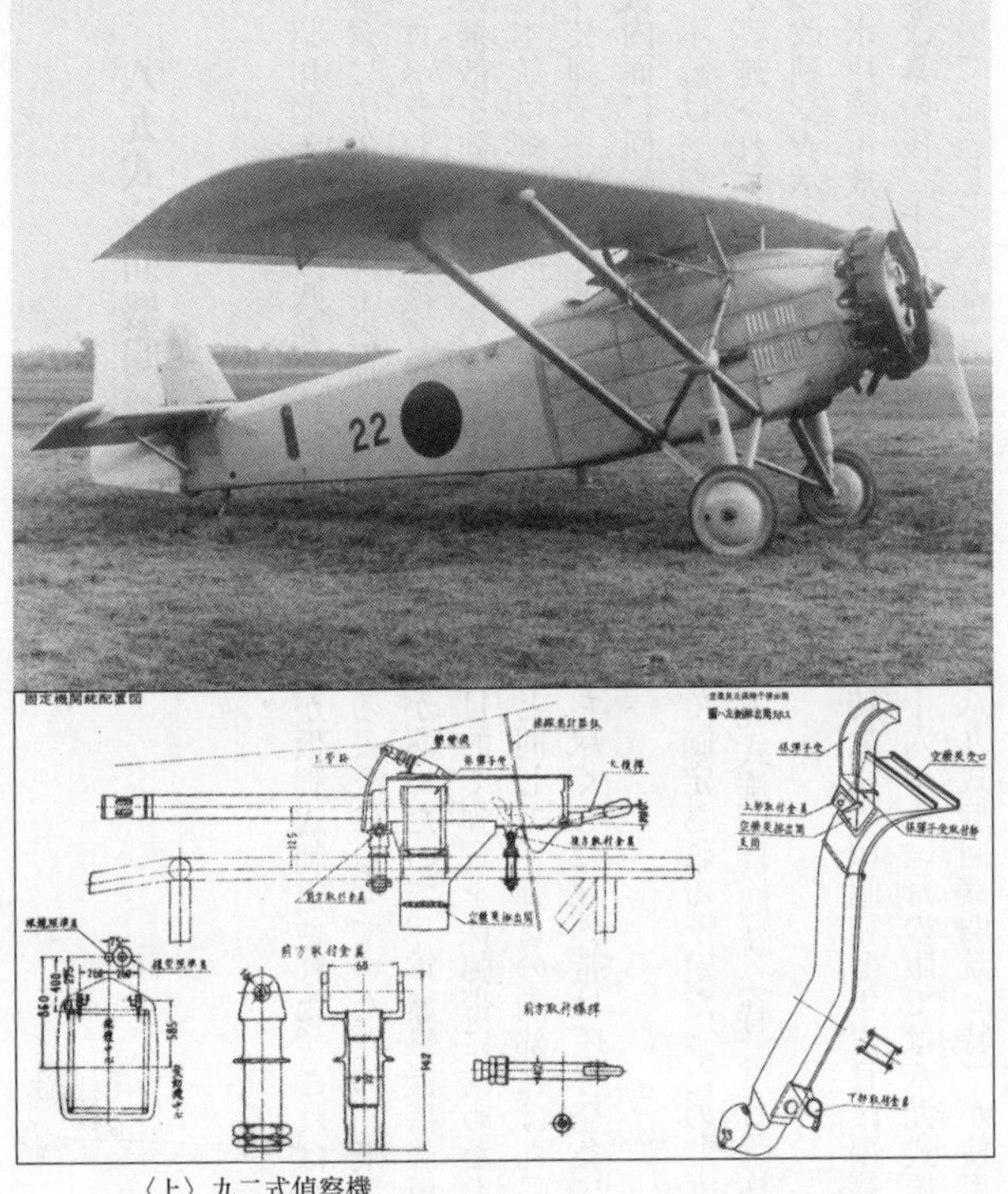

〈上〉九二式偵察機
〈下〉九二式偵察機固定機関銃配置、空薬莢・保弾子排出筒

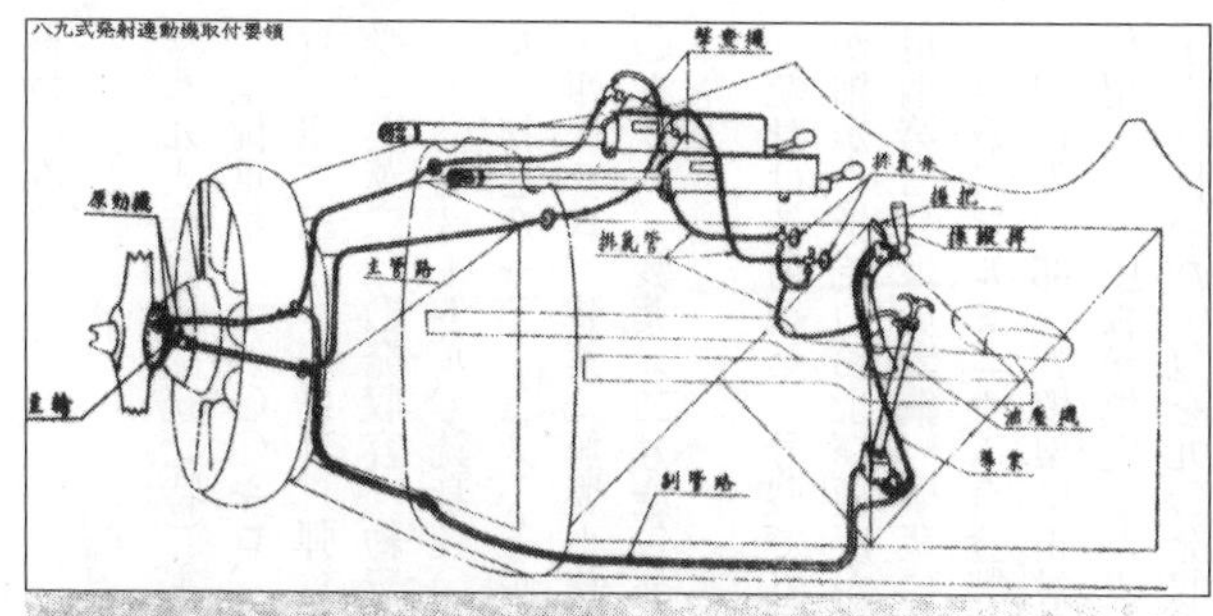

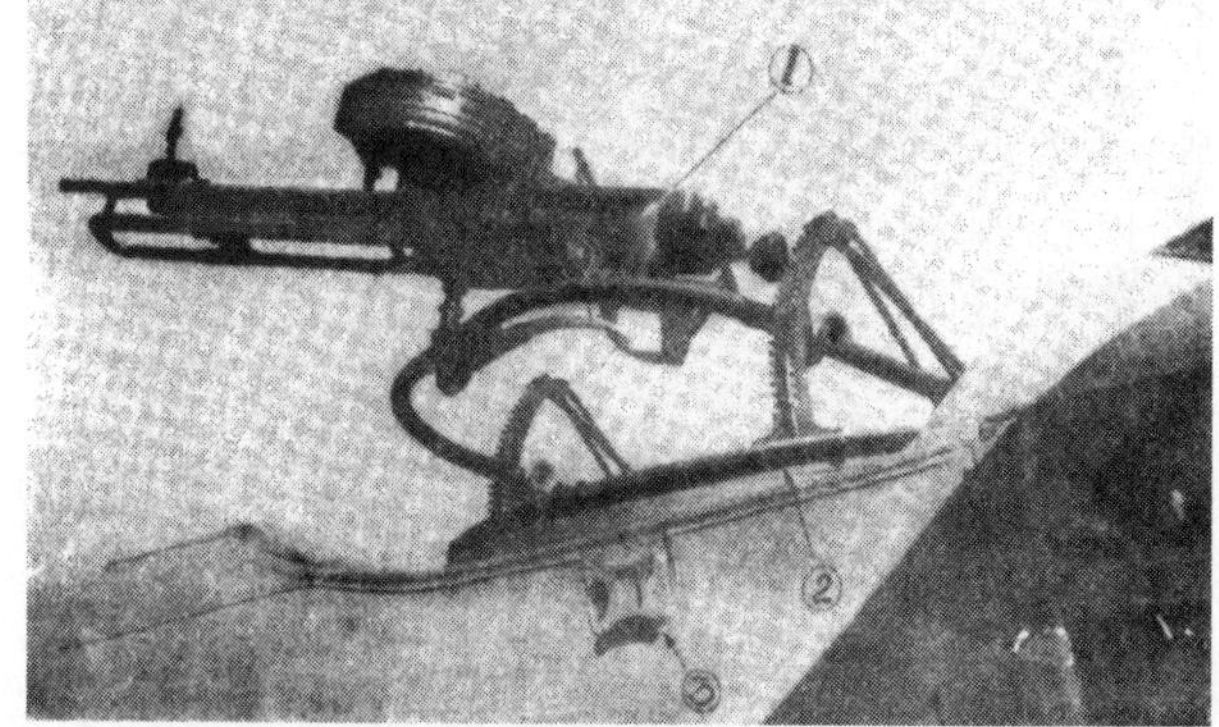

〈上〉九二式偵察機八九式発射連動機取付要領
〈下〉九二式偵察機①旋回機関銃②旋回銃架

思われる。

八九式旋回機関銃（特）主要諸元

全備重量三六・〇〇キロ、銃（片銃）八・九〇キロ、銃架（照準具共）六・六〇キロ、弾倉（空）三・一〇キロ、弾倉（九〇発装填）五・六キロ、薬莢受（空）〇・九五キロ、薬莢受（薬莢二〇〇発収容）約三・〇八キロ、実包一〇〇発（挿弾子共）二・五五キロ、全長約一・〇七メートル、銃身長〇・六三メートル、高さ約〇・三五メートル、幅約〇・四メートル、初速八一〇・三メートル／秒、発射速度（片銃）七〇〇〜七五〇発／分、実包重量二四・四グラム、装薬（無煙小銃薬乙）三・〇グラム、弾量一〇・五グラム、空包重量一四・一〇グラム、装薬（二号空包薬）二・八五グラム、木弾量（さわら）〇・四〇グラム

銃身は銃用鋼第一号製で外面を黒色に錆染する。銃用鋼第一号はタングステン鋼で、粒子が細かく抵抗力および硬度が大きい。一度焼入れすると軟化し難い。尾筒その他に用いる銃用鋼第二号は炭素鋼、撃茎に用いる銃用鋼第三号はタングステンクローム鋼である。

弾倉はアルミニウム合金製で機関銃銃架の弾倉支台上に前方は弾倉底板の駐鉤により鉤止し、送弾口部を装填架に正対して、後方は弾倉駐子により装填架体に駐止する。圧桿ばねの作用により圧板が填実した実包を絶えず装填架に圧送する。内部に特殊保弾帯を備え、挿弾子より抜いた実包を九〇発収容し、弾帯室外方に打殻保弾帯室を設けて、かつ側鈑に残弾点

検のため一〇箇所のセルロイド製長方窓を設ける。保弾帯は弾倉付随品で実包挿弾子と同形の挿弾子一八個を連番上に鋲着し帯状としたもので、各挿弾子に実包五発を挿入する。

九二式偵察機射撃装置

（昭和七年十二月十日　陸軍航空本部「九二式偵察機説明書」）

一、射撃装置

本機には「ビ」式E型機関銃または八九式固定機関銃甲乙各一銃および八九式旋回機関銃一銃を装備し弾薬並びに一切の射撃設備を備える。

二、固定機関銃の配置および取付要領

固定機関銃は操縦者席前上方台上の胴体覆内に左右対称に配置され、取扱、監視、故障排除を考慮し大槓桿および装塡口を内側に向け、銃身軸の上下左右の調整を後方取付金具のみで行なえるようにし、機関銃取付、取外しのために銃側方の胴体覆を簡単に取外すことができる。遊底の抽出、故障排除のためにはさらに胴体覆に開閉扉を設け、保弾帯の挿入のためには胴体上部に取外式扉を設けている。

銃の取付は胴体覆次いで保弾子受を取外した後行なうもので、大槓桿は約一〇度水平位置より上向きになっている。

固定機関銃には固定機関銃伝熱を装備する。本装置は左右両銃に対し各一個単極開閉器および挿込式接続具を有し、銃両側の伝熱線輪を直列に接続し、両銃は併列に接続する。

三、弾薬箱

弾薬箱はジュラルミン製で胴体内部より銃に送弾するため四本の螺桿で銃取付台に懸吊されている。収容弾数は左右各々三〇〇発を標準とする。

四、空薬莢および保弾子排出筒

空薬莢および保弾子排出筒は三〇〇発分の空薬莢および保弾子を全部収容することができる。上下二個の取付金具により胴体側面に取付ける。下端は胴体外にわずかに突出し、胴体覆を取外すことなく排出孔蓋を開けて空薬莢および保弾子を取出すことができる。

五、発射連動機取付、調整要領

発射連動機は八九式発射連動機を用いる。握把は操縦桿頭にあり、導索は握把より操縦桿に沿って下降し油圧機に至る。

調整の準備として機関銃銃身軸を機体軸に平行させる。機体軸を含む垂直面は計器板中央部の白線および防火壁前面の刻線に示してある。

次に歪輪の調整を行なうため、プロペラ取付螺桿を緩めてプロペラを適度に抜出し、歪輪緊定螺を外して歪輪の噛合わせを解く。もし作業困難なときは一旦全部取外した後装着してもよい。

次に原動機を取付金具に装着する。先ずプロペラの後縁を左機関銃銃身軸延線に保持しつつ後方歪輪の歪山中心を左原動機軸線上に持ち来たり、ボス金具に噛合わせる。噛合わないときはプロペラの回転方向と反対方向に回転して噛合わせる。

次にプロペラを回転して右機関銃、右原動機について同じ要領で調整し、緊定螺で仮締してプロペラを一回転し調整の正否を点検する。間違いのないことを確認したら緊定螺を螺定しプロペラを螺着する。

次に原動機の転輪と歪輪の対抗面とが正対し、かつその間隔が約二ミリとなるよう調節する。

六、照準具取付、調整要領
本機にはオイゲー式照準眼鏡および環型照準具を併用する。オイゲー式照準眼鏡の後端は風防硝子の接合部を貫通し中央支柱の後面より五〇ミリ後方に位置するのを標準とするが、取付金具により前後に調整することができる。照準線の調整は上下左右とも転輪により行なう。

環型照準具はその照準線を眼鏡の軸から右方七五ミリにこれと平行して取付けるのを標準とする。照門の位置はその設計上操縦者の照準姿勢における眼の位置より七五〇ミリの位置にあることを要する。一方眼鏡後端は眼の位置より一一〇ミリの位置にあるので、照門の標準位置は眼鏡後端より六四〇ミリとなる。照門の位置は前後各四〇ミリの調整ができるので、各人により眼鏡と共に適宜調整する。

照明用乾電池筺は操縦者席右前方に、環型照準具照明用豆電灯は胴体上部に取付位置を設けている。

七、旋回機関銃および旋回銃架

本機には八九式旋回機関銃一銃を同乗席に装備する。旋回銃架は二型を用いる。旋回機関銃のための弾薬は八九式実包八〇〇発（八弾倉）を標準とし、予備弾倉は左右各三個計六個を同乗者席計器板左右側隅角部に各一個、後方棚上に二個、棚の右側に一個、棚前方胴体側面下部の左側に一個をそれぞれ配置するものとする。弾倉取付金具は弾倉裏面の凹部を取付金具の凸部に挿入し、機関銃に取付ける方向に旋回すればよい。取外しはこれと反対の操作をする。ただし計器板左右のものはゴム紐で緊縛する。

なお本機には信号拳銃一銃、同弾薬二〇発を携行する。

八九式発射連動機（昭和十六年四月　熊谷陸軍飛行学校「兵器学教程第三巻」）

欧州大戦当初においては拳銃もしくは騎銃を以て空中戦闘を実施した。次いで機関銃を飛行線方向に装備して射撃することが極めて有効であることを悟り、一九一五年初めてフランスがモラン機の機首に機関銃を装備し実用に供した。同機においてはプロペラの射弾貫通部を鋼により被覆し、プロペラの運動に関係なく弾丸を発射した。この方法は著しくプロペラの重量を増加し、飛行性能を低下させるので間もなく中止となり、さらに飛行機上翼上に銃を装備し、プロペラ外面より射撃する方法を試みるに至った。しかしこれもまた射撃操作に不便を感じ、命中も良くなかった。

この不便を除くためローラン・ガロス中尉はプロペラ面を通して射撃する連動装置を発明し、ドイツ軍は不時着したガロス中尉の飛行機から連動装置を取り、巧みに完成してフォッカー機に装置した。本装置は発動機の回転運動に連動して銃の発射を主宰し、プロペラの回転間隙から弾丸を発射することができるので大いに威力を発揮し、ほとんど制空権を獲得したかの感を呈した。

爾後イギリス・フランス共これに倣って各特殊の連動装置を製作し、空中射撃に新生面を招き、連動装置は大戦中における攻撃兵器の一種として極めて重要な価値を有するに至った。

従来わが陸軍において使用した機械的連動装置はフランスの創意になるもので、機構が簡単で故障は少なかったが、摩擦抵抗が大きく槓桿の彎曲等により作動の不確実を免れなかった。

一九一六年ルーマニア人コンスタンチニュスが発明したＣＣギヤーは機械的連動装置の欠点を除き、成績良好であったので大いに賞用され、戦後幾多の改良の後わが陸海軍においても採用されるに至った。これがすなわち「八九式発射連動機」である。

本機は液体を満たした管系の一端に急激な衝撃を加えるとその波動勢力は秒速一四〇〇メートルの速度で他端に伝導され、ほとんど最初の衝撃力を失わない原理を利用するものである。

八九式発射連動機の利点は次のとおりである。

一、動力発起のため油を用いるので管系により任意の方向に力を伝達できること。

二、飛行機の種類に関係なく同一物を使用できること。

三、一端に圧力を加えるとその波動勢力は速やかに他端に伝播し、その作動は確実である。

実験の結果本連動機の不利な点は次のとおりであった。

一、機構が複雑微妙で軽易な緊塞革の衰損、螺着部の摩損、パイプの細孔等も直ちに油の漏出を来たすために、発射弾数僅少となり時に全く作用しなくなることがある。

二、機構が精巧で各部の緊密を要するので、製作に精巧を要すると同時に、使用する油は特に清浄でなければならない。もし管系内に異物が介在すると機能不良となり故障を惹起する。

三、毎朝填油作業を行なわなければならないのみならず、一部の修理の場合でも脱油填油の作業を要し、この作業は簡易ではない。

四、故障の発見、排除が容易ではない。

八九式発射連動機引鉄装置は九一式および九二式戦闘機用は操縦桿上端前方に突出した扁平金具の内部に引鉄槓桿を収容し、引鉄一個で二銃を同時に操作する。八八式偵察機等はG型をなし、操縦桿頭に押鉄を左右各一個装着する。九二式偵察機は握把下端に引鉄坐を有する。

歪輪環は発動機に装着し、左右銃のため各一個を有する。ベ・エム・べ発動機では一二〇個、ジュピター発動機では一〇八個の歯を刻し相互に密着する。一八〇度毎に一個の歪山を有し、プロペラの一回転と共に環も一回転する。九一式戦闘機のように起動機室内にあるものと九二式偵察機のようにプロペラ軸に装着されるものがある。

九四式旋回機関砲

航空機用二〇ミリ機関砲の研究は大正十二年二月技術本部が戦利品のベッカー二〇ミリ航空機用機関砲一門を航空本部から譲受け、航空機搭載用としての適否を審査したのが最初であったが、同年九月部内において審査中のところ震火災により焼失してしまった。ベッカー二〇ミリ航空機用機関砲は一九一七年（大正六年）に発明されたもので1型（重量三三・六キロ）と2型（重量三〇キロ）があり、発射速度は一分間に三〇発前後、最大射程二五〇〇メートルであった。

大正十五年六月再び戦利ベッカー二〇ミリ航空機用機関砲三門の下付を受け、審査を再開した。

昭和六年二月の「供覧兵器説明資料」に「ベッカー二十粍航空機用機関砲」に関する次のような記述がある。

航空機に搭載使用するもので砲身固定、遊底後坐式にして、すなわち発射の際被筒、遊底を前進して発火したる後生じる反動により被筒と共に遊底を後坐せしめ砲尾機関に運動を与え、さらに復坐発条の弾撥力により次発実包を推進しつつ被筒および遊底を復坐せしめ閉鎖と同時に発射し得るものとす。口径二〇ミリ、初速五三八メートル、砲身長四〇口径、重量三〇キロ。

次いで昭和五年四月スイスのエリコンF型の研究を開始し、弾薬の試製が完成したので稲付射場において機関砲および弾薬の機能試験を数回実施した。六年十一月前記の弾薬で連発機能試験を立川航空本部技術部で実施し、その成績は良好であったので航空本部に実用試験を委託した。

昭和七年六月エリコンF型砲にL型の鼓胴弾倉を付けたものを設計し、東京兵器製造所に注文した。八年十一月完成し稲付射場および小石川構内射場において機能試験を実施し、富津射場において命中試験を実施した結果、概ね良好な成績であったので同月航空本部に実用試験を委託した。

昭和八年三月エリコン社よりL型二門を購入した。富津射場において機能試験を実施し同年五月伊良湖射場において弾道性試験を実施した結果成績良好であったので、航空本部に実用試験を委託した。

東京兵器製造所製F型砲にL型弾倉を付けたものに対する実用試験の結果、航空本部の判決は精度および機能が十分でなく、実用に適さないと認められた。

エリコンL型に対する実用試験の結果航空本部の判決は精度および機能は良好で操用性並びに照準具の機能も概ね良好であるから若干の改修を加えれば十分実用に適すると認められた。実用試験の結果改修を行なった箇所は次のとおりである。

一、砲の保持を確実にするための砲尾の改造。
二、両肩当式とする。
三、握把と引鉄の位置を日本人の体格に適応させる。
四、近戦用および砲の照準具の調整精度を確認するため、新たに固定の照星、照門を付ける。
五、自機および目標速度に応じる修正装置を要する。
六、目標修正平行桿の航路転把に適度の緊度を持たせる。
七、照門、照星の球を小さくし、かつ視角を考慮して近い方のものをさらに小さくする。
同砲は九二式重爆撃機に急ぎ装備する必要からエリコンL型を九年十一月「九四式旋回機関砲」の名称で上申し、日本人の体格に合うよう改良して十年三月二十六日陸普第一五五六号により準制式航空兵器に制定された。

航空機搭載用として旋回砲架により機体に装着する。機関様式は遊底に圧力を受けて後坐する反動利用式で、消焔器を有する。尾筒底に連発引鉄と単発引鉄がある。

九二式重爆撃機の後方銃座に砲架を装備し、その上に九四式旋回機関砲を載せて一名の機上射手が操作する。方向は三六〇度、仰角九〇度、俯角八〇度と大きな射界を有する。

反動は比較的小さく、弾倉の交換は射手が自ら行なう。

昭和十年一月陸軍技術本部が作成した「供覧兵器概況書」に九四式旋回機関銃として印刷されているが、名称末尾の「銃」を後から手書きで「砲」に上書きしている。その説明には、飛行機発達の趨勢に鑑み一弾の威力および有効射程の増大を目的とし旋回式として使用するものとす、とある。

口径二〇ミリ、重量四三キロ、砲身長六〇口径、発射速度三五〇発（二八〇発とする資料もある）、初速六七〇メートル

弾倉は鼓胴式で一弾倉の装弾数は弾倉体に一三発、受筒板上に二発、計一五発とし、一門に一五個の弾倉を備える。照準具はル・ブリュール式で射距離〇から一五〇〇メートルに応じる分画を刻す。

同年十二月九四式旋回機関砲弾薬九四式榴弾弾薬筒（全備弾薬筒量二一一グラム）および同曳光榴弾弾薬筒（全備弾薬筒量二一七グラム）が制定された。

昭和十年三月株式会社川崎造船所からホッチキス式二五ミリ飛行機用機関砲の審査願い出があった。この機関砲は神戸の株式会社川崎造船所飛行機工場が飛行機へ搭載を研究する目的でフランスのホッチキス社に注文したもので、日本に到着したから審査して欲しいと陸軍に申し出た。陸軍省は陸軍技術本部に対し審査のうえその結果を報告するよう命じた。その結果は不詳である。

航空機関砲で二五ミリは中央工業が終戦直前に「ホ五一」を試製したが完成しなかった。

九四式旋回銃架

旋回銃架には円形銃架と直立式がある。九四式銃架は円形銃架で、射界は広いが重量が大きく、漸次直立式に変わった。直立式は射界が若干狭く、また座席内の行動がやや妨げられる嫌いがある。

旋回銃架が構造上具備すべき性能条件

一、使用の目的に応じて運搬使用に便利であること。
二、射撃の際安定良好であること。
三、適当な発射高を有し、発射高の変化に必要な機関を有すること。
四、射界が広く死角がないこと。
五、射高、射角の変化が自由自在であること。

銃架として緊要な事項

一、軽量かつ堅固で自己の受ける風圧が少ないこと。
二、射撃間の振動が少なく、安定良好であること。
三、銃の受ける風圧に対して操作を容易にするための設備を有すること。

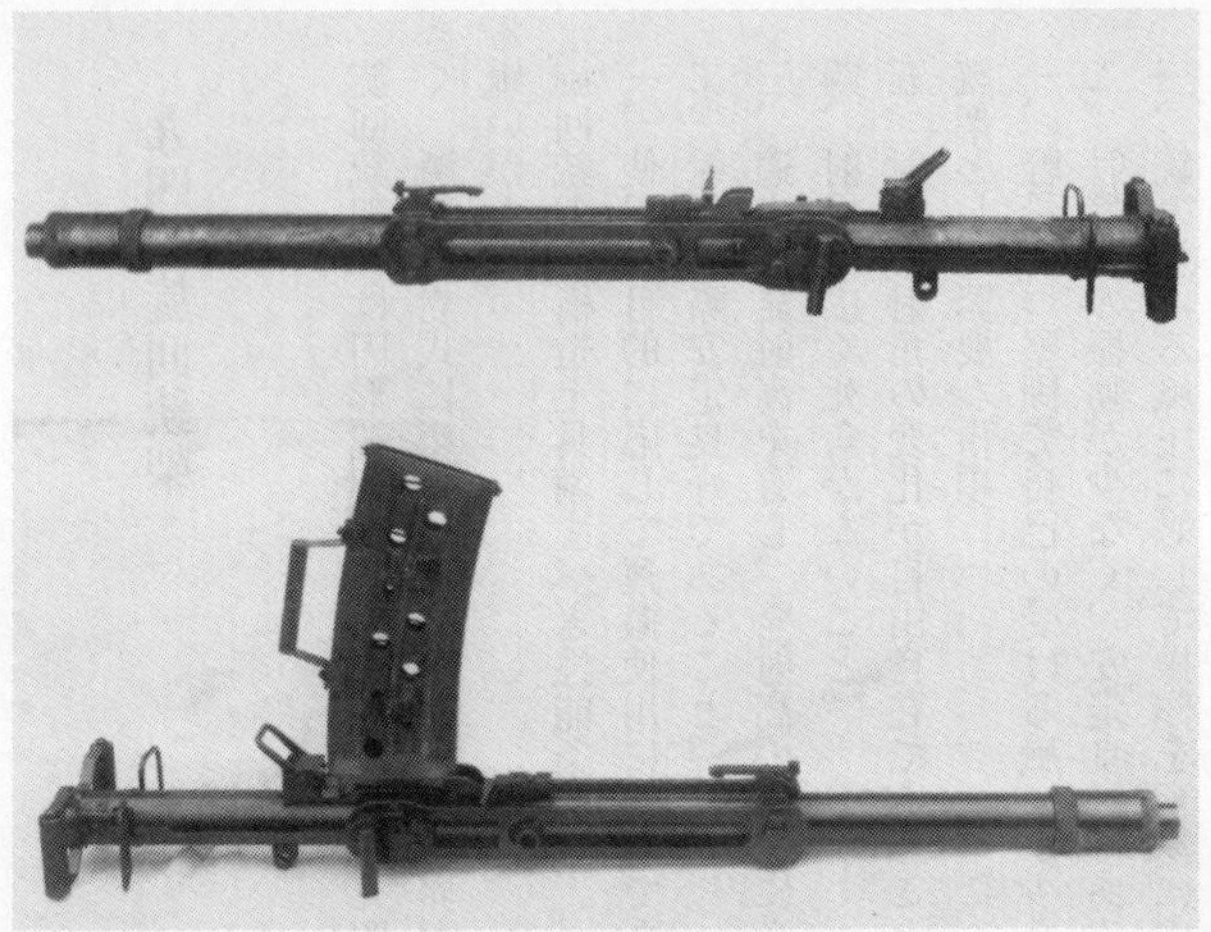

〈上〉ベッカー二十粍航空機用機関砲
〈下〉ベッカー二十粍航空機用機関砲、弾倉装着

九四式旋回銃架に装載したベッカー二十粍航空機用機関砲の射撃試験

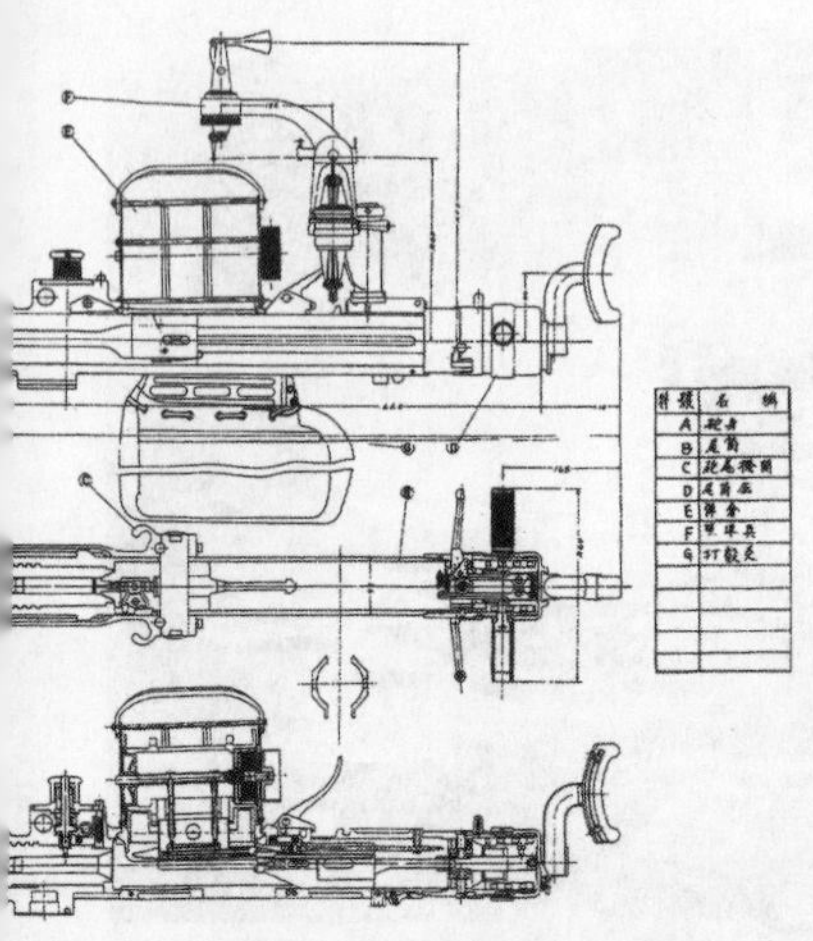
符號 名稱
A 砲身
B 尾筒
C 砲尾機関
D 尾筒座
E 弾倉
F 照準具
G 打殻受

準制式航空兵器図九四式旋回機関砲

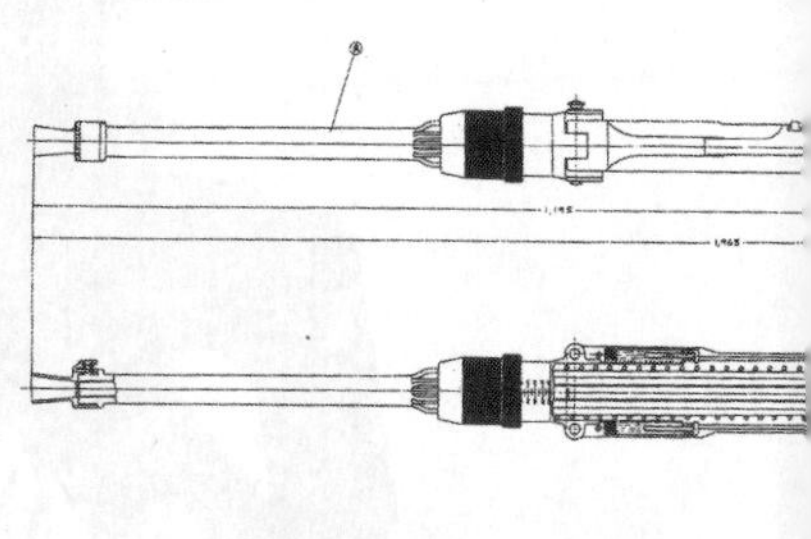

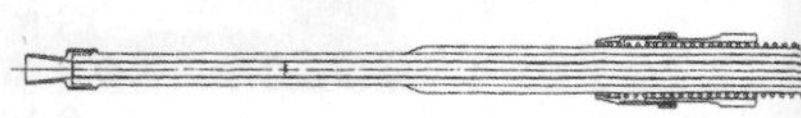

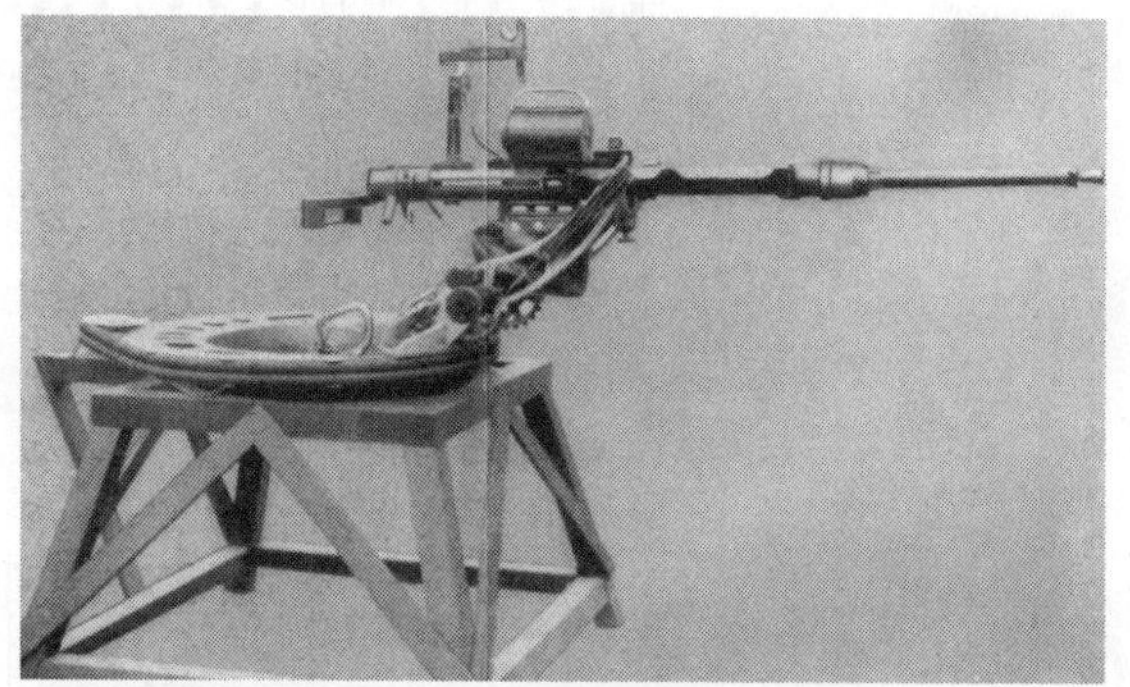

九四式旋回銃架に装載した九四式旋回機関砲全体、昭和13年改訂陸軍士官学校「航空学教程巻一（航空兵器ノ部）」所載

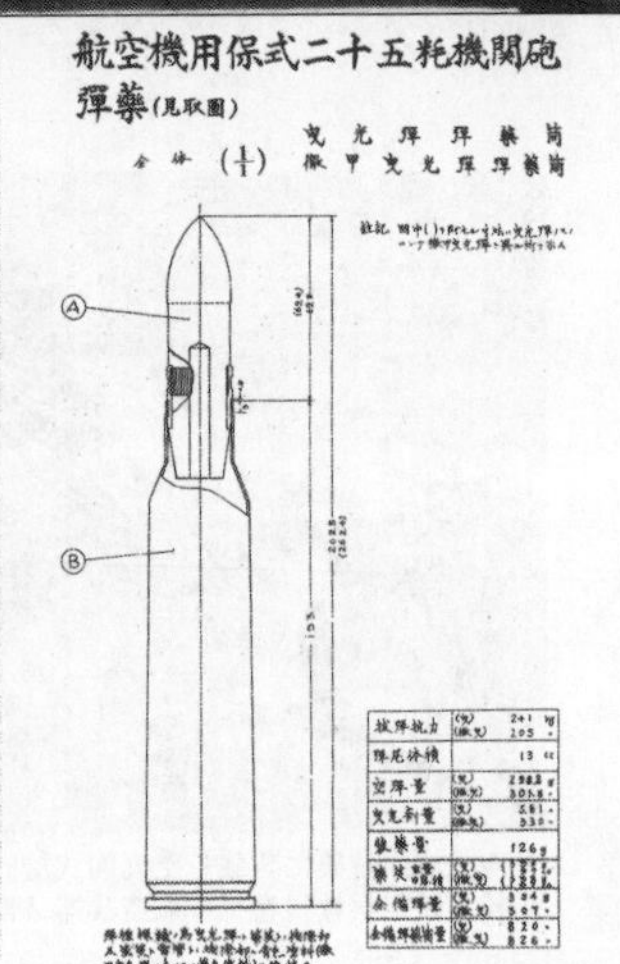

〈上〉電動式砲架に装載した九四式旋回機関砲
〈下〉ホッチキス25ミリ航空機用機関砲弾薬見取図

四、銃の着脱の容易。
旋回銃架は旋回機関銃を飛行機に装着し、射撃にあたり銃の指向を自由に行なわせるもので、九四式旋回銃架と機体固有銃架との別がある。

九四式旋回銃架は銃を旋回するときに受ける風圧を特有のばねおよび歯車機構よりなる旋回平衡装置により、また銃を上下するときに受ける風圧と重量との抵抗をゴム紐よりなる俯仰平衡装置によりそれぞれ平衡をとらせ、空中における旋回機関銃の操作を容易にする。握把を外方に圧するときは旋回環と固定環との結合を解き、旋回を自由にする。握把を内方に圧するときは俯仰臂と俯仰臂歯弧板との結合を解き、俯仰を自由にする。握把を中間に位置するときは旋回環と固定環並びに俯仰臂と俯仰臂歯弧板とを各々結合し、旋回銃架はその位置において停止する。

機体固有銃架は機体部品として機体に付随されるもので、機種毎にかつ銃座毎にその構造を異にする。一般に昇降装置、左右移動装置および機関銃保持装置からなり、通常取付、取外しはできない。

九四式旋回銃架主要諸元
固定環最大外径八三八ミリ、同内径七二一ミリ、旋回環最大外径八一八ミリ、同内径七〇四ミリ、俯仰臂の間隔六七九・八ミリ、同長さ五八三・五ミリ、同最大仰角約四六度、全高三五一ミリ、重量二四キロ

試製単銃身旋回機関銃一型「テ一」

八九式旋回機関銃は双連のため射手は大きな風圧を受けて操作に不便であったことから、八九式旋回機関銃の左銃を改修して単銃身とし、かつ回転弾倉に改めた試製単銃身旋回機関銃一型「テ一」を製作した。造兵廠は発射速度が大きく、操作の容易な単銃身旋回機関銃を得る目的で昭和八年度に試製品を完成し、爾後試験および試作を継続していたが、昭和十二年末航空本部が重爆用として一〇梃の製造要求を行ない、十三年度から量産が開始された。最初に装備したのは九七式重爆撃機、九八式直協機で、試製単銃身旋回機関銃の二型は「テ四」と呼ばれ十五年度から生産に入った。

本銃は八九式固定機関銃における装填架を円形弾倉に代え、大槓桿を要せず、照準器、引鉄装置、胸当を装着し、銃支軸を付け、打殻受を装着できるようにしたものである。

弾倉は本体、弾送および把手よりなる。実包は弾頭を弾倉体のねじ状溝に依託し薬莢起縁部を弾倉準板に置いて概ね三段に並べて七三発を収容し、大小弾送の爪に挟まれ、弾倉ばねの張力により逐次下層のものから薬室直上部に搬置される。実包が最終位置に近づくと弾頭はねじ状溝、弾倉弾止および口金の三点により支えられて遊頭の揃込に適合する。

送弾機能を確実にするためには弾倉ばねに三回転の予圧を付与する。全弾のときは六回転の捲込みを要する。すなわち最終実包においてもなお三回転の予圧を必要とする。

試製単銃身旋回機関銃主要書元

口径七・七ミリ、銃重量一四・四キロ、銃全長一・二五一メートル、初速八三〇メートル／秒、発射速度一〇〇〇発／分、弾倉重量（空）三・五キロ

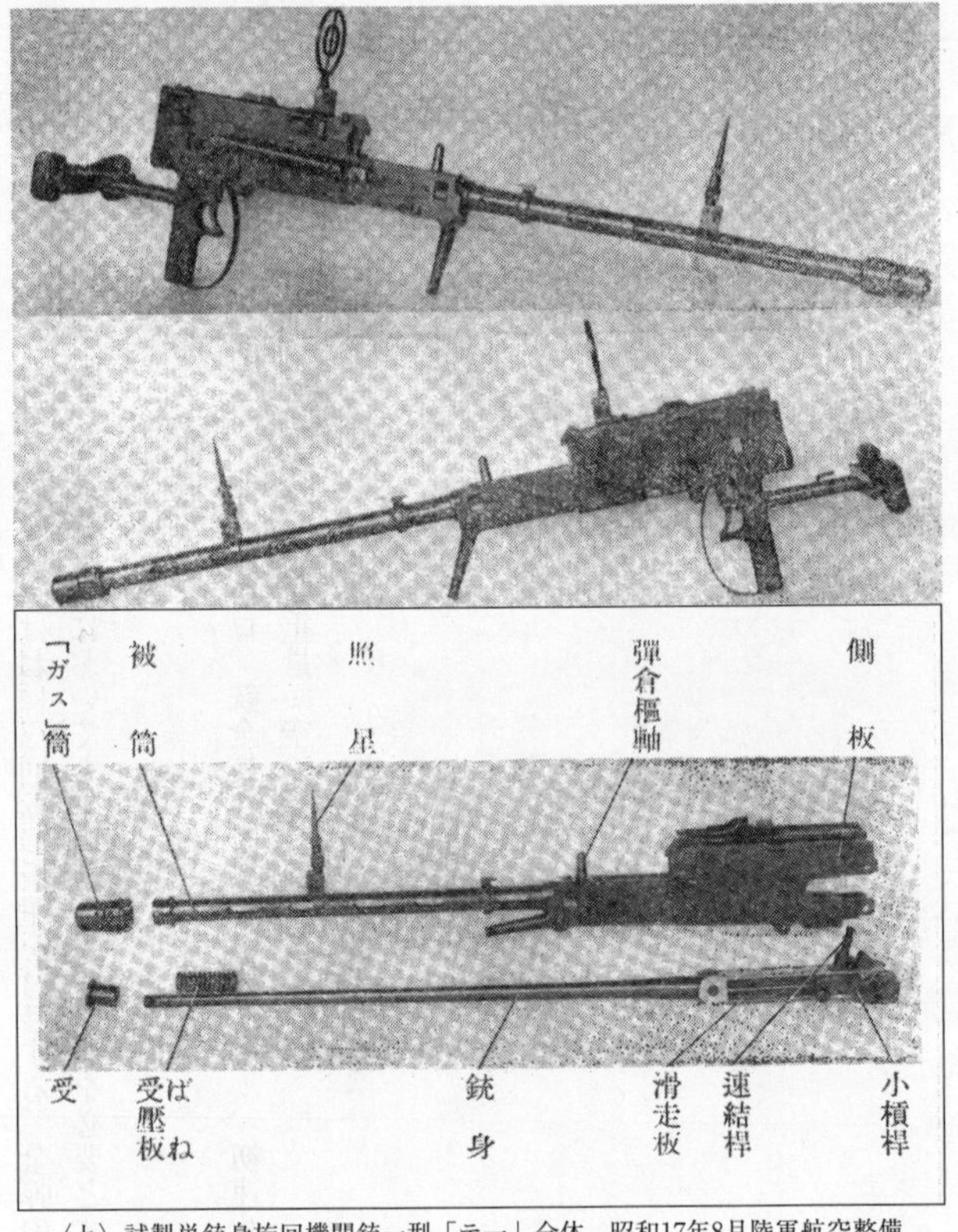

〈上〉試製単銃身旋回機関銃一型「テー」全体、昭和17年8月陸軍航空整備学校「装備工術教程（機上火器）」所載（以下同じ）
〈下〉試製単銃身旋回機関銃一型「テー」分解

〈上〉試製単銃身旋回機関銃一型「テ一」弾倉
〈下〉旋回銃架に装載した試製単銃身旋回機関銃一型「テ一」の射撃姿勢

試製単銃身旋回機関銃二型「テ四」

（昭和十七年七月陸軍航空本部「試製単銃身旋回機関銃〈二型〉取扱法」）

本銃は銃、弾倉、照準具、打殻受等よりなる。

発射の際生じるガスの一部を活塞に導き銃尾機関を後坐させ、打殻を蹴出し、復坐ばねの張力により復坐させて、次発実包を装填すると共に発射し、これを自動的に復行する。

前方側面に径四ミリのガス漏孔がある。ガスポンプは銃身から導かれるガスを活塞に作用させる円筒で前方に規整子を螺入している。規整子は活塞に作用する銃身のガス圧を調整するもので、内筒、外筒等よりなり、外筒は内筒前方にばねを装して嵌入し前後にわずかに移動できるよう駐栓により結合され、その後端に一ないし五の数字および縦線を刻す。内筒は後方に径二・〇、二・五、三・〇、三・五、四・〇ミリのガス漏孔を有し、規整子をガスポンプに結合しその縦線をガスポンプの縦線に一致させればガス漏孔は銃身のガス漏孔に通じる。規整子を全部螺入すれば一に一致し、逐次戻回すれば二ないし五に一致する。通常使用する分画は二とする。数字とガス漏孔との関係は次のとおりである。

数字　一　二　三　四　五

ガス漏孔径（㎜）	二・〇	二・五	三・〇	三・五	四・〇

槓桿を引くと活塞は後坐する。その過程において次の準備が行なわれる。

一、活塞が約三ミリ後坐すると門子(せんし)は活塞により右方に移動し始め、活塞が約一五ミリ後坐すると門子は開門を終り、活塞がさらに三ミリ後坐すると円筒はこれに伴い後坐し始める。

二、活塞がさらに後坐すれば逆鉤を圧下し、次いで緩衝器に接して停止する。

三、蹴子は円筒が約六〇ミリ後坐すると円筒包底面に突出し打殻を蹴出する。

四、撃茎は門子が門子受より脱する間において約三ミリ後退し、円筒包底面より沈下する。

五、槓桿を戻すと銃尾機関はわずかに前進して逆鉤に鉤する。

引鉄を引き逆鉤を圧下すると活塞は復坐ばねにより門子、円筒を圧しつつ復坐する。その過程で次のように作動する。

一、円筒は弾倉の第一実包を薬室に向け推進し、閉鎖と同時にその起縁部を抽筒子と相俟って抱持する。

二、門子は左方に移動し開門位置をとると同時に撃茎との鉤止を解き、撃茎の前進を可能とする。

三、活塞は約三ミリ前進しその隆鼻部により撃茎を衝撃前進させ、撃茎は雷管を衝撃して発射する。

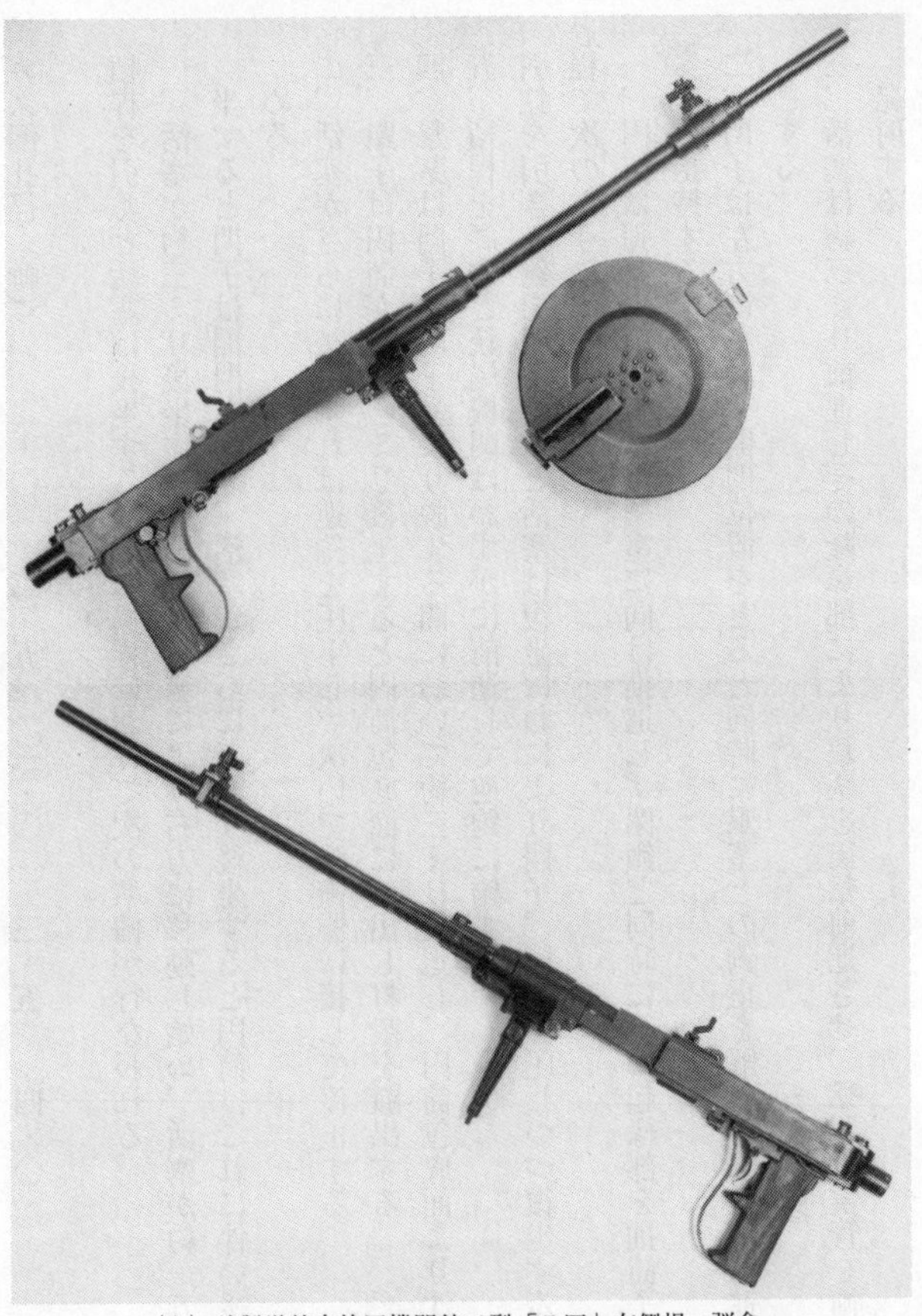

〈上〉試製単銃身旋回機関銃二型「テ四」右側視、弾倉
〈下〉試製単銃身旋回機関銃二型「テ四」左側視

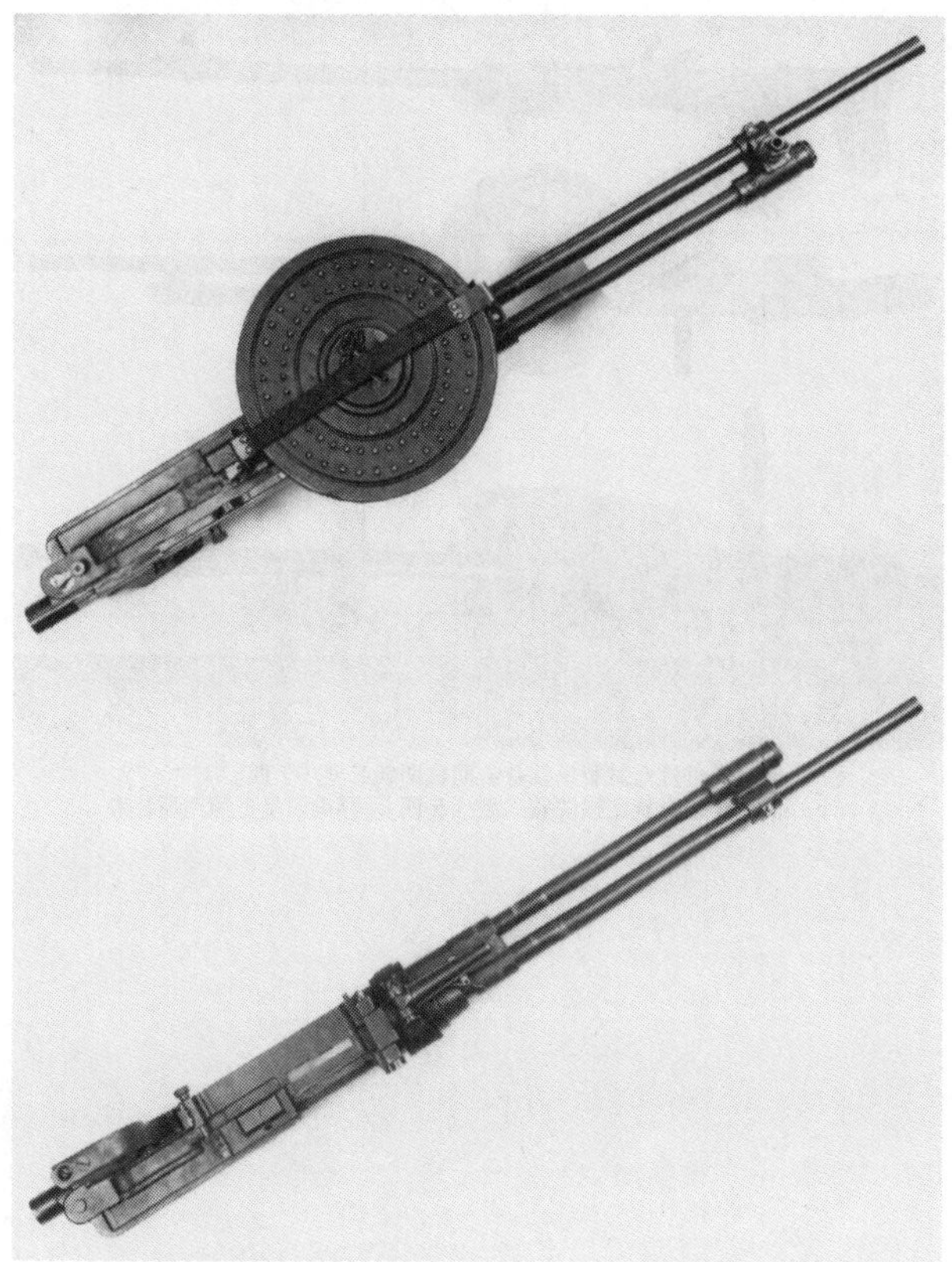

〈上〉試製単銃身旋回機関銃二型「テ四」上視、弾倉装着
〈下〉試製単銃身旋回機関銃二型「テ四」下視

〈上〉肩当を付けた試製単銃身旋回機関銃二型「テ四」
〈下〉試製単銃身旋回機関銃二型「テ四」、移動照星と照門環装着

165　試製単銃身旋回機関銃二型「テ四」

試製単銃身旋回機関銃二型「テ四」、固定照星と照門環、肩当装着、昭和17年8月陸軍航空整備学校「装備工術教程（機上火器）」所載（以下同じ）

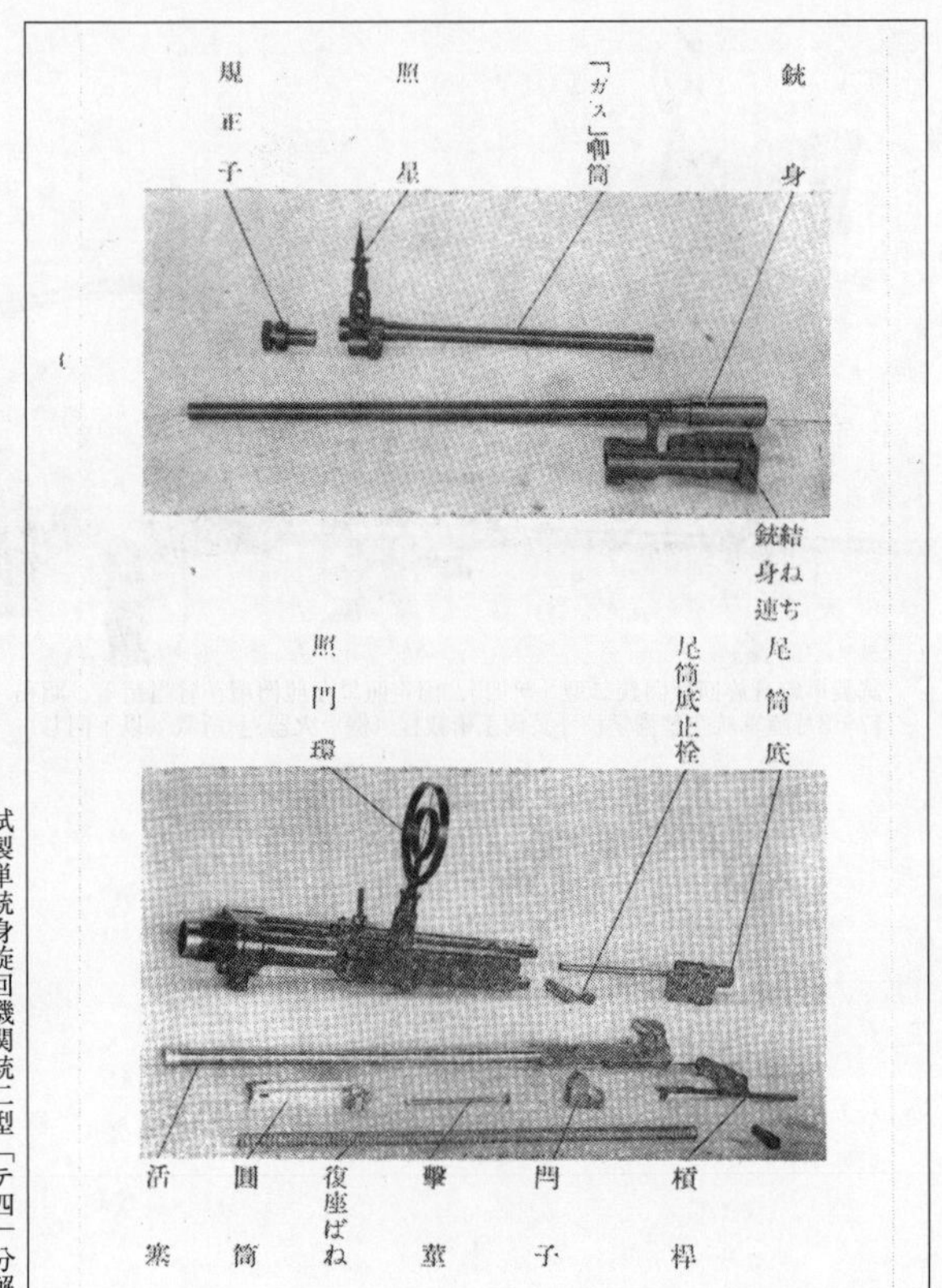

試製単銃身旋回機関銃二型「テ四」分解

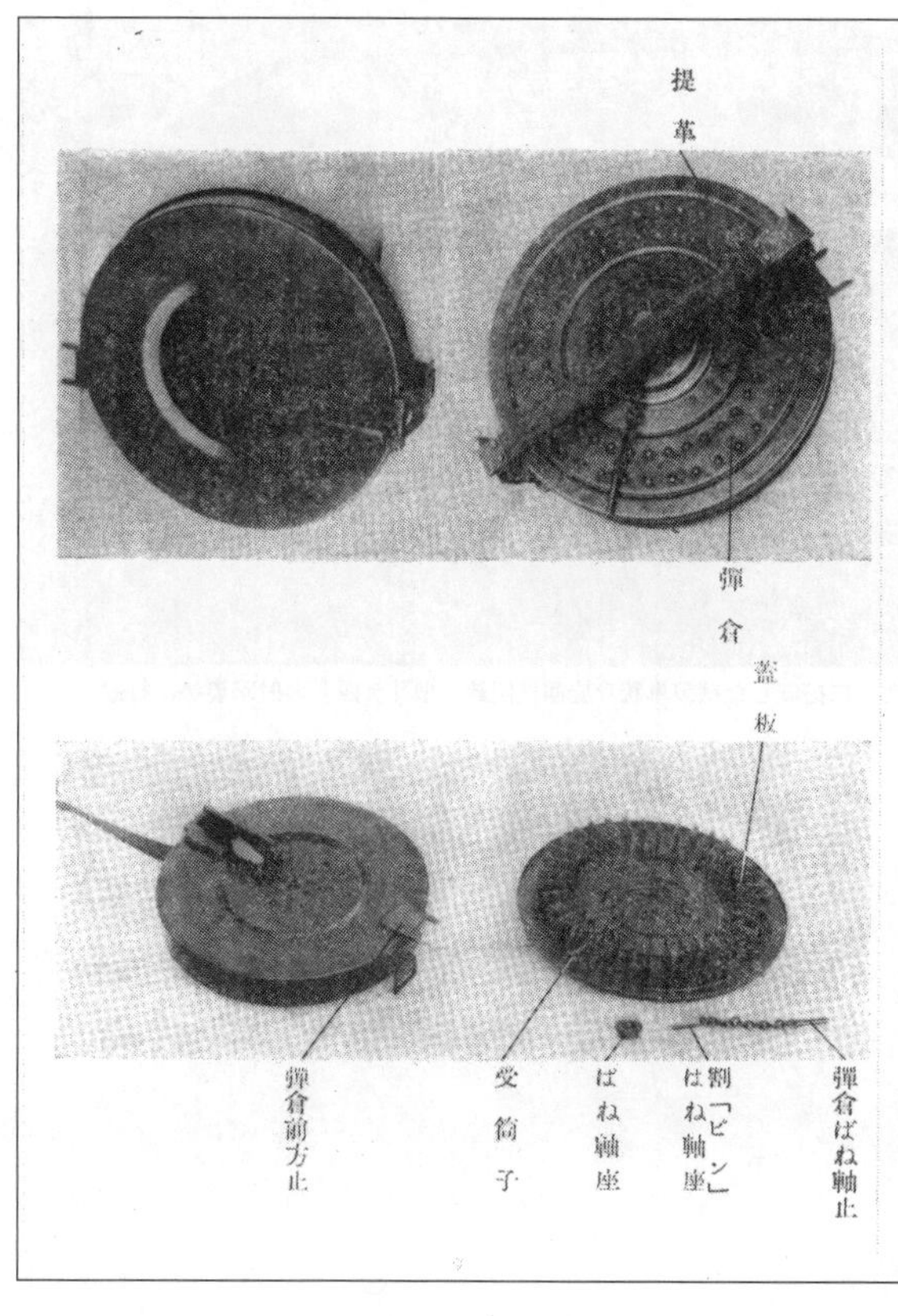

試製単銃身旋回機関銃二型「テ四」弾倉

機上に搭載した試製単銃身旋回機関銃二型「テ四」の射撃姿勢、打殻受

四、第二実包は弾倉ばねにより円筒上面に圧着される。
五、弾丸がガス孔を通過するとガスの一部はガス孔からガスポンプ、規整子の各孔を経て活塞に作用し、活塞は後退する。

弾倉は円形回転式で実包六八発を収容し、ばねの力により逐次送弾する。一銃につき弾倉一〇個を附属する。

打殻受は尾筒下面に装着し収容数は弾倉二個分とする。

照準具は二個の固定照星、移動照星、三個の照門環等からなる。移動照星は回転軸、照星頂、風板等からなり回転軸頭部には固定照星頂を有す。大きい照門環のうち脚部にナットを有するものは前方照門托座に、他のものは後方照門托座に装着し起伏する。前方環は射距離二〇〇メートルにおいて外環は四〇〇キロ／時、内環は二〇〇キロ／時に応じる目標修正量を示し、後方照門環を用いる場合は進路角三〇度に相当する。

試製単銃身旋回機関銃二型主要諸元

口径七・七ミリ、全備重量九・二七キロ、弾倉重量二・三八キロ、全長一〇七〇ミリ、発射速度六七〇発／分、初速八一〇メートル／秒、弾薬は八九式固定・旋回機関銃に同じ。

九九式旋回機関銃

昭和十六年四月下志津陸軍飛行学校は「九九式旋回機関銃教程」（部外秘）を刊行した。九九式旋回機関銃とは試製単銃身旋回機関銃二型であり、改修された箇所はない。試製単銃身旋回機関銃二型は昭和十九年一月一日時点で陸軍航空本部技術部が作製した航空兵器略号一覧表においてもその名称が用いられているが、昭和十六年四月までに九九式旋回機関銃の名称で制定されていたかどうか確認できない。

一方水戸陸軍飛行学校においても九九式旋回機関銃の名称が用いられていた。昭和十七年九月に水戸陸軍飛行学校は「九九式旋回機関銃取扱ノ参考（テ四）」を刊行した。「テ四」とは試製単銃身旋回機関銃二型のことであるから、すなわち九九式旋回機関銃は試製単銃身旋回機関銃二型であることになる。

昭和十六年五月に陸軍航空本部が作製した航空兵器調弁リストを見ると、そこにも試製単銃身旋回機関銃（二型）の名称が用いられている。このリストに掲載された航空武器の種類と員数は次のとおりである。

八九式固定機関銃甲一〇〇、同乙一〇〇、九八式固定機関銃五〇、九八式旋回機関銃一八

五、試製単銃身旋回機関銃（二型）五〇、試製二銃身旋回機関銃七九、試製二十粍旋回機関砲四九、試製二十粍固定機関砲四四、試製十二・七粍固定機関砲（三型）甲八〇、同乙八〇。

さらに終戦後東海軍管区の第五十一航空師団が昭和二十年九月三十日付で進駐軍に提出した航空兵器現況表を見ると、固定機関銃は八九式二三五、九九式一四、マウザー二一六、旋回機関銃は八九式六九九、九八式一一八、九九式三、一〇〇式一一、試製単銃身五七八、一式一〇九、固定機関砲は一式十二・七粍三〇三四、試製二十粍翼内一二三七、ホ二〇三・三一、ホ四〇一・四とあり、ここに初めて九九式旋回機関銃の名称が出てくる。同列に試製単銃身の名も出てくるから何か区別する点があったと思われる。他にも九九式固定機関銃、一〇〇式旋回機関銃といった名称が見える。両者共ごく少数であるから試作品かと推測するが詳細は不明である。ドイツからもマウザー固定機関銃が入っていた。

「九九式旋回機関銃取扱ノ参考（テ四）」の要旨を抜粋する。

本銃は八九式旋回機関銃の型式を採用し、単銃身旋回機関銃として特に設計製作されたもので、発射の際生じる火薬ガスの一部を利用し遊底を開き、薬莢を蹴出し、さらに復坐ばねの弾撥力により次発の実包を装填および発射し、自動的にこれを復行するもので、特殊な回転式円形弾倉を用いる。本銃の重要諸元は八九式旋回機関銃と同じである。

水戸陸軍飛行学校幹部候補生のノートに「八九式旋回機関銃と九九式旋回機関銃との相違」と題するメモがある。実施学校における幹部候補生に対する講義の記録であるからノートの内容は信頼できる。それは次のような内容である。

九九式旋回機関銃は八九式旋回機関銃の左銃を切離し、若干の改造を加えたもので、構造、機能共に大きな相違はない。九九式旋回機関銃を基準として両者の主たる相違点を挙げれば次のとおりである。

一、銃全般について

大きな相違点は単銃身であること(銃架を持たない)、および給弾機構が独特の円形弾倉を有すること。八九式旋回機関銃に比べて遥かに簡単である。

二、重要諸元対照表

	九九式	八九式
全備重量	九・二七キロ	三六・〇〇キロ
弾倉重量	二・三八キロ	三・一〇キロ
全長	一・〇七メートル	一・〇七メートル
発射速度	八〇〇発/分	七〇〇~七五〇発/分(片)
初速	八一〇メートル/秒	八一〇・三メートル/秒
口径	七・七ミリ	七・七ミリ

構造

一、銃身、尾筒底は八九旋と同じ。

二、規整子は体と套よりなる(支爪なし)。規整子駐子ばねおよび套後面の突梁により支箍の前端に鉤する構造は八九旋に比べて頗る簡単でガスポンプスパナを要しない。

三、八九旋の用心鉄は押桿で引鉄を引くが、九九旋においては直接手で引く。故に用心鉄が大きく、木被を有し把持に供する。引鉄の形が異なり引鉄補助桿を介して逆鉤を圧下する。また用心鉄の右側に安全子を付け、安全作用を営む。

四、八九旋は銃架に胸当托管があるが、九九旋は尾筒後端に肩当を付け、尾筒底にピンで固定する。

五、弾倉

九九旋	八九旋
円形	扇形
六八発	九〇発
保弾帯なし	保弾帯を有する

両者共ばね圧を利用するが、八九旋の弾倉は弾倉支台上に固定され、圧桿によって送弾するのに対し、九九旋の弾倉は底板が銃に固定され、蓋が旋回して送弾する。構造、取扱法共九九旋は八九旋に比べて遥かに簡単である。

六、九九旋の打殻受は円筒形（八九旋は方形）で八九旋より小さい。嚢にはばねを有し、また底部にはがま口状の口金を有する。

七、九九旋の照門環は照門托坐上に固定され、上下左右の調整はできない。内側の環は半径四六・二五ミリで時速二〇〇キロに応じる。外側の環は半径九二・五ミリで時速四〇〇キロに応じる。八九旋の照門環は内側の環が半径四三・五ミリで時速一〇〇キロに応じ、外側

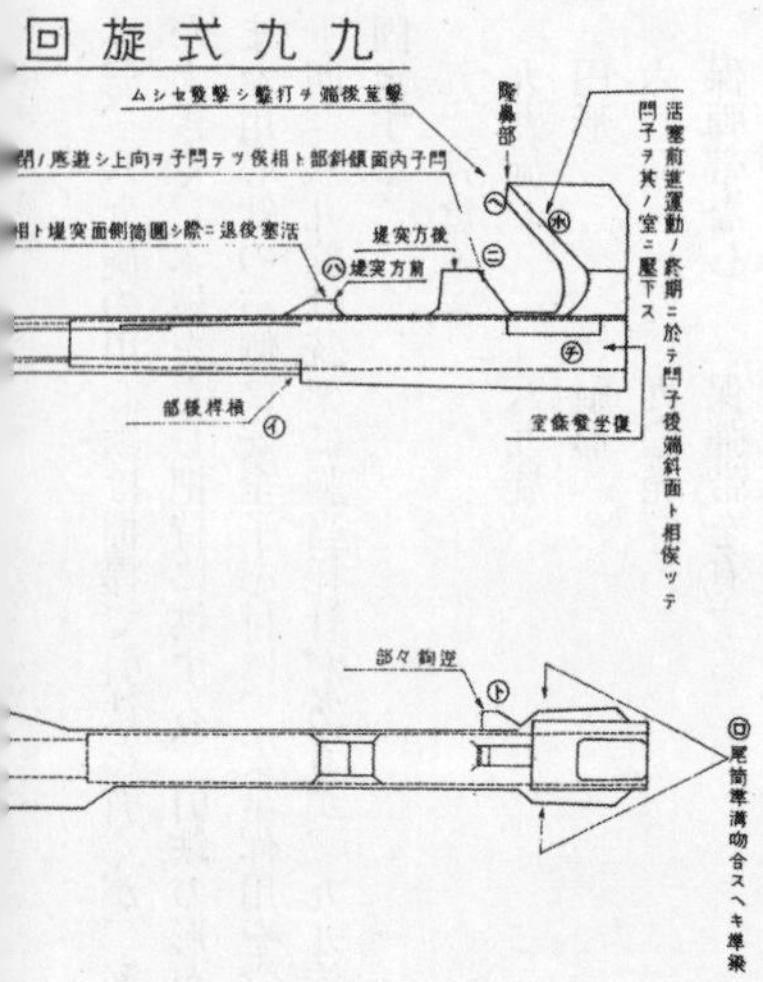

九九式旋回機関銃、活塞各部の機能

關銃　活塞

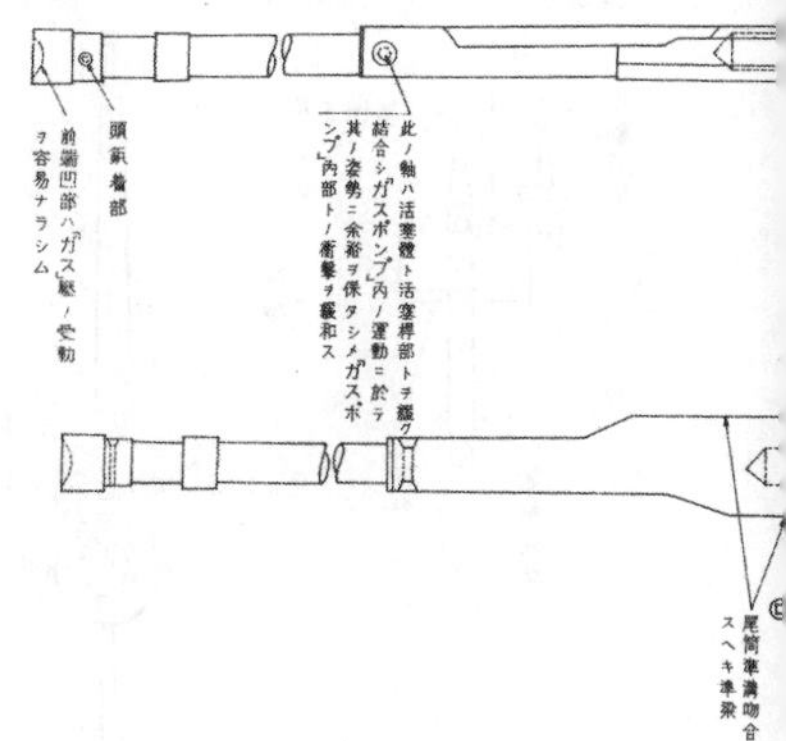

九九式旋回機関銃全体各部名称、昭和16年4月下志津陸軍飛行学校「九九式旋回機関銃教程」所載（以下同じ）

九九式旋回機関銃、照門環、固定照星、移動照星

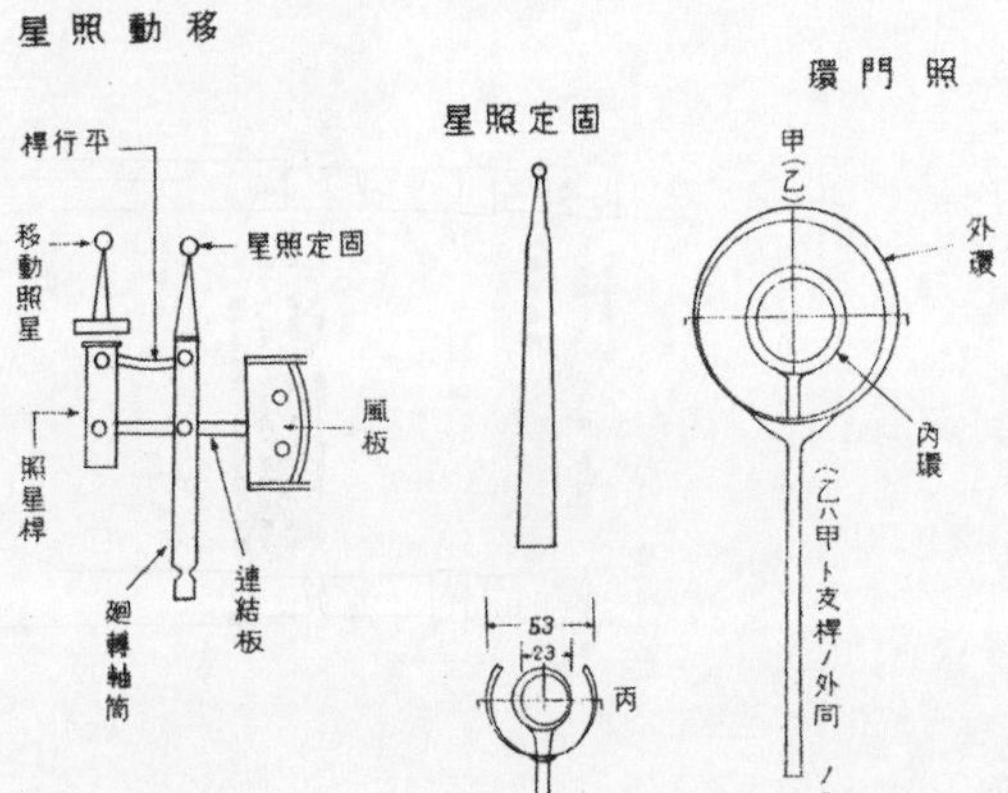

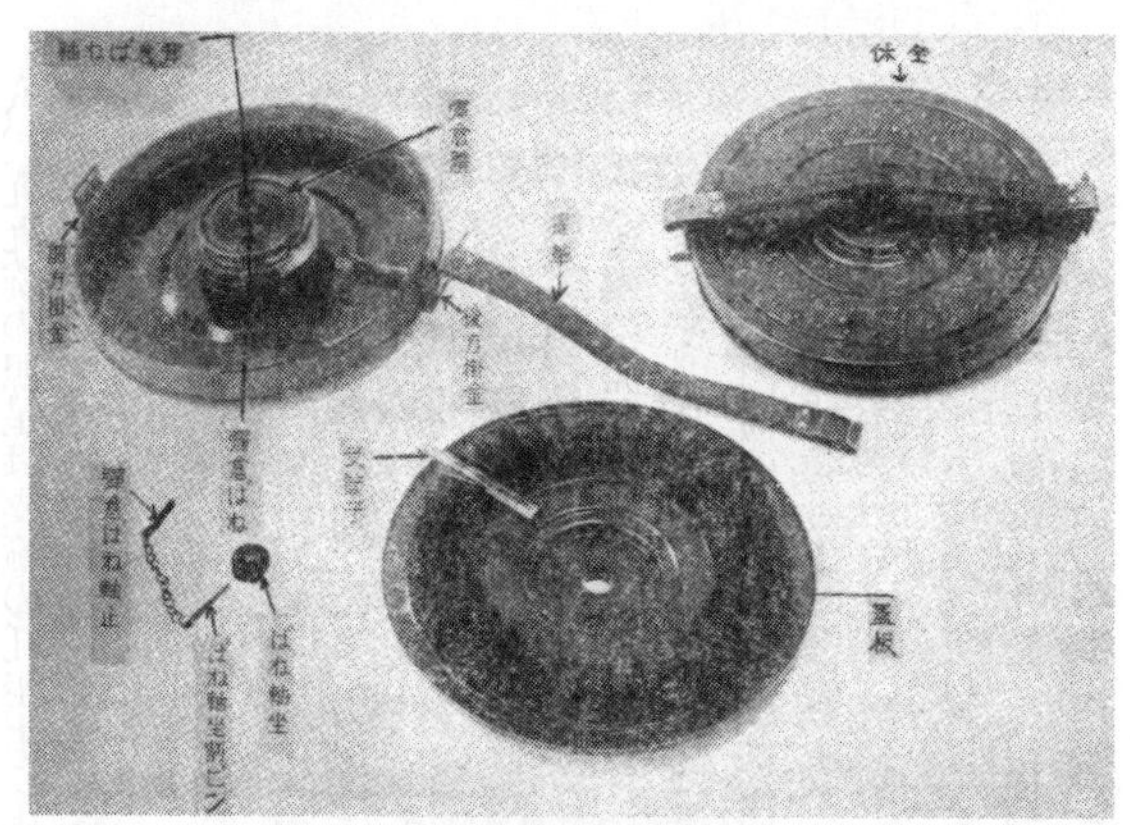

九九式旋回機関銃、弾倉

九九式旋回機関銃弾倉断面図

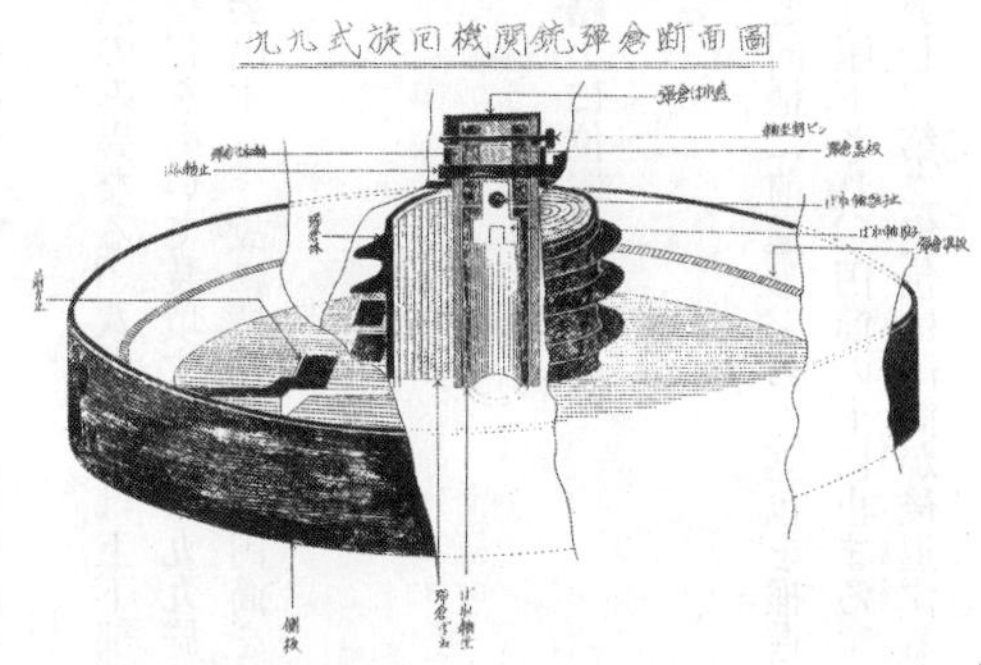

の環は半径八七ミリで時速二〇〇キロに応じる。

八、九九旋の照星は支箍の托坐上に固定され、上下、左右の調整を行なう。八九旋の照星は銃架の照星坐支坐上にあり、前後に移動すると共に左右の調整を行なう。また移動照星を使用することがある。

九、九九旋の機能は大体八九旋と変わらない。給弾機能のみ異なる。八九旋では上下部弾送りの運動により送弾されるので、弾倉を装着した後に槓桿を引いて装填するが、九九旋は弾倉を銃に装着したとき既に第一実包は半ば装填口内に突出する。故に槓桿を引き円筒を後退させなければ弾倉を装着することはできない。

(一) 射撃前における閉鎖位置

八九旋と同じ。

(二) 遊底の開退

槓桿を引き弾倉を装着すれば第一実包は円筒通路上に位置する。

活塞、円筒の作用は八九旋と同じ。

(三) 発射および発射後の機能

発射の機能は引鉄を引くと活塞、円筒は八九旋と同様に前進し、第一実包を推進装填して発射する。第二実包は弾倉ばねの圧力により圧下され、円筒の上に止まる。

発射後の機能は八九旋と同様で、銃尾機関は後退し、第二実包は円筒が後退するとばね圧により円筒通路上に圧送される。

（四）発射停止

八九旋と同じ。

一〇、安全装置

八九旋では安全子駐鉤が活塞の鉤部に鉤し、三つの安全装置を有するが、九九旋には八九旋のような安全子はなく、また活塞に鉤部もない。用心鉄に付けられた安全子の活筍が引鉄に鉤して発射準備位置における安全作用を営む。

一一、故障

構造機能はほぼ同一であるので故障も大体同様である。ただ八九旋は複雑な機構を有する装填架により送弾するため給弾機関の故障が極めて起り易く、一度弾列の乱れ等が起れば弾倉は銃より離脱し難くなり、故障排除も極めて困難となる。これが八九旋の最大の欠点である。九九旋における改造の主眼はこの点にある。九九旋の給弾機構は八九旋に比べて非常に簡単であり、故障の主なものはばね圧過弱および実包起縁部の引っ掛かりであるが、これは点検を十分に行なうことにより、また槓桿を一回操作することにより容易に排除できる。

一二、利害

八九旋の欠点は重量過大であること、および故障の多いこと（殊に送弾機関）にある。九九旋製作の目的は八九旋の片銃を切り離して重量を軽減し、送弾機関を改造して故障の絶滅を図ることにあった。九九旋は操作が極めて容易で故障も少なく、その限りにおいてはその目的を十分に達したということができる。しかし銃自体にはほとんど改造が加えられず、従って八九旋の片銃の発射速度を有するに過ぎず、その威力は半減された。九九旋は形の上からしても八九旋の片銃に止まり、新式銃には当たらない。一時糊塗的性格を有する機関銃であった。

九九式特殊実包「マ一〇一」

八九式固定、旋回両機関銃に使用していた実包は八九式普通実包、九二式徹甲実包・焼夷実包および曳光実包で何れも炸裂弾ではなかった。当時航空武器はできるだけ軽量を望まれ、また飛行機の構造上からも直ちに銃数の増加が許されない状況であったから、弾丸効力を増大する以外火力増強の方法はなかった。

昭和十二年技術本部から航空技術研究所に移り航空武器を取扱うことになった野田耕造中佐は、火力増強のためには弾丸効力、特に焼夷効力の増大を図ることを先決として、陸軍造兵廠東京工廠銃包製造所長の大村亀太郎中佐と種々検討した結果、命中の際の衝撃で炸裂と同時に発火剤を出し、燃料タンクに着火させる研究を行なった。

銃包製造所の北川堅大尉は弾頭の肉厚を薄くし、これに火薬の専門家である陸軍造兵廠東京研究所の石田榮技師の開発した硝宇薬と硝英薬とを混合した実包を試作した。十三年六月頃富津射場で試験し、九月に野田中佐が在支部隊において本弾を実験し使用法を教育した。「マ一〇一」と名付けられた本弾は、昭和十五年「九九式特殊実包」として仮制式に制定された。

野田耕造氏が戦後陸軍技術本部OBの機関紙「技本会だより」に投稿した手記の中に本弾について触れている。貴重な資料であるので一部引用させていただく。

「昭和十年頃、東京工廠が小倉に移転しましたので私は技術本部に変わり銃器班に入り、主として軽機関銃と対空二〇ミリ機関砲の審査を行い、各種の試験と各学校の実用試験を行っていました。（中略）昭和十二年航空に転科され、立川の航空技術研究所で航空武器を担当しました。

航空に転科しまして先ず考えたことは弾丸の威力増大でありまして、当時航空武器としては七・七ミリのヴィッカース機関銃二梃を戦闘機に装備しておりました。飛行機を撃墜するには翼内にある油槽に着火させることが最も有効で、そのためには当時は七・七ミリ弾丸の前半部に黄燐を充填して、発射の際の衝撃で着火して、途中煙を吐きながら弾着させて黄燐によって着火させるものでありましたが、製造が困難でかつ弾着するときはすでに黄燐が燃焼してしまっているものが多く、効果が小さかったのと油槽にはゴムの被覆があって着火が困難でありました。着火を容易にするためには防護被覆を破壊して大きな穴をあけて酸素を十分に補給することが必要なので、何とか炸裂する弾丸を作りたいと思い、小さな信管を作るために造兵廠の桑田さんの所にも相談しました。造兵廠の北川さんや石田さんの力を借りて弾丸の前半部に特種の火薬を充填し、一ミリのアルミ板を貫通するときに生じる熱によって火薬を爆発するものを考案し、かつ弾着のときの衝撃力を大にするため弾頭に平面部を設け、徹甲弾等と弾道を同じくするようにして富津射場で数回試験して油槽に約一〇センチ位の破壊口をつくるものを完成し、『マ一〇二』の名称を付けてノモンハンの戦闘に、あるいは中支方面の部隊に持って行って実戦に使用してもらいました。この構造の弾丸は後々一三ミリ、二〇ミリ弾丸にも応用して信管のある弾丸と略同等の破壊力を持っており、大東亜戦争においてなかなか撃墜困難であったB24、B29等の大型機に対しても撃墜できるようになりました」

九九式特殊焼夷実包（マ一〇一）取扱注意事項（極秘）

七・七ミリ級焼夷弾中油槽に対し着火威力が大きいのは九九式特殊焼夷実包（マ一〇一）で、本弾は一ミリ以上のジュラルミン板、またはこれと同等の抗力を有するものに命中すれば直ちに炸裂し、その後方にある油槽に対し概ね一発で発火させる。ただし油槽中にガソリンを入れた部分に命中したときおよび油槽の防護を実施しているものに対しては一三ミリ以上でなければ効力は十分でない。

本実包は弾頭部に特殊な炸薬を包蔵し、飛行機に命中すると概ね径七ミリの破壊孔を生じ、翼内等の油槽に対してはその火焔により焼夷抗力を発揚する。

本実包は七・七ミリ各種機関銃に使用することができる。その弾道性および命中精度は九二式焼夷実包とほぼ同様である。

戦闘にあたっては固定および旋回機関銃共に本実包を九二式焼夷実包および九二式徹甲実包と混用する。すなわち固定機関銃の保弾帯および旋回機関銃の弾倉に実包を装填する際、九九式特殊焼夷実包（マ一〇二）一、九二式焼夷実包（弾道表示）一、九二式徹甲実包一の順序に交互に使用するものとする。
ただし固定機関銃に使用する際連続二〇〇発以上に及ぶとき本実包は薬室内において自爆することがあるので使用上注意を要する。

本実包は弾頭を切ってあるため弾道性はやや不良である。
またあまり寒いところでは爆発率は六〇パーセントまで下がり、効果は少ない。

九二式焼夷実包は焼夷効力が十分ではないが、油槽にガソリンが入っている部分に命中すると却って焼夷効果を呈することがある。曳煙により弾道標示を行なうので併用するものとする。

旋回機関銃においては自爆を生じることはないので、固定機関銃のような制限なく使用することができる。

本実包の製造は精巧を要し、製作良好でないものは時に銃口前において破裂するものがある。しかしこの種の弾は特別採用弾として採用し、弾薬箱および紙箱に(旋)の記号を付すと共に、弾薬箱内に「旋回機関銃ノミ使用ス」と記載する紙片を収容して、旋回機関銃のみに使用するものとする。

弾薬整備作業

普通実包は主として平時訓練に使用するもので、弾身は硬鉛で人馬に対する殺傷威力を主目的とし、かつ発動機の薄弱な部位、胴体、翼等を貫徹破壊する。弾丸と薬莢との接際部に淡赤色防湿塗料を施す。

徹甲実包は弾身が特殊鋼で飛行機の装甲部、発動機等の貫徹、破壊を主目的とする。弾丸と薬莢との接際部に黒色防湿塗料を施す。

焼夷実包は弾丸の一部に焼夷剤を填実し、侵徹破壊の効力は小さいが気球、油槽、羽布等の焼夷を主目的とし、併せて曳煙、曳光により弾道を標示する。弾丸と薬莢との接際部に紅色防湿塗料を施す。

曳光実包は弾丸の一部に曳光剤を填実し、曳光による弾道の標示を主目的とする。弾丸と薬莢との接際部に緑色防湿塗料を施す。

以上の実包は装薬に無煙薬を用いる。

空包は弾丸が木製で装薬は空包薬を用い、教育訓練に使用する。

擬製弾の外形は普通実包と同じだが弾丸被甲に黄銅を用い、薬莢外面には二条の筋目を施し、雷管は銅製として普通実包と区別する。

挿弾子は黄銅製挿弾板の内面に平扁ばねを嵌装し、実包五発を挿入する。

保弾子は一側に一個、反対側に大小二個の保持環を有し、固定機関銃用弾薬を連結する。

弾帯調整は挿弾機または手作業により、或いはこれらを併用する。挿弾機は実包を保弾子に挿入して一〇発一連の弾帯を調整する器具である。

手作業により実包を挿入する際手応えが無かったり、或いは過度に力を要する保弾子は除去する。

弾帯収容箱に弾帯を填実するには保弾子の保持環一個を有する端末を先にして、弾頭を機首に向けて装入しつつ、少量のスピンドル油を塗布し整頓重畳する。

鼓胴型弾倉に実包を装填する要領は、
一、実包を挿弾子より離脱し弾種毎に配置して薬莢に少量のスピンドル油を塗布する。
二、弾倉ばね軸に装填器を装する。
三、提帯を下にし、装填器が装填台の抑金側にあるようにして弾倉を装填台上に置く。
四、弾倉口金部に装填補助口金を装し、実包を五発ずつ収容し、弾列に乱れが生じないよう注意しつつ装填器を上下して一発ずつ逐次装填する。
五、装填補助口金を使用することなく装填する場合には装填器の上下に応じて一発ずつ装填する。
六、弾倉より実包を抽出する場合は装填器を軽く上下しつつ前方に押出す。

水戸陸軍飛行学校における弾薬整備作業計画によると、九七式軽爆撃機六機の携行弾薬を二時間以内に確実に整備するには次の手順で作業を実施する。

一、立案基礎

機数　九七式軽爆撃機六機（各八九固定一、八九旋回一）

携行弾数　八九固定一一〇〇発、八九旋回五四〇発（六弾倉）

時間　二時間

人員　組長一、作業手六

器材　弾薬四四四〇発（徹甲一四八二、普通八一二六、「マ一〇二」六六〇発、焼夷一四七六）、保弾子約六五〇、挿弾器三、八九旋回弾倉三六、作業机六、スピンドル油三、蟹目スパナ等器具各三

二、準備作業（二〇分）

(一)作業手六人を二人ずつ三組に分けて各二機分を作業する。

(二)固定銃用弾倉を各機より取外す。

(三)各機との連絡に便利で、武装作業を妨害しない地点に器材を配列する。

三、旋回銃弾倉に弾薬の填実（六〇分）

(一)作業手を位置につかせ弾薬を分配する（九〇発）。

(二)一人一機分（六個）作業する。

(三)弾薬の混合比および順序は、徹甲実包一→「マ一〇二」一→焼夷実包一とする。旋

回銃では「マ一〇二」を用いるのは最初の一弾倉のみ（左右各一、計二）で、第二、第三の弾倉には「マ一〇二」の代わりに普通実包を用いる。

故に弾薬分配数は次のようになる。

八九旋回 第一弾倉 徹甲三〇、「マ一〇二」三〇、焼夷三〇、計九〇

第二、第三弾倉 徹甲三〇、普通三〇、焼夷三〇、計九〇

（四）「マ一〇二」を填実した弾倉には目印を付ける。

（五）一弾倉終わる毎に組長に報告させ、新たに弾薬を交付し作業を復行する。

（六）組長は常に作業を監視し、特に弾薬混合の正確を期し、作業が終われば塗油が十分か、与圧が適当かを点検する。

四、弾帯の調整（二〇分）

（一）二人ずつ一組となって二〇〇発弾帯を二つずつ作る。

（二）弾薬の混合比は各弾帯の最初に「マ一〇二」五〇発を用い（全体としては一五〇発）、一五〇発以後には「マ一〇二」の代わりに普通実包を用いる。

故に弾薬分配数は次のようになる。

八九固定一弾帯に就き徹甲六七、「マ一〇二」五〇、焼夷六六、普通一七、計二〇〇

（三）作業後組長は弾帯が斉一か、結合度が緩いもの、または堅いものはないか、弾薬混合に誤りはないか、「マ一〇二」を後方に混入していないか、塗油が十分かについて

点検する。

五、装着および点検（二〇分）

（一）八九旋回銃の弾倉装着

六個のうち二個を銃に装着し、四個を格納函に収納する。この際弾倉番号を誤らないこと、および先に目印を付けたものを銃に装着する。

（二）八九固定銃の弾倉装着

弾帯を弾倉内に入れ、これを機体に装着する。

（三）旋回銃は、弾倉番号に混同がないか、各弾倉は確実に装着できるか、弾倉一つ一つについて点検する。

固定銃は、弾頭の向きが反対でないか、第一実包は保弾子の環一個の方より確実に碍子に鉤しているか、空薬莢排出口および保弾子排出口の蓋は開いているかを点検する。

九八式固定機関銃・九八式旋回機関銃

昭和十二年五月イリス商会（東京市麹町区丸ノ内）はドイツ・ラインメタル社製の航空機用機関銃の視察を航空本部に願い出、同年七月陸軍省副官より陸軍航空本部長に対し陸軍技術本部と協力して前記願出兵器の調査を実施するよう通牒があった。

八月二日汽船で大阪港に到着した銃砲の種類は次のとおり。

一、七・九ミリ航空機用機関銃（旋回式ST61型、旧称T6－220型）一梃
二、七・九ミリ航空機用機関銃切断模型（固定式ST6型、旧称T6－200型）一個
三、二〇ミリ航空機用機関砲（銃架付旋回式）一門
四、二〇ミリ航空用並びに地上用機関砲一門
五、三七ミリ航空用並びに地上用機関砲一門
六、九ミリ騎兵用機関銃六梃

銃砲と同時に到着した実験用弾丸は総数六九五〇発であった。

七、二〇ミリ用試射榴弾二〇〇発
八、二〇ミリ用試射曳光榴弾三五〇発

九、二〇ミリ用曳光爆裂榴弾四五〇発
一〇、二〇ミリ用曳光徹甲爆裂榴弾一〇〇発
一一、二〇ミリ用曳光徹甲爆裂榴弾（マッシーブ）五〇発
一二、三七ミリ用試射榴弾九〇発
一三、三七ミリ用曳光爆裂榴弾一五〇発
一四、三七ミリ用曳光徹甲爆裂榴弾五〇発
一五、三七ミリ用試射曳光榴弾一〇発
一六、ＳＭＫ曳光弾一〇〇〇発
一七、ＳＳ弾二五〇〇発
一八、九ミリ用弾二〇〇〇発

審査経過の概要

同年九月イリス商会提出のラインメタル製旋回機関銃につき陸軍航空技術研究所は陸軍技術本部および明野陸軍飛行学校と協力し、地上における命中機能試験並びに空中における布板的および吹流的射撃を実施した。

同年十一月固定機関銃について陸軍航空技術研究所において基礎試験を実施した。

翌十三年二月陸軍科学研究所低温実験室において旋回、固定ともに零下四〇度までの耐寒機能試験を実施した。

同年三月富津射場において両種銃の命中機能および耐久試験を実施した。

同年四月以降富津および陸軍航空技術研究所において数回にわたり試験射撃を実施した。

同年五月明野および浜松陸軍飛行学校に対し旋回機関銃の実用試験を委託し、六月末終了した。

昭和十四年一月北満において固定機関銃の耐寒試験を実施した。

同年四月明野陸軍飛行学校に対し固定機関銃の実用試験を委託した。

以上の調査、試験の結果旋回・固定ともに成績優秀で航空武器として採用することが適当であるとの判定を得た。

一般構造

本銃の構造は銃身後坐・反動利用・旋回閂子式で、銃身、被筒、尾筒、尾筒底、銃尾機関および附属部品よりなり、旋回式機関銃は別に照準装置を有する。

本銃は弾丸が発射されると銃身は反動並びに銃身前端に作用するガス圧を受け、滑走筒と遊底とともに遊底を結合したまま後退し、次いで閂子は尾筒周の軌道により旋回し、滑走筒と遊底との結合を解くと同時に遊底を加速して後退させ、薬莢を排出して逆鉤に引っ掛かり、銃身および滑走筒は停止する。次の実包が弾倉または保弾帯により薬室上に送られているとき引鉄を引けば連発する。

給弾のため旋回機関銃は七五発入眼鏡型弾倉を、固定機関銃は五〇〇発用の保弾帯を以て送弾する。

機能試験成績の概要

本機関銃は機能優秀で故障の発生は極めて少なく、故障の原因探求並びに故障の排除もまた簡単である。すなわち旋回機関銃では抽筒不良および突込は概ね一〇〇〇発に一回起こり、固定機関銃では後退不足が概ね一〇〇〇発に一回起こる程度である。さらに固定機関銃では円板射撃における射弾の飛散は少なく、プロペラ貫通故障も起こらなかった。

命中精度

本機関銃の支点は銃身軸線と一致しているので連続射撃に伴う振動が少なく、命中精度は良好である。

耐久度

本機関銃は部品の耐久度が大きく、一万発発射する間に毀損した部品は旋回機関銃では撃茎二、撃発子一、蹴子一、固定機関銃では撃発子転輪一を破損しただけで、主要部品に亀裂等を生じたものはなかった。

耐寒性

酷寒地における試験は実施していないが、低温実験室における試験の結果は機能良好であった。

操用の便否

本機関銃は小型軽量で重量七・二キロ、七五発入弾倉を装した場合においても一一・四キロに止まり、銃耳の取付は回転式で照準操作が容易、かつ操用が非常に便利であるので、これを採用することにより初めて流線型胴体に適応し、広射界を取ることができる。

明野陸軍飛行学校における実用試験の結果

一、操用性は八九式に比べて著しく良好である。

二、命中精度は八九式に比べて著しく良好で、特に精密照準の持続が可能で射弾を命中させることができる。

三、本実用試験間射撃時の故障は一回も発生せず、故障が発生しても本銃の構造上その排除は容易である。八九式に比べて著しく利がある。

四、本銃を速やかに制式として採用する必要がある。

しかし八九式と口径の異なる本銃を制式に採用することは弾薬の製造上にも問題があり、賛否両論があったが、結局航空技術研究所の南角長英中佐の説得が功を奏して、その製造権を購入の上、名古屋造兵廠において旋回式を、小倉造兵廠において固定式を国産化することに決定した。

ところが製造技術的見地から検討を加えた結果、陸軍在来の技術では不十分なことが判明した。そこで航空技術研究所の野田耕造中佐を長とする一五名の専習員を昭和十四年七月から十五年四月までドイツに派遣した。ラインメタル銃砲の製造に要する機械は数十台に及び、購入金額も二〇〇万円を超えたがドイツから輸入する他はなかった。ラインメタルの固定、旋回両機関銃は十五年六月二十日「九八式固定機関銃」および「九八式旋回機関銃」として国産着手に先立って仮制式に制定された。専習員は帰国すると直ちにその国産化に全力を傾注した。しかし復坐バネに使用するピアノ線に良質のものが得られず、固定機関銃の方はついに実用化に至らなかった。

九八式旋回機関銃は発射の際に生じる反動およびガス圧により銃身を後坐させ、銃尾機関に運動を与え、復坐ばねにより銃身を復坐させ、同時に装填閉鎖を行ない自動的に発射を復行する。

弾倉は左右対称の鼓胴をなし実包収容数は七五発、一銃に一二個を附属する。給弾法は左右両側より交互に送弾されるので、重心位置は常に銃身軸と同一平面内にある。打殻受は空薬莢蹴出孔の下に装着し、一五〇発収容できる。

九八式旋回・固定機関銃主要諸元

	旋回機関銃	固定機関銃
口径（㎜）	七・九二	〃
全長（㎜）	一〇七八	一一八〇
銃身長（㎜）	六〇〇	〃

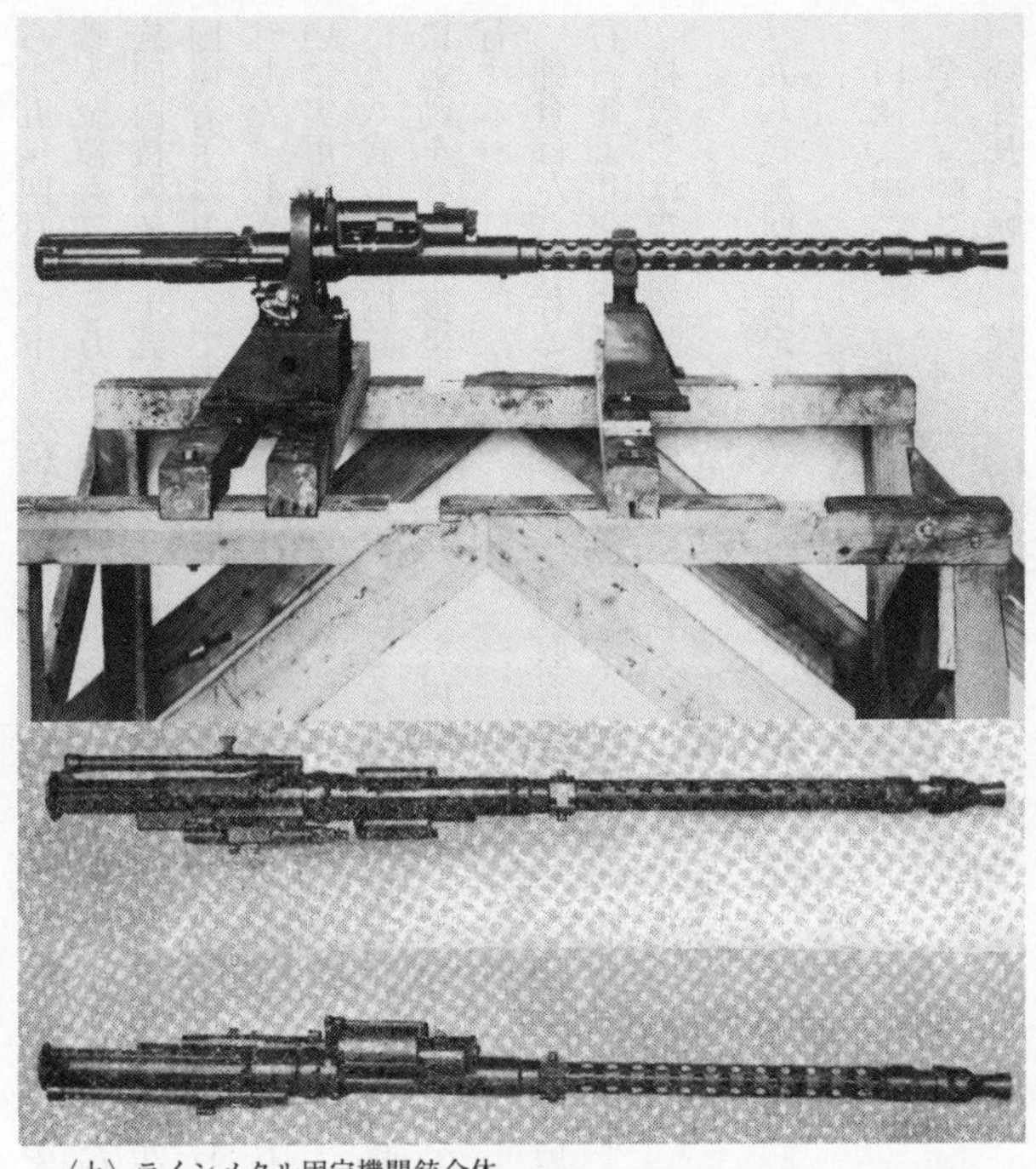

〈上〉ラインメタル固定機関銃全体
〈下〉ラインメタル固定機関銃全体、昭和17年8月陸軍航空整備学校「装備工術教程（機上火器）」所載（以下同じ）

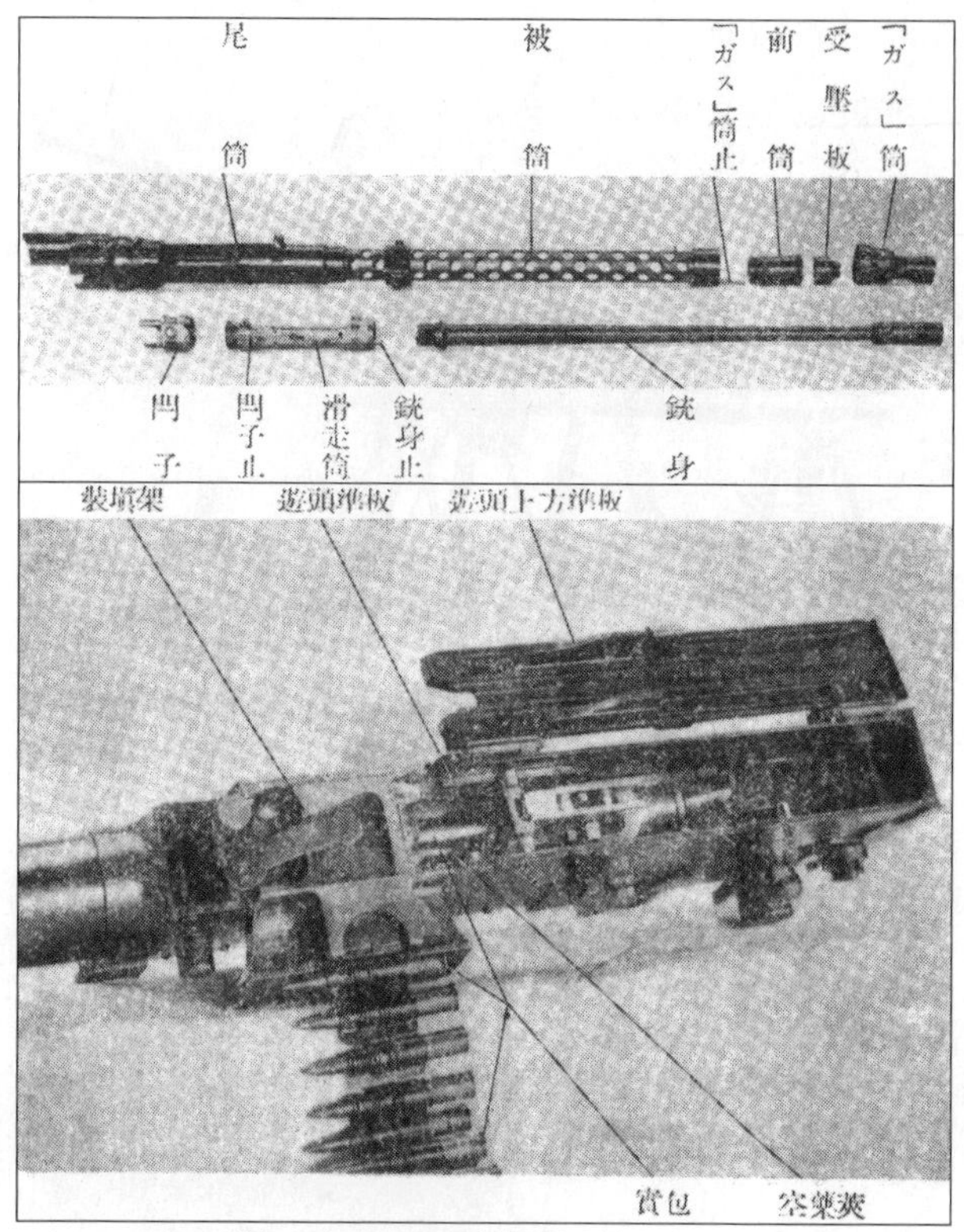

〈上〉ラインメタル固定機関銃分解
〈下〉ラインメタル固定機関銃装填架、弾帯

ラインメタル旋回機関銃全体

ラインメタル旋回機関銃全体

〈上〉ラインメタル旋回機関銃全体、弾倉、照準具装着
〈下〉ラインメタル旋回機関銃全体、昭和17年8月陸軍航空整備学校「整備工術教程（機上火器）」所載（以下同じ）

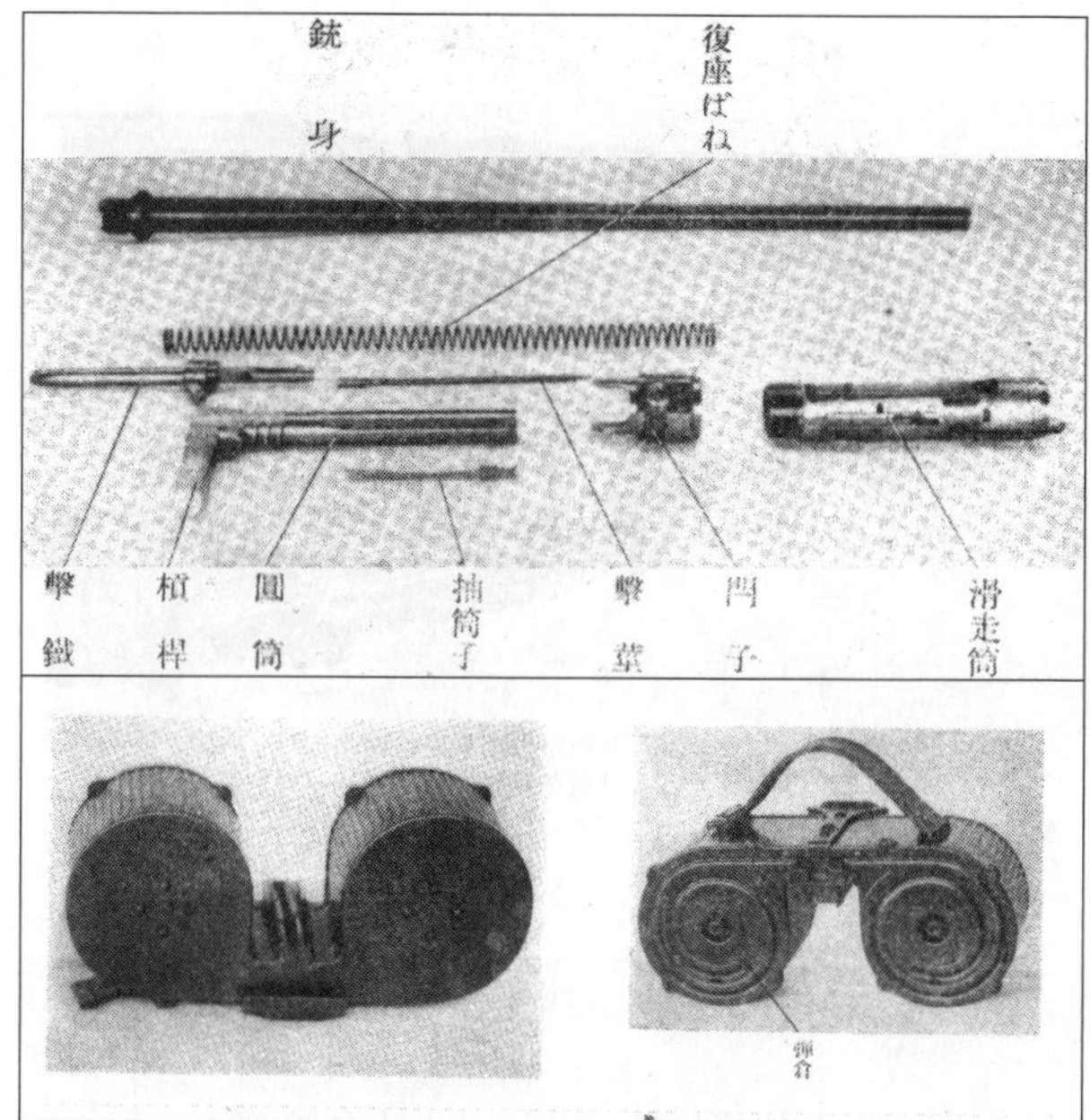

〈上〉ラインメタル旋回機関銃分解
〈下〉ラインメタル旋回機関銃弾倉

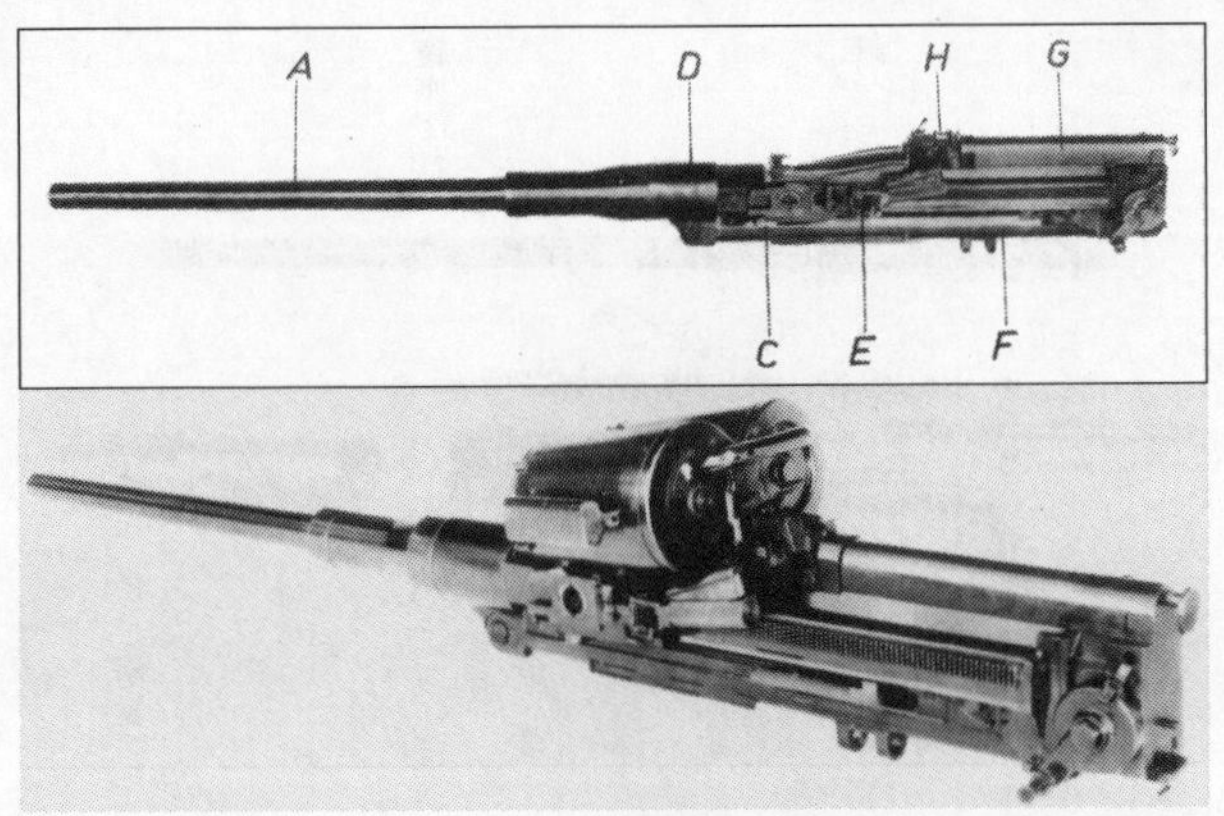

〈上〉ラインメタル20ミリ航空機用旋回機関砲
〈下〉ラインメタル20ミリ航空機用旋回機関砲、弾倉装着

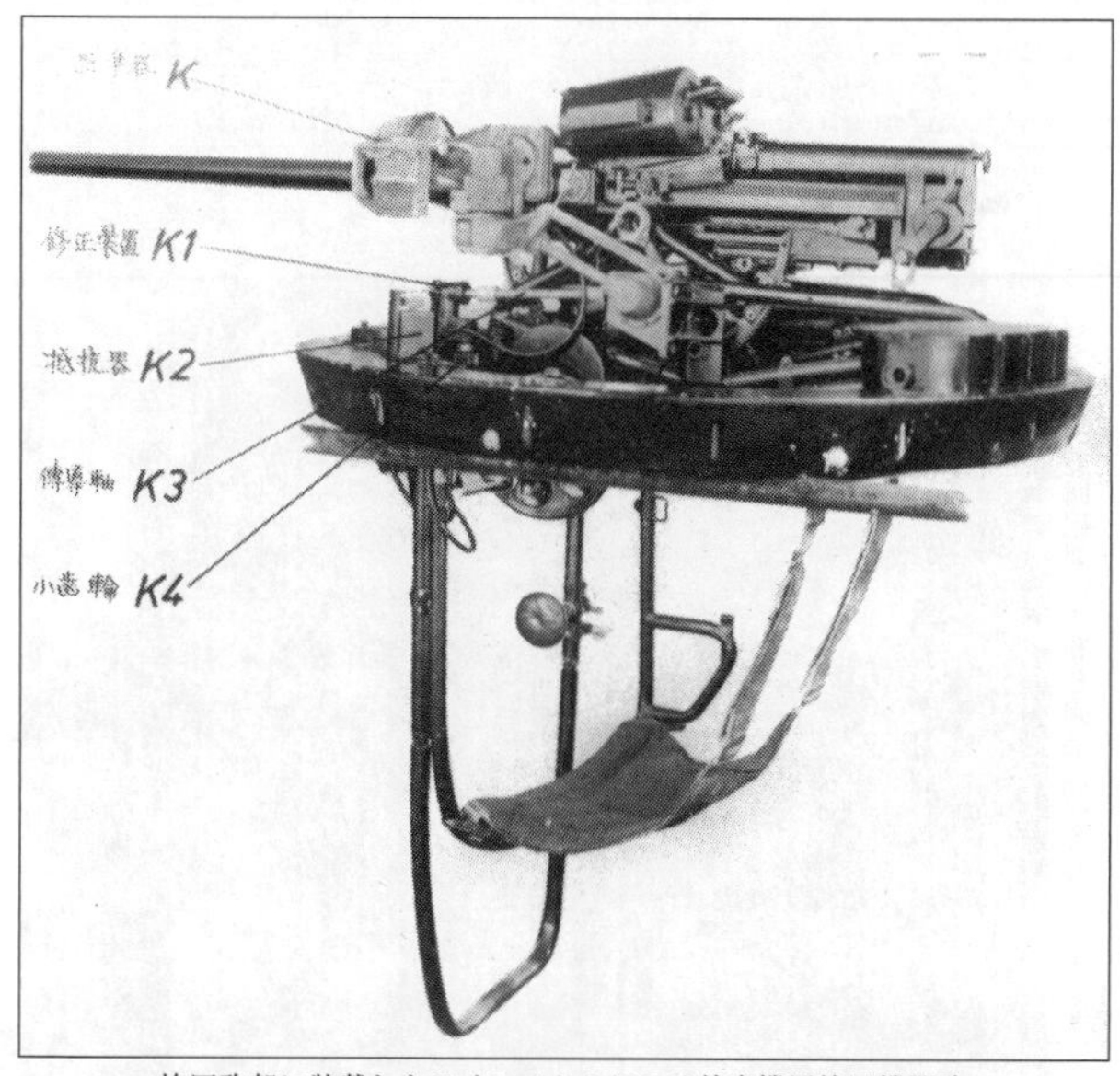

旋回砲架に装載したラインメタル20ミリ航空機用旋回機関砲

旋回砲架に装載し砲塔に収容したラインメタル20ミリ航空機用旋回機関砲

旋回砲架に装載し砲塔に収容したラインメタル20ミリ航空機用旋回機関砲

重量（kg）	七・二	一〇・一
発射速度　発／分	一〇〇〇～一一〇〇 （一〇三〇、一一五〇とする資料もある）	一〇〇〇
初速　普通弾（m）	七九二	〃
徹甲弾	七八八	〃
曳光弾	八〇二	〃
弾量　普通弾（g）	一二・七	〃
徹甲弾	一一・五	〃
曳光弾	一〇・三	〃
普通弾実包重量（g）	二六・二	〃
空弾倉重量（kg）	二・三	二・二（保弾帯）
実包入弾倉重量（kg）	四・二（七五発入）	一五・三（五〇〇発入）

イリス商会から同時に提出された機関砲は地上試験が行なわれ、空中射撃は行なわれなかった。地上射撃では気球射撃、吹流的射撃、命中試験射撃をそれぞれ単発および連発で実施した。試験の成績は良好で実用価値十分と認められた。

一、完全閉鎖後撃発を行なう門子式機構は安全で適当である。

二、機能良好で故障は稀である。

三、命中精度良好。
四、銃尾機関を可及的に短縮して重量を軽減している。
五、航空機用旋回砲架は半自動的照準具を備えた操用に便利な砲塔で、重量は軽く、よく直径一メートルの環に収めた機構を可とする。
六、照準具はＯＰＬ型で射角修正装置を有するので比較的遠距離射撃に適する。
七、旋回砲架の機能は円滑軽快で空中戦闘に適する。
八、機関砲弾信管の瞬発機能は鋭敏で確実である。
九、弾丸は曳光剤のため炸薬量がやや少ないが相当な破片効力を有し実用に適す。

ラインメタル二〇ミリ航空機用旋回機関砲主要諸元

全長	一六六〇ミリ
重量	四一・五キロ
発射速度	三〇〇発／分
初速	七〇〇メートル／秒
弾量	一三四グラム
弾倉重量（空）	三・六キロ
（実）	九・一キロ
旋回架重量	五五キロ

銃砲架全量　一一九・六キロ
照準具重量　七・一キロ
架の中径　一・〇一メートル

九八式旋回機関銃

（昭和十八年一月　水戸陸軍飛行学校「九八式旋回機関銃ノ参考」用済後焼却）

本航空機関銃は反動およびガス利用銃身後坐回転門子式旋回機関銃で、発射の反動により後退し、その圧力を門子に及ぼす。門子は旋回しつつ後退し円筒に滑走筒との結合を解かせると共に円筒を加速後退させ、打殻を抽出し下方に蹴出した後、復坐ばねの弾撥力により前進し、次発実包を装填発火させる。

弾倉は七五発入併列鼓状式で、一銃につき弾倉八個を附属する。

銃は支軸により銃架に装着される。

本銃は銃、照準具および属品に大別し、銃箱と弾倉箱に全部を収容し運搬する。

主要諸元は次のとおりである。

口径七・九ミリ、銃重量（照準器共）七・二キロ、弾倉重量（空）二・三キロ、弾倉重量（普通実包七五発）四・二キロ、銃全長一〇七八ミリ、銃身全長六〇〇ミリ、発射速度一〇三〇発／分、最高腔圧三四〇〇気圧、初速（普通実包）七五五メートル／秒、初速（曳光実包）八〇四メートル／秒、弾量（普通実包）一二・八グラム、実包全重量（普通実包）二六・二グラム、腔綫右転等斉四條

本銃は命中率が良く、重量が軽いこと、および発射速度が大きいことが特長であるが、その反面弾薬は七・九ミリの無起縁を用いるのでわが陸軍では融通性に欠けるという欠点があった。また金質不良のため発射速度はラインメタルに及ばなかった。

機能

一、旋回銃架に装着
射撃に際しては九八式旋回銃架に装着する。

二、弾倉に実包の装填
弾倉に実包を装填するには弾倉口金部に実包誘導匣を嵌装した後、これに概ね五発の実包を入れ、右手を以て実包を圧下しつつ装填具の転把を操作し充填する。この際一挙に転把を圧すると弾列が乱れ、弾倉内の実包の占位が不良となるので注意を要する。

三、銃に弾倉を装着
弾倉を右手に保持し、解脱子を圧することなく尾筒托環上部長方窓に装し、口金前方部を托環鉤部に確実に鉤した後、弾倉を圧下装着する。

四、打殻受の装着
打殻受口金鍔部を尾筒托環鍔部に吻合し、そのまま中央に旋回移動して鎖板を放す。

五、円筒の後退に伴う各部の機能
槓桿を握りこれを後退するとき約四ミリの間円筒、閂子、滑走筒および銃身は一体となって後退する。その間円筒は薬室を閉鎖のまま後退する。円筒後退が約四ミリに及べば門子は誘導溝の作用を受け、左に旋回を開始し、円筒後退約五ミリで門子内面段隔螺の吻合を解き、滑動しつつ後退する。後退量一〇五ミリで弾倉内実包は起動ばねの張力により圧送され、その底面を円筒通路に突出する。後退量一一九ミリで逆鉤は円筒を鉤止する。

六、円筒の前進に伴う各部の機能

引鉄を圧下すると逆鉤鉤部は円筒より離脱し、復坐ばねの弾撥力により前進を開始する。円筒が概ね一四ミリ前進すると円筒先端上部は弾倉最下端の実包を推進し、薬室に向け装填する。装填後は他方の弾倉より実包を円筒上面に圧着する。爾後同要領により左右弾倉の実包を交互に装填する。

円筒の前進二九ミリで撃鉄を後退し、同じく九六ミリで門子は旋回し、一〇三ミリで円筒は薬室を閉鎖し、復坐合成体は一体となって前進し、一〇八ミリに及べば撃茎は急激に前進し、復坐合成体を完全閉鎖させると共に、撃茎先端により雷管を衝撃する。

七、発射後の各部の機能

弾丸を発射すると反動により円筒、門子、滑走筒および銃身は結合のまま後退するが各部の摩擦抵抗により運動を掣肘されるので、弾丸が銃口を離れると火薬ガス圧力の一部は銃身前端面に作用し、銃身を後退させると共に円筒、門子、滑走筒を同時に後退させる。円筒後退一〇四ミリで逆鉤の吻合を解き、逆鉤は円筒鉤部を尾筒底内面に突出し、円筒を鉤止する。

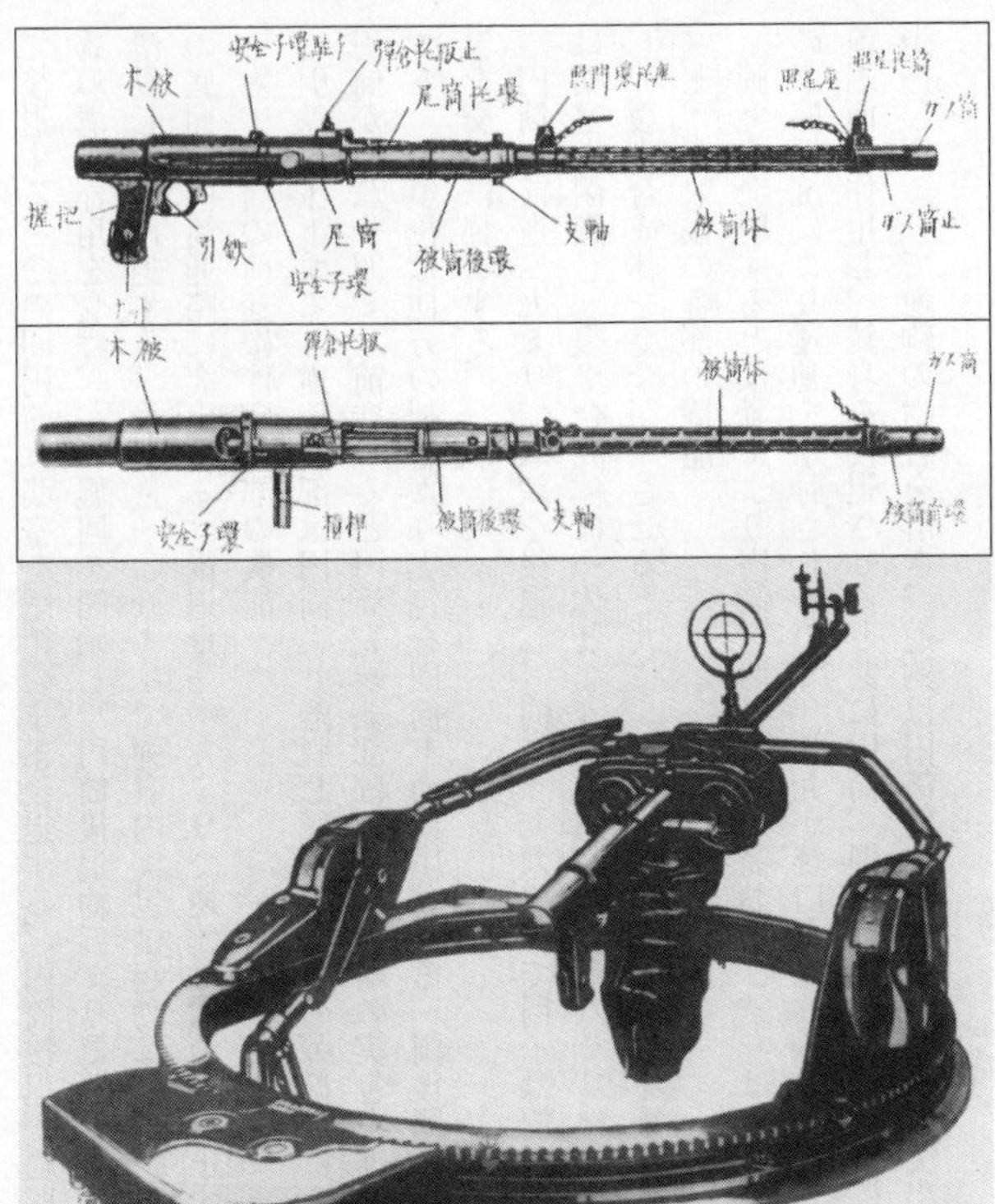

〈上中〉九八式旋回機関銃全体各部名称、昭和18年1月水戸陸軍飛行学校「九八式旋回機関銃取扱ノ参考」所載（以下同じ）
〈下〉旋回銃架に装載した九八式旋回機関銃

九八式旋回機関銃弾倉、打殻受

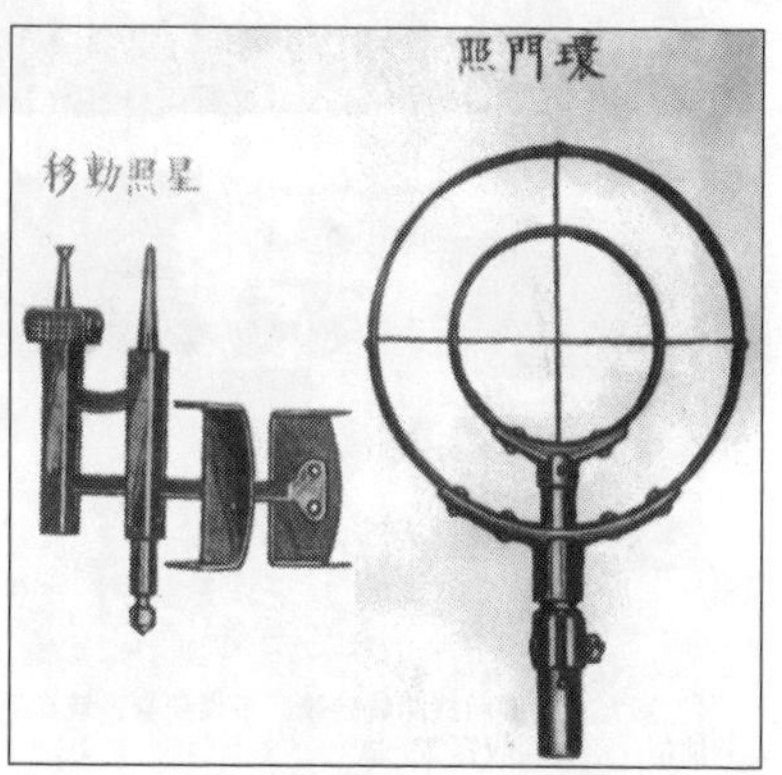

九八式旋回機関銃移動照星、照門環

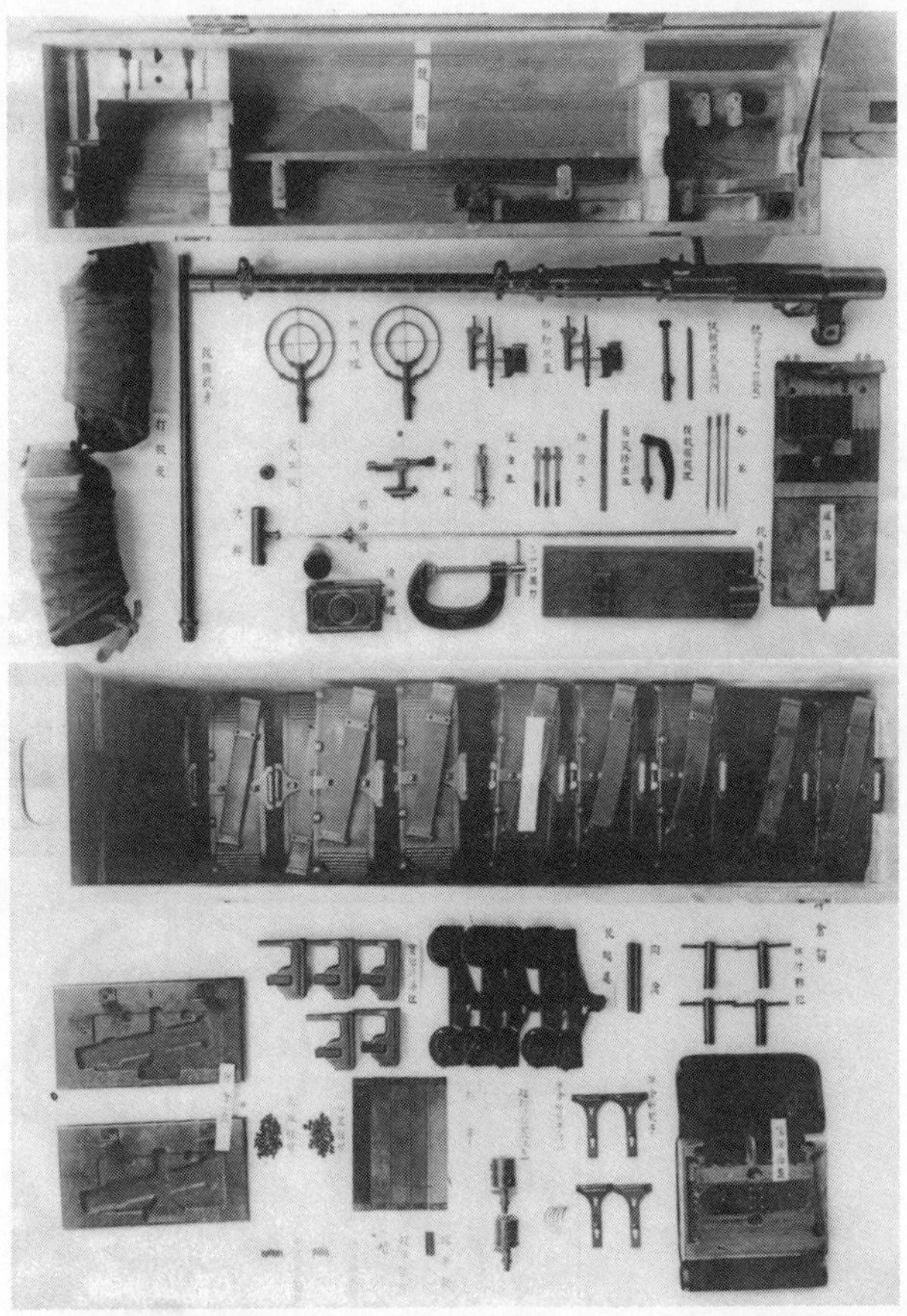

〈上〉九八式旋回機関銃銃箱、予備銃身、銃身手入具、洗桿、石油缶、滑油缶、その他収容品一式
〈下〉九八式旋回機関銃弾倉箱、弾倉を上下二段に収容

九八式旋回機関銃側面、平面、断面図

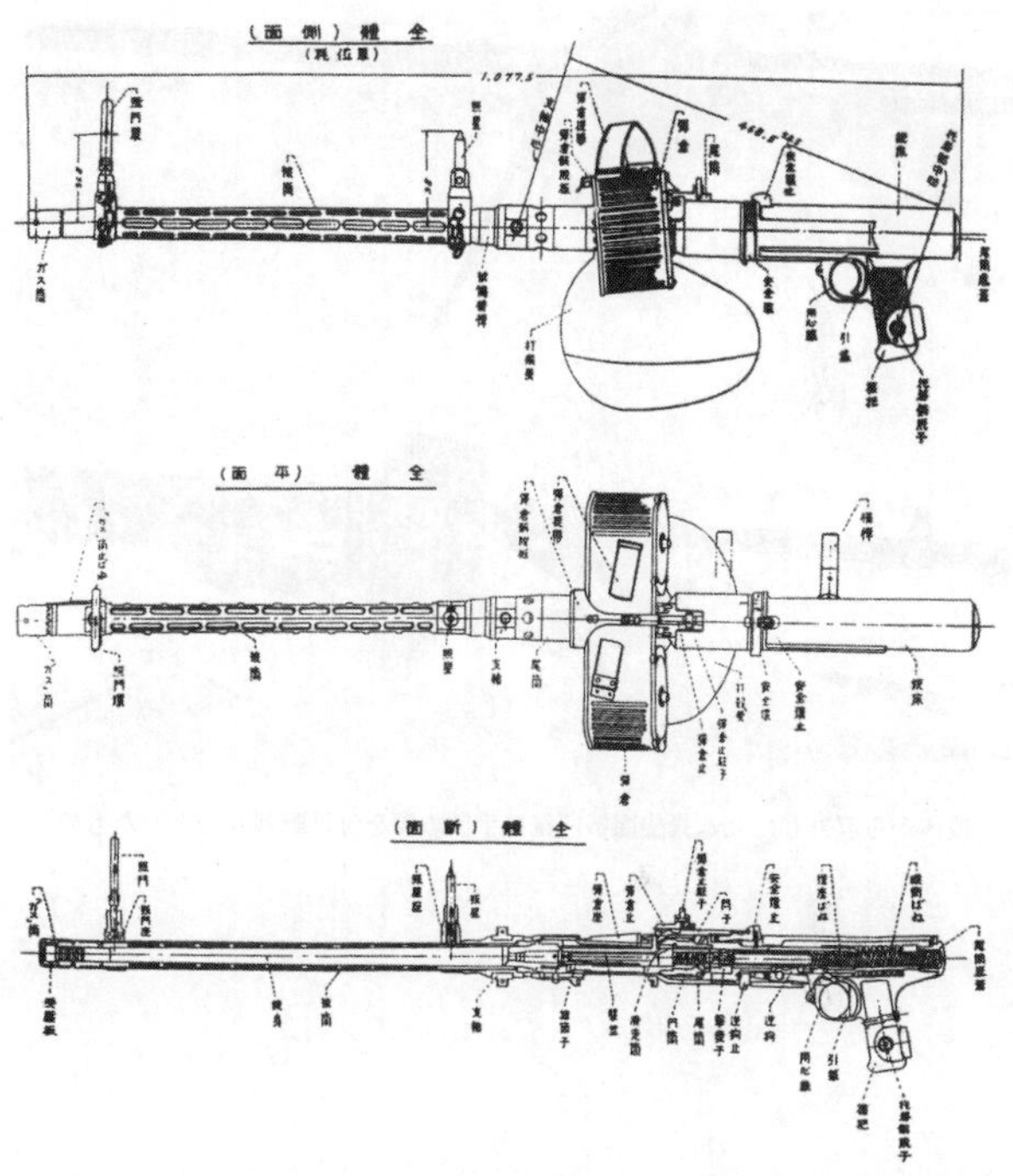

機体から取外した九八式旋回機関銃に手製の脚を付け野戦兵器としたもの

射撃法

薬室に実包を装填発射するには右手で槓桿を握り、一挙に後方に逆鉤に鉤するまで牽引する。発射するには左手を木被後方上面に当て、右手で握把を握り食指を引鉄に掛け、一挙に十分牽引する。引鉄を連続牽引するときは弾倉収容実包全部を連続発射できる。

弾丸の経過時間は射距離一〇〇メートル〇・一三秒、二〇〇メートル〇・二三秒、三〇〇メートル〇・四四秒、四〇〇メートル〇・六二秒、五〇〇メートル〇・七九秒、六〇〇メートル〇・九八秒、七〇〇メートル一・一九秒、八〇〇メートル一・四二秒、九〇〇メートル一・六七秒、一〇〇〇メートル一・九三秒である。

普通実包の弾道高は次のとおりである。

	距離（m）						
射距離（m）	〇	五〇	一〇〇	一五〇	二〇〇	二五〇	三〇〇
一〇〇	〇・〇	〇・〇二	〇・〇〇				
二〇〇	〇・〇	〇・〇七	〇・一〇	〇・〇七	〇・〇〇		
三〇〇	〇・〇	〇・一三	〇・二一	〇・二四	〇・二三	〇・一四	〇・〇〇

九五式発射連動機

（昭和十八年七月　陸軍航空総監部武装教程別冊「九五式発射連動機取扱法」）

発射装置は発射連動機および発射起動機よりなるものと、遠隔操作装置よりなるものがある。前者はプロペラの回転に連動してその間隙より発射し、後者はプロペラ圏外より発射する装置である。

各国が使用していた発射連動機には機械的伝達によるものと流体を媒体とするものがあり、槓桿式、可撚軸式、関節軸式および油圧式に区分される。しかし何れも一長一短があり、殊にわが陸海軍において兵器として使用した油圧式発射連動機はその構造機能が特に精巧で、兵が取扱う上で大きな不便があり、その製作には特に注意を要するものであった。

昭和八年七月明野陸軍飛行学校の教官陸軍航空兵大尉野間茂九郎は試製発射連動機を考案試作した。この発射連動機は油圧式の八九式発射連動機が液体を媒体としているのに対し鋼体を媒体としたもので、中空金属管の内部を滑動する鋼索を使用する。プロペラ・ボス金具の一部を歪輪とし、この歪輪鐶上を転走する一つの活塞は歪山（高さ六ミリ、幅四ミリ）を上下する。この運動を鋼索に伝導し機関銃前方蓋板上に結合した特種の撃鉄坐に運動を起こさせる。この運動が引鉄に作用して発射する仕組みである。総弾数二〇〇〇発、一〇回に及ぶ円板射撃を重ねて完成した。

試製発射連動機は「九五式発射連動機」として制式制定された。構造、取扱が非常に簡単で機能も良好であり、どの型式の飛行機にも一部改修すれば流用することができた。八九式発射連動機は安全装置を持たないので暴発の危険があったが、その恐れはなくなった。ただ伝導索の疲労が大きいことから比較的交換回数が多くなる嫌いがあった。

九五式発射連動機の利点

一、構造簡単
二、故障が少なく排除容易
三、機能の理解容易
四、装着法簡単
五、各機種に使用できる
六、機能が良好、確実
七、低廉で、戦時においても部品の購入が容易

九五式発射連動機の唯一の弱点はアルミニウム製のため、軟らかいことがあった。

九五式発射連動機は連動索により引鉄装置の作動を受け、発動機に装備するカムの回転に連動して前後運動する導線により機関銃を撃発し、プロペラの回転間隙より弾丸を発射させる鋼線式発射連動機で、伝動機、伝導装置、撃発機等よりなる。

伝動機は通常発動機部品または機体部品として、伝導装置および撃発機は機体部品として

九五式發射

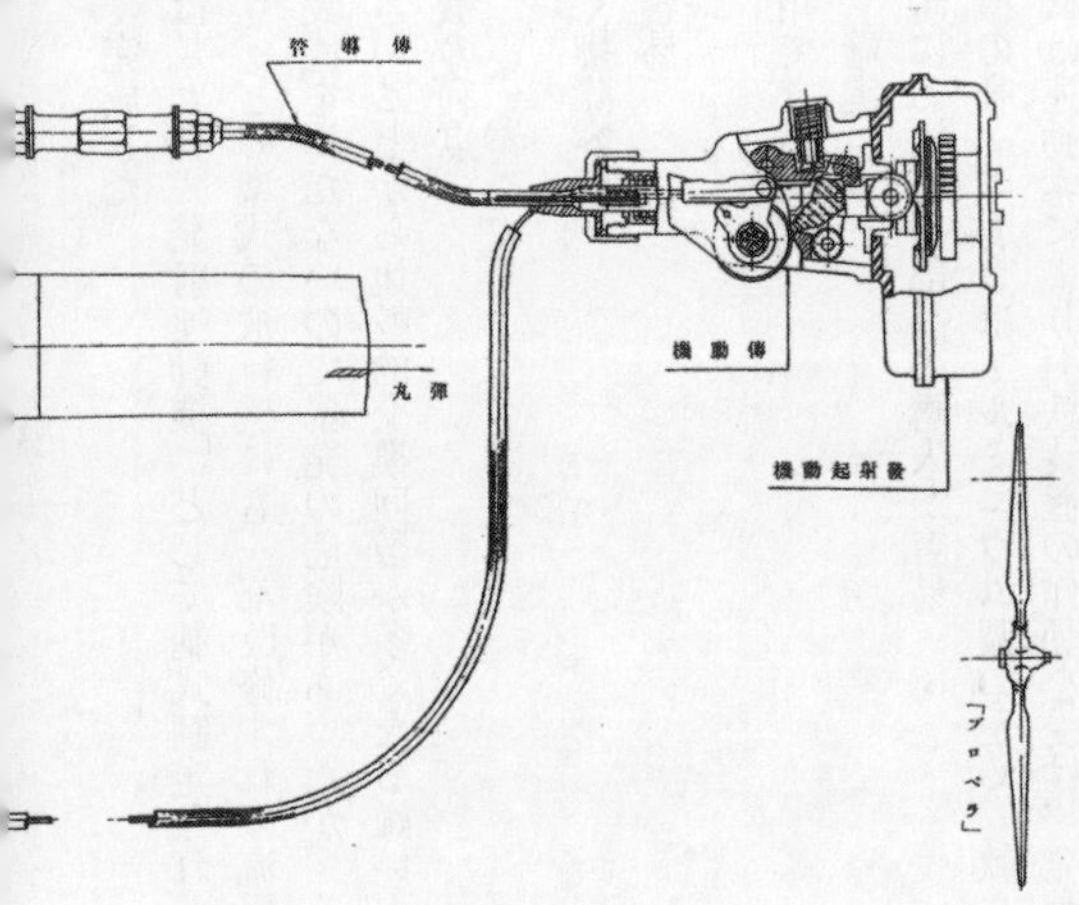

九五式発射連動機一般図
昭和15年10月水戸陸軍飛行学校
「発射連動機教程」所載

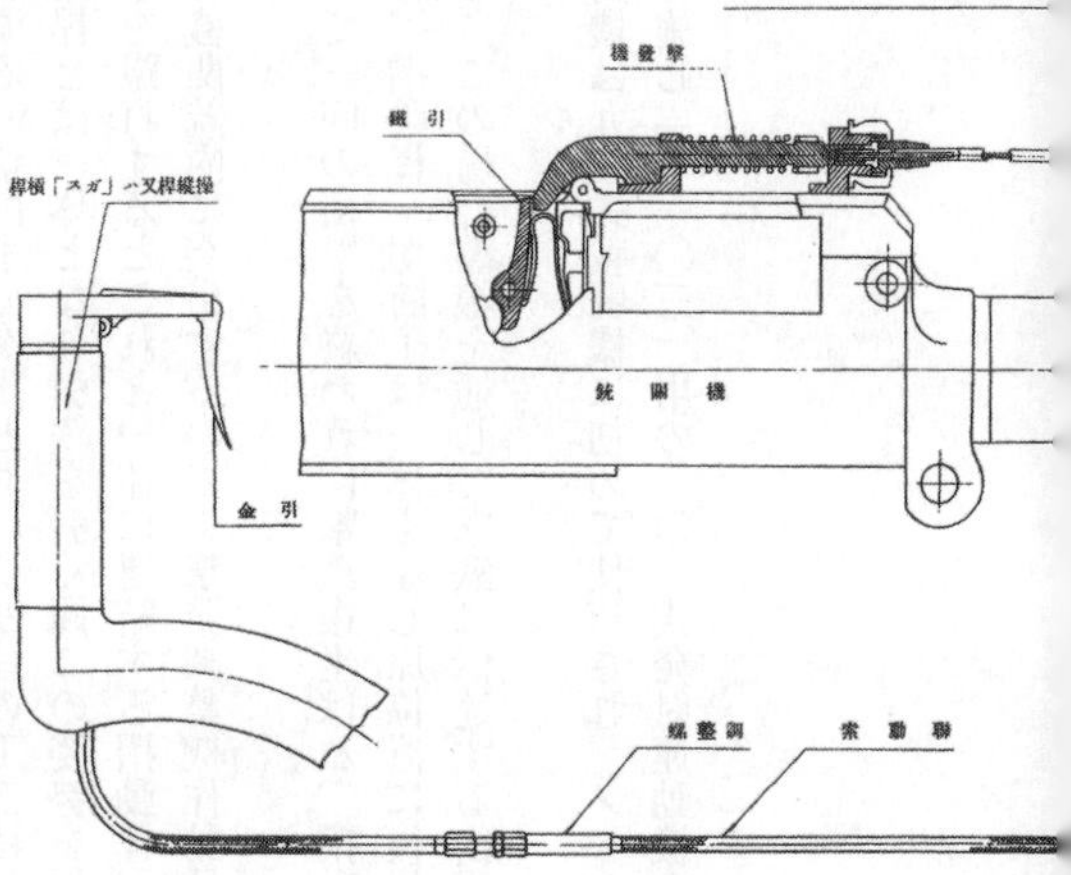

各飛行機に附属する。

引鉄を引き連動索を牽引すると連動索槓桿は旋回し作動桿および制止桿を旋回させる。制止桿が旋回するとその鉤部は切断子鉤部との鉤止を解き、切断子は補助ばねの張力により突出してカムに接触する。切断子の突出と共に切断片の下部は転子乙により切断子内に圧入され、切断子と摺動桿とは一体となり引鉄を引く間この姿勢を保持する。カムの回転によりカム山を以て切断子を蹴打するとこれと一体に連結する摺動桿、導線、撃鉄は共に後退し撃鉄彎曲部先端を以て機関銃内に突出するので、撃発調整機作動子頭の作用と相俟って機関銃の発射を行なう。

カム山が経過して一回の衝撃を終われば撃鉄復坐ばね、摺動桿復坐ばね、補助ばねの張力により撃鉄、導線、摺動桿、切断子は一体をなし原位置に復帰し、爾後カム山の作用毎にこの連動を継続する。この場合導線を通じて撃鉄に伝達する衝撃時間はほとんど〇と見做すことができる。

九五式発射連動機は九五式戦闘機に初めて使用され、ノモンハン事件で実用された。その結果から小改造を施し「ホ一〇三」用の一〇〇式発射連動機を制定した。

九五式戦闘機（二型）射撃装置

（昭和十三年三月　陸軍航空本部「九五式戦闘機〈二型〉説明書秘）

本機はN型外方支柱を有する一葉半単座機で、操縦席前方に八九式固定機関銃二銃を装備し、中央に固定機関銃用照準具を取付け、九五式発射連動機を使用し発動機左右の歪輪軸後端に伝動機を結合する。その他弾薬箱、保弾子および空薬莢収容箱等空中射撃に必要な射撃器材を設備する。

弾薬は常装備六〇〇発、特別装備四〇〇発、計一〇〇〇発を携行できる。特別装備は必要に応じ常装備に付加して装備するものとする。

八九式固定機関銃は操縦座席前方上部計器板の左右第七肋材および第八肋材間機体中心より一八五ミリ上方に装備し、右側に乙銃（左槓桿、左装填架銃）、左側に甲銃（右槓桿、右装填架銃）を装備する。

発射連動装置は鋼線式で握把により操作し、プロペラ翼間通過射撃を実施するもので、発射起動機、伝動機、撃発機、伝導装置、操作装置等よりなる。握把は発動機操作槓桿（ガス）頭部に装着し、左手で操作できる。

伝動機は左右発射連動機に各々取付けるもので、伝導装置の配管は左方伝動機と左方機関

九五式戦闘機二型

九五式戦闘機二型固定機関銃装備要領
昭和13年3月陸軍航空本部
「九五式戦闘機（二型）説明書」所載（以下同じ）

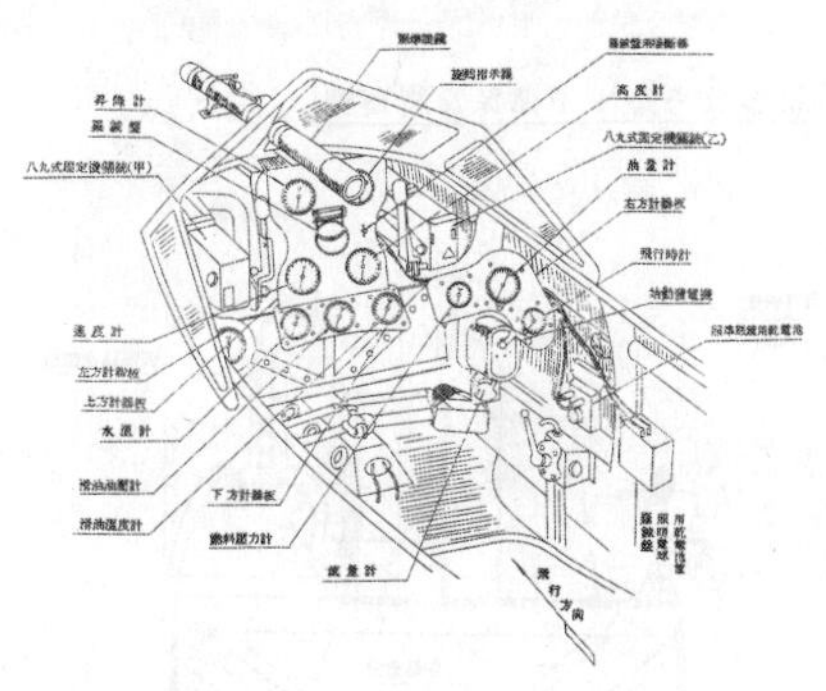

九五式戦闘機二型固定機関銃用照準具装備要領

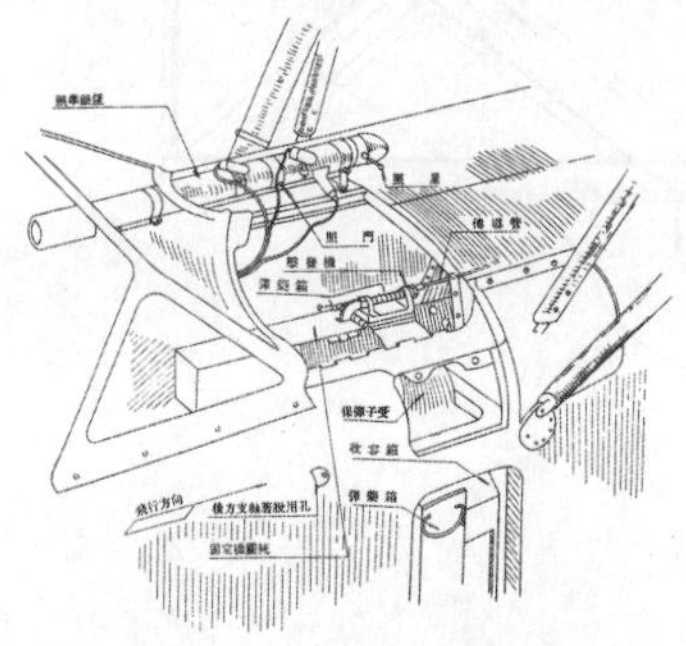

九五式戦闘機二型弾薬箱および保弾子空薬莢収容箱

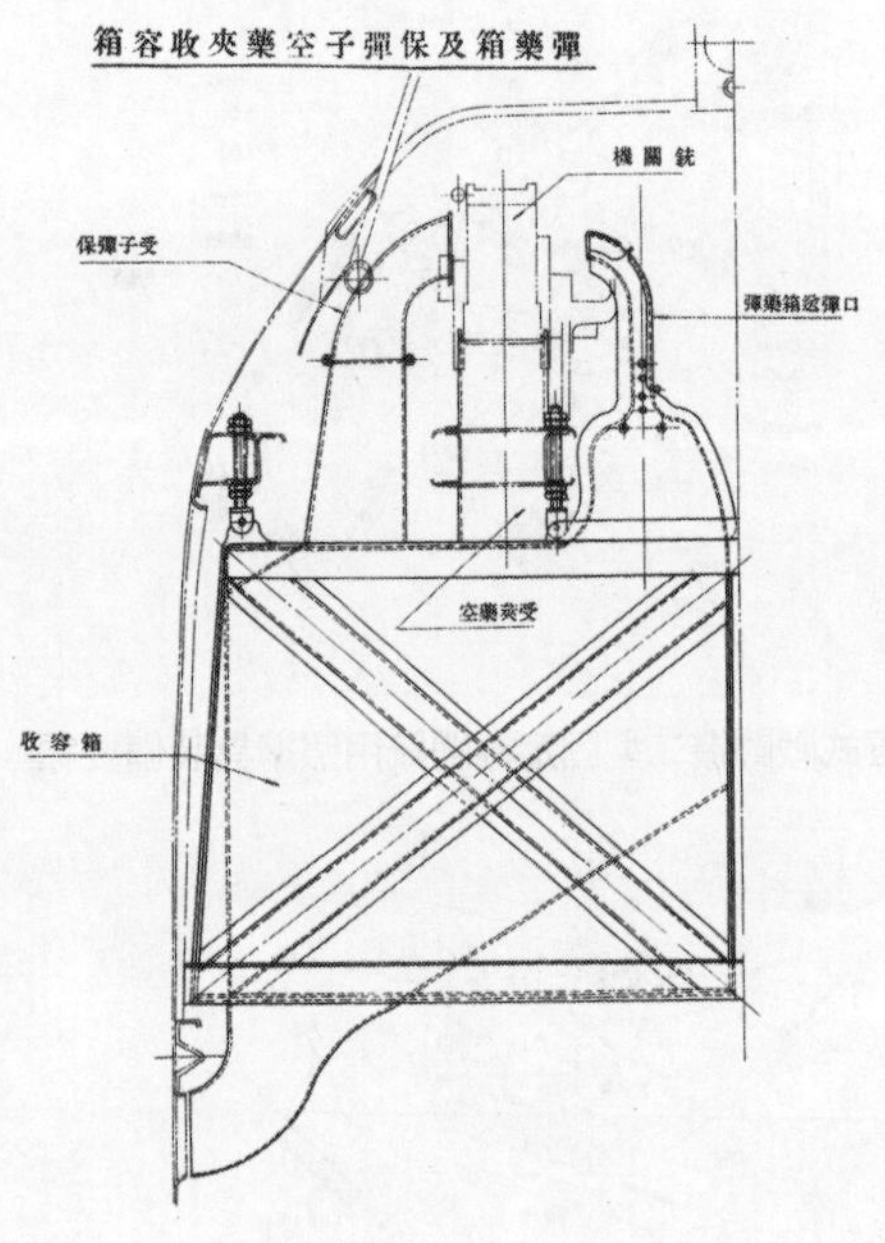

九五式戦闘機二型発射連動機装備要領

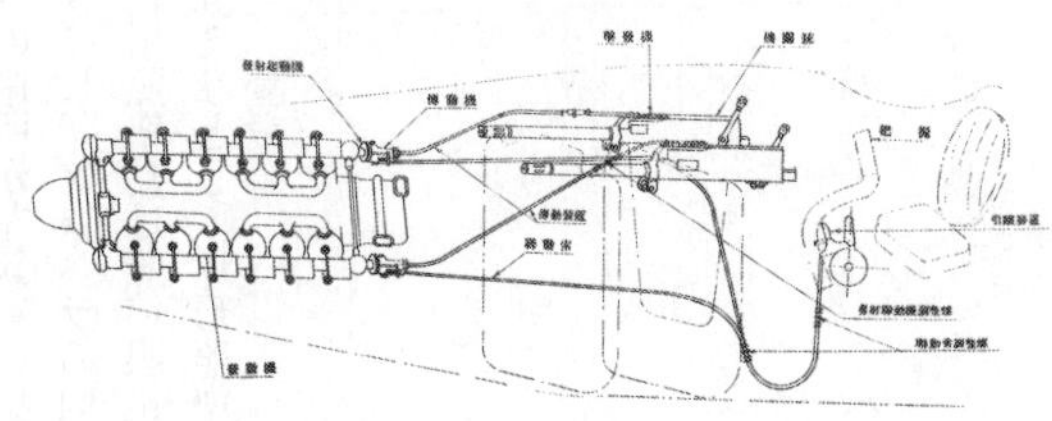

九五式戦闘機二型発射連動装置調整要領

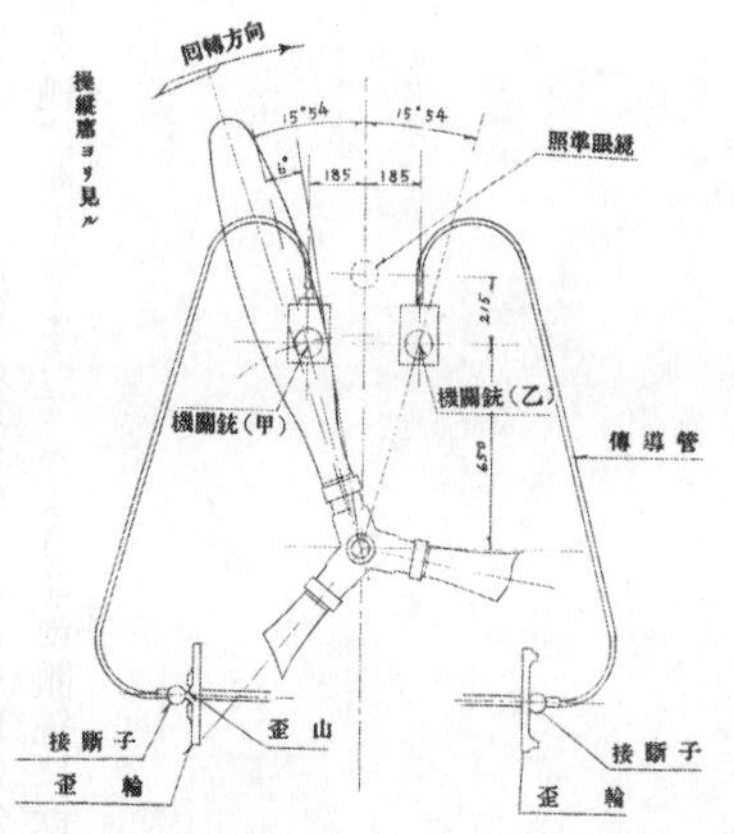

銃、右方伝動機と右方機関銃とする。その調整は先ずプロペラを正回転に手動し、その前縁より前方八度の箇所が左銃、次いで右銃の各々銃身軸延線を通過するとき、各々機関銃引鉄を落とすようにし、プロペラの回転数毎分一〇〇〇以上で射撃を実施するものとする。

固定機関銃用照準具は照準眼鏡および環形照準器とする。照準眼鏡の中心線は機関銃銃身軸線上一八五ミリとし、環形照準器は照準眼鏡の右側に照準線を有するよう照準眼鏡に嵌装する。

九七式戦闘機武装法

（昭和十五年　陸軍航空士官学校「空中射撃及戦闘学教育ノ参考　武装法」）

九七式戦闘機は八九式固定機関銃二銃、九五式発射連動機および固定機関銃用照準具を以て武装する。八九式固定機関銃は座席前下方の方向舵踏棒の左に甲銃を、右に乙銃を装備し、機体中心より左右各三九〇ミリ、下方各六一ミリとする。照準眼鏡は胴体軸に対し一度四〇分の仰角を付与する。弾倉収容弾数は五〇〇発で、給弾口は機関銃装填架に装着し、その側面には蓋板を有し蝶番により開閉する。給弾口の下に収容箱があり後面に孔があるので残弾の有無を確認できる。

空薬莢は機関銃の下方に空薬莢受口があり、その下に収容室がある。弾倉の外側に固定され約三〇〇発分を収容できる。空薬莢排出は胴体下面の方扉を開いて排出する。保弾子は装填架外側に保弾子受口部を設け、排出された保弾子を保弾子室に導入する。五〇〇発分を収容できる。排出は胴体下弾倉前方の方扉を開いて排出する。本機は機関銃装備位置の関係上小槓桿が遠くなったため小槓桿引手鉤を操縦席右側胴体壁に装備し小槓桿の操作に用いる。発射連動機は通常機体に取付けて交付される。

八九式固定機関銃装着法

一、操縦席内より機関銃を取付金具に載せる。
二、後方取付ボルトを挿入し仮締めする。
三、前方取付ボルトを挿入し、前後のボルトを緊定し、割りピンを挿す。
四、大槓桿を結合する。
五、装填架を弾倉の給弾口とともに機関銃に結合する。
六、保弾子受を緊定し、撃発機を結合する。
七、ガス管を結合する。

九七式戦闘機武装法教程

（昭和十六年三月　水戸陸軍飛行学校「九七式戦闘機武装法教程秘」）

「空中射撃は空中戦唯一の戦闘手段であるのみならず、地上の敵に対してもまた有効な攻撃武力である」と言われるが、従来武装には進歩がなかった。これは飛行機を主とし、機関銃を従とする従来の観念によるものである。ノモンハン戦以来この考えは変わってきた。現在では飛行機が機関銃を支配する時代から、機関銃が飛行機を支配する時代に移りつつある。

武装の要点は機関銃の絶対無故障を期すると共に、プロペラ翅（しょう）が射線外にあるときのみ射撃を行ない、如何なる場合といえどもプロペラを損傷しないよう装着することにある。そのためには機関銃および発射連動機の装備前の準備並びに点検を完全に行なうと共に装着法を誤らず、かつ発射角の調整が合理的で照準具の調整は絶対正確でなければならない。

武装作業の教育は専ら明日の戦闘を基準とする。すなわち器材が不十分な野外における作業あるいは夜間における作業を完全になし得るよう習熟を要する。従ってその順序方法並びに使用器材は状況に即した応用法もしくは応用材料を以て完全かつ迅速に実施し得るを要する。

武装作業の順序

一、準備作業

機体および装備品全般に対し装着前の準備を行なう。

二、装着作業

機関銃、発射連動機、照準具の装着並びに接続を行なう。

三、照準具調整作業

照準具の取付を正しく規正し、照準点に対し所望の位置に弾着点を導くよう機関銃の取付を修正固定する。本作業は射場において行ない、引続き地上試射を行なう。

四、歪輪および発射連動機の調整並びにその装着

プロペラの安全を確保し得る発射角に歪輪を組合せ結合し、プロペラの回転に応じる撃鉄作動の正否を伝導管調整螺により規正する。

五、武装後の点検

装着に誤りなく各部の機能並びに調整が良好か点検する。九五式発射連動機は導管内に通じる導線を原動力の伝達に用いるので、伝導管と導線の「なじみ」等による調整に変化を来し、撃発時に遅速を生じるので武装後は発動機を始動回転し、連動索の調整を行なうと共に伝導管と導線を十分になじませ、その後一旦発動機を停止して導線のなじみ等による調整の変化を修正する。発動機の回転は概ね一〇分間位とし撃鉄を断続的に作動し、連続的には操作しない。また発動機停止後において振動による各緊定の弛みがないか各部の変位の有無を

綿密に点検する。点検後填油作業を行なう。

六、地上試射

射場において発動機を運転し若干の連発射撃を行ない、発動機運転の振動に伴う機関銃連発機能の良否並びに歪輪調整の確否を点検する。状況急を要する場合は本試射を省略してもよい。

七、空中試射

空中試射の目的は地上において実施できない最大回転付近における機関銃の連発機能を検査することにある。この際目標に吹流的を使用すれば命中の判定に便利である。本試射は武装の完否を検査する最も実際的な手段であるから、できる限り実施し完否を確認することを要する。しかし機関銃の試験は必ずしも飛行を要しないので、状況が急を要する場合には地上試射のみとし本試射を省略してもよい。地上および空中試射共に省略するのは適当でなく必ず一方は実施する。

武装作業に要する人員と所要時間は各種の状況特に工手の技量並びに作業指揮の適否により異なるが、中等工手により昼間両銃装備を実施する場合は概ね次を標準とする。

作業区分	工手	助手	所要時間
準備作業	二		二・〇〇
装着作業	二		二・三〇
照準具調整作業	二	一	一・〇〇

発射連動機調整作業	一	二・三〇
武装後の点検	二	〇・三〇
地上試射	二	〇・一五
空中試射	三	若干
計		八・四五

ただし夜間作業は概ね一〇時間を標準とする。

照準具調整作業

武装した飛行機の照準具を調整する際に第一に着眼すべき要件は調整距離を何メートルにすべきか、各銃の弾着を如何に導くべきか、の二点である。

空中射撃においては射距離の遠近により照準角を変更することは不可能なので、常に一定の照準角を採用するしかない。最も正確な射撃を実施しようとすれば地上用火器と同様に、射撃の都度射距離に応じて照準角の変更を要するが、空中射撃において飛行中にこれを実施するのは不可能であるのみならず、一射撃間においても照準の初期より後期に至る間、射距離は刻々変化するものであるから、各種の状況において大きな誤差なく採用できる一定距離を特定して、これに合うよう調整を実施するものとする。この照準角に応じる水平距離を調整距離という。調整距離は戦術上の要求、目標致命部の大きさ、銃の威力、射手の技量等を考慮して適宜決定されるべきものであるが、現在平時教育においては二〇〇メートルを標準として実施している。

各銃の弾着を導くには平行調整と一点調整の二つの方法がある。

平行調整法とは調整距離において照準点と左右各銃平均弾着点とが飛行機上における照準眼鏡と機関銃の取付関係位置に等しくする方法で、この方法による調整は照準点に対して直接濃密な弾幕を指向することはできないが、広大な弾幕を目標付近に指向できる。照準具高が小さいほど有利となり、照準具高が大きいものは不利となる。

一点調整法とは調整距離において照準点と左右各銃平均弾着点とを一点に合致させる方法で、照準点を中心として弾着を集中できるので照準具高が大きいほど平行調整より有利となるが、被弾面が重なるので弾幕が小さくなる欠点がある。故に技量円熟した百発百中の名射手には最も適当な方法である。また射距離四〇〇メートルまでは弾幕の広さは平行調整法より大きくなることはないが、四〇〇メートル以上は漸次拡大し平行調整に比べて甚だしく不良となる。

平行調整法と一点調整法は原則的調整法で、平行調整法と一点調整法を比較すれば左右方向より考えれば平行調整を有利とし、高低方向より考えれば一点調整を有利とする。その何れを採用してもよく、応用として一点平行混合調整法もある。

調整作業には照準眼鏡を正しく取付けた後これに機関銃を合わせる方法と、機関銃を正しく取付けた後照準眼鏡をこれに合わせる方法の二つがあり、そのどちらを採用してもよい。前者は先ず照準眼鏡を飛行機胴体軸に平行に取付けた後、標的上に照準点を定め、これに集弾するよう機関銃の取付を修正する方法で、機関銃は射距離二〇〇メートルに応じる射角で胴体に取付けることになる。この方法では飛行線と照準線が常に平行する利点がある。

後者は機関銃を飛行機胴体軸に平行に取付けた後、先ず射撃して平均弾着点を求め、この点を基準にして照準眼鏡を取付ける方法で、前項の方法と反対に照準眼鏡が某角度を以て胴体に取付けられ、従って照準線と飛行線とは一致せず、射撃を実施するためには飛行機自身が常に某角度を以て飛行することになる。

原則としては前者の方法を可とするが、機関銃取付金具の調整螺の調整範囲以上に達し作業できない場合、機関銃銃身軸が発動機気筒放熱片等に正対し、射撃危険となる場合、射垜が混雑して急ぐ場合、抑え金具の制限がある場合等には後者の方法によらなければ調整作業を行なうことはできない。

調整距離二〇〇メートルの実距離において調整を行なうことは兵営内において射場を求めることが困難であるのみならず、射距離が大きくなるほど銃腔覘視は困難となり、かつ天候気象の影響が大きくなって精密な作業が行なえないことから、通常五〇メートルで実施する。従って五〇メートル前方の標的の弾痕を某位置に導くことによって二〇〇メートル前方において照準点に対し所望の位置に平均弾着点を導くよう実施しなければならない。ここにおいて標的上に照準点と弾着点との経始を理論的に正しく標示することが必要となる。

平行調整の場合、五〇メートル標的上における照準点および弾着点の関係は次のとおりである。

九七式戦闘機

九七式戦闘機照準法
昭和16年3月水戸陸軍飛行学校
「九七式戦闘機武装教程」所載

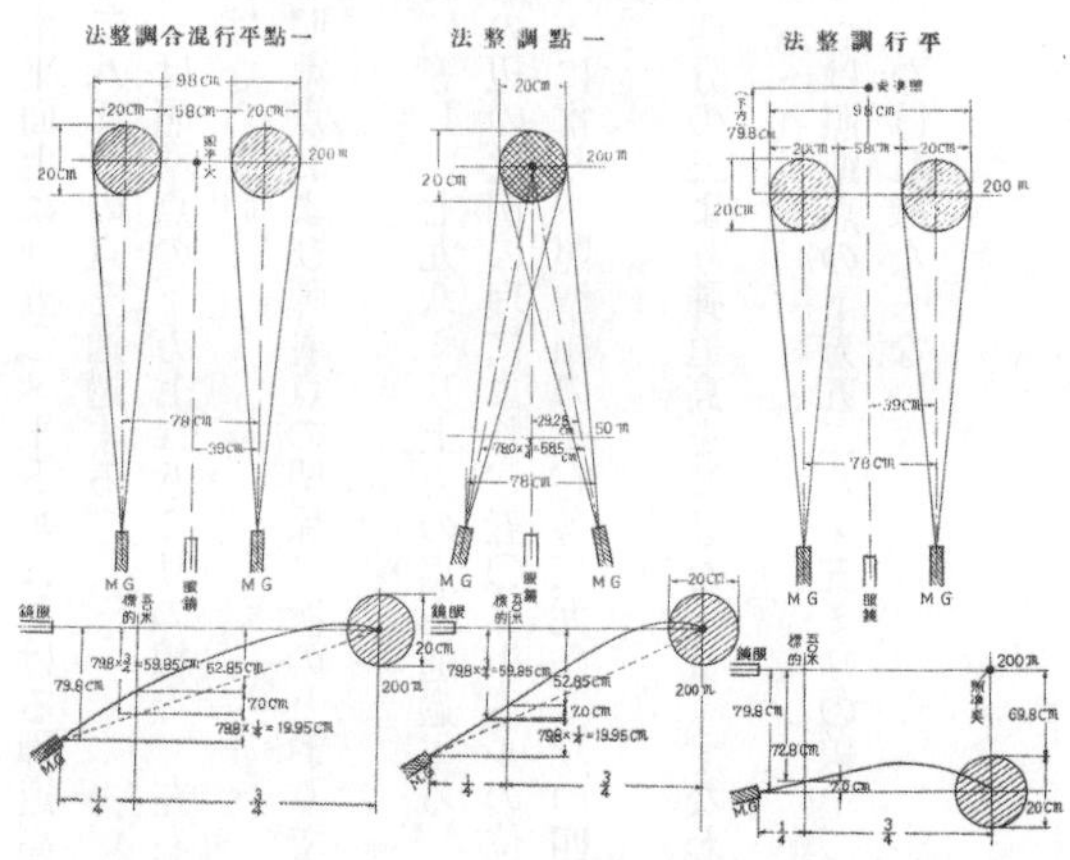

一、照準線は銃口を含む水平面上より照準具高に等しい七九八ミリ上方の点を通過する。
二、左右方向より見る弾道の中心は照準線の左右各三九〇ミリの線上を通過する。
三、上下方向より見る弾道の中心は銃口を含む水平面上より五〇メートルにおける弾道高に等しい七〇ミリ上方、すなわち照準点の下方七二八ミリの点を通過する。
四、以上の結果から五〇メートル標的上の弾着点は照準点の下方七二八ミリの線上、左右各三九〇ミリの位置に経始することを知らなければならない。

一点調整の場合、五〇メートル標的上における照準点および弾着点の関係は次のとおりである。
一、照準線は銃口を含む水平面上より照準具高に等しい七九八ミリ上方の点を通過する。
二、左右方向より見る弾道の中心は相似三角形の辺の比例の理により、五〇メートルの位置では弾着点は照準線と銃軸の間隔の四分の一内方に寄り、照準線の左右各三九〇ミリの四分の三に等しい二九二・五ミリの線上を通過する。
三、上下方向より見る弾道の中心は照準具高の四分の三より弾道高を減じた分量、すなわち照準線の下方五二八・五ミリの点を通過する。
四、以上の結果から五〇メートル標的上の弾着点は照準点の下方五二八・五ミリの線上、左右各二九二・五ミリの位置に経始することを知らなければならない。

調整作業

平行調整の要領は次のとおりである。

一、中央に縦線を描いた標的を樹立し、銃口を基準として五〇メートルの位置に飛行機を前後左右共水平に置き、プロペラおよび尾部の中心から錘球を下げ、これを通視して胴体軸を標的板の縦線に正しく一致させる。錘球は風による動揺を防止するため水桶の中に下げるのがよい。

二、照準線を左右して標的板の縦線に指向し、次いで照準眼鏡上面に傾斜計を置き、照準線を上下して仰角一度四〇分（他機種は通常水平）に眼鏡を取付けた後、標的にその照準点を標示する。照準眼鏡を仰角一度四〇分に取付けるのはタウネンドリングにより眼鏡視界に制限を受けるためである。

三、照準具高より調整距離（二〇〇メートル）に応じる弾道の五〇メートルにおける弾道高（八九式固定機関銃においては七センチ）を減じた量、すなわち七二八ミリを標的板照準点の下方にとる。

四、上記の点を過ぎ、標的縦線に直角に一線を描き、この線上に縦線と銃軸との間隔すなわち三九〇ミリの点を標示し所望の弾着点とする。

五、銃腔を覘視し、正しく銃身軸をこの標示点に向けるよう機関銃取付の修正を行なった後、単発で五発射撃し、その平均弾着点を正しく標示点に導くよう逐次機関銃取付金具の調整螺を回転して調整する。その細部要領は次のとおりである。

（一）本機は機関銃取付位置の関係上銃腔の覘視は困難であるから反射鏡または銃口覘視鏡

を用いる。

（二）機関銃の左右、上下の調整は後方取付金具にて行なうものとする。左右、上下調整共射距離五〇メートルにおいては螺頭六角面の一面の回転により弾着概ね五センチの移動を行ない得る。

六、調整作業が終われば機関銃取付金具の緊定ナットを確実に緊定し、所要の割ピンを挿入する。

九七式軽爆撃機射撃装置

（昭和十三年五月　陸軍航空本部「九七式軽爆撃機説明書秘」）

本機は主として敵飛行場にある飛行機並びに大きな威力を要しない諸施設の破壊に用いる。本機の左外翼には八九式固定機関銃甲一銃を装備し、操縦席内の機関銃操作装置によりプロペラ翼回転面外の射撃を行ない、また同乗席後方には八九式双連旋回機関銃（特）一銃、同弾薬六弾倉を装備し、空中射撃に必要な射撃器材を設備する。

固定機関銃は左翼内付根付近に装置し、鋼索により操縦席において操作する。

後方取付用の金具は特に銃の取付角を調整する機能はなく、前後二箇所を正しく中心を出して取付ければ銃身は胴体基準線に平行となる。従って本機においては固定銃と環形照準具との取付角の相対的調整は照準具側において行なう。環形照準具は操縦席前方胴体上面に取付ける。

固定機関銃と環形照準具との調整は三〇〇ないし四〇〇メートルに調整し、上部の照星を使用する。速度環は二〇〇および四〇〇キロ／時に作られている。

弾箱は二〇〇発を収容し、翼上面の方形作業孔より挿入する。

空薬莢は銃直下の樋により翼下面より放出する。放出口には平時は着脱式蓋を有し、蓋を

九七式軽爆撃機

九七式軽爆撃機固定機関銃翼内取付
昭和13年5月陸軍航空本部
「九七式軽爆撃機説明書」所載（以下同じ）

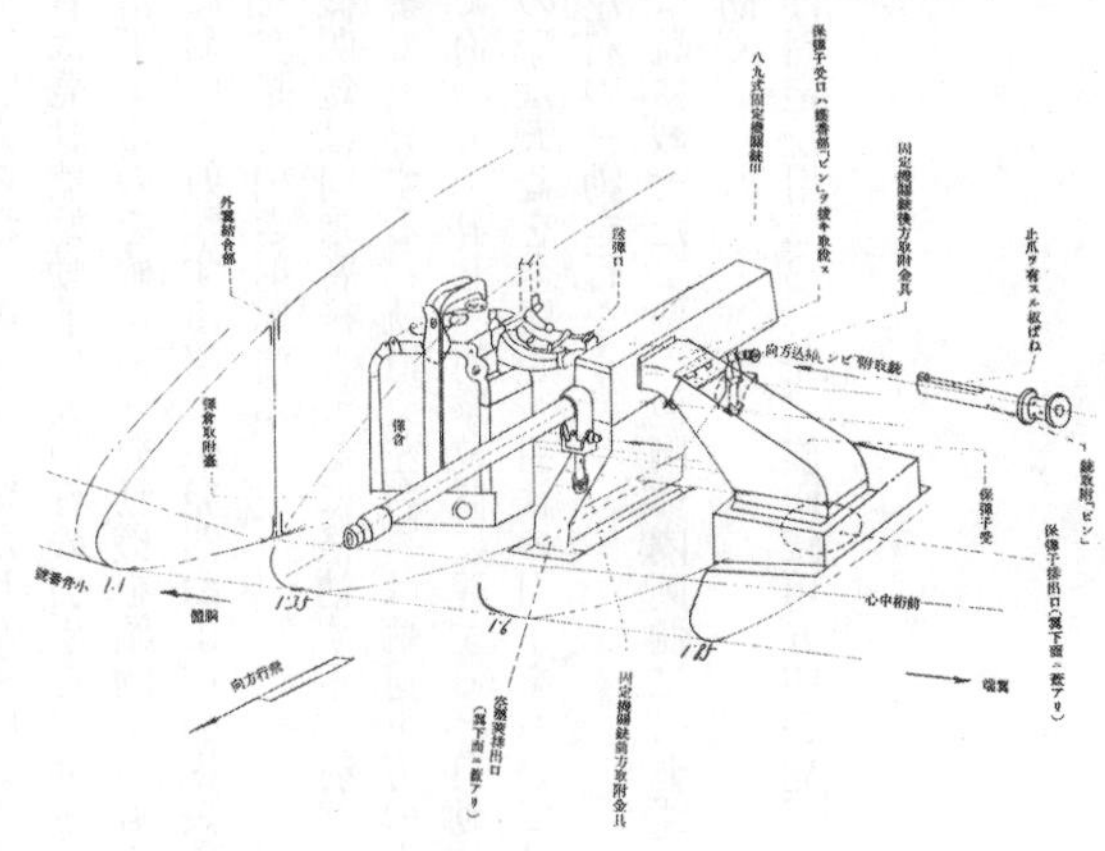

九七式軽爆撃機旋回機関銃取付

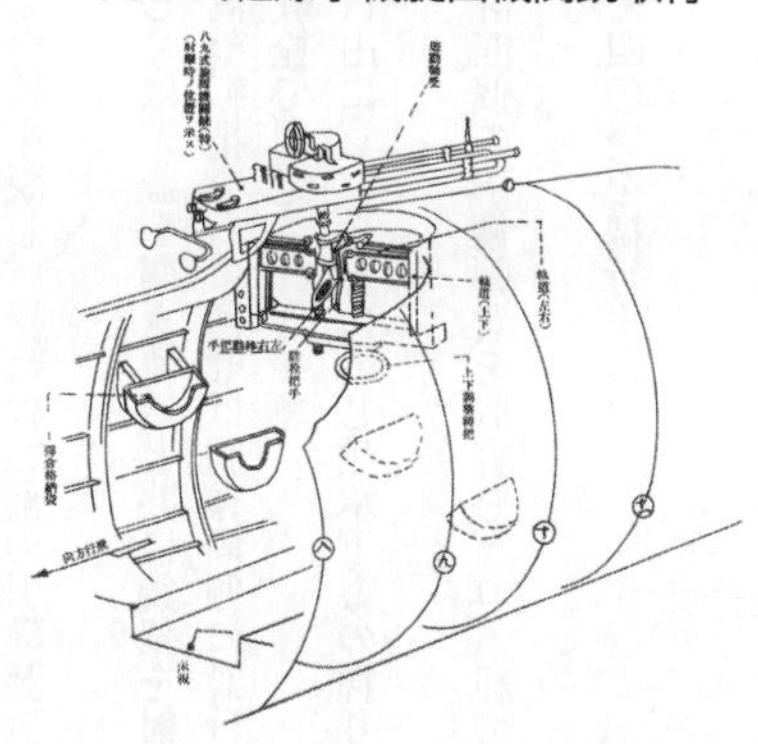

しているときは約一〇〇発の空薬莢を貯めることができる。保弾子は銃の外側に設けられた収容箱中に貯えられ、翼下面に穿たれた着脱式の蓋を有する丸窓より取出す。

操縦者は発動機始動前に大槓桿の引手を二回強く引き、保弾子が音響を発して保弾子収容箱内に落下するのを確かめ、発動機を始動するものとする。

空中において射撃する際は撃発器および引鉄装置の安全栓を脱し、操縦桿頭部の引鉄装置操作索を食指で引き射撃する。

旋回機関銃は同乗席後方天蓋に格納する。射撃に際しては天蓋を開き軌道と共に銃架を射撃位置まで上昇する。軌道（左右）は軌道下方の上下調整転把を右に回せば胴体両側に設けた案内に沿って上昇し、射撃位置に達すると自動的に駐栓で固定される。

射撃の際は天蓋を全開し、引鉄の引手を引いて銃を自由にし、必要に応じ軸承下方の握りを掴み左右の移動を行なう。

弾倉は銃に載せた二個の他胴体内両側に二個ずつ、計四個の予備弾倉を収容し、ゴム紐で跳躍を防ぐ。

弾薬は固定銃用二〇〇発、旋回銃用五四〇発、合計七四〇発を携行する。

九七式重爆撃機射撃装置

（昭和十三年七月一日　陸軍航空本部「九七式重爆撃機説明書」）

本機は昼夜の別なく威力を要する目標または重要施設の破壊に使用し、情況により長遠なる偵察に用いることがある。

本機の射撃装置は次の三種からなる。

一、前方射撃装置　携行弾倉七、予備弾倉六、弾薬五一一発
二、後上方射撃装置　携行弾倉八、予備弾倉六、弾薬七二〇発
三、後下方射撃装置　携行弾倉八、予備弾倉七、弾薬五八四発

使用機関銃は前方および後下方共試製単銃身旋回機関銃（固定照星式）で、後上方には八九式旋回機関銃（特）（移動照星式）を装備する。

一、前方射撃装置

本機の先端には胴体経始の一部を成形する円錐形フレキシガラス製覆付旋回銃座を装着し、覆の一部には切欠部を設け銃身を突出する。切欠部には風の進入を防ぐ牛皮製袋を付す。銃座の操作は左右上方にある握把の何れかを強く握り、任意の方向に回すと座は自由に回転し、

九七式重爆撃機

九七式重爆撃機前方射撃装置
昭和13年7月1日陸軍航空本部
「九七式重爆撃機説明書」所載（以下同じ）

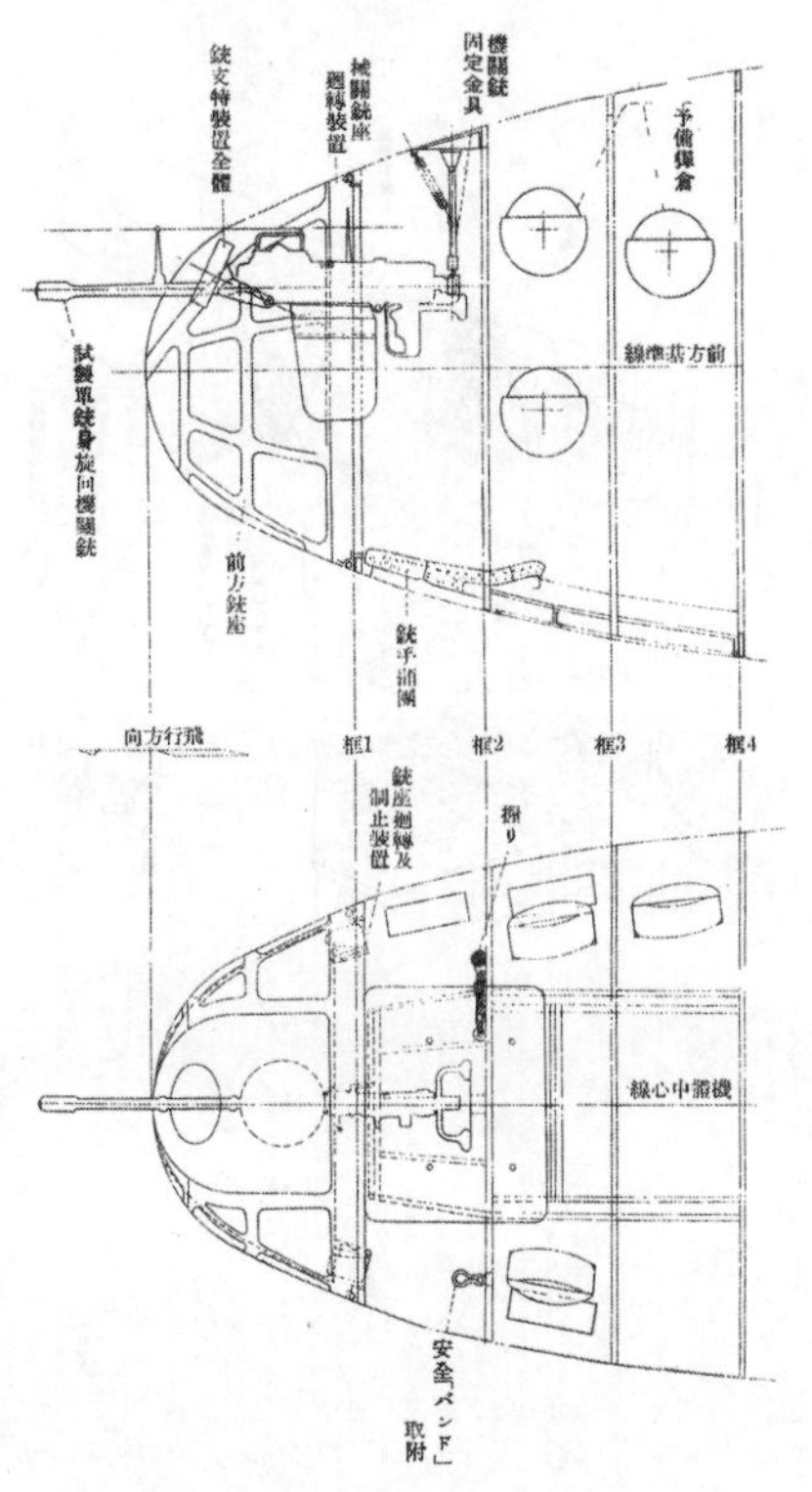

九七式重爆撃機後上方射撃装置

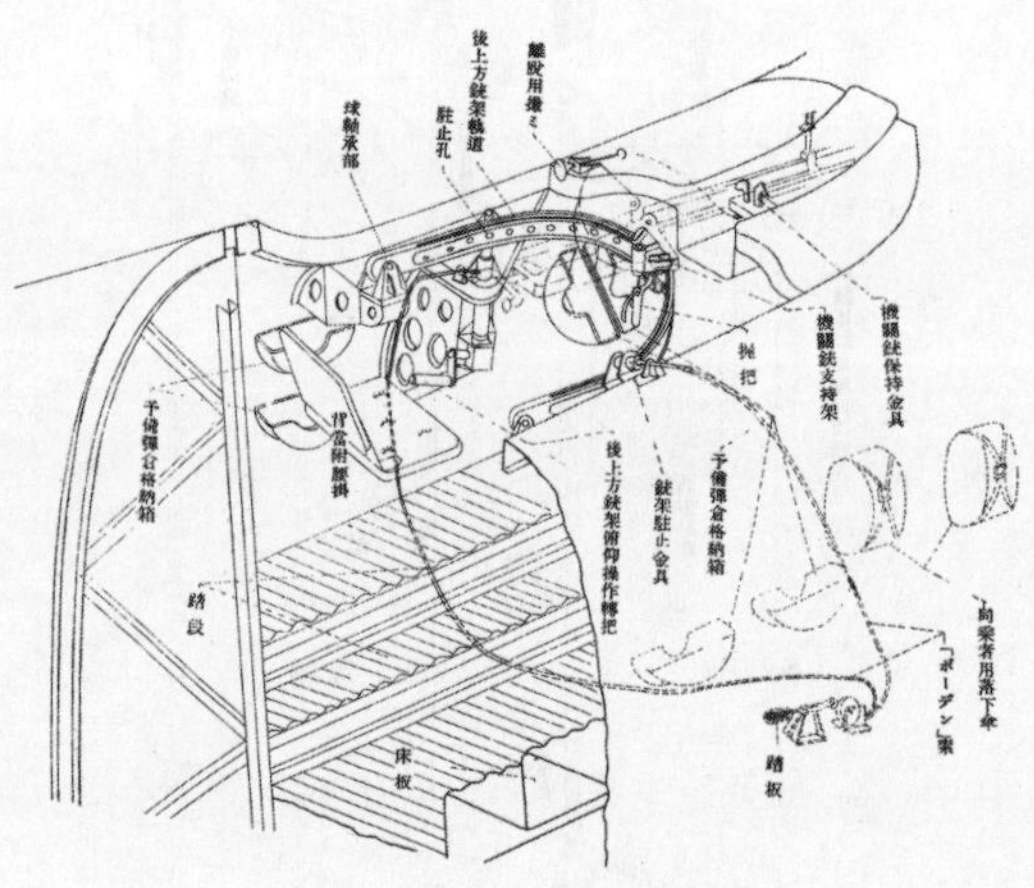

九七式重爆撃機後下方射撃装置

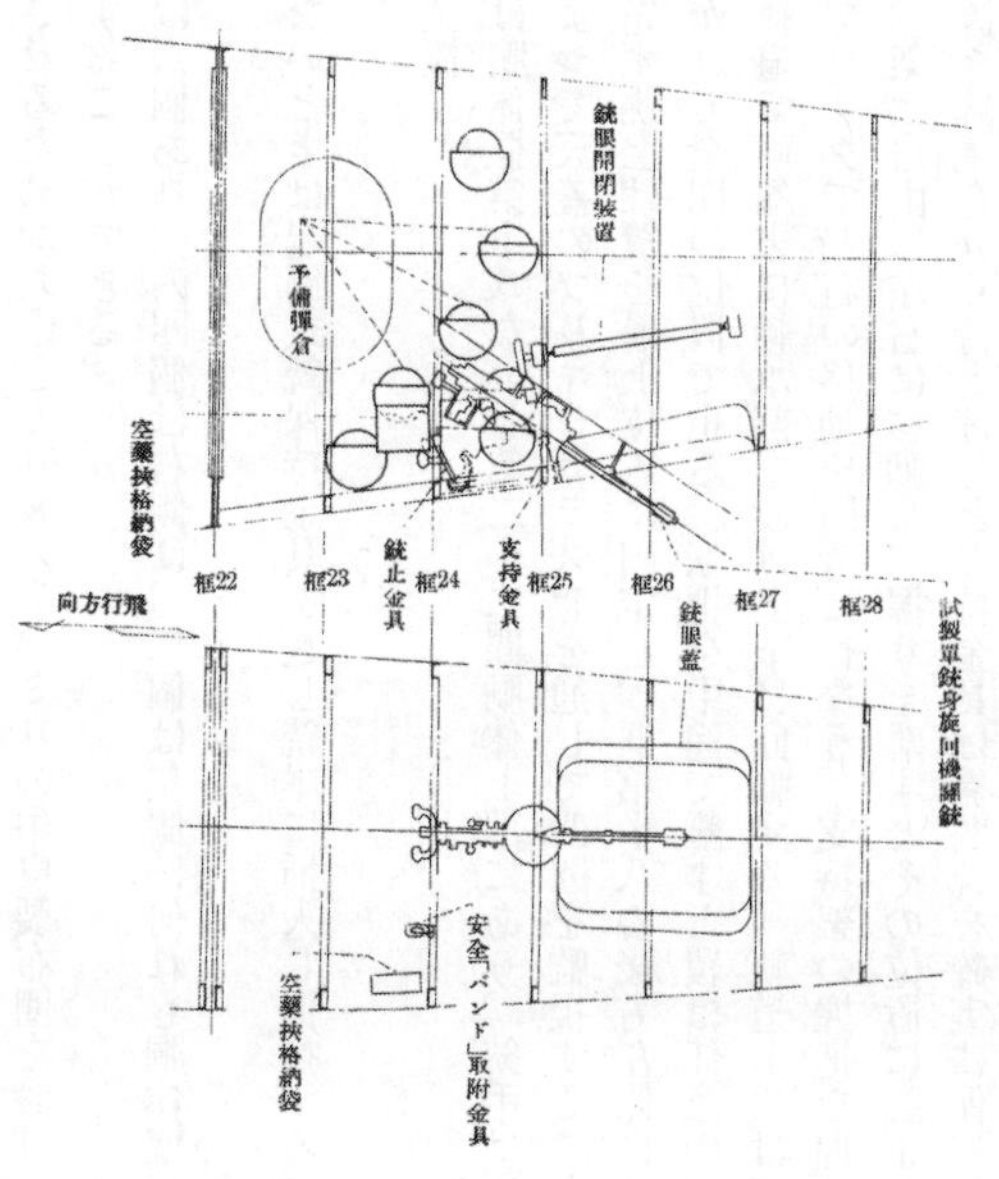

同時に銃支持点も銃を中心として回転するため、銃は常に正しい位置にあって射撃することができる。

射撃姿勢を安定させるため約六〇〇ミリ×六〇〇ミリの牛皮製布団を設け、射手は自由な姿勢をとって射撃することができる。

予備弾倉格納函は六個あり、内四個は右側に、二個は左側に何れも胴体壁に固定され、ゴム紐で押さえる。

機関銃を使用しないときは起倒式銃保持金具を起し銃尾に挿入し保持する。

二、後上方射撃装置

後上方射撃装置は胴体框第十八ないし第二十二間胴体上部にあり、銃手は床板上に立姿または倚掛式腰掛によって天蓋のフレキシガラス窓を通して四囲を監視することができる。

天蓋全閉の場合先ず跳上げ覆を最上位置に固定し、框第十八の後方左側にある転把を右に回すと覆は順次開かれて全開の位置で止る。転把を中途で離すと覆は任意の位置で停止する。

銃架は半円形の軌道で両端末に軸承部を設け上下に回転する。軌道上には機関銃支持架を設け、一六個のベアリングで左右の移動を円滑に行なう。支持架の握把を握ると駐栓は軌道の駐止孔から外れ、架は自由に左右に移動し、握りを離すとその位置に駐止する。

機関銃を中心に置き銃尾を軽く持上げると保持金具は機関銃を確実に保持し、左側上面にある撮みを引くと可撓索により保持金具の抑えは外れ、銃は自由となる。

予備弾倉格納函は胴体両壁に右四個、左二個が固定され、ゴム紐で押さえる。

三、後下方射撃装置

銃座は胴体框第二十二ないし第二十五間胴体底部にあり、固定銃架に機関銃を装着し、胴体框第二十五ないし第二十七間の左右に開閉する窓より後下方の射撃を行なう。また胴体框第二十四ないし第二十五間の両側下方および銃眼蓋にはフレキシガラスを用いた窓を有し、監視用とする。

銃眼蓋を開くには左側下方にある転輪を左に回すと蓋は左右に開き、全開の位置で止まる。機関銃を取付けるには中央部の取付金具に機関銃の挿込金具を挿入し、先端の止金具を倒す。銃を使用しない場合は銃尾を床板部に当てゴム紐を掛けて保持する。

弾倉格納函は右側に三個、左側に四個、胴体側壁に固定され、ゴム紐で押さえる。

左下前方に打殻薬莢収容袋を設ける。

九七式重爆撃機武装法

（昭和十七年四月　水戸陸軍飛行学校「九七式重爆撃機武装法〈案〉部外秘」）

本機は爆撃機と雖もその攻撃部隊は独立長駆進攻し、航空撃滅戦に、攻略攻撃に、その威力を発揚し得る地上攻撃機なると共に、空中戦における多産攻撃機にして、武装もまた屡次の戦闘の経験により逐次強化し、編隊火網によりその死角を概ね消去するを得たりと雖もこれに対する敵戦闘機の戦闘方式もまた逐次変遷を見、未だその武装も一部研究時代に属するものあり。

本書は制式装備について説述すると共に一部第一線部隊の実施しつつある研究装備をも参考として記述する。

本機は前方円錐形銃架に試製単銃身旋回機関銃（テ一）または八九式旋回機関銃（特）（改単）を、後上方銃架に八九式旋回機関銃（特）を、後下方銃架に八九式旋回機関銃（特）（改単）を、側方銃架に試製単銃身旋回機関銃を装し、尾部銃として後下方射手席より遠隔操作装置を有する八九式固定機関銃甲を装備する。

一、前方銃

本機の先端には胴体経始の一部を形成する円錐形フレキシガラス製旋回銃架を装着し、銃架中心に偏心して設ける機関銃支持環に銃を装備し、銃手は高速度においても風圧を受けることなく、射撃動作を容易にするよう次の設備を有する。
（一）胴体框第一および第二間上部には銃を使用しない場合にこれを保持する起倒式銃保持金具を設け、銃の胸当部を保持する。
（二）射撃姿勢を安定させるため胴体框第一より照準器窓前方にわたり約六〇〇ミリ平方の牛革製布団を設ける。
（三）胴体框第三右側上部に麻綱製握りを設け、銃手席への出入および射撃動作の変化等に供する。
（四）胴体框第二および第四間左右胴体壁に状差式予備弾倉格納函を右に四個、左に二個装着する。
（五）胴体框第一左側下部に同乗者用安全バンド連結用茄子環および連結用安全索を機体部品として装着し、安全バンド装着に供する。
旋回環周囲には四個の握把を有し、何れの握把を操作しても旋回駐子を確実に装脱し、以て任意の方向に回転し所望の位置において制止することができる。

八九式旋回機関銃（特）（改単）装着のためには銃架の同銃用機関銃支持環に機関銃取付金具を装する銃を嵌装する。

二、後方銃

後上方銃座は胴体框第十八および第二十二間胴体上部に設けられ、銃座上面には摺動式天蓋を有し、後上方銃架および同俯仰装置を設けると共に、次の諸設備を備える。

（一）後上方銃座左右には上下二段の足踏台を設けると共に左右前方隅部にそれぞれ足掛を有し射撃姿勢を保持する。また前方左右上部には各三個の茄子環を装し、背当付腰掛を設ける。

（二）銃座床板には同乗者用安全バンド連結用茄子環および連結用安全索を装着し、同乗者用安全バンドの使用に供する。

（三）予備弾倉格納函は状差式でそれぞれ弾倉抑え用緩衝ゴム紐を有し、銃座右側に四個（左用二個、右用二個）、左側壁二個（左用一個、右用一個）計六個を装着する。

（四）後上方銃座前方（尾部に向け）胴体上面は射界を大きくするよう経始している。

後上方銃架および同俯仰装置

（一）後上方銃架は半円形の軽金属製軌道で両端末には球軸承を有し、胴体に設けた取付金具にそれぞれボルトで装着する。銃架を最上位置に上げた場合銃架両端末は中央部に対して下方に傾斜するよう装着され、銃の風圧に対する旋回平衡を有利としている。

（二）銃架の左側部には俯仰装置に連絡する耳金、および右側部には銃架を最上位置に上げた場合、胴体右側に取付けられた駐子を挿入する駐子孔を有する。

（三）銃架には機関銃を装置する支持架を設け、一六個の球承付転子を介し軌承に嵌合し、軌道上左右に円滑に銃を移動できる構造にしている。支持架中央には八九式旋回機関銃（特）の支軸を挿入する軸承金具を有すると共に、その下方には支持架を旋回駐子するため駐子を連結する握把を有する。すなわち握把を振れば駐子は軌道に設けられた駐子孔より離脱し、支持架を左右に移動可能となり、所望の位置において握把を離せば駐子は軌道に設けられた駐子孔に装入され、支持架を軌道に対し駐子することができる。

（四）後上方銃架俯仰装置は銃架を戦闘射撃位置および銃格納位置の二段に昇降する装置である。銃座右側下方足踏台下に踏板があり、これを踏むことにより俯仰装置の歯桿に装した駐子が抜かれ、次に転把を左方向に回すと転把軸に取付けた傘歯輪を介し歯筒を上昇する。歯筒が上昇を始めれば踏板を踏むのを止め、転把を操作して最上位置に軌道が上昇すれば軌道駐子は自動的に軌道に装入され、射撃可能状態となる。軌道を銃格納位置に降下するには踏板を踏み軌道駐子を抜き、転把を右方向に回転する。軌道が下降を始めれば踏板を踏むのを止め、軌道を最下位まで降下すると歯桿駐子が自動的に装入される。

後上方銃座天蓋は固定部、摺動部、跳上部の各覆よりなり、その開閉操作要領は次のとおりである。

（一）摺動覆上部右側の握把を強く握り、左側把手と共に手前に引くと摺動覆は軌道より外れ、軌道に沿って中間の駐子孔に嵌入し、覆上面は水平となるよう固定される。なお同要領で握把と把手を操作して手前に強く引けば覆は全開位置に固定される。

(二) 後上方銃座右側後方隅部に設けた操作機転把を握り、右方向に覆が全開するまで(約八回)回転した後、転把を円板に駐子する。この操作により転把軸の鎖および鎖歯輪を介して摺動覆および固定覆に連絡する開閉索捲取器を回転させ、摺動覆を順次全開位置に開かせる。なお途中の所望位置に停止することができる。

三、後下方銃

後下方銃座は胴体框第二十四、第二十五間胴体低部に設けられ、銃眼は胴体框第二十五および第二十七間銃座前方に開口し、左右摺動式蓋を備える。

銃は胴体框第二十五下部機体中心に設けられた支軸承金具に装着する。

本銃坐には「テ四」もしくは「テ一」を装備する。

右框胴に四個、左框胴に三個の予備弾倉框を設ける。

(一) 後下方銃座に銃を装備する際、銃眼蓋固定用把手を▲側に旋回し、転輪を約二回半旋回して全開した後、固定用把手を▲側に旋回固定する。

(二) 銃を銃座内に搬入し銃眼後方の銃支軸承金具に銃の支軸を挿入し、支軸の爪金具を倒し確実に装着する。

(三) 銃尾を胴体床板部に当て、予め機体部品として床板に取付けてある緩衝ゴム紐付保持金具を懸け保持する。本支持金具は銃を使用しないときの保持用である。

（四）最後に銃眼蓋を閉鎖する。

四、側方銃

側方銃は胴体框第二十一および第二十二間（左舷）並びに第二十二および第二十三間（右舷）に設ける各銃眼に対し可動式支持金具を有する鋼管製側方銃架に試製単銃身旋回機関銃（テ四）を装備するよう設備している。

（一）支持金具は転把を弛め所望の位置に移動することができる。

（二）右銃眼に対してはその構造上照準視界が僅少であるため、操縦索覆の一部を透明フレキシガラス張とし、照準視界を増大する。

（三）左銃に対しては仰角射撃の際照準視界を増大するため銃眼上方に覘視窓を設けている。

（四）銃眼は軽合金製蓋を有し風塵に対する予防をなす。

（五）第一線部隊においては射界拡大のため、昇降口扉は鎧戸とし、上方に繰上げ開扉する。

（六）弾倉架は小航空写真機乾板倉架を改修して四個を収容し、銃架下方に状差式架を取付け一個を収容し、銃に装着分を合わせて計六個を携行する。

本銃は銃眼経始の関係上防塵のため地上において装着することなく、空中において射手自ら装着するのを通常とする。

装着要領は次のとおりである。

(一) 予め支持金具を所望位置に緊定する。

(二) 銃眼覆を取外す。

(三) 銃を横にし、照準具を損傷しないよう銃口を銃眼外に出し、支軸を支持金具承金に挿入し、その駐板を倒し装着する。

(四) 弾倉を銃に装着する。

(五) 本銃装備の目的は他銃の死角を利用し近接する敵機を射撃するために増加されたことに鑑み、その照準具調整は二〇〇メートルを可とする。よって照準具高さを五〇ミリ増加して調整する。

九七式重爆撃機（武装強化機）装備法

（昭和十八年一月　水戸陸軍飛行学校「九七式重爆撃機〈武装強化機〉装備法教程〈案〉」）

九七式重爆撃機は原型を一型甲と称し、尾部銃、側方銃を加えたものを一型乙、さらに増加タンクその他の一部を改修したものを一型丙と称する。現在は一型丙を性能向上機としているが、将来は九七式重爆撃機二型として制式化される予定である。

尾部銃装置

制式機体の胴体後部を改修して八九式固定機関銃甲を装備し、これに応じる一切の諸設備を有する。本装置は次の諸装置よりなる。

一、遠隔操作装置

操作装置連動槓桿は四号アルミニウム合金桿または普通鋼管第三種甲製で後上方銃座より銃取付位置まで胴体左右上方に配置装着し、銃を遠隔操作できるよう構造すると共に、極力遊隙を少なくするため連結部にはすべて球軸承を使用する。

すなわち後上方銃座右側隔部に設けた操作槓桿の操作により尾部銃に所定射界中任意方向に指向できると共に、遠隔操作装置連動桿に連結する照準器連動槓桿をも銃と同時に操作することができる。

操作槓桿把手部には引鉄装置引鉄を装着すると共に、銃を使用しない場合これを水平に停止しておく安全掛金を有する。

二、照準装置

照準装置は照準器および連動槓桿よりなる。照準器は照門照星式だが照門環は単に照星を通視可能な程度に極めて小さく、それぞれ胴体上面を貫通し連動槓桿に装着する。

連動槓桿は遠隔操作装置の連動桿に連結し、操作槓桿の操作により銃に対し照準器を平行運動する。

照準器の胴体に対する貫通部には雨滴の浸入を防止するための革袋を設け、照準器の運動に支障がないよう構造されている。

尾翼および胴体には本照準器の照準視界範囲を明示するための白色軌跡線を描き照準をし易くしている。

三、発射装置（引鉄装置、撃発装置、故障排出装置）

発射装置は引鉄装置および撃発装置よりなり、附属設備として故障排除装置を有する。

引鉄装置は引鉄および引鉄安全器並びに操作索よりなる。引鉄は胴体右側上方隅部に設けた取付板に挿入する遠隔操作装置操作槓桿把手に装着する。また引鉄の安全装置として安全器および同表示板を有する。安全器はその端末握り部を前方に押しつつ約六〇度回転すれば表示板の㊋または㊍の何れかが表示される。すなわち㊍にて引鉄を安全器槓桿で作動制限して発射を不能とし、㊋にてこの制限を解除し発射可能となる。この場合の握り部の位置を明示するため赤色に刻記した標線を握り部に設け、㊋の位置で握り部上方になるようにしてある。

故障排除装置は射撃中銃の小槓桿閉鎖不良を生じた場合、後上方銃座より操作索引手を引き、操作索を介して遠隔的に故障排除槓桿にて小槓桿頭部を叩き、閉鎖を完全に行ない、以て閉鎖不良に起因する故障を排除するものとする。

四、装弾、保弾子および空薬莢排出装置

装弾装置は弾倉箱、樋および装弾口よりなり、胴体前方に装備する弾倉箱から樋および送弾口を介し、銃の運動に支障なく弾薬を銃に給弾するものとする。

弾倉箱はアルミニウム合金板甲製箱で胴体右舷胴体框第二十九および第三十間に設ける取付金具に各一個のボルトで装着する。収容し得る弾薬は保弾帯約四〇〇発とし、樋に介在するもの約一〇〇発と合わせて五〇〇発とする。

保弾子排出に関し、平時二〇〇発以下の射撃においては胴体下面保弾子収容箱下部に設けた蓋を取外さなくてもよいが、戦時等に二〇〇発以上五〇〇発までの射撃には蓋を取外し、機体部品の保弾子収容革嚢を蓋取付部に装着する。保弾子収容革嚢を使用しない場合の保弾子収容箱の最大収容数は約二五〇発である。

空薬莢受は銃取付台中央部に一体として設け、その下端を空薬莢収容箱革袋に縛着し、銃の運動に支障なく空薬莢を排出できる。平時における二〇〇発以下の射撃では収容箱の蓋をそのままとし、戦地等で二〇〇発以上五〇〇発までの射撃には予め収容箱の蓋を取外し、空薬莢を機体に放出する。

五、機関銃取付装置

機関銃取付装置は機関銃取付台および大槓桿操作装置よりなり特殊の工具を使用せず実施することができる。

銃は銃取付台と共に叉状支持金具縦軸を中心として左右に、銃取付台支持ボルトを中心として上下に俯仰するように構造されている。

大槓桿操作装置は大槓桿および操作索よりなる。大槓桿は銃固有のものを使用せず、尾部銃装置に適合するため形状を異にする。

六、その他雑装置

胴体尾端には革袋を有し、これを銃身に縛着して胴体内に塵埃および泥水等が浸入しないようにする。

銃を装備したまま野外繋留する場合または銃を装備し使用しない場合は銃の保護および防塵のため革製銃身覆を銃身に被覆し、胴体尾端革袋紐で共に縛着する。

尾部銃設置に伴い胴体尾端覆変更のため尾端に装着していた尾灯の位置を胴体尾端覆上に変更する。

尾部銃弾薬装弾および装填要領

一、弾薬約五〇〇発を保弾子に連結した保弾帯を胴体内に持込み、後方照明弾回転台後方に至り弾倉蓋を取外す。弾薬頭部を左側にした保弾帯を弾倉箱内に押込み、銃送弾口下に到達させる。この際樋内には十分な滑動剤（極寒時は石油）を予め塗布しておく。
二、弾倉蓋を確実に着ける。
三、保弾帯を送弾口内に導入し、後上方銃座に設けた大槓桿引手を後方に十分強く引き、急激に離す。
四、もう一度同様に大槓桿引手を引けば弾薬は銃に装填される。

尾部銃射撃要領

一、射撃準備および飛行準備完了後、後上方銃手は発動機始動前に大槓桿引手を二回強く引けば保弾子は音響を発して保弾子受内に落下し、弾薬は装填される。
二、空中で射撃を行なうには予め銃操作槓桿端末に取付けられた引鉄安全器を㊋の位置にした後、引金を引けば発射する。
三、射撃中小槓桿閉鎖不良を生じた場合は後上方銃座に設けた大槓桿引手右側の故障排除引手を引き、操作索を介し小槓桿の頭を叩いて閉鎖不良を排除する。
四、尾部銃の空中操作は後上方銃座右側上方隅部に設けた遠隔操作装置の操作槓桿により実施する。すなわち後上方銃にて戦闘中敵機が尾翼死界内に入った場合には、直ちに後上方銃手は左手にて後上方銃を支持しつつ右手にて尾部銃操作槓桿を操作し、これに連動する照

〈上〉九七式重爆撃機尾部銃外観、昭和18年1月水戸陸軍飛行学校「九七式重爆撃機（武装強化機）装備法教程（案）」所載（以下同じ）
〈下〉九七式重爆撃機、革袋を外した尾部銃の状況

九七式重爆撃機尾部銃装着要領

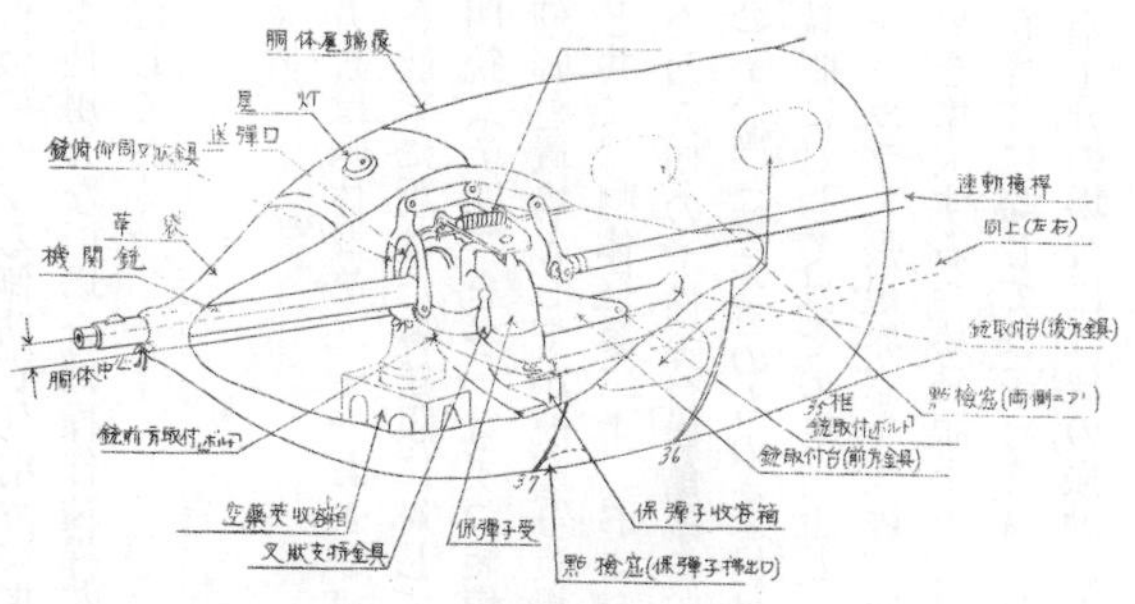

九七式重爆撃機上方銃

準器で敵機の可視部分（主翼等）より敵機致命重要部を想定し射撃するものとする。ただしこの場合僚機に対する側防責任射界に関し十分考慮して実施しなければならない。尾部銃を使用しない場合は操作槓桿左側に設けた安全掛金を操作槓桿に掛け、銃を動揺しないようにしておく。

側方銃装置

一、側方銃は胴体框第二十一および第二十二間（左舷）並びに胴体框第二十二および第二十三間（右舷）に設けた各銃眼に対して支持金具を有する銃架をそれぞれ設置し、試製単銃身旋回機関銃（テ四）を各一銃ずつ装備する。

二、予備弾倉置場として小航空写真機乾板倉格納位置を改修し、これに四個収容できるようにすると共に、胴体框第二十一および第二十二間胴体右舷下方三個の状差式格納金具を装備する。なお五個の予備弾倉置場を設置する予定である。従って側方銃は各銃に対し弾倉（七三発入）六個（銃装着のものを含む）計四三八発ずつの弾薬を携行するものとする。

三、右銃眼に対してはその構造上銃の照準視界が僅少であるため操縦索環の下部に二個の透明フレキシガラス張視界窓を設け、照準視界を増大する。左銃眼に対しても仰角射撃の際の照準視界を増大するため銃眼上方に見視窓を設置した。

四、左銃操作に際しては予め支持金具を所望位置に移動した後、把手を確実に緊定しておく。緊定不十分の場合には銃の振動および風圧により銃の振動を来すことがあるので注意を要する。

五、側方銃は飛行前銃架に装備しておくのを可とするが、状況により飛行中装備する場合には照準具等を損傷しないよう特に注意を要する。

また右銃眼蓋の飛行中における閉鎖は構造上やや困難であるから冬期等においてその必要がある場合は注意して実施する。

航空兵器研究方針の変遷

大正四年九月六日陸普第二四〇五号により「航空機用銃」の審査が命じられたが、八年六月に制定された「陸軍技術本部第一部兵器研究方針」には三年式機関銃を応用した対空機関銃が記載されただけで航空機用機関銃は記載されなかったため、「航空機用銃」は自然消滅した。

大正九年四月陸軍技術本部兵器研究方針が改訂され、航空部の要求に応じ飛行機装載用機関銃の研究が追加された。それは次のような内容であった。

固定式機関銃

研究方針

一、現制三年式機関銃の改造型に代えて軽機関銃型とする。

二、保弾帯（空保弾帯は解体離脱するもの）式とする。

三、口径は七粍七とする。

四、別に二銃身併列式を研究する。

五、銃と発動機の聯動装置は航空部にて担任研究する。
理由の概要
一、重量を減じ軽機関銃型とする。
二、特種弾を必要とするため七粍七を研究する。
三、瞬間的に数弾を発射するため二銃併列式を研究する。
四、聯動装置は飛行機の種類により異なりそれぞれがこれに適応しなければならないので航空部において直接研究する方が便利である。

遊動式機関銃
研究方針
一、回転弾倉式軽機関銃を採用する。
二、弾倉の収容弾数を約一〇〇発とする。
三、肩当、握把の両様式を研究する。
四、口径は七粍七とする。
五、銃坐は航空部にて担任研究する。
理由の概要
一、飛行間弾倉の交換を容易にするため回転弾倉式とし、かつ弾数を約一〇〇発とする。
二、七粍七の研究を必要とする理由は前項に同じ。
三、銃坐は飛行機体と密接な関係があるため航空部において直接研究する方が便利である。

昭和十三年五月陸軍軍需審議会は陸軍航空本部航空兵器研究方針を決定した。この方針は陸軍航空技術研究所において研究審査する航空兵器の要項を示したもので、航空技術研究所は昭和十年八月に発足し、当初は「航空に関する器材、燃料等の考案および審査」を担当していたが、十一年八月から「航空に関する器材」を「航空に関する兵器」と改めた。
陸軍航空本部航空兵器研究方針のうち航空武器弾薬は次のように定められた。

機関銃
一、主として近接空中戦闘に用いる。
二、集束弾の効力を収め、かつなるべく戦闘距離の延伸に努める。
三、固定および旋回共に単銃身ないし数銃身のものを研究する。
四、口径は七・七ミリ級とする。
機関砲
一、主として遠距離空中戦または巨大機の撃墜に用いる。
二、一弾の効力を大にし、努めて戦闘距離を大きくする。
三、固定および旋回共に単砲身とする。
四、口径は二〇ミリ級とする。
機関銃弾

主要部の貫通、弾道標示および可燃物の着火に対し効力あるものを研究する。

機関砲弾

榴弾および焼夷弾について研究する。

昭和十四年五月陸軍航空本部航空兵器研究方針の一部改訂が陸軍軍需審議会において可決された。航空武器弾薬の部機関砲の項の中で「口径ハ二十粍級トス」とあるのを「口径二十粍級及一三粍級トス」に改められた。このとき新たに一三ミリ機関砲が加えられた。

昭和十五年四月陸軍航空兵器研究方針が定められた。それまでの陸軍航空本部航空兵器研究方針は廃止され、その中で研究基礎要項のみはこれに基づく兵器の研究完了まで準拠とすることとした。航空武器弾薬について次のように定められた。

機関銃

一、主として近接空中戦闘に用いる。

二、発射速度を増加し集束弾の効力を収めかつ初速を増大し命中精度を良好とする。

三、固定は単銃身、旋回は単銃身および二銃身のものを主とするが、なお銃身数の増加について研究する。

四、口径は七・七ミリおよび七・九ミリとする。

摘要

旋回二銃身は昭和十六年三月、固定および旋回単銃身は昭和十六年末を目途とし審査完成に努め、旋回三銃身は昭和十七年末、固定二銃身は昭和十八年末を目途とし審査概成に努めるものとする。

口径の統一に努める。

機関砲

一、主として遠隔空中戦闘または大型機に対する射撃に用いる。

二、一弾の効力を大きくし、努めて戦闘距離を大きくする。

三、固定および旋回共に単砲身とする。

四、口径は一二・七ミリ、二〇ミリおよび三七ミリ級とする。

摘要

旋回および固定一二・七ミリは昭和十六年八月、同二〇ミリは昭和十六年末、旋回三七ミリは昭和十八年三月を目途とし審査完成に努めるものとする

旋回機関銃、同機関砲では特に風圧に対する抵抗の減少、操用の容易を重視する。

機関銃砲弾

飛行機主要部の貫通、弾道標示、可燃物に対する着火および炸裂について性能良好なものを研究する。

地上装甲兵器に対し威力あるものについて研究する。

航空兵器に関する議論

昭和十四年八月陸軍航空技術研究所において航空兵器の研究に関する会同があった。参加者は陸軍航空本部を始め下志津、熊谷、水戸、浜松、明野、白城子各陸軍飛行学校、陸軍航空士官学校、陸軍航空技術学校、陸軍航空整備学校、東京陸軍航空学校、陸軍航空本廠の各責任者で中将、少将、大佐クラスである。この会同の記録から射撃兵器に関する記述を引用する。

七・七ミリ級は本年度において大体の試験を終了し十五年度はこれに若干の改修正を加えた後多量生産に移る状況である。

九八式旋回銃は第一次の国産品を作り試験の結果は良好だったが、耐久試験が未済なのでこれを済ませた後名古屋工廠において多量生産に移ることになる。

九八式固定銃は小倉工廠にて試作中で、十四年八月末には試験できる筈になっている。「テ三」（双連旋回）は名古屋工廠製で発射速度大（二一〇〇発／分）、射撃機能および命中精度良好、耐久試験を八月末に実施する。

一三ミリについては現在「キ四十四」のためブレダ式を採用し、とりあえずイタリアから一〇〇梃買う計画を進めている。弾薬は国産化の研究中で近く出来上がる予定。

二〇ミリについては目下造兵廠製「ホ一」（旋回）を「キ四十九」に装備し、「ホ三」（固定）を「キ四十五」に装備するよう研究を完了した。しかしこれらの発射速度は何れも四〇〇発以下であるのに対しフランスのイスパノは六五〇発以上も出るとのことなので、発射速度の増大には特に注意し、目下設計を終えて試作にかかっているものは七〇〇発を目標としている。今年度中には試作を完了する予定。その他三七ミリ砲も設計中であり、またより以上の五七ミリ、七五ミリについても研究準備中である。

砲架は手動式の研究を終わり「キ四十九」用として試作中。自動式砲架は電気式および油圧式について研究し目下大阪金属工業株式会社で試作中である。

射撃の効果を有効にするためには一弾で敵機の燃料タンクを発火させることができれば一番よい。これについて極秘で研究した七・七ミリおよび一二・七ミリの炸裂弾が完成した。七・七ミリ弾については第一線において試験中で、安全性についてなお研究を要するが近く完成する予定である。一二・七ミリについては外信管付のものについても研究しほぼ完成している。

照準を容易にするため光像式照準具を完成した。すなわち従来の照星、照門環式は二点照準式で照準が困難であるのみならず、殊に夜間および薄暮においては眼の瞳孔が開く関係上照準が困難だったが、光像式は一点照準式であるから十字を目標に合わせればそれでよく、眼の位置等も自由で至極便利である。

従来の射手修正装置は風板式であったが銃の位置により空気の渦流のために正しく風板を動かさないので、これをパンタグラフ式にして風の影響を受けないようにし、九七重の武装強化したものの前方銃および後下方銃に装着するよう現在一〇〇組準備している。この原理は初速と飛行機速度との合成ベクトルを求め、その方向を照準させるものである。

射撃効果を上げるためには直線弾道だけでは十分ではなく、遠距離には彎曲弾道の使用も考えなければならない。そこで機上で簡単にしかも正確に距離測定をなし得る照準具を研究している。

従来使用している射表には誤差がある。例えば射距離二〇〇メートルのとき弾丸経過時間は〇・三〇秒、三〇〇メートルのときは〇・四八秒となっているが、高度三〇〇〇メートルで九七戦の射撃時における同様の経過時間は〇・二三秒および〇・三六秒で、誤差はそれぞれ〇・〇七秒および〇・一二秒ある。機速を三六〇キロ／時とするとこの時間内に目標は七メートルないし一二メートル移動する計算となる。今後は機関銃の分割種別を改正する必要がある。

航空機用機関銃（七・七ミリ）

固定機関銃

現制式　八九式

口径七・七ミリ、全長一〇四〇ミリ、全重量一二・〇キロ、初速八一〇メートル／秒、発

射速度九〇〇発／分、弾丸重量一〇・八グラム、実包重量二四・六グラム、弾薬八九式
現制式　九八式
口径七・九二ミリ、全長一一八〇ミリ、全重量一〇・一キロ、初速七五〇メートル／秒、発射速度一一〇〇発／分、弾丸重量一二・八グラム、実包重量二六・一グラム、弾薬九八式
旋回機関銃
現制式　八九式
口径七・七ミリ、全長一〇六九ミリ、全重量二三キロ、初速八一〇メートル／秒、発射速度一五〇〇（双）発／分、弾丸重量一〇・八グラム、実包重量二四・六グラム、弾倉様式二〇〇発入扇形弾倉、弾薬八九式
現制式　九八式
口径七・九二ミリ、全長一〇七八ミリ、全重量七・二キロ、初速七五〇メートル／秒、発射速度一一〇〇発／分、弾丸重量一二・八グラム、実包重量二六・一グラム、弾倉様式七五発入併列鼓状弾倉、弾薬九八式
試製　テ一
口径七・七ミリ、全長一二五一ミリ、全重量一四・四キロ、初速八二〇メートル／秒、発射速度一〇〇〇発／分、弾丸重量一〇・八グラム、実包重量二四・六グラム、弾倉様式七三発入回転弾倉、弾薬八九式
試製　テ三

口径七・九二ミリ、全長九八八ミリ、全重量一五・〇キロ、初速七七〇メートル／秒、発射速度一八〇〇（双）発／分、弾丸重量一二・八グラム、実包重量二六・一グラム、弾倉様式一〇〇発入併列鼓状弾倉、弾薬九八式

試製　テ四

口径七・七ミリ、全長一〇七〇ミリ、全重量九・二七キロ、初速八一〇メートル／秒、発射速度七五〇発／分、弾丸重量一〇・八グラム、実包重量二四・六グラム、弾倉様式八八発入回転弾倉、弾薬八九式

航空機用機関砲

一三ミリ級

ブレダ

口径一二・七ミリ、全長一三八五ミリ、全重量二八・九キロ、初速七三〇メートル／秒、発射速度四五〇発／分、弾丸重量三六・七グラム、弾薬筒量八一・六グラム

試製（設計）

口径一二・七ミリ、全長一二〇〇ミリ、全重量一八・〇キロ、初速七三〇メートル／秒、発射速度七〇〇〜七五〇発／分、弾丸重量三六・七グラム、弾薬筒量八一・六グラム

ブローニング

口径一二・七ミリ、全長一四〇〇ミリ、全重量二四・九キロ、初速七五〇メートル／秒、

発射速度五五〇発／分、弾丸重量五二・〇グラム、弾薬筒量一二〇・〇グラム

二〇ミリ級

現制式 九四式

口径二〇ミリ、全長一八二〇ミリ、全重量五七キロ、初速六八〇メートル／秒、発射速度二八〇発／分、弾丸重量一二九・四グラム、弾薬筒量二一一グラム、炸薬五・四グラム

試製 ホ一

口径二〇ミリ、全長一七〇〇ミリ、全重量三三キロ、初速八〇〇メートル／秒、発射速度四〇〇発／分、弾丸重量一三五グラム、弾薬筒量三〇〇グラム、炸薬九グラム

試製

口径二〇ミリ、全長一七〇〇ミリ、全重量四五キロ、初速八〇〇メートル／秒、発射速度四〇〇発／分、弾丸重量一三五グラム、弾薬筒量三〇〇グラム、炸薬九グラム

ラインメタル

口径二〇ミリ、全長一六六〇ミリ、全重量四一・五キロ、初速七二〇メートル／秒、発射速度三〇〇発／分、弾丸重量一三四グラム、弾薬筒量二七五グラム、炸薬三グラム

航空機用砲架

機械式砲架

最大俯角七〇度、最大仰角三〇度、側方全周、最大旋回速度一〇〇度／秒、最大俯仰速度

五〇度／秒、最大外径一〇三〇ミリ、重量一〇七キロ、電圧二四ボルト、電流二五～五〇アンペア

ラインメタル旋回砲架

最大俯角九〇度、最大仰角三〇度、側方全周、最大外径一〇一〇ミリ（内径八二〇ミリ）、重量五五キロ、風防重量一六キロ、転把一回転の俯仰量六度、転把一回転の旋回量六度

九八式直協機武装法

（水戸陸軍飛行学校「九八式直協機武装法教程〈案〉」用済後焼却）

本機は操縦席右側前方に固定銃（八九式固定機関銃乙）一銃を装備し、その照準具として操縦席前方の胴体上面中心上に照準眼鏡を装着し、発射連動機は九五式を使用し発動機後方右側に伝動機を結合する。

同乗席には機体固有の銃架上に旋回銃（試製単銃身旋回機関銃二型）一銃を装備する。

前者は操縦者の操作により射撃し実包四〇〇発を、後者は同乗者の操作により射撃し六八発入弾倉七個計四七六発を携行する。

固定銃は胴体基準線（機軸）より右一七五ミリ、上方四四〇ミリの位置に前後取付金具により装着する。上下左右の調整は後方取付金具により行なう。

照準眼鏡取付金具は前後二組よりなり、操縦席前方胴体上面中心上に取付け、左右は後方取付金具、上下は前方取付金具により調整する。

引鉄装置はガス槓桿操作把手の前部に付けた起倒式引鉄槓桿およびこれより伝動機の連動索槓桿に連結する連動索よりなり、引鉄槓桿を前方に倒し安全装置となす。

給弾装置は弾倉収容箱、弾倉および給弾口よりなる。弾倉収容箱は後方および下方を開口する箱で内部に弾倉を収容し、下方より止金具を以て固定する。弾倉は長方形の箱で実包四〇〇発を収容する。内部に弾帯の混乱を防止する隔鈑を有し、一側に透明窓を設け容易に残弾の点検ができる。給弾孔は銅板製鶴首状の弾路で弾倉収容箱右上面に装着し、内部には弾帯を整流する三個の転輪を有する。左方に開閉式の蓋板を設け、装弾を容易にする。

空薬莢および保弾子の排出装置は固定銃下方および右側に設ける通路並びにその下方に設置する収容筒および操縦席床板下面より翼下面の間にある排出筒よりなり、空薬莢三〇〇個、保弾子四〇〇個を収容できる。収容筒および排出筒は内部に隔壁を設け、空薬莢および保弾子を区別して収容する。射撃後は翼下面に付けた蓋板を外し機外に排出する。戦時の場合は蓋板の空薬莢排出口蓋のみを外しておき、飛行中に空薬莢を放出する。

発射連動機は発動機の右発電機下方発射起動機に伝動機を装着し、ここから撃発機に至る間はS字形に彎曲した伝導管により誘導し、撃発機前方一八〇ミリの位置に調整螺を有する。発射起動機は発動機部品で発動機の右発電機下方に装着し、プロペラの回転に連動して発射連動機を作動させる歪輪装置である。

固定銃銃口部には鋼板製のガス室を設け、導管により発射ガスを発動機覆後端部に誘導し放出する。また銃の防火壁貫通部は革袋で覆い操縦席内へガスの流入を防ぐ。

固定銃の装備は概ね次の順序により実施する。

一、準備作業

機体および装備品全般に対し装着前の準備を行なう。

二、装着作業

固定銃、発射連動機、照準眼鏡の装着並びに接続を行なう。

三、照準具調整作業

照準具の取付を正しく規正し、照準点に対し所望の位置に弾着点を導くよう固定銃の取付を修正固定する。

本作業は射場において行ない、引続き地上試射を行なうため歪輪調整後行なうこともできるが、その場合は銃口の移動のため発射角に変化を来たし、厳密に言えばプロペラ保安上適当でないので、先ず照準具の調整を実施し、銃口の位置を確定した後歪輪調整を行なうのを原則とする。しかし銃口の移動量は通常少量であるから急速整備等状況急を要する場合または射場の関係上一時に多数機の作業ができない場合は能率増進上応用手段として一部のものは歪輪調整より後にしても差し支えない。

四、歪輪および発射連動機の調整並びに装着

プロペラの安全を確保し得る発射角に歪輪を組合せ結合し、プロペラの回転に応じる撃鉄作動の正否を伝導管調整螺により規正する。

五、武装後の点検

装着に誤りがなく各部の機能並びに調整の良否を検する。

六、地上試射

射場において発動機を運転して若干の連発射撃を行ない、発動機運転の振動に伴う固定銃

九八式直協機

九八式直協機旋回銃架
水戸陸軍飛行学校
「九八式直協機武装法教程（案）」所載

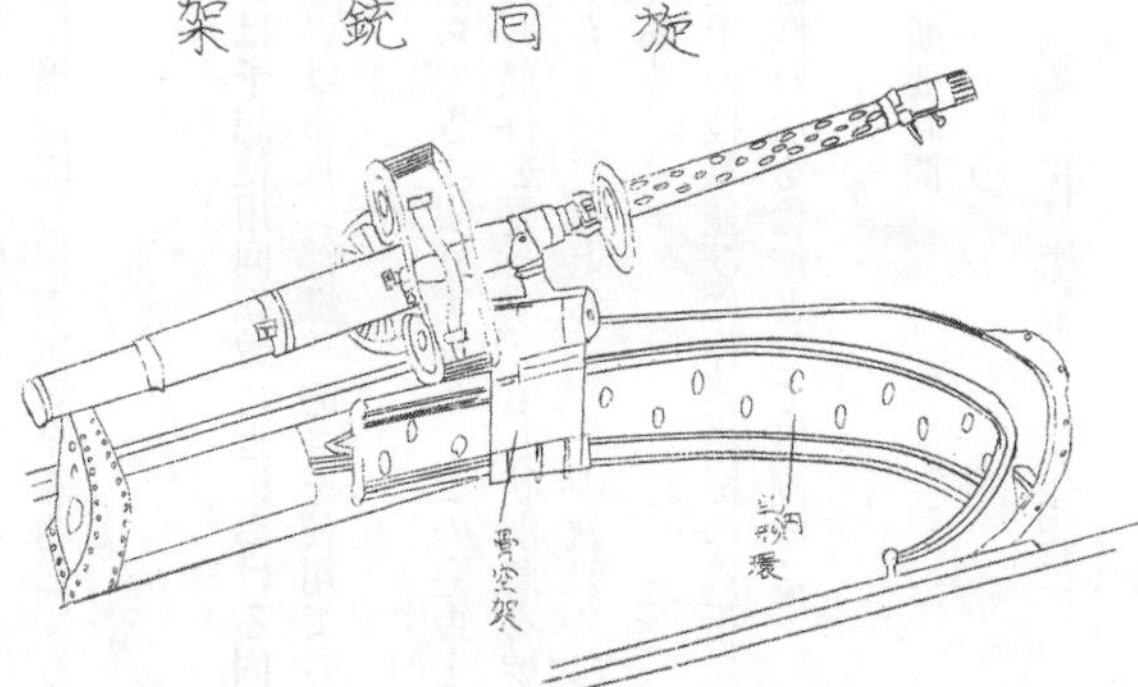

連発機能の良否並びに歪輪調整の適否を検すると共に、併せて命中の良否を検する。もし状況急を要する場合には機能調整および武装後の点検を特に綿密にし、本試射を省略してもよい。

七、空中試射

空中試射は地上において実施できない最大回転あるいは予想使用回転数付近における固定銃の連発機能を検するにあり、この際目標に吹流的あるいは布板（浮標）的等を使用できれば命中の判定に便利である。

本試射は武装の完否を検する最も実際的手段であるからできる限り実施し、この完否を確認することが必要である。しかし固定銃の試験は必ずしも飛行を要せず、もし状況急を要する場合等においては地上試射のみとし本試射を省略してもよい。地上および空中試射共に省略するのは適当でなく必ず一方は実施することが必要である。

武装作業に要する人員と所要時間は各種の状況特に工手の技量並びに作業指揮の適否により異なるが、中等工手により昼間装備を実施する場合は概ね次を標準として計画する。

作業区分	工手	助手	所要時間
準備作業	二		一・二〇 （順調に作業が進行した場合）
装着作業	二		〇・三〇

照準具調整作業	二	一	〇・三〇
歪輪および発射連動機調整作業	二	一	一・二〇（発射起動機の分解結合を含む）
武装後の点検	二		〇・一五
地上試射	二		〇・一五
空中試射	二		若干
計			四・一〇

ただし夜間作業は概ね五時間三〇分を標準とする。

旋回銃装備

旋回銃架は同乗席後方天蓋内に装置し、半円形環および滑動架よりなる。

半円形環は機体に固着し、内外両面の上下部は軌道部を成形し、滑動架の転子を滑動させる。滑動架は環上を移動し、旋回銃を所望の方向に向けるもので、内側に四個、外側に五個の転子を設け、環の軌道部を滑動する。また上部に銃支持金具を結合し旋回銃の装着に供すると共に、その俯仰を司る。操作は滑動架内側下部に取付けた操作把手の握把により曳索および連結槓桿を経て旋回駐子および俯仰駐子の解脱を行ない、次いで旋回俯仰を同時または一方のみ任意に行なうものとする。

旋回銃を装着するには同乗席の天蓋を開き、銃支軸を滑動架の銃支持金具の円孔に挿入し、支軸の駐板を起し安全ピンを挿す。

操作機能を点検するには右手で銃の握把を握り、左手で操作把手を強く握り旋回、俯仰駐子を解脱した後、任意の方向に旋回、俯仰しその機能を検する。

弾倉は銃に装着する一個の他胴体左側に四個、右側に二個、計六個を装備する。

旋回銃の装備完了後は銃身前端を胴体切欠部上端に設けた受金具に装し、ゴム紐を照星坐後方を経て紐止に懸け銃の離脱を防止する。

天蓋の閉鎖に当たっては後方照門環を倒すことを忘れないようにする。

九八式軽爆撃機武装法

（昭和十七年九月一日　水戸陸軍飛行学校「九八式軽爆撃機武装法〈案〉」）

本機は左翼に八九式固定機関銃（甲、装填架は乙のものを使用）を装備し、操縦席内機関銃操作装置によりプロペラ翼回転面外の射撃を行ない、また同乗者席後方には八九式旋回機関銃（特）および同弾倉を六個装備する。

一、固定機関銃

固定機関銃取付金具は前方および後方の二個よりなる。前方取付金具は前桁後面支台の叉状金具にナットにより緊定し、後方取付金具はボルトにより取付板に緊定結合する。後方取付金具は上下左右の調整ねじを有し、固定機関銃と環形照準具との関係を調整することができる。

照準具は照門環および照星よりなり風防ガラス内に収容する。照門環は風防の上方より下方に向け取付け、起倒式で左右二五度の目盛を刻し、不要時は前方に倒しておく。照星は照門前方二八五ミリの計器板上方に取付け、上下一二度の目盛を有する。照門、照星の度数は調整時照準線を胴体軸に平行するようその位置を決定する。

弾倉は二〇〇発を収容する。弾倉に弾薬を装填する場合は上面のばね止開口部を開き、下方から整理しつつ填充する。この際送弾口は左側に置き、かつ弾頭を前方にして入れることを間違えないようにする。

弾倉を機体に装着するには翼上面の方形覆を外し、送弾口が左側(外方)となるよう挿入し、前後二枚の鋼帯板により緊定し、保弾帯を銃の装填架給弾孔に導いた後方形覆を装着する。

空薬莢および保弾子は銃の下方樋により翼下面から放出する。平時は放出口に着脱式蓋を装着し、空薬莢約八〇発、保弾子三〇〇発を収容することができる。

全弾射撃の場合は薬莢排出孔蓋を取外しておき、一〇〇発以下射撃の場合は蓋を装しておく。

遠隔操作装置は操縦席左側床板上に大槓桿および故障排除槓桿の引手を設け、索および接続金具によりそれぞれ操作金具の大槓桿および故障排除槓桿に接続する。

引鉄装置は操縦桿に装着し、引鉄を食指で引き射撃する。射撃しないときは上面に設けた安全栓を中央に回転することにより安全装置とする。なお安全のため撃発機安全装置を引鉄装置の下部に設け、一端を索により撃発機に連結しているので、誤って引金を引いても発射することはない。

射撃に際しては爪金を指で扛起押下げ安全索を緩めると撃発可能となる。

射撃を実施する場合は射撃準備および飛行準備完了後、操縦者は発動機始動前に大槓桿の

九八式軽爆撃機

九八式軽爆撃機武装要領
昭和17年9月1日水戸陸軍飛行学校
「九八式軽爆撃機武装法（案）」所載

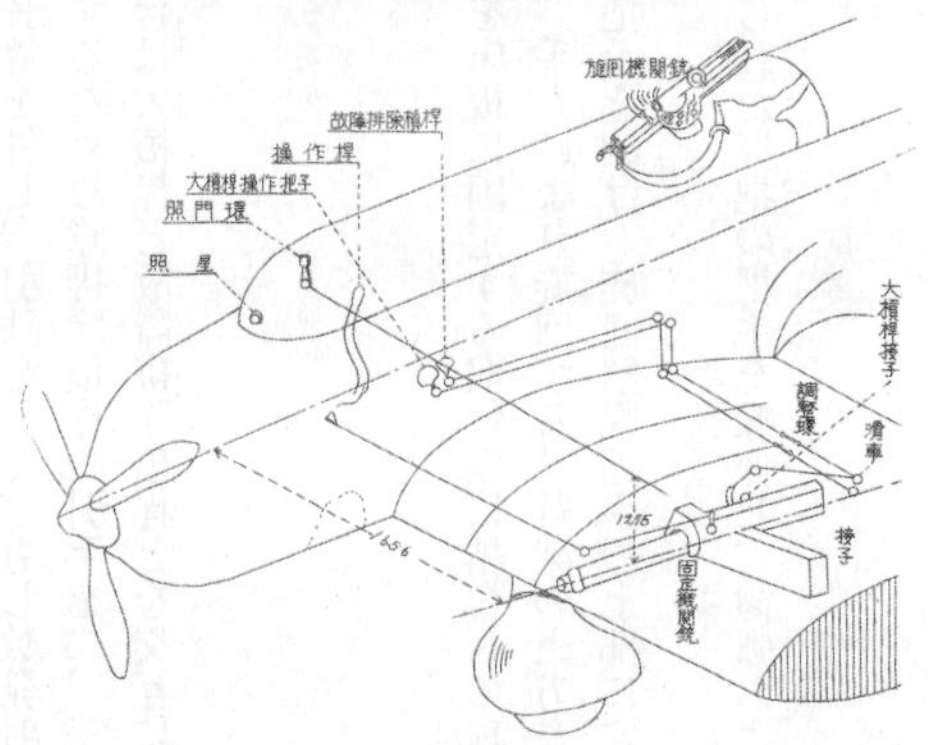

引手を二回強く引いて保弾子の落下を確認し、引鉄および撃発機の安全装置を掛けた後発動機を始動する。

空中射撃を行なう際は撃発機および引鉄装置の安全装置を外し、引鉄を引く。もし数発射撃後射撃が停止したときは小槓桿の不閉鎖か否かを検するため故障排除槓桿の引手を二、三回強く引いた後、引鉄を引く。それでも発射しない場合は大槓桿と故障排除槓桿とを交互に操作し射撃する。

二、旋回機関銃

旋回機関銃は同乗席後方天蓋内銃架に装着する。

銃架は俯仰平衡装置と旋回平衡装置からなり、下端を床板に固定する取付座に結合して球関節をなし、上方は後半部半円形をなす軌道に嵌合し、手力により旋回する。銃架の上方左側に握把を有し、その外方に旋回、内方に俯仰の解脱把手を設け、旋回解脱把手の上部に安全装置を設ける。

旋回銃架の俯仰および旋回操作は銃架左下方に設けられた握把の把手を操作し、歯弧および軌道に設けた駐栓の吻合を解いてから実施する。

九九式襲撃機武装作業

（昭和十八年一月　水戸陸軍飛行学校「九九式襲撃機武装作業ノ参考秘」）

本機は八九式固定機関銃甲銃を右翼内に、乙銃を左翼内に、また九九式旋回機関銃（テ四）を同乗席に装備し、特別装備として左中央翼上面に射撃鑑査写真機（ルバロア型）を装備する。

固定機関銃は左右翼内の両銃共にプロペラ回転面外に装着し、遠隔操作装置により装填および故障排除を行ない、発射は電気装置の撃発機により行なう。

旋回銃は機体に附属する銃架に装着する。また射手の射撃姿勢を容易にするため特種の腰掛を有する。

本機の射撃装備器材は次のとおりである。

名称	員数	携行弾数	摘要
八九式固定機関銃甲	一	三〇〇	
八九式固定機関銃乙	一	三〇〇	
九九式旋回機関銃	一	五四四	弾倉八個、別に銃に一個装着
旋回銃架	一		

固定銃用遠隔操作装置　二
固定銃用電気引鉄装置　二
固定銃用操作槓桿金具　二
環形照準具　一
照準眼鏡（固定銃用）　一

固定銃装備

銃取付角の調整は前方取付金具を基準とし、後方取付金具により左右、上下の調整螺を以て行なう。その調整範囲は上下約十七ミリ、左右約一〇ミリとする。

弾倉は箱型ジュラルミン製の機体部品で、実包三〇〇発を収容する。

弾倉は左銃を銃左側に、右銃を銃右側に、翼内弾箱支持台に装着固定する。

空薬莢は銃直下翼内の通路を通じて翼下面に開孔した排出孔より自然に翼外に放出する。排出孔蓋を閉じている場合は約八〇発分を収容することができる。

保弾子は銃の内側に設けた保弾子箱に受け、翼下面の蓋を開いて排出する。

遠隔操作のため操縦席左右床板上に左右各銃に装填槓桿、故障排除槓桿の引手を設け、連動索（複撚特殊綱索）により銃側に通じ、銃には大小槓桿操作のため槓桿金具を付ける。連動索は操縦席より各滑車を介して主翼後縁を通じ銃の後方に至り、各操作槓桿に結合する。

遠隔操作装置は装填槓桿引手（大槓桿）を引き装填を、故障排除槓桿引手（小槓桿用鎚）により小槓桿閉鎖不良の排除に使用する。

銃の撃発は電気式で押鈕開閉器、左右切換開閉器、回転電磁器、撃発機よりなる。操縦桿の押鈕開閉器により外翼前桁に取付けた回転電磁器を作動し、回転電磁器による運動は連結桿により銃に装着する撃発機押桿に伝導され、撃発をなす。撃発用押鈕内部のばねは第一段、第二段の二個があり、第二段のばねは第一段より強いため発射に際しては十分強く押さなければならない。押鈕を押し発射に至るまでの時間は概ね〇・二秒を要するので射撃の時機はこれを考慮して押鈕を押す。電磁器の衝程は約七ミリ、撃発機押桿の衝程は約六ミリである。

左右切換開閉器は操縦桿握把付根に設け、転把の位置を切換えることにより任意の射撃用意を行なうものとする。

射撃用意を行なうには切換転把を次の位置とする。

両銃発射　上方　㊋の位置へ
左銃発射　左方　㊧の位置へ
右銃発射　右方　㊨の位置へ
射撃終了　下方　㊁の位置へ

本装置には特に安全装置は設けていないが、切換開閉器を「断」の位置にした場合は押鈕を押しても発射することはない。故に射撃を実施しないときは常に「断」の位置とし暴発を防止する。

照準具は固定銃用照準眼鏡並びに降下爆撃と併用する環形照準具を有する。

照準眼鏡は風防内胴体上面に前後二個の取付金具により装着し、眼鏡前部は風防外に突出

九九式襲撃機

九九式襲撃機同乗者腰掛使用法（上方射撃の場合）
昭和18年1月水戸陸軍飛行学校
「九九式襲撃機武装作業ノ参考」所載

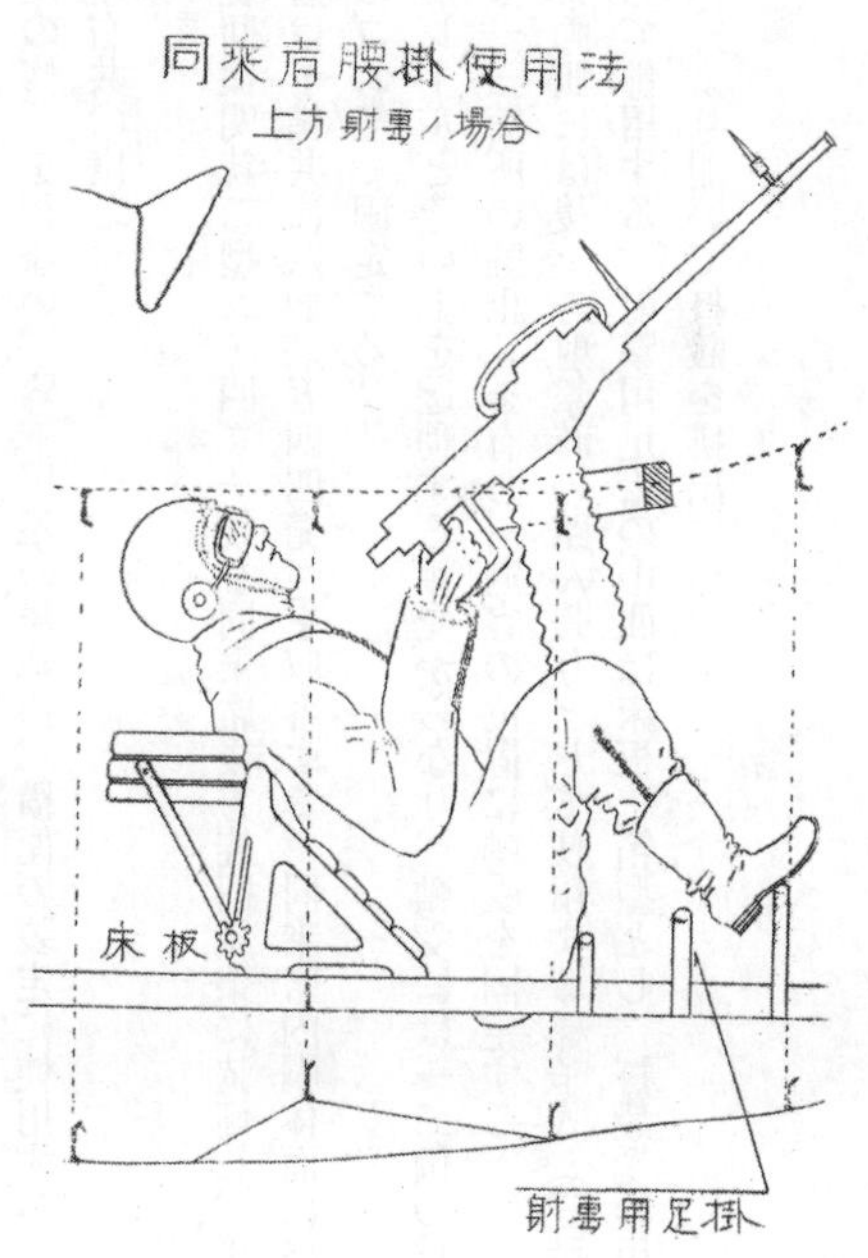

している。後方取付金具は左右、上下の調整螺を有する。

環形照準具は照門環、照星からなり、各々操縦席前方胴体上の風防内に装着する。照星は機高約一〇〇ミリでその上端は径四ミリの球状を呈する。照門環は外径三五ミリの環でその装着部には調整螺を有し、左右各二度の修正を行ない、また装着部上部において環軸を上下へ九度の修正を行ない、降下爆撃の離降角、横偏の装定に使用する。射撃に使用する場合は上下左右共〇度とする。

旋回銃装備

試製単銃身旋回機関銃二型（テ四）一銃を同乗席後方旋回銃架に装備し、後向きとなって操作する。弾倉は予備共に八個（五四四発）を収容する。同乗席内胴体面に格納設備を有し、各弾倉格納袋はゴム紐で固定する。

銃架は半円形レールとその上を遊動する軸受からなり、軸受には一二個のローラーを有する。レールには一三箇所の駐止孔を有し、適宜の位置に軸受を固定する。

銃座内の銃架両側には後上方射撃時の踏ん張りとして使用する梯子式（三段）足掛があり、同乗席腰掛として併用する。射撃用足掛の中間は床板を箱型とし、打殻受の用をなし、その底部の窓を胴体外より開いて打殻を排出する。

九九式双軽爆撃機射撃装置

（昭和十五年十月、昭和十七年六月改　陸軍航空本部「九九式双軽爆撃機説明書秘」）

本機は前方銃座および後下方銃座にそれぞれ試製単銃身旋回機関銃（二型）を装備すると共に、後上方銃座に八九式旋回機関銃（特）を装備し、弾薬並びに一切の射撃設備を有する。射撃装置全重量二〇三・八五キロ。各銃に対する携行弾倉数および弾薬は次のとおりである。

	携行弾倉数	弾倉容量	携行弾薬
前方銃座	六	六八発	四〇八
後上方銃座	左右各五	九〇発	九〇〇
後下方銃座	九	六八発	六一二
計			一九二〇発

前方銃は胴体先端経始の一部を構成する円弧状軌道に、多数の転子を介して滑動する風よけ連結取付枠に銃取付金具を介して装備する。銃は単に上下に移動し所望位置に駐止するのみで、左右の指向は取付金具を中心として行なう。取付枠左側には自由関節で枠に連結する俯仰臂を有し、臂の他端は銃の重量に平衡する重量平衡装置に連結する。平衡装置は内部前後に複座ばねを収容する筒で、俯仰臂の上下により圧縮または伸長され、銃の重量に平衡す

る。

前方銃は射界を増大するため肩当を取外して使用することができるが、この場合は若干命中精度が減少する。

予備弾倉函は状差式で弾倉抑えとして緩衝ゴム紐を有する。

銃を使用しないときは銃座天井部に挟止されている銃支持金具を起し、槓桿部を伸ばして銃尾に装し水平に支持する。

銃手の居住性を良くするため銃手席床板部は折畳式座布団を有し、耐寒用として電熱被服抵抗器甲を銃手席右側下方に配線している。

後上方銃座は胴体第十三ないし第十七肋材間に設けられ、銃座上面には摺動式天蓋を有し、九四式旋回銃架を装備する。

銃座左右には射撃姿勢保持のため足掛を有し、前方左右上部には各二個の環を装しバンド式腰掛を設ける。

予備弾倉は銃座上面前後左右各二個、胴体両側に各二個を装着する。予備弾倉の配置要領は尾部に向って胴体左側に左弾倉を、右側に右弾倉を格納するものとし、銃座上面のものは前後左右に移動しないよう鍔を有する座板上に静置し、緩衝ゴムで抑える形式とし、その他のものは前方銃のように状差式とする。

銃座左側には電熱被服抵抗器が、右側上方には音響連絡器押釦がある。

後上方銃の射撃準備要領

一、後上方天蓋を全開する。

二、銃保持金具より銃を離脱する。

三、肩当を肩に当て右手で銃を支持しつつ左手で俯仰臂握把部を握り、俯仰臂を所望位置に上げて駐止し、待機する。

後下方銃は後上方銃座後方胴体底部第十六ないし第二十一肋材間に設けられ、揺台を有し下方に開閉することができる。銃座左側に揺台上下用の操作転把がある。

銃座には一面に座布団を敷き、後上方銃手用と同一金具に同乗者用安全バンドを装着する。胴体左側下方に電熱被服抵抗器を、銃手席右側下に音響連絡器押釦がある。

予備弾倉函は前方銃用と同じ。機体部品として銃支軸および空薬莢受を属する。

銃架は丁字型で固定軌道、旋回腕、銃取付台よりなり、それぞれ揺台に装置する。銃取付台は旋回腕上を前後に滑動し、射撃時には旋回腕先端に位置する。

水平尾翼および胴体下面に対する危険防止のため揺台に射撃制限台を設け、射撃に際し引鉄握把部下面を支え、仰角を制限する。

銃を取付けたまま格納するには揺台を旋回腕の最後端に位置し、縛着用革帯で固定する。

後下方銃の射撃準備要領

一、同乗者用安全バンドを装着する。

九九式双軽爆撃機

九九式双軽爆撃機射撃装置装備要領
昭和17年6月陸軍航空本部
「九九式双軽爆撃機説明書」所載（以下同じ）

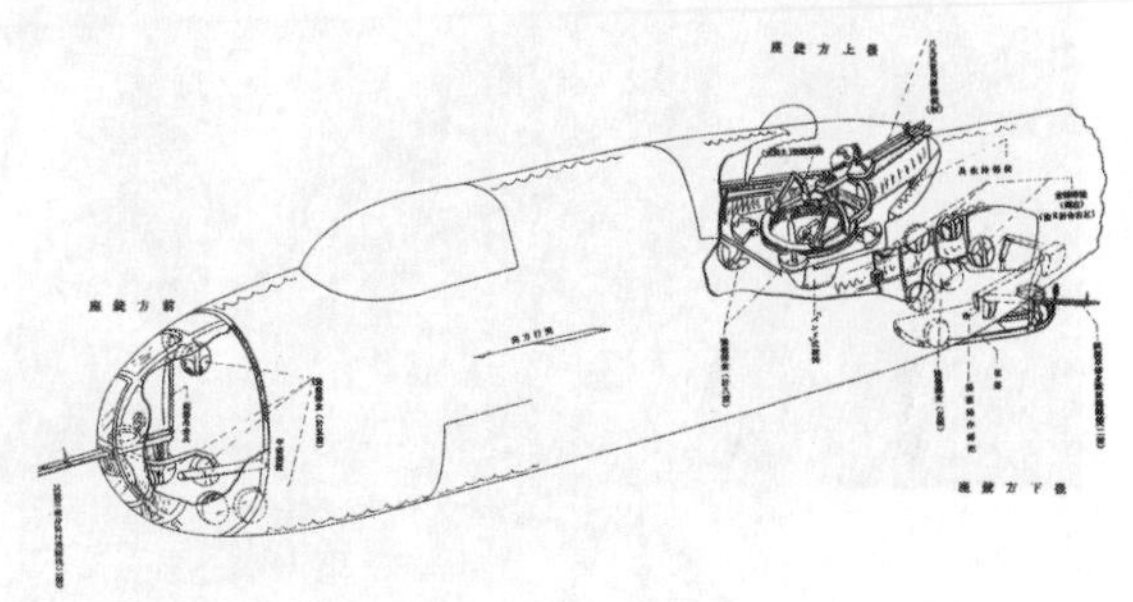

九九式双軽爆撃機後下方銃架構造要領

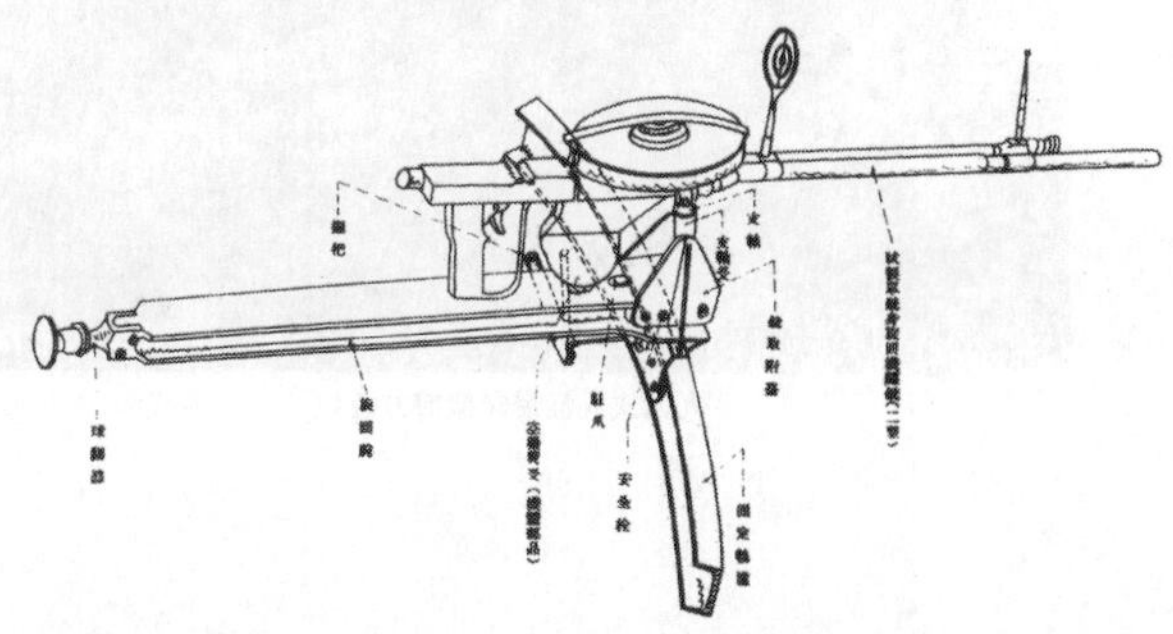

九九式双軽爆撃機前方銃

九九式双軽爆撃機後上方銃、一式旋回機関銃搭載

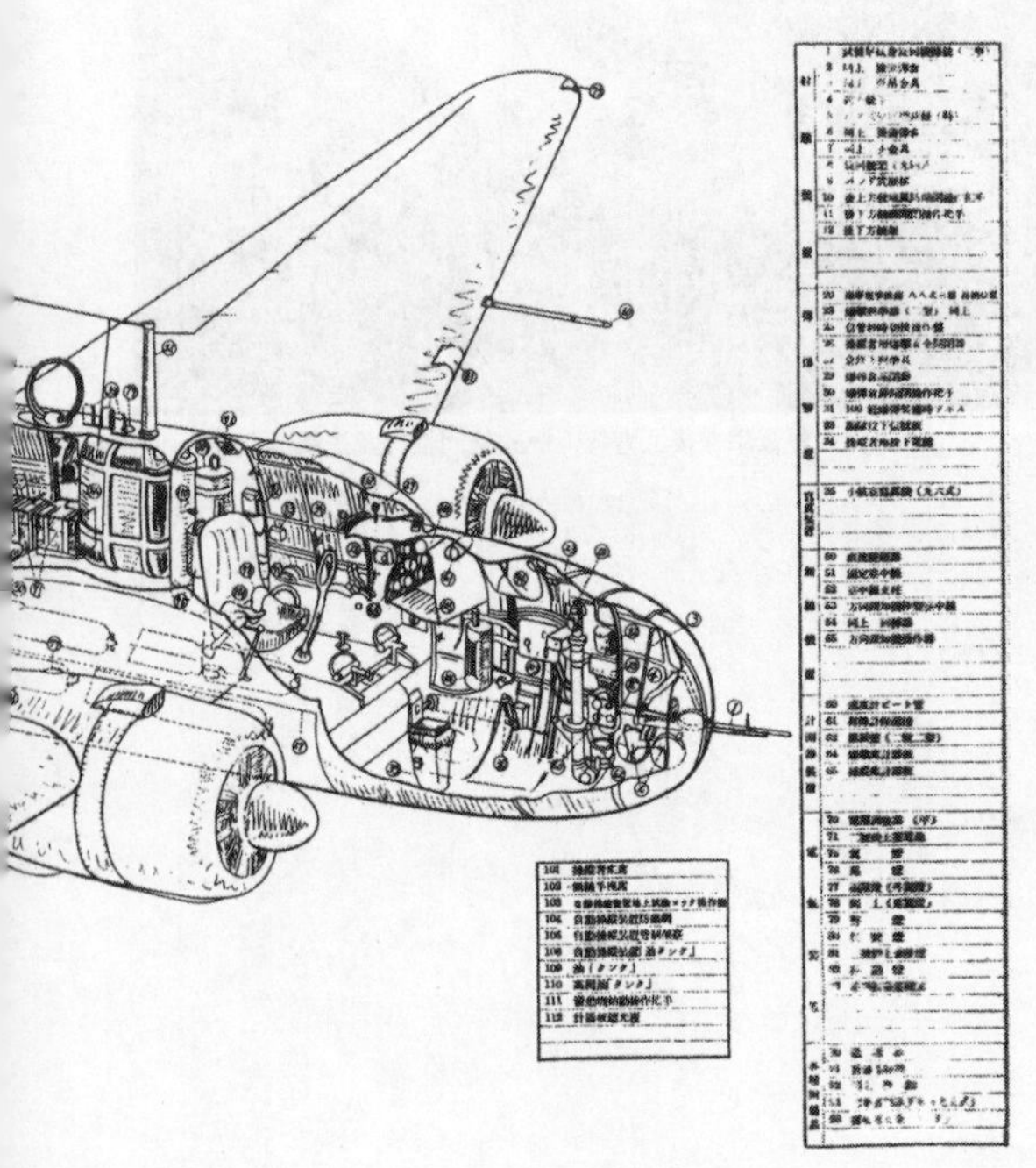

九九式双軽爆撃機装備要領
①試製単銃身旋回機関銃二型
⑤八九式旋回機関銃（特）
⑧九四式旋回銃架

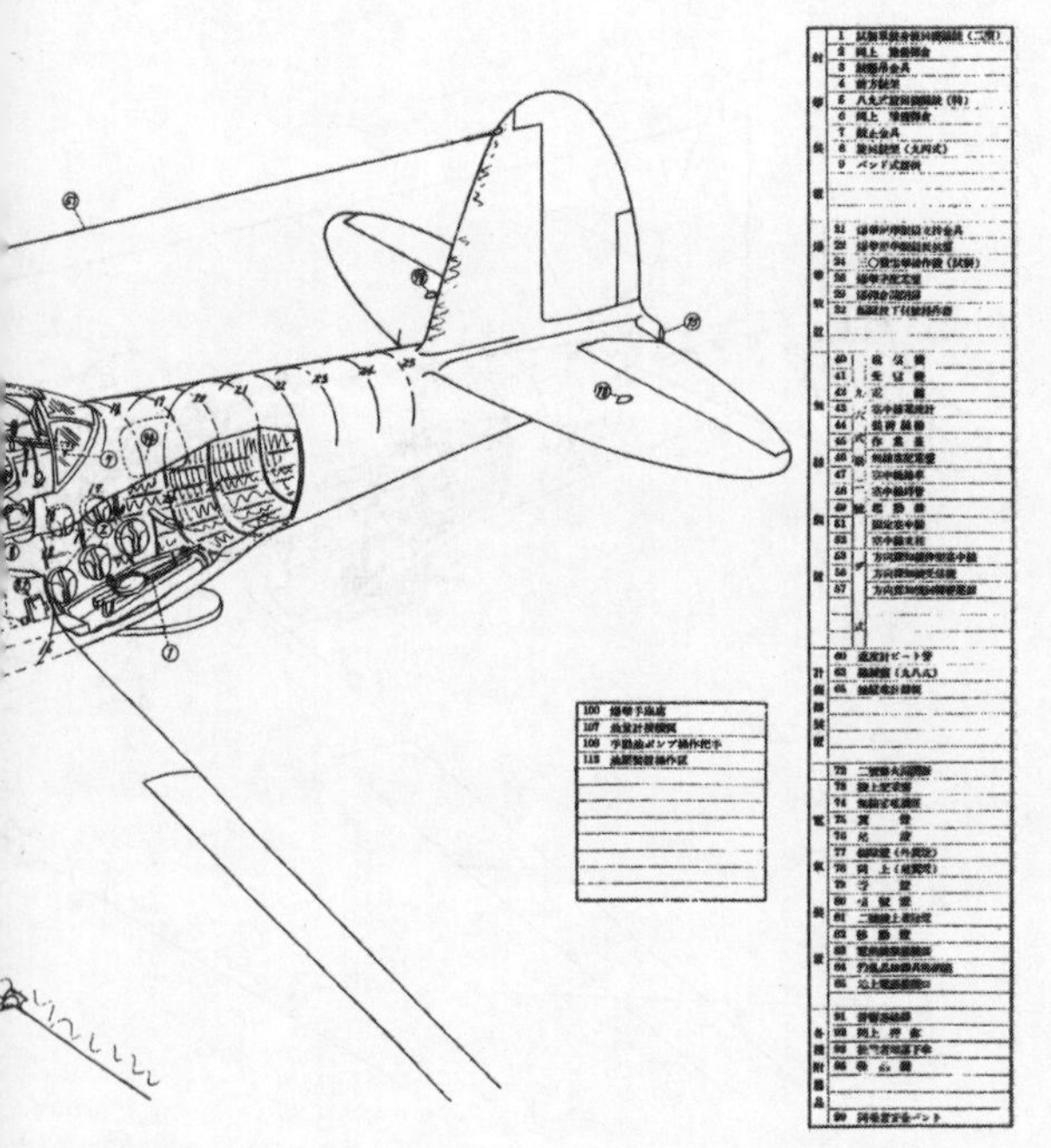

九九式双軽爆撃機装備要領
①試製単銃身旋回機関銃二型
⑤八九式旋回機関銃（特）
⑧九四式旋回銃架

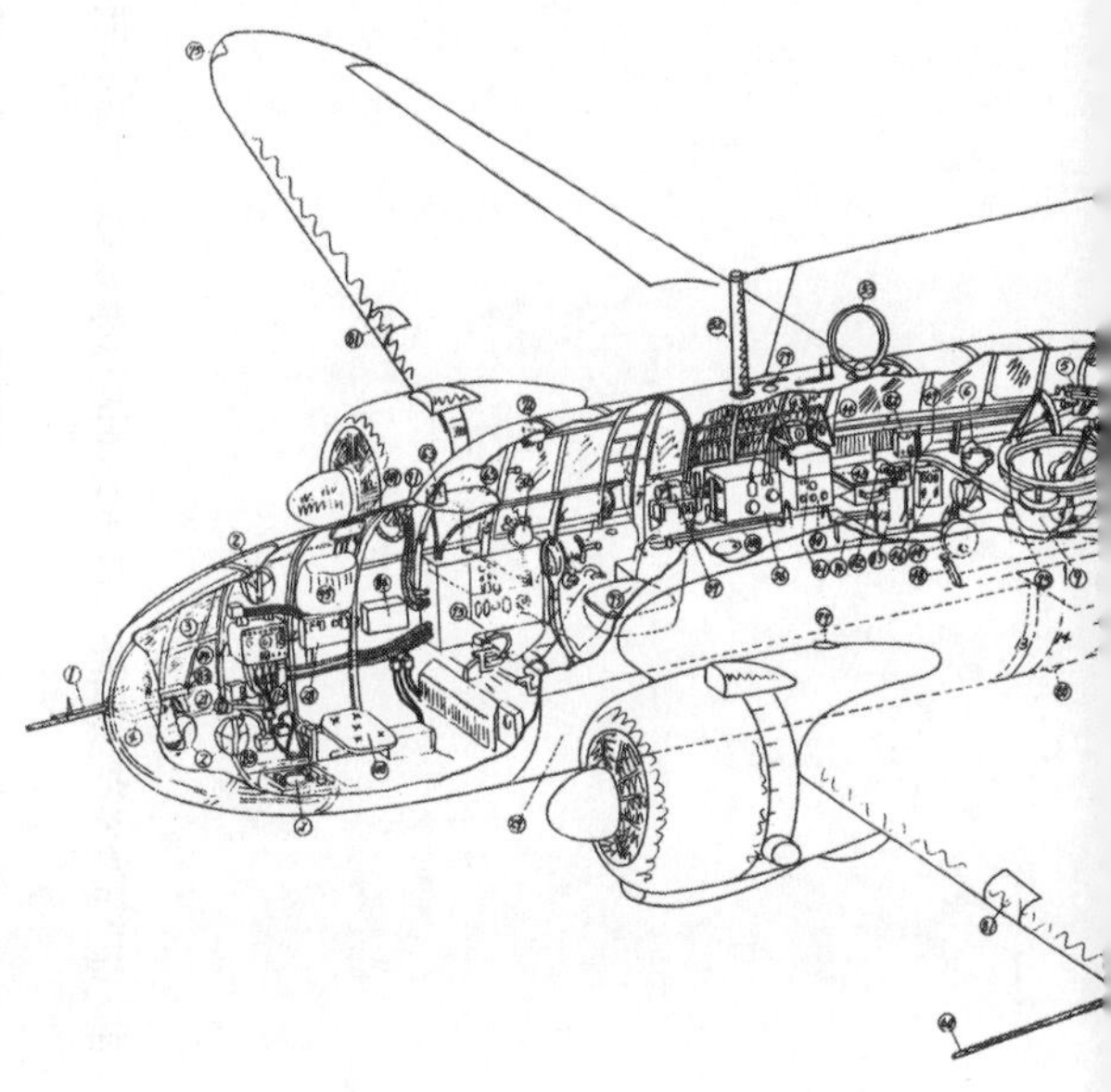

二、揺台を最も下の位置に降ろす。

三、銃尾縛帯を解き、銃を最前方位置とし、銃取付台後端を駐爪に鉤し、安全栓を装入する。

四、折曲布団を旧に復し、伏姿勢で銃を右手に、旋回握把を左手にて握り待機する。

一〇〇式重爆撃機射撃装置

（昭和十六年八月　陸軍航空本部「一〇〇式重爆撃機説明書秘」）

本機は主として敵飛行場にある飛行機並びに諸施設の破壊に使用する。

本機は前方銃座、後方銃座および尾部銃座にそれぞれ試製単銃身旋回機関銃（二型）各一銃を装備し、側方銃座には同銃二銃（左右銃眼に各一銃）を、後方銃座には試製二十粍旋回機関砲を装備し、弾薬並びに一切の射撃設備を具備する。

各銃における携行弾倉および弾薬は次のとおり。ただし試製単銃身旋回機関銃（二型）弾倉は他の同種銃用と互換性がないので他銃用と混同して使用しないよう特に注意を要する。

一、前方銃座

装備銃　「テ四」一

携行弾倉数　八

二、後方砲座

携行弾薬数　五四四

装備砲　「ホ一」一

携行弾倉数　一〇
携行弾薬数　二〇〇
三、後下方銃座
装備銃　「テ四」一
携行弾倉数　六
携行弾薬数　四〇八
四、側方銃座
装備銃　「テ四」二
携行弾倉数　各六
携行弾薬数　各四〇八
五、尾部銃座
装備銃　「テ四」一
携行弾倉数　九
携行弾薬数　六一二
弾薬合計　八九式固定・旋回機関銃用弾薬二三八〇発、「ホ一」弾薬筒二〇〇発

各銃の射界は概ね次のとおり。

一、前方銃　最大方向角　左右各約七四度
　　　　　　最大仰角　約四六度
　　　　　　最大俯角　約六二度
　　　　　　方向角測定基準　前方機体中心に対し
二、後上方砲　最大方向角　左約一五五度、右約八三度
　　　　　　最大仰角　約九〇度
　　　　　　最大俯角　約二七度
　　　　　　方向角測定基準　後方機体中心に対し
三、後下方銃　最大方向角　左右各約一八〇度
　　　　　　最大俯角　約二〇〜一九〇度
　　　　　　方向角測定基準　後方機体中心に対し
四、左側方銃　最大方向角　前方へ約七〇度、後方へ約七〇度
　　　　　　最大仰角　約三九度
　　　　　　最大俯角　約四二度
　　　　　　方向角測定基準　銃眼に対し直角を零とする
五、右側方銃　最大方向角　前方へ約六七度、後方へ約七四度
　　　　　　最大仰角　約五〇度
　　　　　　最大俯角　約四五度

方向角測定基準　銃眼に対し直角を零とする
最大方向角　左右各五〇度
最大仰角　約四五度
最大俯角　約三〇度
方向角測定基準　後方機体中心に対し

六、尾部銃

前方銃手、後上方銃手、側方銃手および尾部銃手は専任銃手とし、後下方銃手は戦闘時機関掛がこれを兼ねる。側方銃は一名で左右両銃を担任する。

一、前方銃装置

前方銃は胴体先端に胴体経始の一部を成形する半球形、靭性ガラス製覆付前方銃架の小旋廻環に取付金具を介して装備し、高速度においても風圧を受けることなく、射撃動作を容易にするよう設備している。

銃手用として銃手席右側前方に把手を設けると共に、耐寒用として銃手席右側に電熱被服抵抗器甲を装着する。これは手足電熱用で電流を強または弱に加減できる。

銃手を高々度飛行に適応させるため天井部に酸素缶（七リットル用または三・三リットル用）を、側壁に流量計自動調整器を装備する。

銃手席左右両側壁に開閉式ガス抜窓を有し、射撃時には窓を開いて発生ガスを窓外に放逸する。

銃を使用しない場合は予め銃尾に機体部品として設けられている保持用鉤を装着し、銃を機体中心線上の最上位に駐止して保持する。

薬莢受は銃に装着する。

二、後上方砲装置

後上方砲座は胴体上面に設け、開閉式風よけを有し、この開閉は砲座左側の開閉把手により行なう。

砲座上面には試製機械式砲架を装着し、この砲架に試製二十粍旋回機関砲を装備する。照準器は砲架に附属する光像式照準器を使用し、砲架に設けられた懸垂管に座布団または落下傘を敷き砲手の腰掛に供する。

弾倉は二〇発入りで砲に装備するものを加え一〇個を携行する。

砲手席左側（尾部に対し）には音響連絡器および同押釦並びに光像式照準器電源用開閉器を装着し、左手で押釦を押し各乗員に対し音響にて連絡できる。また耐寒用として電熱被服抵抗器乙を装着する。これは足、頭、胴電熱用で電流の強弱が加減できる。

砲手を高々度飛行に適応させるため砲手席前方通路床板上に酸素缶（七リットル用または三・三リットル用）を、砲手席胴体左側に流量計を装備する。

砲手席前方外板上面に開閉窓を有し、その下方に帆布製袋を設け空弾を投入する。

試製機械式砲架は試製二十粍旋回機関砲を右側に装着し、光像式照準器を備え、砲の旋回、

一〇〇式重爆撃機

一〇〇式重爆撃機射撃装置全体
昭和16年8月陸軍航空本部
「一〇〇式重爆撃機説明書」所載（以下同じ）

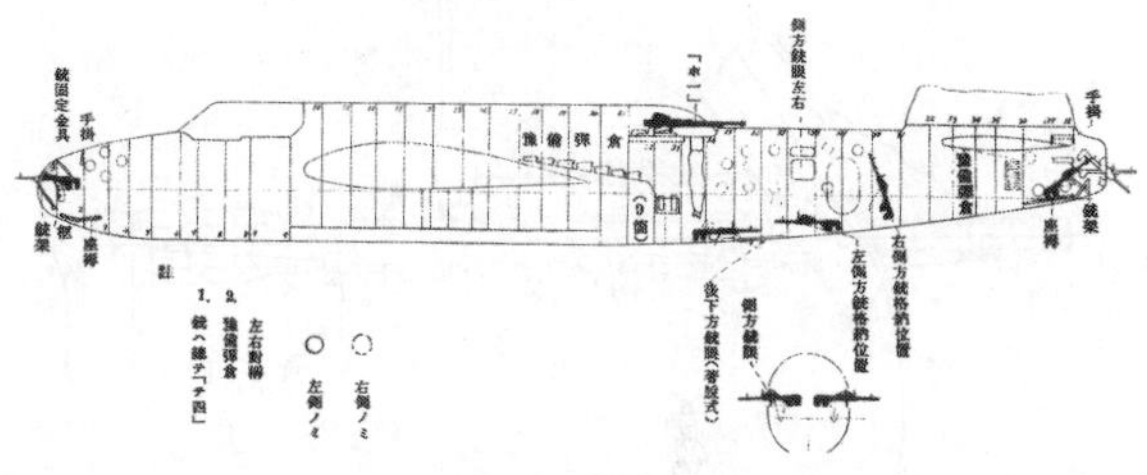

一〇〇式重爆撃機前方銃装置全体

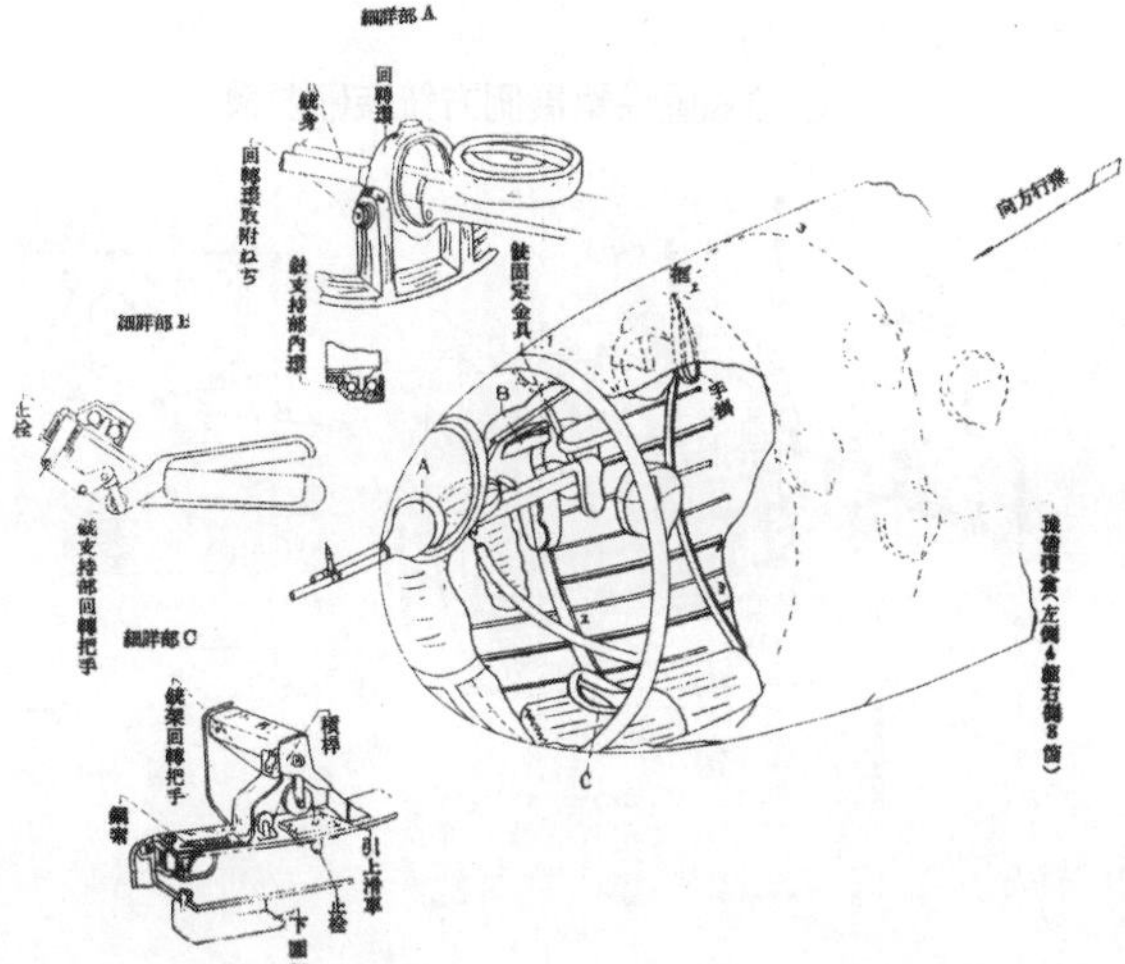

細詳部A
回轉環
銃身
回轉環取附ねぢ
銃支持部内環
銃固定金具
飛行方向
框
手摘
細詳部B
止栓
銃支持部回轉把手
細詳部C
銃架回轉把手
横桿
鋼索
引上滑車
止栓
下面框
豫備弾倉（左側4個右側8個）

一〇〇式重爆撃機前方銃装備要領

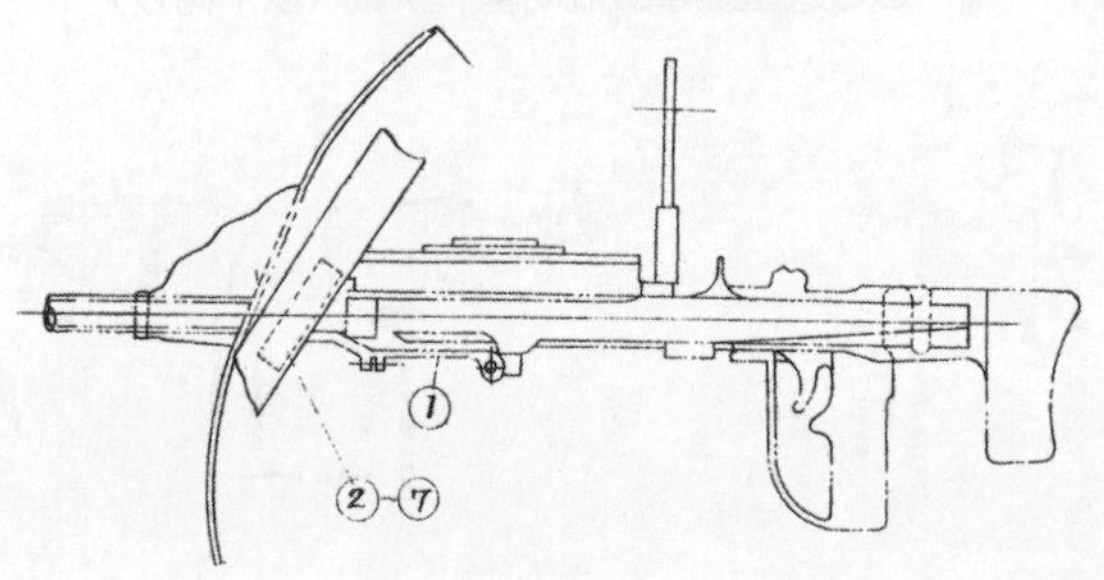

一〇〇式重爆撃機側方銃装備要領

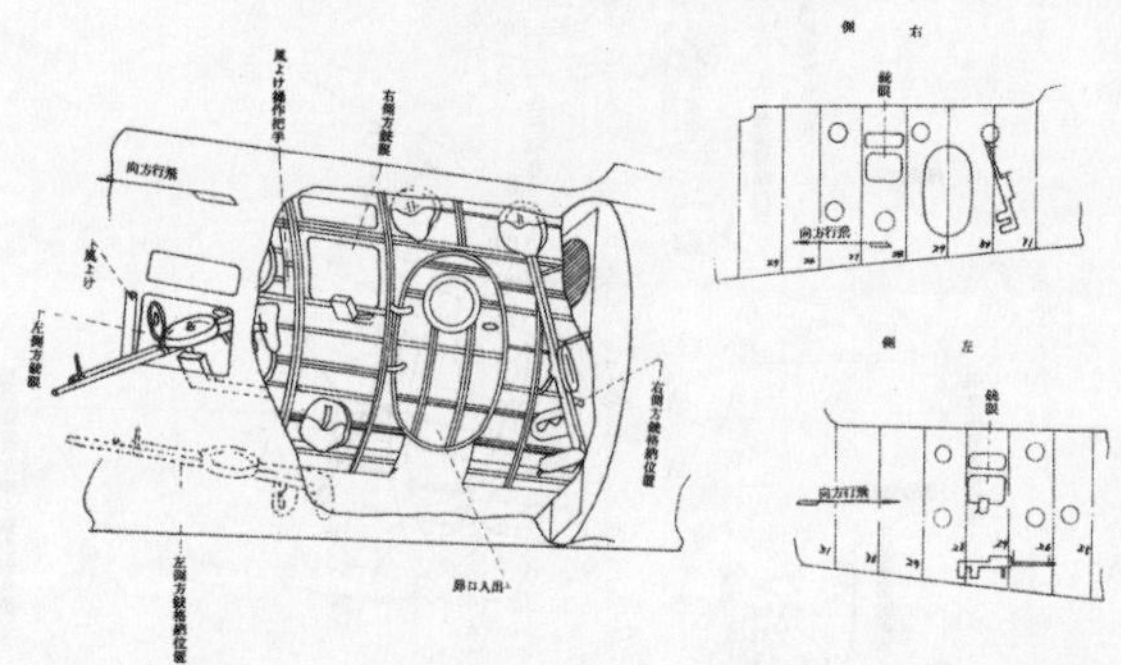

一〇〇式重爆撃機後上砲装備要領

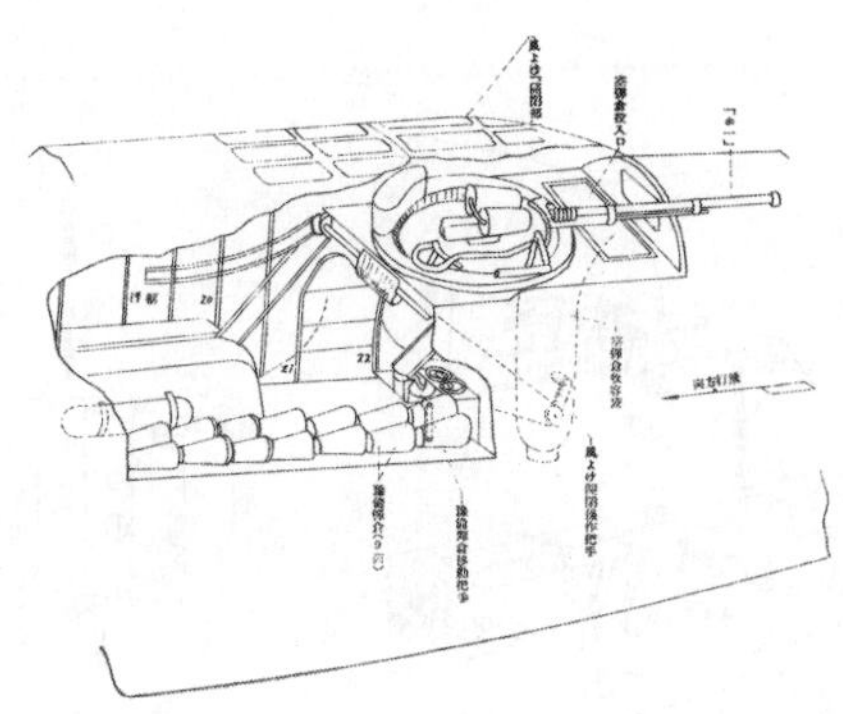

一〇〇式重爆撃機試製機械式砲架装備要領

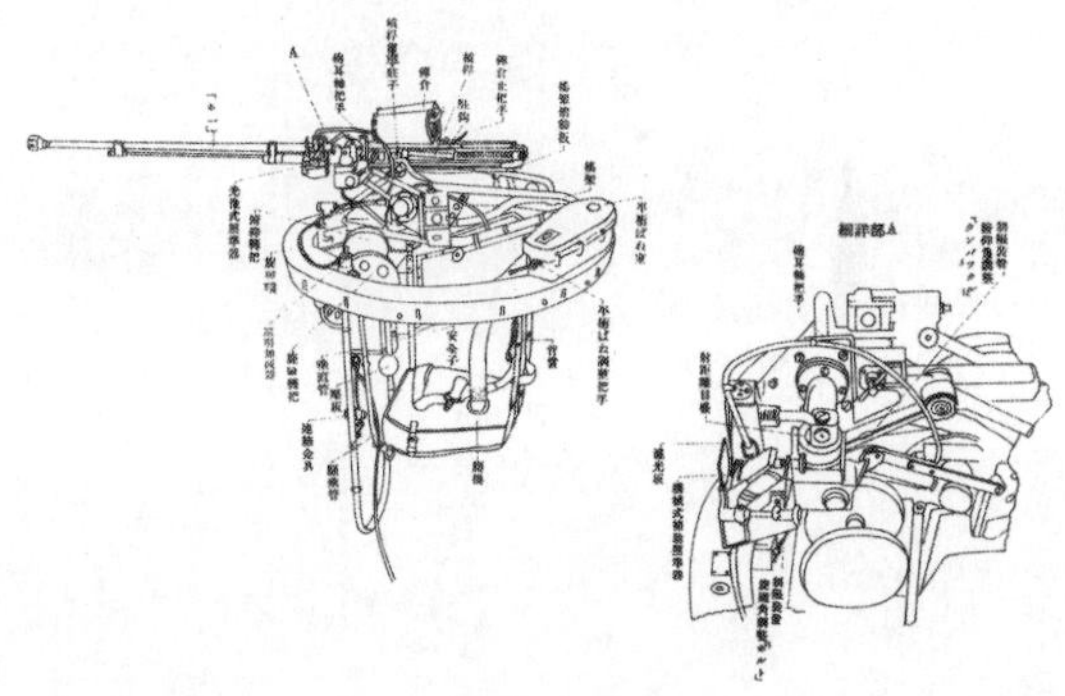

一〇〇式重爆撃機後下方銃装備要領

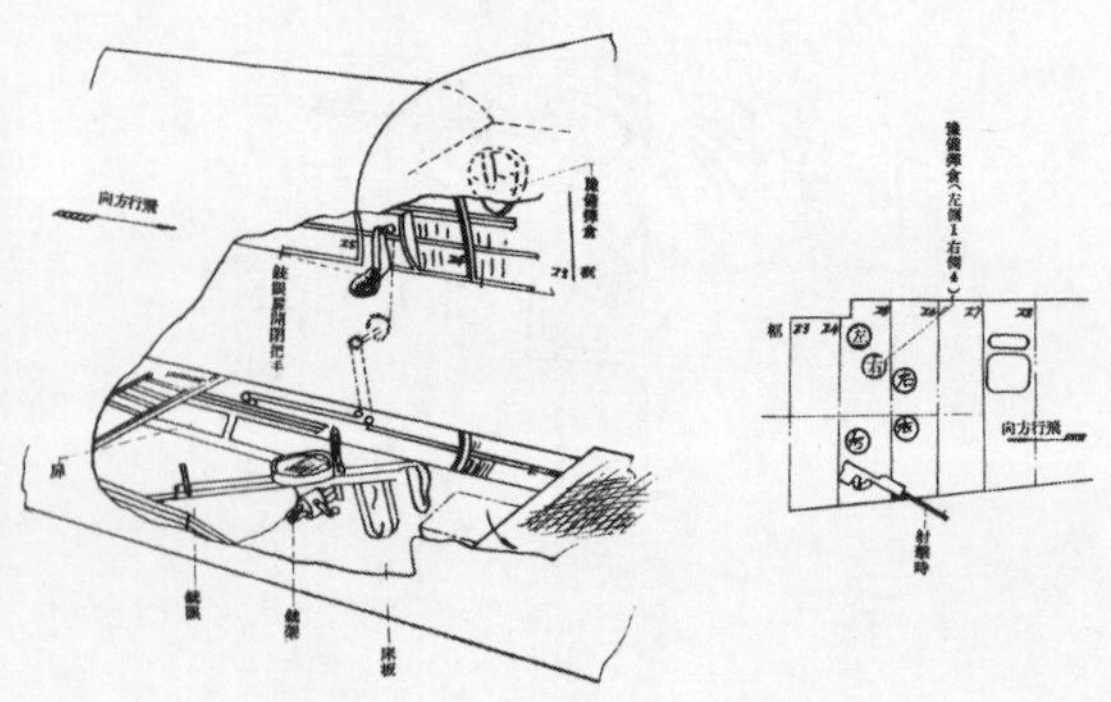

一〇〇式重爆撃機尾部銃装備要領

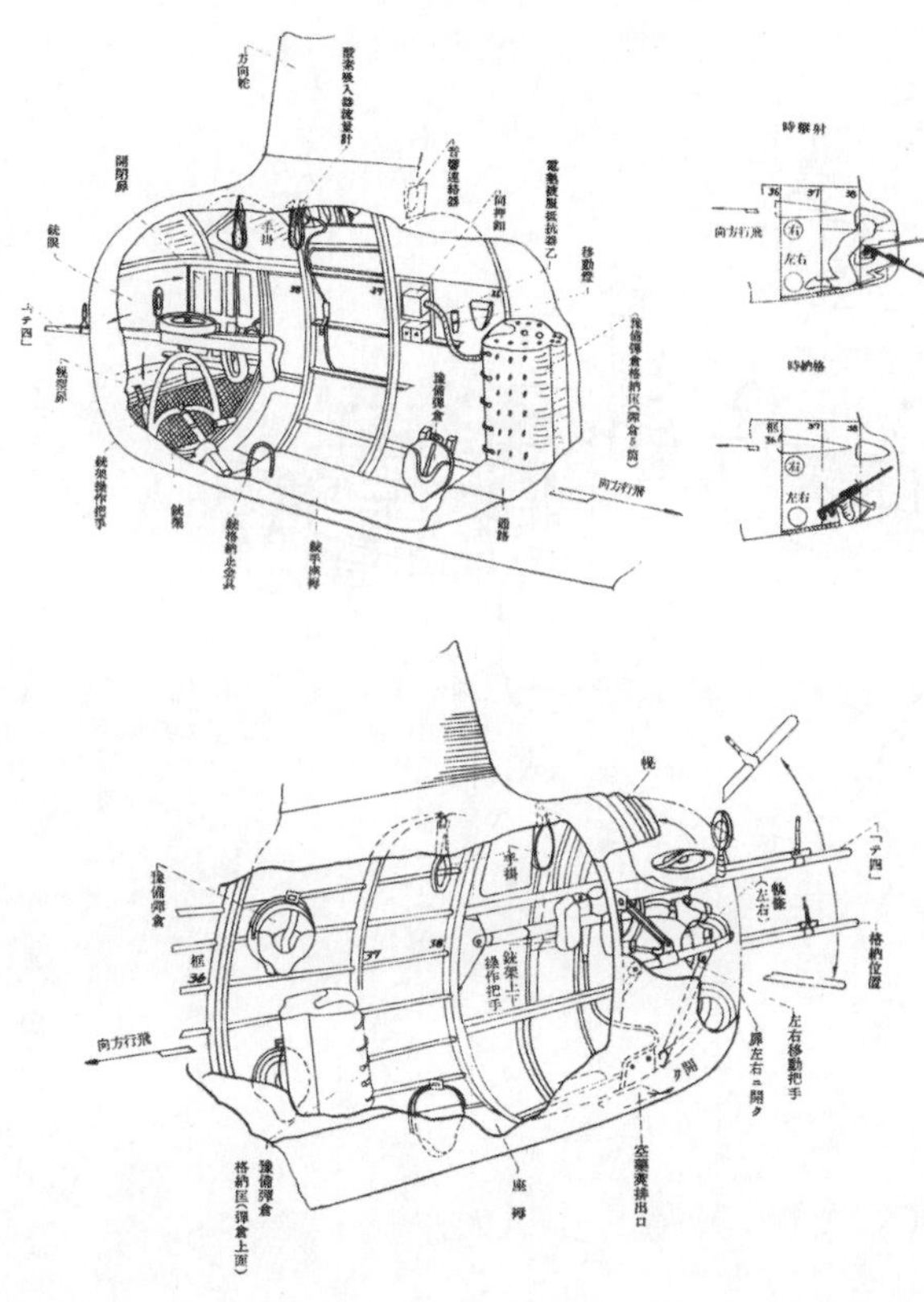

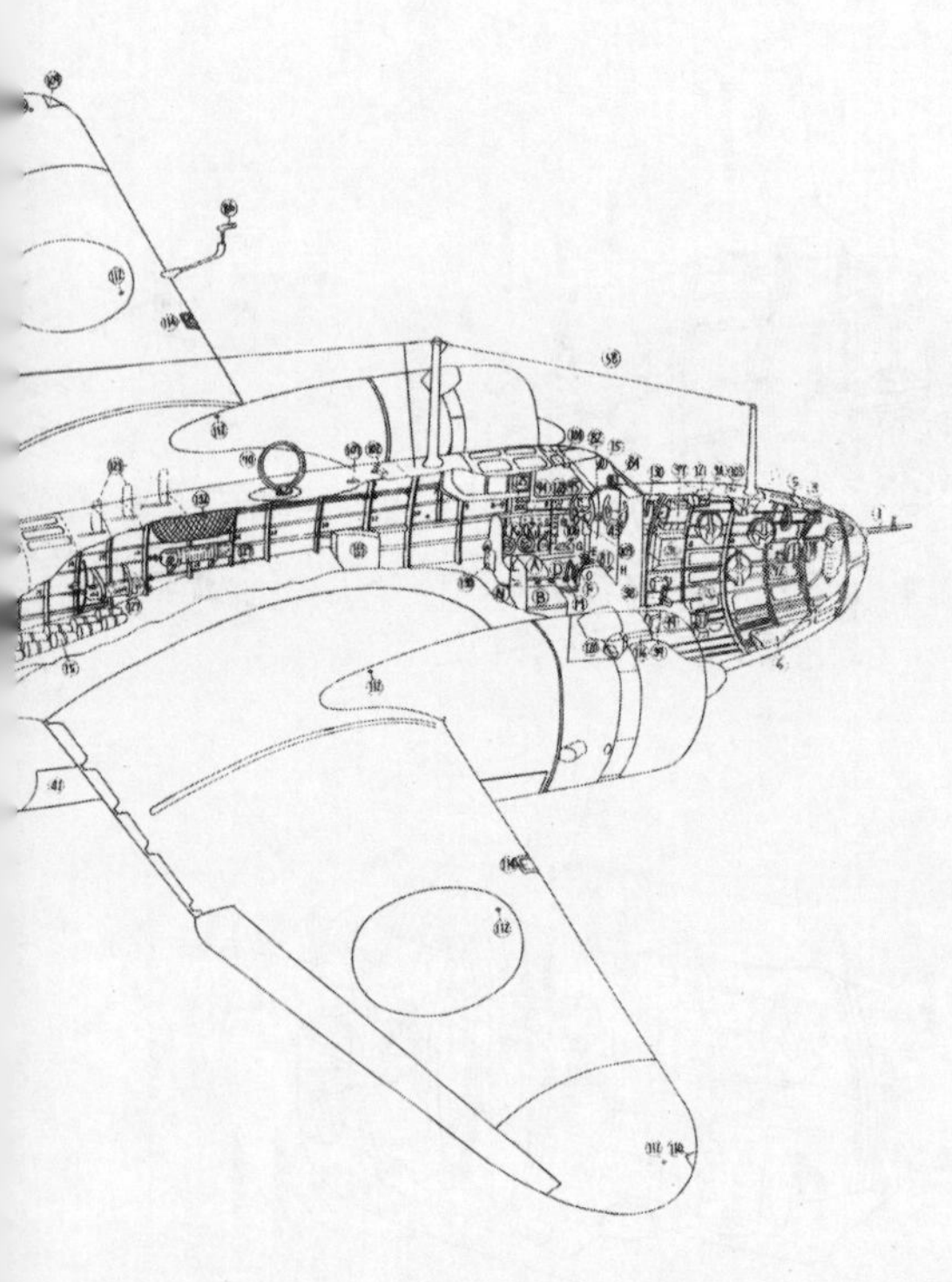

一〇〇式重爆撃機
①試製単銃身旋回機関銃二型
⑭試製二十粍旋回機関砲

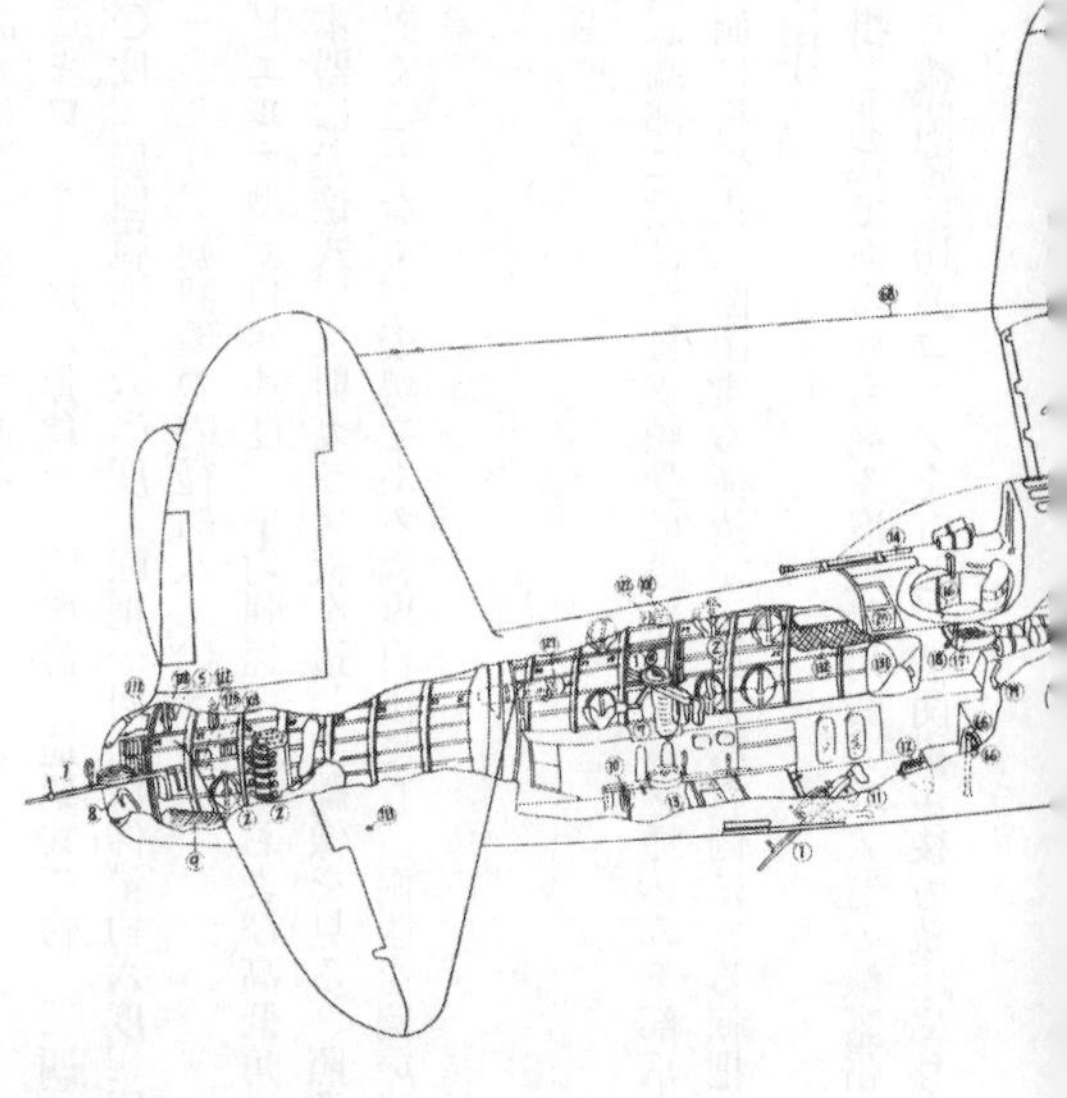

俯仰は二個の転把により行ない、発射は腰で操作する。砲手は砲架に設けられた懸吊式腰掛に座し諸操作を行なう。砲の俯仰および旋回に対する平衡装置を有すると共に垂直尾翼および水平尾翼に対する射界制限（安全）装置を有する。

本砲架の主要諸元は次のとおりである。

砲架重量約八二キロ、全重量（弾倉一、照準器、遥架共）約一三四キロ、俯仰範囲俯角三〇度より仰角九〇度、旋回範囲三六〇度、転把一回転俯仰量約六度、同旋回量約六度、旋回環の外径約二〇一〇ミリ、旋回環の内径約八二〇ミリ

照準器は「オピエル」型で自機速度、平均弾速、高角および高低角により自動的に射手修正を付与する。本器は光像式で反射ガラス板を透して線像を見る。照準に際し射手は照準線上の定点に目を置くことなく、姿勢をある程度自由にし、両眼を開いて目標を見ることができる。

三、後下方銃装置

後下方銃は銃眼端部に設けた銃支軸受に単に銃支軸を挿込み下部爪金具を折曲げ装備する。銃眼蓋は銃眼両側に折畳式に開閉する構造で、銃手席右側にある転把の操作により銃を銃架に装したまま開閉する。

本銃手は機関掛と兼任であるから高々度飛行用酸素吸入器の酸素缶は機関掛用のものを供用する。すなわち機関席に切換コックを有し、機関掛が後方銃座に移動する場合はコックを

切換え、移動後直ちに吸入できる。

後下方銃手席左側下方には銃手の耐寒用として電熱被服抵抗器乙を装着する。

四、側方銃装置

側方銃は出入口扉前方胴体両側に開孔する銃眼内部に設けた鋼管製片持式側方銃架（特に後方射界を増大するため片持式とする）の銃支軸受に、単に銃支軸を挿入し、支軸下端の爪金具を折曲げ装備する。

右側方銃眼後方下部（出入口扉前方）に電熱被服抵抗器乙を装着する。

また銃手を高々度飛行に適応させるため酸素缶および流量計を装着しそれぞれへ配管する。

五、尾部銃装置

尾部銃架は左右の支点を中心として前後に回転する型式とし、支軸受下部中央に銃の重量に平衡する滑動式ばね筒を有する。

胴体尾端には左右開閉扉を有し、その下方には開閉扉軌道の一部を構成する幌型扉（頚部）を有し、右側に設けられた開閉把手の操作により下方に押開く構造とし、銃の射界を極力大きくした。

すなわち射撃準備として銃手が尾部銃手席に移動するときは必ず左右開閉扉を開き、各扉の把手で閉鎖する。その後下方幌型扉（頚部）把手を握り下方に押下げ、右手で銃架握把を握り、銃架と共に銃を前方に押して待機する。

尾部銃手席左側後方には音響連絡器押釦および電熱被服抵抗器乙を装備する。また銃手席左側上部に酸素吸入器流量計を配管すると共に酸素缶を装着し、銃手は銃手席にて酸素を吸入することができる。

一〇〇式重爆撃機射撃装備

中島飛行機が試作した「キ四十九」は一〇〇式重爆撃機として仮制式制定された。

本機の射撃装備は前方に試製単銃身旋回機関銃二型一梃および実包五四四発、後上方に試製二十粍旋回機関砲一門および実包二〇〇発、後下方に試製単銃身旋回機関銃二型一梃および実包四〇八発、側方に試製単銃身旋回機関銃二型二梃および実包八一六発（左右各四〇八発）、尾部に試製単銃身旋回機関銃二型一梃および実包六一二発を搭載する。各銃座には特別な銃架を備える。

「キ四十九」の実用性について昭和十五年四月浜松陸軍飛行学校が作成した試験報告から射撃性能に関する所見を抜粋する。

一、後上方機関砲について

射撃装備の重点となる後上方に遠戦用二〇ミリ機関砲のみを装備しているのは胴体の大きさ、操用が軽快ではない点、発射速度および携行弾数が小さい点等の関係上、遠近戦両用にはなり難く、特に近戦には不便で自衛力に欠陥を生じるおそれがある。これに加えて二〇ミリ機関砲の遠戦における命中精度に関してなお疑問があり研究の余地が大きい。一三ミリ機関砲を二〇ミリ機関砲に代えれば遠近戦両用となり得るか、あるいは七・七ミリ機関銃を併装する方がよいか、当校において速やかに具体的研究を実施するよう計画しているが、当校としては一三ミリ機関砲の使用を望む。

本砲の発射時の衝撃は相当大きく、多数回の射撃実施により機体各部の強度或いは緊密度に影響を及ぼすことが懸念されるので、この点の研究を要する。

砲架と胴体幅員との関係上射撃操作に不便または軽快を欠く点があるので、胴体に適応する砲架を必要とする。

砲架の足踏装置は後方、側方射界を制限しているので、後方射界増大のため最小限度の改修を行ない、側方射撃のためには別に胴体に設備する方がよい。

砲架の腰掛は一層簡易なものでよい。

風防開閉装置は一層開閉が容易になるよう改修し、かつ全開位置において跳上りを付けて射手に対する風圧を防止すること。

予備弾倉位置は後方射撃の際はよいが、側方射撃の際弾倉交換ができない位置にあるので、側方射撃の際にも容易に弾倉交換が行なえるよう研究を要する。

空薬莢受装置は適当でないので改修を要する。

空弾倉受装置は適当でないので砲架下部の胴体床上に所要の装置をなし、胴体内に落下しても差支えないようにすること。

二、前方銃について

射撃のため側方および上方の視界は十分でなく、胴体の構造を現在のままとすれば少なくとも第四円匡部までは窓を増加すること。

「テ三」装備に関し研究を要する。

射界を一層増大するため予備弾倉匣の位置は後方或いは上方に移動し、操作の妨害とならないようにすること。

銃架の大角度の旋回を一層迅速円滑に行なうため外側回転環の改修を要する。

射手席は今少し低い方がよい。

銃架の強度を一層大きくすること。

射撃時の火薬ガスは殆ど全部操縦席に流入するのでこれの排除装置を設けること。

三、側方銃について

両側に各一銃を装備する必要がある。一銃を以て必要な方側へその都度装備換えするのでは戦機を逸する。

上方および後方に対する射界を増大すること。特に左側方のものにおいてその必要がある。その為に銃支持位置を一層側方に前出しすると共に、支持高を変えられるよう銃架を改修すること。

側方窓開閉装置は不便で脆弱であるから改修を要する。

四、下方銃について

銃は常に銃架に装備しておくこと。

銃支持部の自由関節は柔軟過ぎ、銃架の停止機構も十分でないため射撃時における銃の安定が不十分である。ストッパーの機能を改修し銃架の停止機構を良好にすること。また射撃位置における固定（保持）装置を付けること。

下方窓開閉装置は適当でないので扉式とすること。

後方零度方向に対する射界をさらに増大するため、銃支持位置を今少し低くすること。

五、尾部銃について

「テ三」装備に関し研究を要する。

上方射界増大のため銃の支持高を少し高くし、銃架の俯仰装置を一層良好にすること。

側方射界増大のため最後尾にある予備弾倉匣はやや前進させること。

胴体前方より風の吹き込みを防止するため、胴体内の暴風壁の装置は完備を要する。

射撃姿勢を容易にするため前方の段部は努めて低くすること。

防塵装置を完備し座席内へ砂塵が侵入しないようにすること。

六、弾倉匣について

状差式機関銃用弾倉匣は装脱困難であるので上半部を除去すること。

七、携行弾数について

前方銃は「テ三」を装備する場合現行五四四発を一〇〇〇発とする。

後方銃は現行一六〇発を二〇〇発とする。

側方銃は現行四〇八発を五四四発とする。両側方銃を共通とするよう銃および弾倉を改修する。

下方銃は現行四〇八発を五四四発とする。銃が共通弾倉使用可となるときは四〇八発で側方銃と共通することも可。

尾部銃は「テ三」を装備する場合現行五四四発を一〇〇〇発とする。

一〇〇式重爆撃機武装法

（昭和十八年十一月　陸軍航空総監部「武装教程別冊一〇〇式重爆撃機武装法秘」）

本機は前方、後下方および尾部並びに左（右）側方銃架に試製単銃身旋回機関銃二型各一を装備すると共に、後上方に二十粍旋回機関砲を装備する。各銃（砲）架における携行弾倉数（弾薬数）は前方銃架八個（五四四発）、後下方銃架六個（四〇八発）、左右側方銃架各六個（各四〇八発）、尾部銃架九個（六一二発）、後上方砲架一〇個（二〇〇発）である。

前方銃

前方銃は銃架の小旋回環に取付金具により装備する。銃架は大旋回環、小旋回環、固定環よりなる。小旋回環は架の中心に対し偏心し、かつ旋回により偏心量を変えることができる。大旋回環は固定環に嵌装しその滑動部には九六個のベアリングを使用している。大旋回環周縁部には重量約六キロの鉛平衡重錘を装着し旋回を軽易にしている。大旋回環には四個の握把を有しどれで操作しても旋回、停止が可能である。小旋回環は大旋回環に装着し一個の握把の操作により座中心に対し偏心量を変化し、銃の射界を増大する。

後上方砲

後上方砲座は胴体後上面に設け開閉式風よけ天蓋を有し、その開閉は砲座左側の開閉転把により行なう。砲座上面には一〇〇式旋回砲架を装着し、この砲架に二十粍旋回機関砲を装備する。砲架に砲手の腰掛がある。照準器は砲架に附属する光像式照準器を用いる。

弾倉は砲手右側後方（尾部に対し）に設けた軌道上に連結金具を介して七個を装着すると共に砲手左側下方床板に設けた二個の格納筐に二個を装着する。

砲手席左側には砲架用電源開閉器と音響連絡器がある。

砲手席前方胴体内に空弾倉を収容する帆布製袋がある。

後下方銃

後下方銃（試製単銃身旋回機関銃二型）は胴体框第二十七ないし第二十九間床板に開孔した銃眼前端床板上に設けた後下方銃架に装着する。銃眼蓋は銃眼両側に折畳式に開閉する構造で、銃手右側に設けた転把により銃を装備したまま開閉することができる。銃眼蓋を開いたとき風の進入を防止するため銃架下方胴体外側に遮風板を設けている。遮風板は銃手席右側にある把子により開閉する。

銃架は床板に螺着した扇形軌道に旋回臂を結合し、一点を軸として左右一二〇ミリ旋回できる。

弾倉は銃手席右側に四個、左側に一個配置する。

薬莢受は射界増大のため約一〇〇発入に縮小したものを装着使用する。

側方銃

側方銃は試製単銃身旋回機関銃二型を使用し、胴体框第二十七ないし第二十八に鋲着している円形式銃架に装着する。戦闘準備前は両銃共胴体内に設けた整置位置に立掛けて緩衝ゴム紐で動揺を防止する。銃眼蓋は銃眼両側に軌道を有し上下に滑動して開閉する。銃眼蓋を開いたとき風の進入を防止するため銃眼前端部胴体外側に開閉式遮風板を設け、銃を使用する場合はこれを開いて遮風する。両側方銃眼上部には透明ガラス窓と音響連絡押釦を備え機内連絡に用いる

弾倉は胴体両側に設けた帆布製状差式格納筐に装着する。

尾部銃

尾部銃は試製単銃身旋回機関銃二型を胴体尾端（垂直尾翼下方）の尾部銃手席に設けた尾部銃架移動支軸受に装備する。これに銃支軸を差込み下端の駐板を折曲げれば装備が完了する。戦闘準備前は銃手席左側の弓形保持金具に整置しておく。

弾倉は銃手右側後方の棚式格納筐に五個、左側の帆布製状差式格納筐に一個ずつ計三個を携行する。尾部下面には空薬莢排出窓を有する。

「ホ一」旋回機関砲

（昭和十七年十月　水戸陸軍飛行学校「ホ一」旋回機関砲教程〈案〉」）

本砲は発射の際発生する火薬ガスの一部を利用して砲尾機関を開き、打殻薬莢を排出し撃発機を押している間はさらに復坐ばねの弾撥力により、次発の弾薬筒を装填および発射し、自動的にこれを復行する。

本砲は砲身、尾筒、尾筒底、砲尾機関、槓桿、弾倉、砲架、属品よりなる。

主要諸元は次のとおりである。

口径二〇ミリ、砲重量（弾倉を除く）三二・六三キロ、弾倉重量（空）五・三〇キロ、弾倉重量（弾薬二〇発共）一一・二四キロ、砲全長一・七三五メートル、砲身全長一・二〇メートル（六〇口径）、発射速度四〇〇発／分、初速八二〇メートル／秒、腔綫数八條、腔綫纏度右五度三〇分

構造

一、砲身

砲身単肉で、砲口部に砲口制退器を螺着するねじを刻す。その後下方に径五・五ミリのガ

ス漏孔を穿ち、第一支箍ガス漏孔と通じる。

二、砲口制退器

砲身の後坐力を制減するもので、中央は弾丸通路とし、鍔部内面は発射の際の火薬ガスを受ける部分で、側方の孔はガスを逸出させるものとする。後方には内面にめねじを刻し、砲身と結合し栓により戻廻を防止する。

三、規整子

第一支箍の前方に螺着し、各種ガス漏孔の測合により活塞頭に及ぼすガス圧を増減し、その運動を規整する用に供する。円筒部には径三ミリ、三・五ミリ、四ミリの三個のガス漏孔を穿ち、頭部後縁にはこれに相当する二・五、三・〇、三・五の数字および標線を刻し、規整子を十分螺入したときは三・〇の第一支箍の横線と一致する。以下順次各分画に測合するときは規整子の相当ガス漏孔は砲身のガス漏孔に通じる。

四、尾筒

砲身の諸機関を包蔵しその運動の準規をなす部分で、前端には砲身を、後端には尾筒底を、左右両側には尾筒耳により砲架駐退機を連結し、下方両側に準梁により遥架に結合する。

五、逆鉤

活塞の逆鉤鉤部に鉤し、後退位置を保持するもので、尾筒下面に装し遥架の逆鉤圧板に作用される。

六、尾筒底

尾筒後端に結合され、復坐ばねを復坐ばね軸に装し、後退する活塞を前進させる用に供する。

七、砲尾機関

砲尾機関は活塞、遊筒、閂子、抽筒子よりなる。

活塞は火薬ガスの圧力を受けて後退し、復坐ばねの弾撥力により前進し、これに結合する遊筒、閂子等と共に砲尾機関の開閉および弾薬筒の装填抽出を発起する。遊筒は薬室を閉鎖する要具で、遊筒を閉鎖の位置に確保するものが閂子である。抽筒子は薬莢起縁部を挟持しこれを抽出する。

八、撃茎、撃鉄

撃茎は遊筒内に装し、撃鉄により撃茎を打撃されると突出して雷管を衝撃する。撃鉄は閂子に嵌装され、後端は閉鎖の際活塞後端突起部前面にて打撃され、前面は撃茎後端を打撃する。

九、槓桿

槓桿は手力により砲尾機関の開退をなすもので、尾筒左側面に装着する。

一〇、弾倉

併列鼓状型で弾薬筒二〇発を装填する。砲一門に二〇個を付随する。

弾薬筒は左右弾倉から交互に給弾され、その銃身位置は常に砲身軸と同一水平面内にある。

機能

一、弾倉に弾薬の装填

弾薬筒を油布で完全に拭除し、塵埃の付着等をなくした後軽く塗油する。弾倉口金部を上にし、作業台上に立て、弾薬筒により受筒子を圧下しつつ一発ずつ交互に併列し二〇発装填する。

二、砲に弾倉の装着

砲に弾倉を装着するには槓桿を操作し、砲尾機関を後退した後、尾筒の弾倉止把手を起して装填口蓋を開き、弾倉の前方下方部の前方駐板を尾筒装填口前壁の横溝に吻鉤させた後、後方を強く圧下する。そのときは弾倉後面下部の後方駐板は弾倉止を圧入して通過し、その鉤部は弾倉止に鉤する。

三、射撃前における砲尾機関の閉鎖位置

槓桿は閉鎖位置にあり砲尾機関も復坐ばねの張力により前方位置にあって閉鎖位置を保持する。

四、砲尾機関の開退

砲尾機関を開くには槓桿握把を握り、これを十分圧迫しつつ逆鉤に鉤すまで操作を繰返す。槓桿は歯車軸を中心とし旋回軌道に従い槓桿鉤を後方に引く。このとき槓桿鉤に鉤せられた活塞は復坐ばねを圧迫しつつ後退を始めると、閂子はその斜面および活塞の斜面により逐次下降し、閂子受と接触を解き、同時に撃茎後端の斜面と相俟って撃茎をわずかに後退させ、遊筒包底面より撃茎の尖部を退避する。次いで遊筒はその下方両側の突起部により活塞の段部に鉤せられて、閂子と共に後退する。さらに活塞が後退するとその下面の逆鉤鉤板は逆鉤を圧下しつつ通過し、これを鉤するに至る。このときは槓桿を前方位置に復帰しても砲尾機関は後退姿勢のまま保持される。

五、発射

前項の位置にあるとき圧板を押せば連動索は牽引され、引鉄に運動を伝え、引鉄は若干旋回運動をすると共に、送鉤圧板前部を扛上し、尾筒鉤部を圧下させる。活塞と逆鉤鉤部との鉤止を解かれると活塞は復坐ばねの弾撥力により遊筒閂子と共に前方に進出する。この際遊筒は前面上部を以て弾倉内最下層の弾薬筒を推進しつつ、これを薬室内に装填し、抽筒子はその爪部を以て薬莢起縁部に鉤する。閂子は前進して閂子室に達すると活塞の前進によりその斜孔にて圧上され閂子受に接し、同時に後部の抱持を解き、その運動を自由にする。活塞はなお前進し後方突起部前面を衝撃し、次いで撃鉄前面にて撃茎を衝撃し、撃茎は遊筒包底面より突出し、雷管を突き撃発作用をなす。

六、発射後の機能

弾丸が砲腔内に前進し、砲身のガス漏孔を通過すると火薬ガスの一部は同孔より漏出し、第一支箍および規整子の漏孔を経てガス管を通り、第二支箍に達して左右に分れ、ガスポンプ蓋の楕円孔を通りガスポンプ内に入って膨張し、活塞頭面に作用し活塞に復坐ばねを圧縮しつつ後退させる。活塞の後退により閂子は下降し始め、撃茎をわずかに後退させ、次いで遊筒は抽筒子で打殻薬莢を抽出し共に後退する。故に弾丸が砲身ガス漏孔を通過すると先ず活塞のみ後退を開始し、遊筒は弾丸が砲口を離れた後始めて開かれ、火薬ガスが薬室より後方に噴出しないようにしている。

弾丸が砲口を離れると砲身および尾筒は反動により駐退機の駐退ばねを圧縮しつつ後坐し、約二〇ミリで最大限に達し、駐退ばねの弾撥力により復坐する。同時に砲尾機関はなお後退し、抽筒子は打殻薬莢を抽出し、遊筒の包底面と共にこれを挟持して後退し、蹴子頭を以て薬莢底部を蹴り、下方打殻薬莢出窓より擲出する。第二弾薬筒は砲尾機関の後退と共にばね張力により遊筒通路上に沈下し、このとき圧板を引続き押して逆鉤鉤部は尾筒に沈下しているので、後退した活塞を鉤止しない。

砲尾機関は復坐ばねの弾撥力により再び前進し、弾薬筒を装填し撃発をなし、抽筒および蹴筒を行ない、弾倉内に弾薬筒がある限りこの作用を反復する。また射撃中圧板を旧位に復すと逆鉤はそのばねにより逆鉤鉤部を尾筒内に突出し、後退してくる活塞の逆鉤鈑に鉤し、この前進を阻止する。すなわち単発もしくは点射となる。

弾倉内の弾薬筒を撃ち尽すと弾倉の活塞止起動子は突出し、尾筒の活塞止圧子を圧下し、これに関連する活塞止の後端を圧下する。後退してきた活塞の後端突起部両側段部を鉤止し、逆鉤を圧下しても活塞を前進させず、弾倉が空であることを知らせると同時に、弾倉受筒板後面の標示は〇を示す。

七、弾倉の交換

弾倉内の弾薬筒を撃ち尽したとき、または射撃中あるいは故障のため弾倉を離脱するには弾倉止把手を扛起してその鉤合を解き、弾倉の後部を抽脱しつつ前面下端を装填口前壁より脱し、弾倉を上方に脱する。弾倉止把子を起すと同時に活塞止圧子は旧位に復し、活塞止もそのばね軸より旧位に復し、活塞の鉤止を解くと活塞はやや前進し、逆鉤に鉤し撃発姿勢をとる。

八、安全装置

砲尾機関の閉鎖位置において弾倉の装填はできないが、射撃中における故障等の場合は速やかに弾倉を離脱すると共に、遊筒内の弾薬筒を除去する。

尾筒右側の安全栓頭を「安」に一致するとき安全栓爪は回転して活塞隆鼻部前面に鉤し、砲尾機関の前進を阻止する。

「ホ一」弾道高

実距離（m）	射距離（m）二〇〇	四〇〇	六〇〇	八〇〇	一〇〇〇
五〇	〇・〇八	〇・一六	〇・三三	〇・五二	〇・八五
一〇〇	〇・一〇	〇・二九	〇・六五	一・〇一	一・六九
二〇〇	〇・〇〇	〇・四〇	一・〇六	一・九一	三・二〇
三〇〇		〇・〇一	一・二九	二・六〇	四・四五

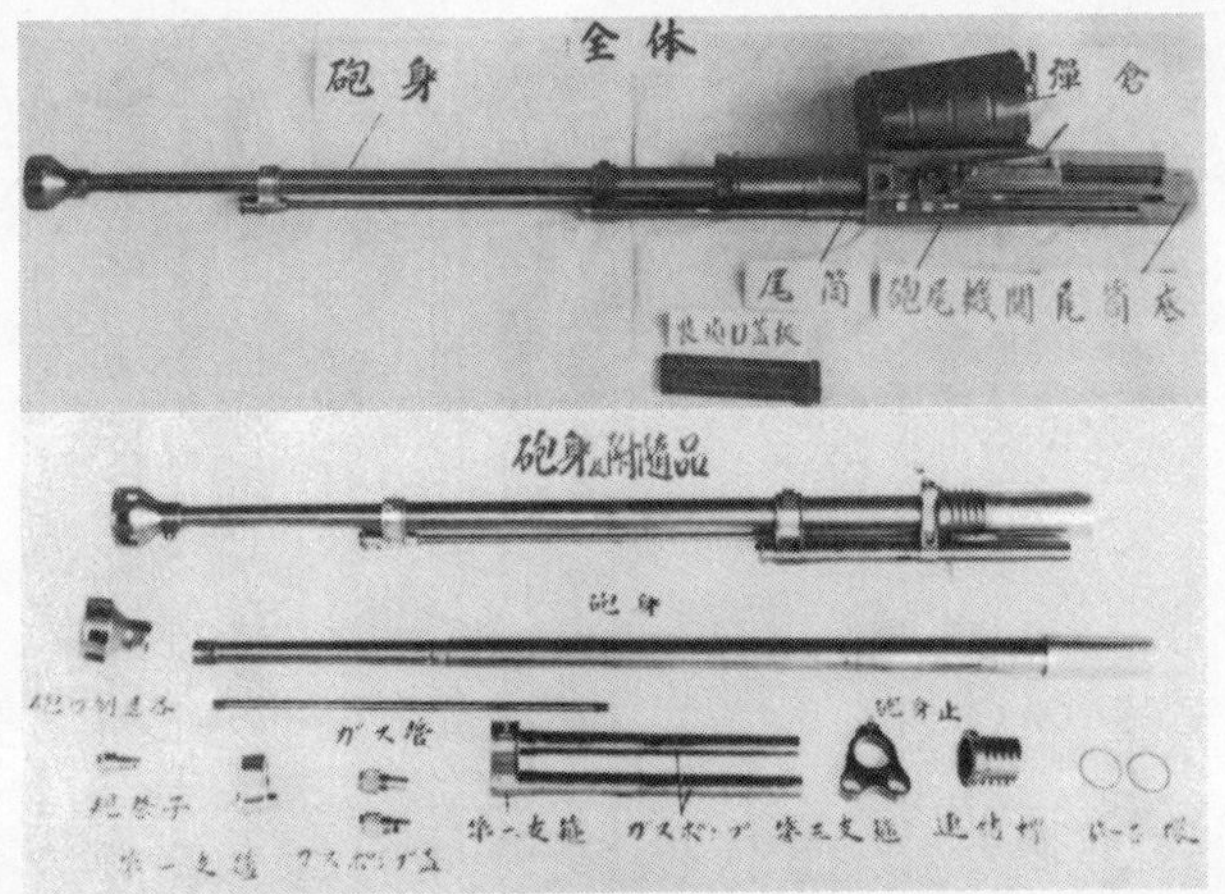

〈上〉「ホ一」旋回機関砲、昭和17年10月水戸陸軍飛行学校「『ホ一』旋回機関砲教程（案）」所載（以下同じ）
〈下〉「ホ一」旋回機関砲、砲身および付随品

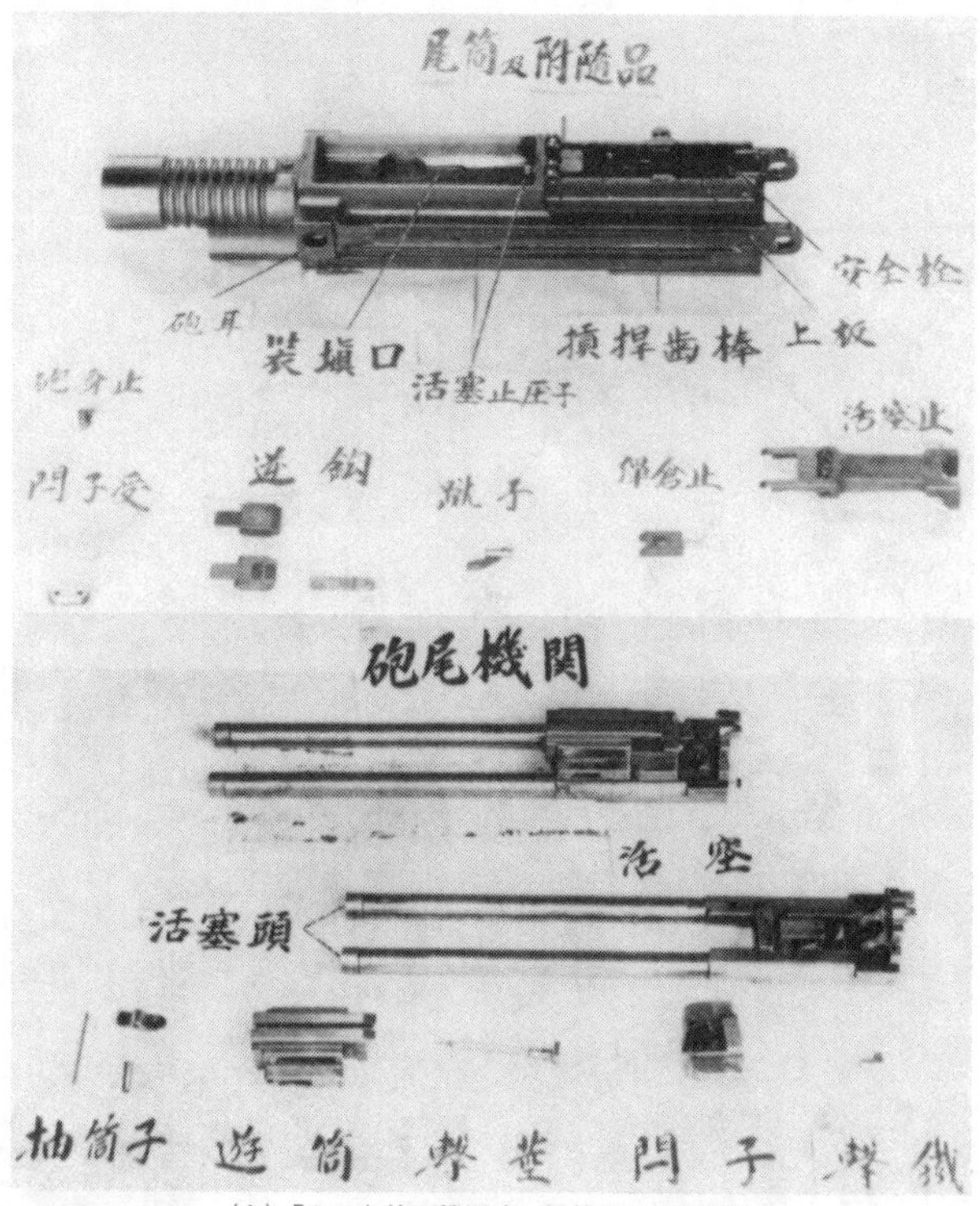

〈上〉「ホ一」旋回機関砲、尾筒および付随品
〈下〉「ホ一」旋回機関砲、砲尾機関

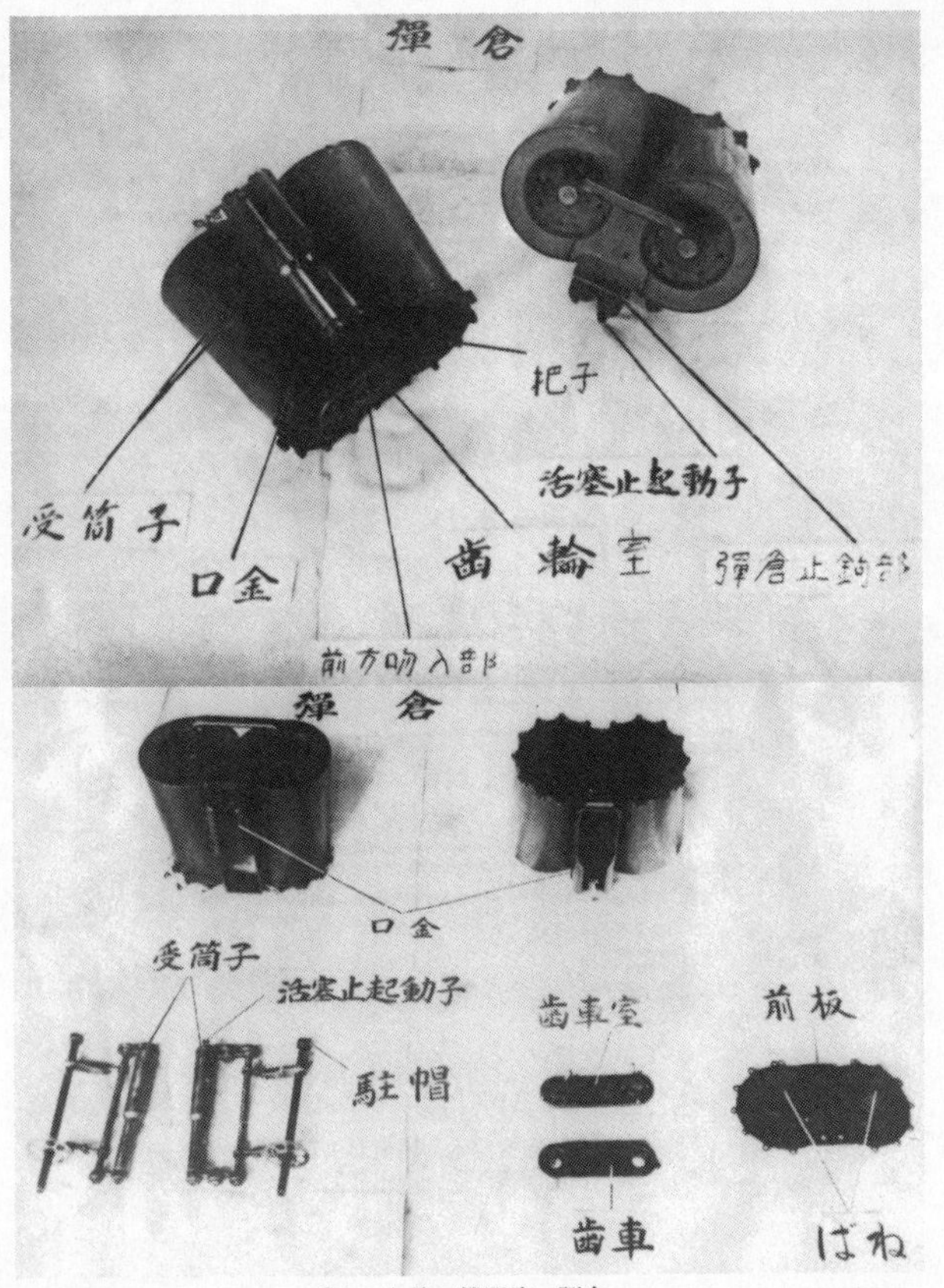
彈倉
把子
活塞止起動子
受筒子
口金
歯輪室
彈倉止鈎部
前方吻入部
彈倉
口金
受筒子
活塞止起動子
歯車室
前板
駐帽
歯車
ばね

「ホ一」旋回機関砲、弾倉

四〇〇	〇・〇〇	一・二〇	二・九七	五・四一
五〇〇		〇・八〇	三・〇〇	六・〇〇
六〇〇		〇・〇〇	二・六〇	六・二〇
七〇〇			一・六二	五・七〇
八〇〇			〇・〇〇	四・五〇
九〇〇				二・五九
一〇〇〇				〇・〇〇

「ホー」弾丸経過時間

射距離（m）	榴弾代用弾	曳光自爆榴弾	曳光徹甲弾
一〇〇	〇・一五五秒	〇・一一秒	〇・一四秒
二〇〇	〇・三一	〇・二三	〇・二九
三〇〇	〇・四九	〇・三九	〇・四五
四〇〇	〇・五三	〇・五三	〇・五二
五〇〇	〇・六八	〇・七一	〇・八一
六〇〇	一・〇六	〇・九一	一・〇一
七〇〇	一・二八	一・一一	一・二二

八〇	一・四九	一・三三	一・四四
九〇	一・七二	一・五五	一・六八
一〇〇	一・九八	一・八二	一・九二

一〇〇式旋回砲架（一）

（昭和十八年一月三十一日　陸軍航空技術研究所「一〇〇式旋回砲架及照準器仮取扱法」）

本砲架は「ホ一」用機械式砲架で反射式照準器を備え旋回および俯仰は転把により、発射は電鍵による。射手は懸吊式腰掛に坐し、砲の受ける風圧は平衡装置により補正される。

本砲架は次の主要部よりなる。

一、固定環

固定環は鋼鉄製で八本の取付ボルトにより飛行機胴体に取付ける。固定環の内側には旋回装置および風圧平衡装置の歯輪と噛合わせる歯を設け、目盛を施す。

二、旋回環

旋回環は軽金属製で垂直転子および水平転子により固定環上に架載し旋回する。転子は共に球入りで偏心軸によりその位置を調整できる。

三、固定架

固定架は旋回環上に堅牢に取付けられ、遥架の軸承を有し、俯仰装置、装填装置の切換装置および膝押撃発装置および打殻受筐を取付ける。

四、遥架

遥架は砲を支持し俯仰装置により砲と共に俯仰する。遥架は二個の支軸により固定架上に支えられ、歯弧を備えて俯仰装置と噛合わせる。砲は砲耳軸および摺動架により遥架に取付け、砲耳軸は駐退ばねにより緩衝される。遥架には装填装置、油圧筒、打殻受承板、照準器および撃発装置を取付ける。

五、旋回装置

旋回装置は旋回環に取付けられ、転把により操作する。転把の回転は歯輪、永転螺を介して小歯輪に伝えられ、小歯輪は固定環の歯と噛合う。転把の握把には活筍を設け、転把の背後にある固定板の孔に吻合して転把に緊定する。握把の解脱子を圧すると活筍が引込み転把の回転が自由となる。

六、俯仰装置

俯仰装置は固定架に取付けられ、その小歯輪が遥架の歯弧と噛合う転把があってその緊定解脱を活筍により行なうことは旋回装置と全く同様である。なお握把の末端には引鉄電鍵を取付ける。

七、装填装置

装填装置は油圧筒、切換弁、銅管、可撓管よりなる。切換弁の把手を持上げれば油は油圧筒前方に入り軸を押し槓桿を後退させる。槓桿の完全後退後切換弁把手を押下げれば油は油圧筒後方に入り軸を押し前進させて装填操作を完了する。油圧装置故障の場合は手動による。

八、撃発装置

電気式撃発装置の電磁石は摺動架下方に、主開閉器は旋回環に、引鉄操作用電鍵は俯仰転把にそれぞれ取付ける。引鉄電鍵を押せば電磁石に電気が通じ、引鉄作動板に取付けた軸を後退させ、逆鉤圧板を押上げ撃発する。電気式撃発装置故障の場合は膝で圧板を押せば可撓線により引鉄を引き撃発する。なお圧板の下に安全子を設け、これを水平にすれば圧板の動きを止めて安全位置となり、垂直にすれば撃発位置となる。

九、腰掛

腰掛は背当管、胸帯、背帯、坐板、腰帯、ばね管を有する懸垂管および踏管よりなる。帯はすべて長さを調節できる。胸帯および腰帯には止金を設けて着脱を迅速に行なう。背帯の長さを加減し調節桿により懸垂管を調節して座の高さを上下する。なお機体内を通行し易くするため固定架に取付けたばね管により腰掛を引上げることができる。

一〇、俯仰平衡装置

俯仰により砲および砲架の重心位置が支軸に対して移動するので、これに平衡させるため固定架上右側に俯仰平衡装置を設ける。砲に俯角を与えた場合は平衡ばねが圧縮され、仰角をかけたときは弛む。

一一、風圧平衡装置

旋回環に取付けた平衡室の中に偏心輪があり小歯輪と噛合わせ風圧に平衡させる。すなわち旋回に伴い偏心輪が回転し、平衡ばねの平衡回転力を変え、旋回装置の転把を動かす力が全範囲にわたって平均される。ばねの張力を調整してある程度まで平衡回転力を加減することができる。

一二、発射制限装置

偏心軸上部には電気式撃発装置の射撃制限装置を取付ける。すなわち軸に電気導体輪を取付け、電気導体輪の旋回用端子および俯仰用端子の二個の端子を接触させる。電気導体輪には尾翼の形状に応じる絶縁物を嵌入し、端子が絶縁物上にあるときは電気不通となり発射不能となる。

一三、照準器

照準器は機関砲と共に旋回砲架に取付け、自機速度および射距離を測合することにより、自動的に射手修正および高角修正を付与し、目標修正は敵機の進路角および速度を推定して修正環により行なう。

本器の主要諸元は次のとおりである。

自機速度目盛　〇より五〇〇キロ／時まで

高角修正用射距離目盛　〇より一〇〇〇メートルまで

目標修正環　射距離五〇〇メートルに応じる経過時間を〇・七四秒とし、目標機の速度二〇〇、三〇〇、四〇〇、五〇〇キロ／時に応じる四種の環を備える。

一〇〇式旋回砲架（二）

（昭和十八年十一月　陸軍航空総監部「一〇〇式旋回砲架取扱法」）

本砲架は二十粍旋回機関砲用機械式砲架で一〇〇式重爆撃機の後上方に装備する。砲架右側機関砲中央前に一〇〇式照準器を付ける。

本砲架は手動により旋回、俯仰の操作を行ない、発射は電鍵または膝押により行なう。装填操作は油圧または手動により行なう。

撃発操作は主開閉器を「接」の位置にし左手で旋回転把を、右手で俯仰転把を回転し、右拇指で電鍵を押せば電磁石が働き撃発する。電気式撃発装置が故障の場合は膝押圧板の安全子を発火位置にし、右膝で圧板を押せば撃発する。ただし膝押装置は発射制限装置を持たないので尾翼付近の射撃に注意すると共に圧板の安全子は使用時以外常に安全位置に置くことが緊要である。

本砲架の主要諸元は次のとおりである。

砲架重量八五キロ、全重量（砲共）一一八キロ、俯仰範囲俯角二〇度より仰角九〇度まで、旋回範囲三六〇度、転把一回転の俯仰量六度、同旋回量六度、旋回環の外径九八〇ミリ、旋回環の内径八二〇ミリ、打殻受収容薬莢数約八〇発

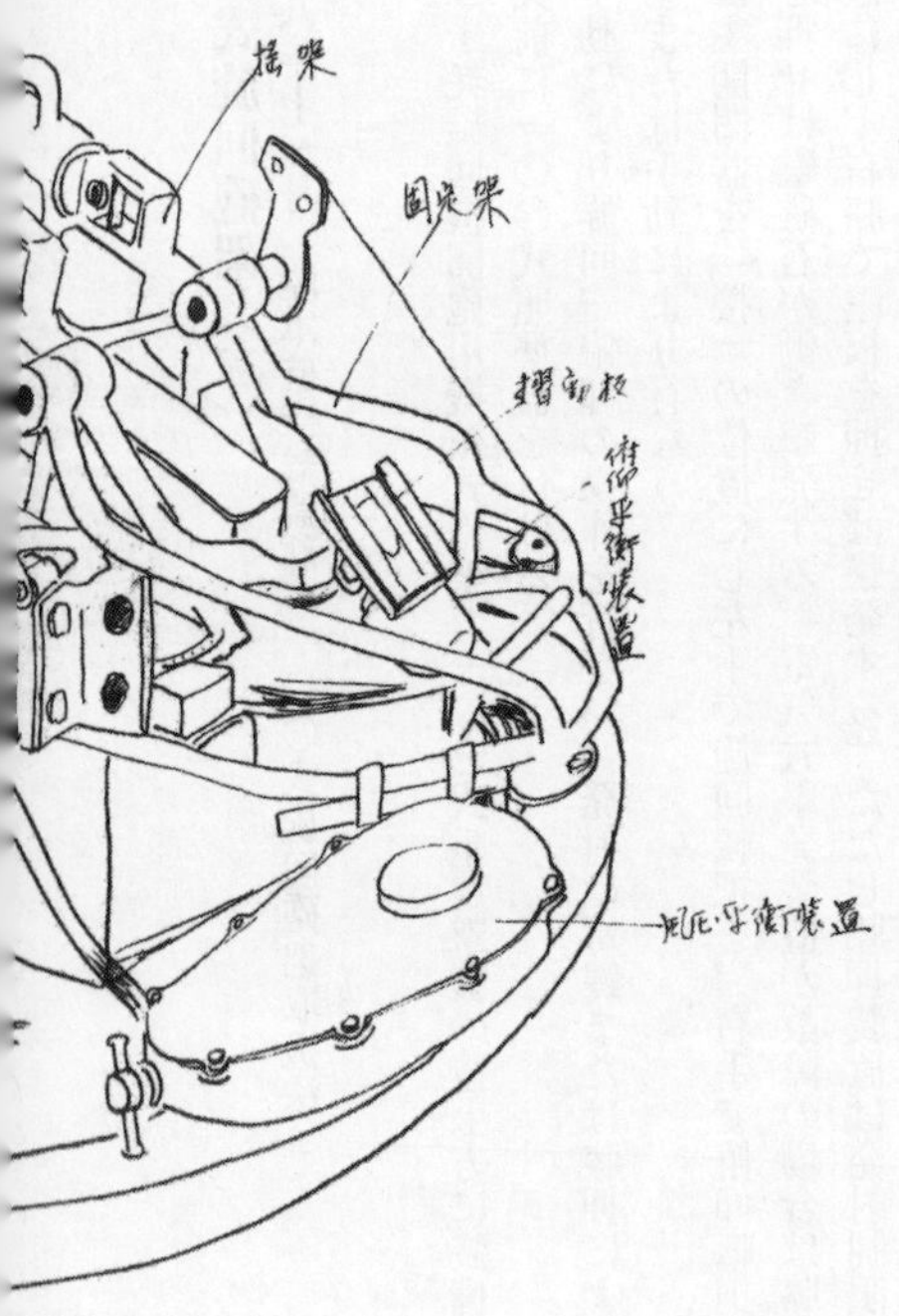
揺架
固定架
摺動板
俯仰平衡装置
旋回平衡装置

一〇〇式旋回砲架全体

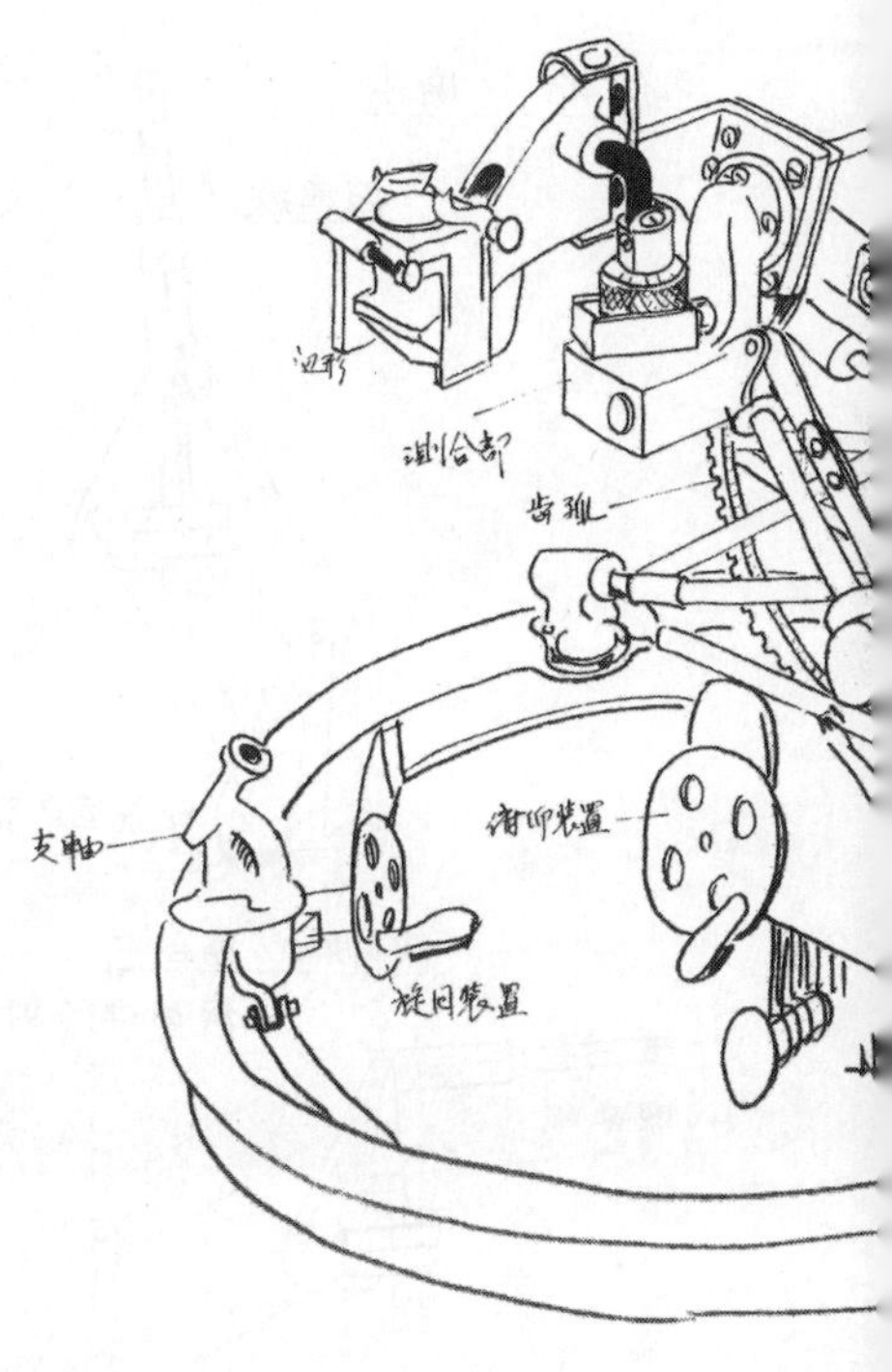

一〇〇式旋回砲架仰角90度、俯仰角0度の場合
昭和18年1月陸軍航空技術研究所
「一〇〇式旋回砲架及照準器取扱法」所載（以下同じ）

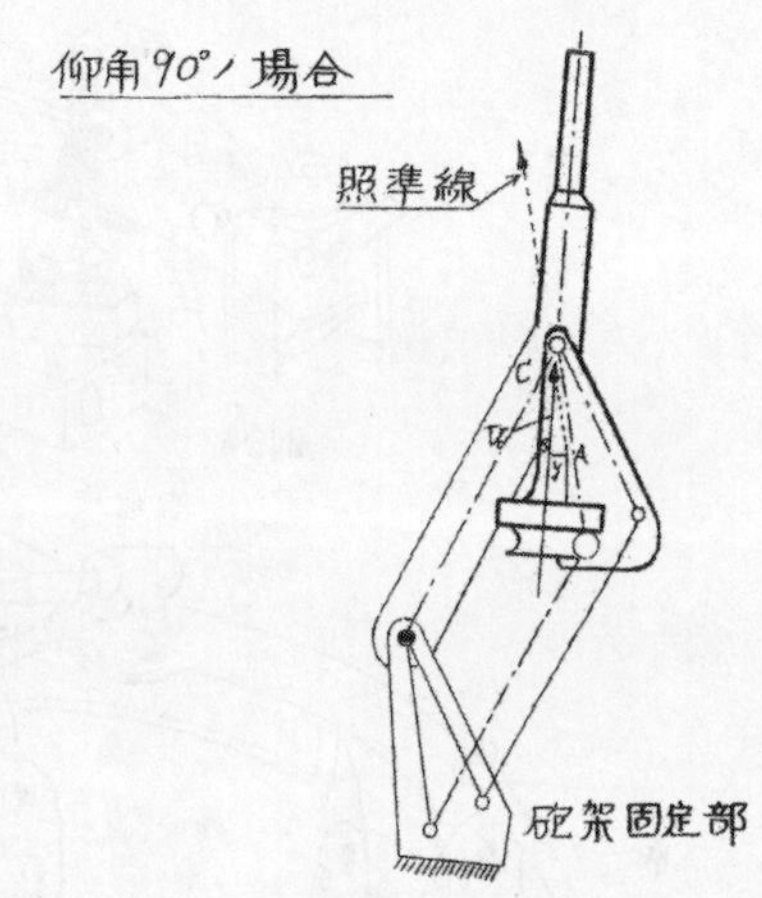

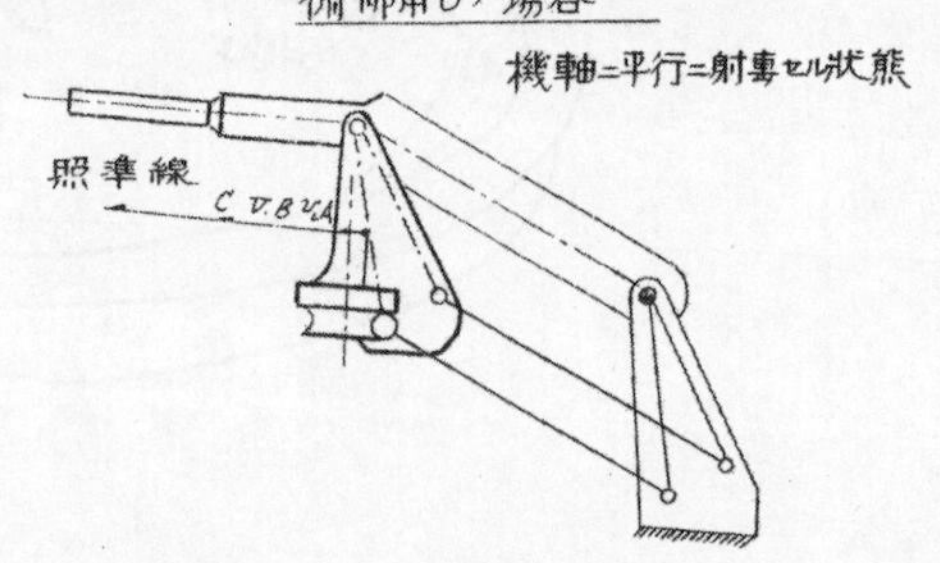

一〇〇式旋回砲架俯角－30度の場合

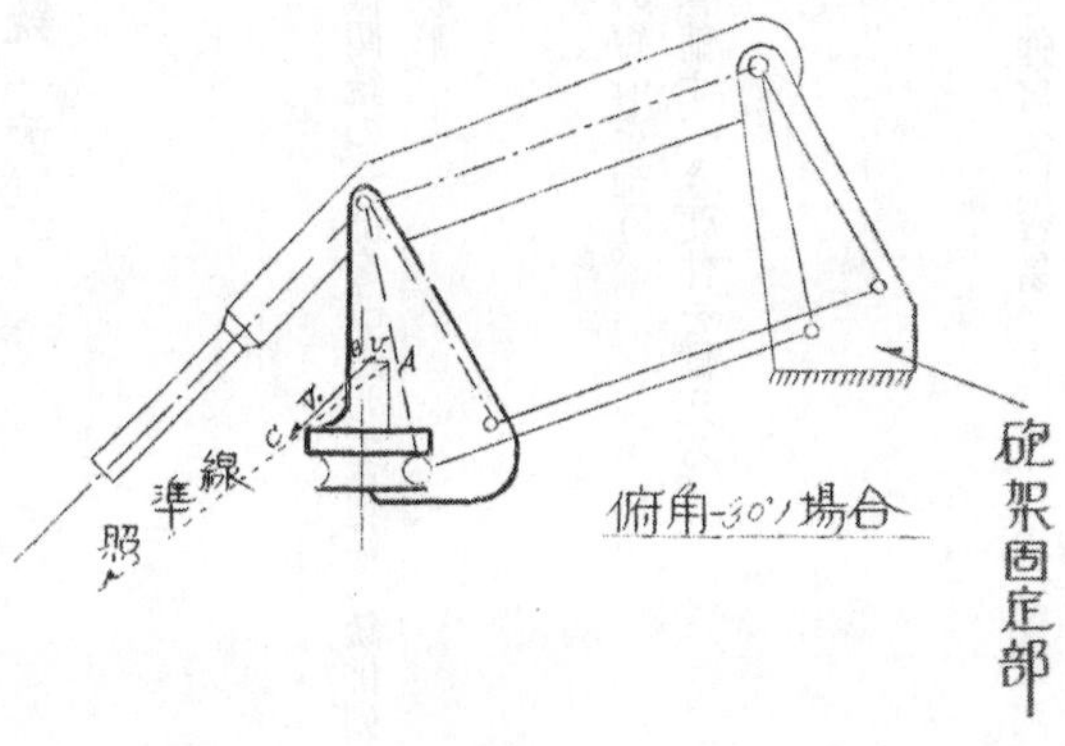

一式旋回機関銃「テ三」

総説

一、ガス利用。

二、九七式車載重機関銃の一部を改造して横に二銃併列したもの。

三、弾倉は併列鼓状形。

長所

一、従来の機関銃の短所を補う。

二、旋回銃として具備すべき要件を備える。

(一)　発射速度大

(二)　操作容易

(三)　重量小

(四)　故障絶無

(五)　空中において弾倉交換容易

（六）照準容易

三、重要諸元

全重量（除弾倉）一五キロ

全長　一・〇五一七メートル

銃身長　〇・六三〇メートル

弾倉重量　三・五キロ

口径　七・九二ミリ

初速　七八〇メートル／秒

発射速度　九〇〇発／分（片銃）

四、機能

（一）射撃準備

銃架に銃を装着、八九式旋回機関銃と同じ。

弾倉に弾薬の装填、九八式旋回機関銃と同じ。ただし誘導筐なし。

（二）射撃前における閉鎖位置

銃の整備は八九式旋回機関銃と同じ。

五、構造

本銃は銃身、尾筒、銃尾機関、用心鉄、弾倉およびこれ等の付随品よりなる。

（一）銃身規整子分画は一・八ミリ、二・二ミリ、三・〇ミリの三種類がある。

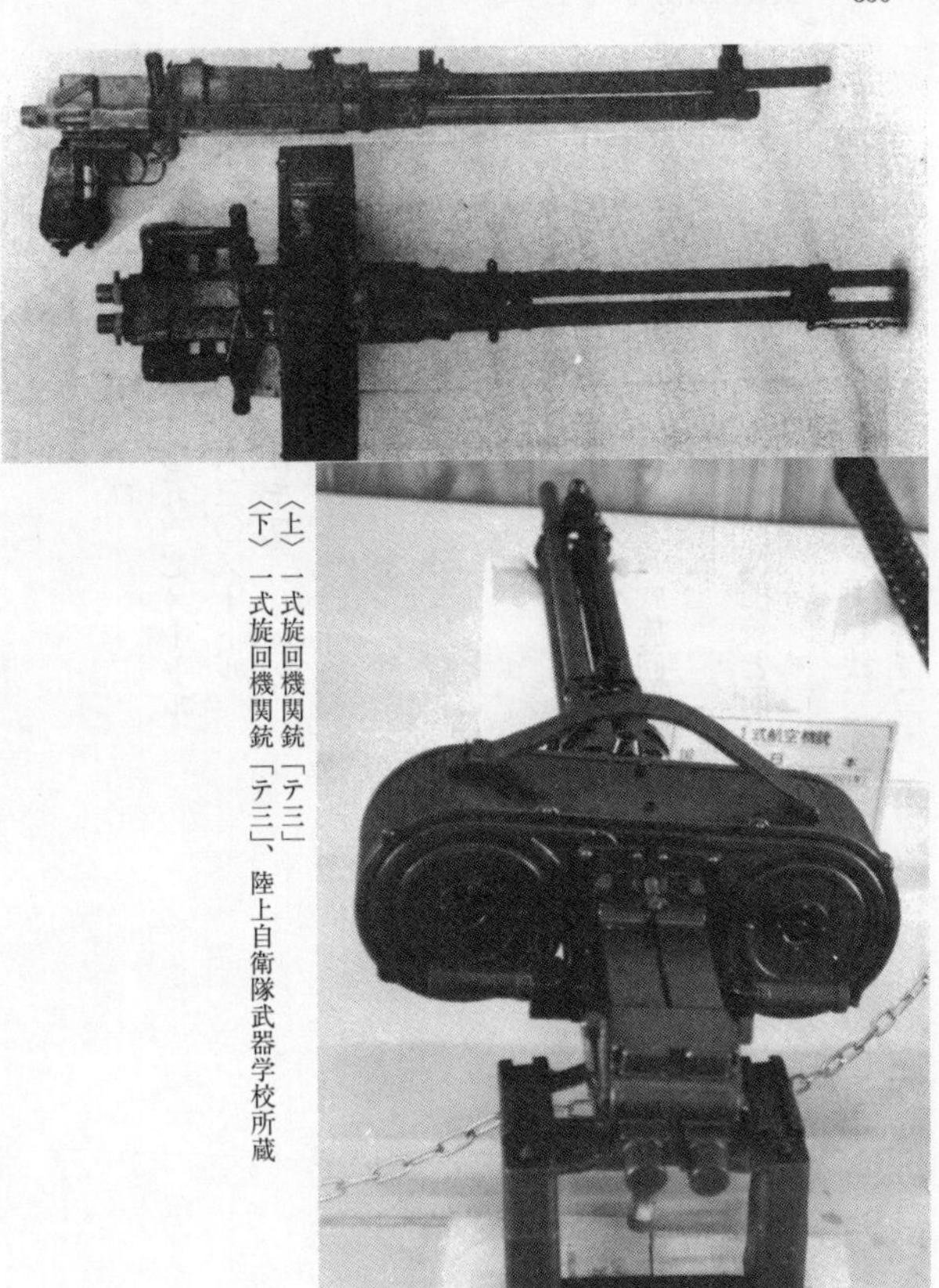

〈上〉一式旋回機関銃「テ三」
〈下〉一式旋回機関銃「テ三」、陸上自衛隊武器学校所蔵

一式旋回機関銃「テ三」、陸上自衛隊武器学校所蔵

（二）尾筒および付随品
尾筒、尾筒底、弾倉止、蹴子、円筒受、支軸

（三）銃尾機関
活塞（体、頭、先桿）、体と先桿の結合により摩擦抵抗を少なくし、衝撃を緩和する。
円筒
槓桿（体、鉤、握り、握り軸、活箝）
復坐ばね（自然長五四〇ミリ、二四時間圧縮後抗力一八キロを良品とする）
撃茎および撃茎ばね（撃茎軸）
抽筒子

（四）用心鉄
用心鉄、逆鉤、引金、安全栓、胸当金、胸当帯

（五）弾倉
片側五〇発

（六）打殻受
二〇〇発収容

（七）照準器
照門環を前方に取付けた場合外環は敵速四〇〇キロ、内環は二〇〇キロ、照門環を後方に取付けた場合外環は敵速三〇〇キロ、内環は一五〇キロに対応する。

試製二十粍固定機関砲「ホ三」

試製二十粍固定機関砲「ホ三」は単座戦闘機に固定装備し、敵巨大機の撃墜を目的とするもので、試製九四式二十粍機関砲榴弾を使用する。弾倉には一五発の弾丸を装し、発射速度は一分間約三〇〇発である。

本砲はＶ型倒立の特種発動機に固定され、プロペラ軸を通して弾丸を射出する装置で「ハ十二」と称する本砲専用の発動機の完成と相俟って本砲を装備する特種戦闘機を新たに製作することになっていた。「ハ十二」は後に航空兵器略号一覧表から抹消されているので開発中止となったものと思われる。

「ホ三」五〇メートルにおける弾道高

射距離（m）	弾道高（m）
一〇〇	〇・〇〇二七
二〇〇	〇・〇五八
三〇〇	〇・一〇〇
四〇〇	〇・一五七

五〇〇　〇・二三〇
六〇〇　〇・三二九
七〇〇　〇・四二五
八〇〇　〇・五四七
九〇〇　〇・六八〇
一〇〇〇　〇・八二五

航空兵器に関する議論（続）

昭和一五年六月前項と同様の会同があった。その記録から射撃兵器に関する事項を抜粋し、この一年間の進歩と問題点を探る。

七ミリ級機関銃については九八式機関銃の国産化に成功したほか、「テ三」即ち双連で発射速度毎分二二〇〇発のものを完成した。

一三ミリ級機関砲についてはブレダ式の他三種類の試作を完了、軽量小型で発射速度毎分八五〇発のものが完成する目途を得たので、来年度より多量生産に移る予定である。

二〇ミリ級機関砲については現在の「ホ一」「ホ三」の他に新たに試作中のものが二種類ある。両種ともほぼ試作を完了し、旋回四型（日特）は発射速度毎分七〇〇発が期待される。一五年六、七月頃に固定五型（南部）発射速度七〇〇発見当、翼内用および固定六型（小倉工廠）も出来上る予定である。これらに対しては本年度内に十分な試験および改修を行ない、その見通しを付ける予定である。ただし現実の整備品としては「ホ一」「ホ三」がありこれは既に審査を完了している。

三七ミリは試作または設計中で一種類は十五年度中に試作を終わる予定。他はまだ目途を得ていない。なおこれ以上の口径のものは目下考案中である。
命中精度は照準具の画期的進歩が無ければ四〇〇〜五〇〇メートル以上の距離においては極めて不良で、殊に旋回銃砲の場合はそうである。遠距離射撃の必要性と飛行機速度の増大とにより優良照準具が益々必要となっている。そのため現在次の研究を行なっている。

一、戦闘距離の増大のため彎曲弾道をも使用すべき高倍率眼鏡付照準具

二、簡易な機上測遠機

三、射撃の諸修正を自動的に行なう考案

弾薬については炸裂実包で燃料タンクを発火させる目的の「マ一〇一」「マ一〇二」弾はほぼ完成し、制式上申する予定である。

九二式焼夷実包は南支にて高熱のため時々自爆するとの通知に接したので、これに関する研究を行ない、ほぼ成案を得たので近く徹底的な試験を行なう。従来のものは六五〜七〇度で黄燐が溶出するが研究中のものは九〇度までは確実である。

将来飛行機の装甲が完備されることを顧慮し、銃砲弾の徹甲焼夷威力の増大について研究中。その他三七ミリ砲のための榴霰弾および大口径砲により機上から射出する砲弾について研究中である。

命中公算躱避の大部分は射手修正に起因し、銃砲の振動によるものがこれに次ぐ。すなわち射手の熟練に関するところが大きい。要するに命中精度の向上は照準具および銃砲架の改良にまつところが最も大きく、口径の増加による固有弾道性の改善などが寄与するところは

小さい。

射撃の効力について、一弾の効力は弾量に比例する。すなわち二〇ミリ、一三ミリ、七・七ミリ各級の弾丸の効力の比は概ね一〇〇：二七：八となる。

飛行機一機を撃墜するのに要する命中弾数は弾丸効力に反比例する。すなわち七・七ミリ、一三ミリ、二〇ミリ各級においてそれぞれ八〇発、二三発、六発となる。

銃砲射撃の効力は弾丸効力と発射速度との相乗積に比例する。すなわち二〇ミリ、一三ミリ、七・七ミリ各級の割合は一〇〇：四〇：二〇となる。これを見れば飛行機の武装強化上口径の増加は極めて有効で特に発射速度が大きければ一層効力を増大する。

戦闘機が敵爆撃機を後方から攻撃し、三〇〇メートル内外の距離において一回の射撃（三秒間）でこれを撃墜するのに要する発射弾数および銃砲数は次のとおりとなる。本表は命中率を二七パーセントとし、発射速度を七・七ミリ、一二・七ミリ、二〇ミリ各級においてそれぞれ毎分一〇〇〇発、六〇〇発、四〇〇発として算出したものである。

種類	所要弾数	銃砲数
七・七ミリ銃	三〇〇発	六梃
一二・七ミリ砲	九〇発	三門
二〇ミリ砲	二〇発	一門

試製発射聯動機は試験の結果プロペラの貫通事故はなく、所期の機能を有し部品の耐久性も良好で、三翔プロペラ用発射聯動機として実用に適すとの判決を得た。

航空機用機関銃と機関砲の交換装備について白城子陸軍飛行学校の田中大佐（兼任所員）と航空技術研究所の間でかなりの議論があった。議事録から引用する。

田中大佐（白城子）：今日一寸見ましたが「キ四十九」後上砲の装備上において砲と銃との交換装備について研究しておられますか。重爆は全部機関砲にする必要があるかどうか。でき得れば任意に銃と取換えることができるようにしたいと思いますが。

野田大佐：現在の重爆では砲をつけるようになっている。現在のところ砲架が大きくなっているので直ぐ銃と着け換えるようなことはできない。

田中大佐：これは戦場において必要なことですから銃砲交換装備のできるようなものを作って研究してもらいたい。

中島少将：砲を銃と取換えねばならぬ必要がどんな時に起こりますか。

田中大佐：それはその時の敵戦闘機の出方によって定まるのであるから交換できるようにして欲しい。

中島少将：砲架の関係上簡単に交換装備をなし得るようにはでき難いし、できても複雑になって結果は面白くないと思いますが。

正木大佐：遠距離の戦闘のためには砲がよく、機関銃は近づいたときによいという意味だと思いますが、銃と砲を一ヶ所につけることは考えています。

田中大佐：どれほど銃を撃たれたご経験があるか知らぬが良い照準具を着けるようにして貰わねば実際に機関砲は命中せぬものです。銃は訓練していますし命中精度も宜しいが砲は今の照準器では四〇〇メートル以上は命中しない。機関銃は高度六〇〇ないし七〇〇メートルで撃った経験では三五〇メートルの射距離ではなかなか命中しません。

中島少将：午前中にも説明しましたとおり銃砲を命中させるためには訓練が一番必要であると思います。

田中大佐：近寄って来たときすなわち二〇〇～三〇〇メートルのときは銃がよいと思うが。

野田大佐：交換装備は砲架を換えるか、または同じ砲架で銃と砲とを換えるのですが、砲架は重いものであり、それに銃を着けてもよいのですか。銃、砲同時に着けるようにはなっています。現在遠距離ではどうしても銃は不確実になります。それで機械式銃架を作り、銃を固定すると同時に諸種の照準具を研究して遠距離においても命中を良好にする如く努力中であります。また照準具の適当な修正法についても研究中です。

田中大佐：修正法は全部同じですか。目標修正と射手修正とを用いるものはある距離以上になるところこれ等を一定にしてやっているからいけない。

中島少将：照準具については根本的に研究したいと思っている。高射砲用観測具を簡単にしたもので機上照準具はできぬかと研究中です。また距離測定も機上で簡易にできるようにしたいと思っている。

田中大佐：とにかく交換装備をしていただきたい。

正木大佐：色々な人がある場合には七・七ミリが良いと言い、ある場合には二〇ミリが良いと言うがこれはあくまでも感想に過ぎない。そこで当方としてはこれを判定する資料を今作っている訳である。あの表は一つの例に過ぎない。これを以て将来の方法を決するというのではないから安心していただきたい。

今川大佐（飛行実験部）：七・七ミリ爆裂弾はできませぬか。

中島少将：極秘ですが現在あります。

今川大佐：チチハル重爆隊では機内の指揮装置を装備することを要望していた。例えば一案として拡声器の如きものである。

中島中将：目下研究中です。

柴田少将（浜松）：先程も砲の問題があったが、これはやはり当校でもかかる問題があったが結局砲は当たらぬように思う。これは訓練不足であるかもしれぬが、却って二〇ミリと七・七ミリとの中間の一三ミリを採った方がよいと思う。

田中大佐：編隊の中で編隊長機には砲を着けその他には機関銃を着けるようにしたいことがあるし、また飛行機毎にそうするのは困難であるから地上で銃砲の交換装着をなし得るようにして欲しい。

今川大佐：これは田中大佐の言われたこととは別で、機上で取換えられるようにして故障が起きたときでも撃てるようにすべきである。蘭州攻撃のとき伊式重爆が撃たれて砲架の油圧装置に故障を起こして射撃不能となり、為に敵が近くまで接近し百数十発受弾した経験がある。それに備えて側方銃を持って来て交換して撃てるとよい。

中島少将：そのような際は特例で勿論現在の側方銃は「テ四」だからこれを外して手に持って撃ってもよいではないですか。

野田大佐：砲架に銃もともに着けるということも考えられるが難しくなる。銃架に砲を着けるのはその強度から考えて難しい。

駒村大佐：「キ四十九」は後上方に二〇ミリ一門着いているが「キ五十八」は後上方に二〇ミリ一門とその一寸前方に七・七ミリ旋回銃一梃が着いているから同編隊中にこれがあるから相当に威力を発揮し得ると思う。また「キ五十八」と「キ四十九」とは機体構造が全く同じであるから「キ四十九」に同様に実施するのはいつでもできると思う。次期のものに対しても同様である。

柴田少将：飛行機は実施学校に委託されるまではどんな飛行機を作っているか分からない。民間会社に示すとき実施学校の意見をも採ってもらいたい。もう一歩遡って兵器研究方針を作るときにも意見を聞いてもらいたい。また初めの意見と現物とが違うことが多い。だから絶えず連絡を取って欲しい。

中島少将：大体そうなってるように思いますがどうですか。

柴田少将：私は幹事を一年半もやっているがそのような経験は持たぬ。

岡田少将：それほど無視しているわけではない。お得意は重んじなければ商売は成立たないのと同じ理屈であるから相当に連絡を密にしているつもりです。

柴田少将：いやどうも無視されている場合もある。押し付けられている場合もある。
吉田少将（下志津）：大体連絡はうまくいっていると思うがもう少し良くやってもらいたい。
中島少将：それでは時間の関係上このへんで打切りとさせていただきます。浜校および白城子校から懇談事項を頂いておりますが、これは後日書類でお答えします。

機関銃諸元表
九八式固定機関銃
口径七・九二ミリ、全長一一八〇ミリ、初速七五〇メートル／秒、発射速度一一〇〇発／分、自動様式反動利用・銃身後坐、給弾装置非分離保弾帯、装弾数五〇〇発、重量一〇・一キロ（弾倉を除く）、実包重量一二・八グラム、摘要　大量生産準備中（小倉工廠）
九八式旋回機関銃
口径七・九二ミリ、全長一〇七八ミリ、初速七五〇メートル／秒、発射速度一一〇〇発／分、自動様式反動利用・銃身後坐、給弾装置併列鼓状弾倉、装弾数七五発、重量七・二キロ（弾倉を除く）、装弾弾倉量四・二五キロ、実包重量一二・八グラム、摘要　大量生産準備中（名古屋工廠）

試製九八式固定機関銃（二型）
口径七・九二ミリ、全長九五〇ミリ、初速七五〇メートル／秒、発射速度一〇〇〇発／分、自動様式反動利用・銃身後坐、給弾装置分離保弾帯、重量一一・二キロ（弾倉を除く）、実包重量一二・八グラム、摘要　第一次試作品は十五年八月末完成予定（南部）

テ四二型（旋回）
口径七・七ミリ、全長九四四ミリ、初速七五〇メートル／秒、発射速度一〇〇〇発／分、自動様式ガス利用、給弾装置併列鼓状弾倉、装弾数七五発、重量七・〇〇キロ（弾倉を除く）、装弾弾倉量四・四五キロ、実包重量一二・八グラム、摘要　第一次試作品は十五年六月末完成予定（小倉工廠）

テ三（旋回）（双連）
口径七・九二ミリ、全長一〇八六ミリ、初速七五〇メートル／秒、発射速度二二〇〇発／分、自動様式ガス利用、給弾装置併列鼓状弾倉、装弾数一〇〇発、重量一五・〇キロ（弾倉を除く）、装弾弾倉量五・九キロ、実包重量一二・八グラム、摘要　実用試験後十五年八月制式上申予定（名古屋工廠）

十三粍級機関砲諸元表

試製十二・七粍固定機関砲一型
口径一二・七ミリ、全長一三三五ミリ、銃身長八〇〇ミリ、初速七三〇メートル/秒、発射速度六〇〇発/分、自動様式ガス利用、給弾装置非分離保弾帯、重量二二・三キロ（弾倉を除く）、実包弾量三六・〇グラム、摘要　十五年三月上旬第一次試作品の基礎試験後細部修正中（小倉工廠）

試製十二・七粍固定機関砲二型
口径一二・七ミリ、全長一三八五ミリ、銃身長八〇〇ミリ、初速七三〇メートル/秒、発射速度五五〇発/分、自動様式反動利用砲身後坐、給弾装置分離保弾帯、重量三〇・八六キロ（弾倉を除く）、実包弾量三六・〇グラム、摘要　十五年三月上旬第一次試作品の基礎試験後細部修正中、「ブレダ」国産化（名古屋工廠）

試製十二・七粍固定機関砲三型
口径一二・七ミリ、全長一二四三ミリ、銃身長八〇〇ミリ、初速七三〇メートル/秒、発射速度八五〇発/分、自動様式反動利用砲身後坐、給弾装置分離保弾帯、重量二三・〇キロ（弾倉を除く）、実包弾量三六・〇グラム、摘要　十五年三月上旬第一次試作品の基礎試験後細部修正中、「ブローニング」類似（南部）

試製十二・七粍旋回機関砲一型

口径一二・七ミリ、銃身長八〇〇ミリ、初速七三〇メートル／秒、発射速度（予定）七五〇発／分、自動様式ガス利用、給弾装置併列鼓状弾倉、装弾数五二発、重量二五キロ（弾倉を除く）、実包弾量三六・〇グラム、摘要　第一次試作品は十五年六月末完成予定（小倉工廠）

二十粍および三十七粍級機関砲諸元表

ホ一（旋回）

口径二〇ミリ、腔綫数八條、全長一七四三ミリ、銃身長一二〇〇ミリ、初速八二〇メートル／秒、発射速度四〇〇発／分、自動様式ガス利用、給弾装置併列鼓状弾倉、装弾数二〇発、重量三三・〇キロ（弾倉を除く）、装弾弾倉重量一一・二四キロ、実包弾量一二七グラム、装薬量三八グラム、摘要　制式上申中（小倉工廠）

試製二十粍旋回機関砲四型

口径二〇ミリ、腔綫数八條、全長一七五〇ミリ、銃身長一二〇〇ミリ、初速八二〇メートル／秒、発射速度七〇〇発／分、自動様式ガス利用、給弾装置併列鼓状弾倉、装弾数二〇発、重量四〇・〇キロ（弾倉を除く）、装弾弾倉重量一一・二四キロ、実包弾量一二七グラム、装薬量三八グラム、摘要　十五年七月中旬第一次試作品の基礎試験予定（日特）

試製二十粍固定機関砲五型（翼内）
口径二〇ミリ、腔綫数八條、全長一三八〇ミリ、銃身長一〇〇〇ミリ、初速六八〇メートル／秒、発射速度七〇〇発／分、自動様式反動利用砲身後坐、給弾装置分離保弾帯、重量二七・〇キロ（弾倉を除く）、実包弾量一二九・四グラム、装薬量一八グラム、摘要　目下機械作業中で十五年七月末第一次試作完了予定（南部）

試製二十粍固定機関砲六型（翼内）
口径二〇ミリ、腔綫数八條、全長約一二〇〇ミリ、銃身長約八〇〇ミリ、初速約六〇〇メートル／秒、発射速度五五〇発／分、自動様式ガス利用、給弾装置非分離保弾帯、重量約三〇キロ（弾倉を除く）、実包弾量約一二〇グラム、摘要　目下機械作業中で十五年七月末第一次試作完了予定（小倉工廠）

三十七粍機関砲
口径三七ミリ、腔綫数一二條、全長一二〇〇ミリ、銃身長一〇五〇ミリ、初速四四〇メートル／秒、発射速度一五〇発／分、自動様式反動利用砲身後坐、給弾装置箱弾倉、装弾数五発、重量九〇キロ（弾倉を除く）、実包弾量六四五グラム、装薬量五〇グラム、摘要　目下細部設計中で十五年度末には第一次試作完了予定（日特）

試製二十粍翼内固定機関砲（二〇粍翼内機関砲仮取扱法）

本砲は砲身後坐反動利用式で発射の際生じる反動およびガス圧により砲身および砲尾機関に運動を与え、その後坐に伴い弾薬筒を保弾子より抽出すると共に打殻を排出し、復坐ばねおよび砲身復坐ばねの張力により砲身並びに砲尾機関を復坐させると同時に装填、閉鎖を行ない、自動的に発射する。

本砲には甲、乙の二種があり、甲は左装填、乙は右装填である。

弾薬筒は保弾子に装し弾帯として用いる。

試製二十粍翼内固定機関砲主要諸元

口径二〇・〇ミリ、重量三七・〇キロ、砲身長九〇〇ミリ、砲全長一メートル四六二、発射速度八〇〇発／分、初速七三五メートル／秒、弾薬筒全長一四七ミリ、弾薬筒重量（榴弾代用弾二五〇発）四・七五キロ、二五〇発弾帯の全長八・二五メートル

昭和十五年度航空諸学校演習用航空弾薬支給定数表（八九式固定・旋回機関銃用）

試製二十粍翼内固定機関砲砲身
「二〇粍翼内機関砲仮取扱法」所載（以下同じ）

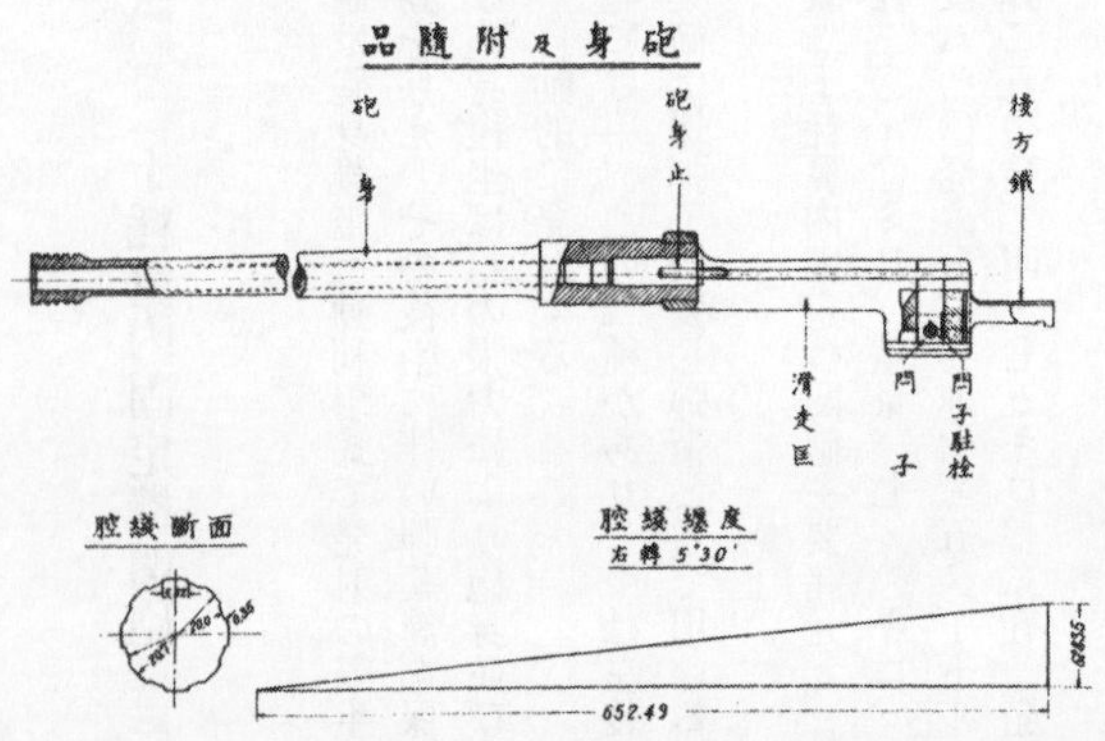

試製二十粍翼内固定機関砲尾筒

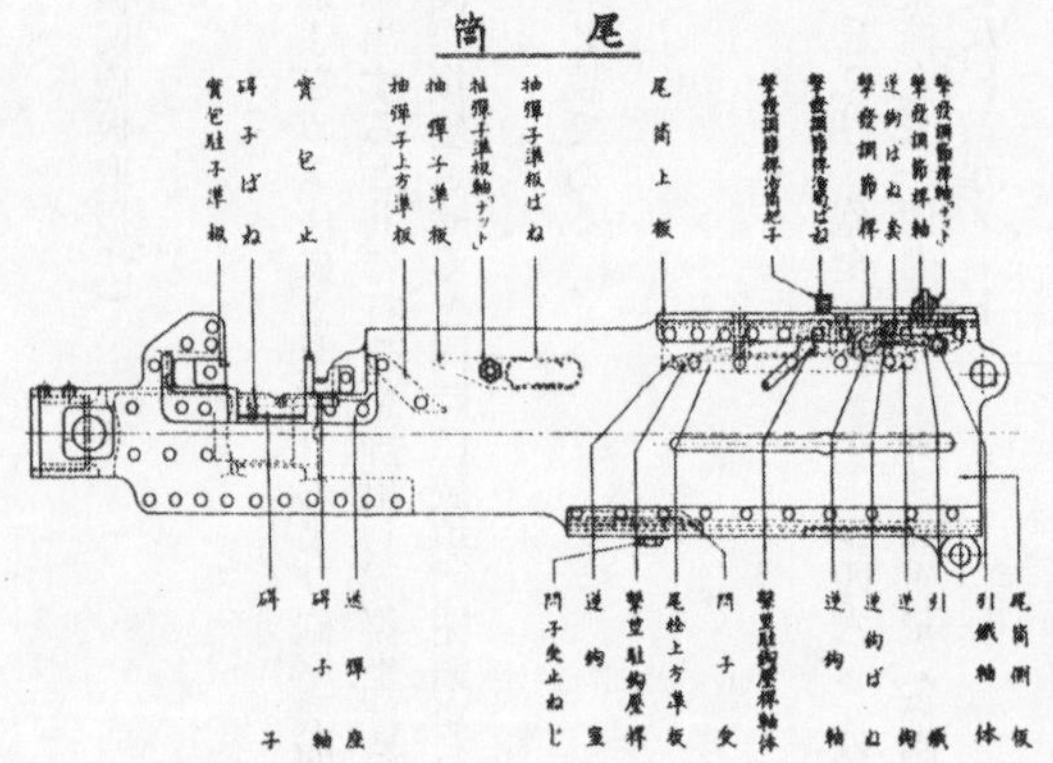

試製二十粍翼内固定機関砲被筒および付随品

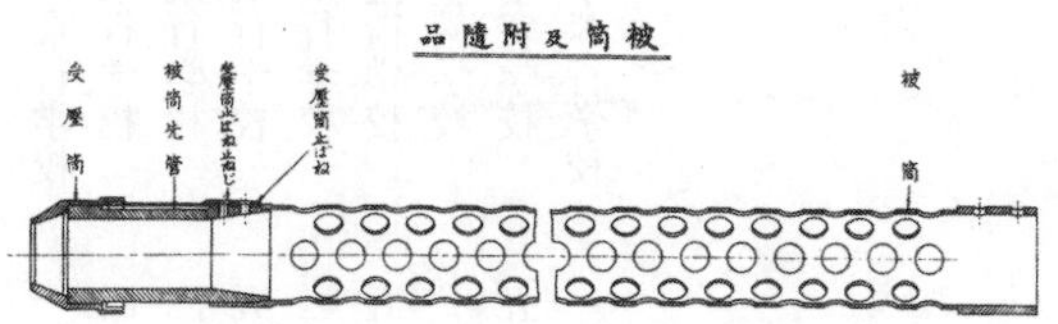

試製二十粍翼内固定機関砲前方蓋板

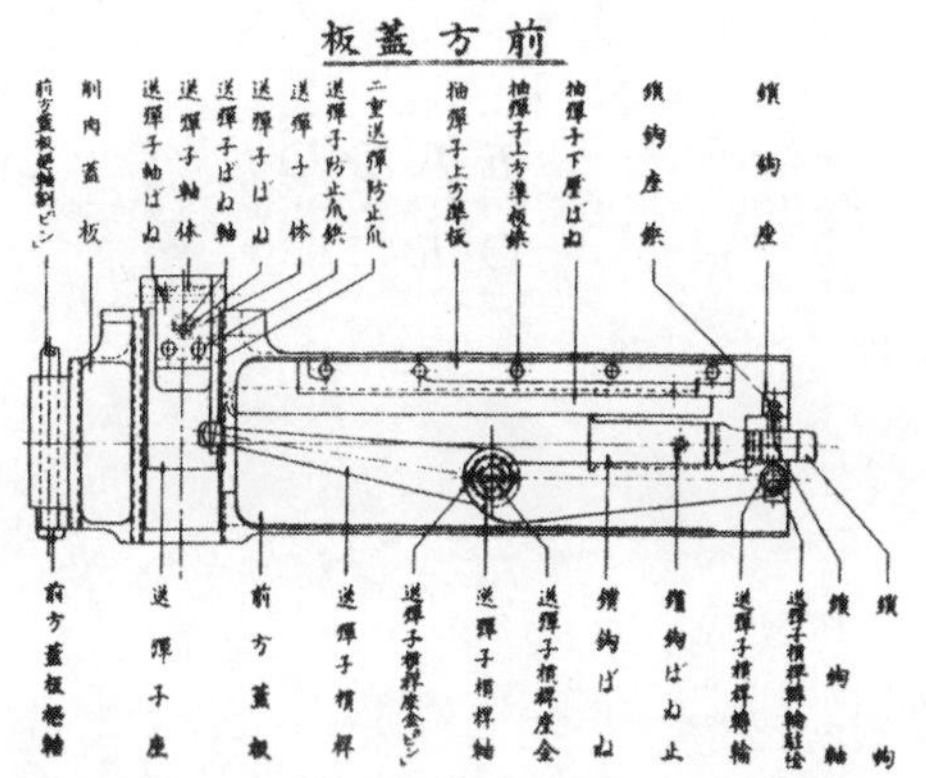

単位　千

	普通実包	徹甲実包	焼夷実包	空包
下志津飛行学校	一二二・〇		二八・〇	二・〇
明野飛行学校	四四九・八		七・三	一・〇
浜松飛行学校	四五八・四		九三・〇	
熊谷飛行学校	五一・〇		一〇・七	
水戸飛行学校	三四八・六	五・一		三・〇
航空技術学校	五・九		〇・二	
航空整備学校	一二・〇		〇・二	
航空士官学校	五八・五		八・五	
白城子飛行学校	一〇・〇		五・〇	

一式十二・七粍固定機関砲「ホ一〇三」

これまで戦闘機の武装としては七・七ミリ固定機関銃が使用されていたが、一式戦闘機、二式戦闘機および二式復座戦闘機に初めて一二・七ミリの固定機関砲が装備されることになった。一三ミリ級機関砲が各国で実用されるようになったのは昭和十年頃で、その後陸軍航空においては主として戦闘機操縦者と技術者の間で、武器の口径に関する論争が続いた。戦闘機操縦者は「操縦の優秀さを以て十分威力を発揮できる七・七ミリ級を捨てて、重量、容積ともに大きい一三ミリまたは二〇ミリ級を採用する必要はない」という意見であり、その上司も「操縦が主で、火力は従」として、この意見を支持した。

これに対し技術者は「敵機の性能、装甲はもはや昔日の比ではなく、火器の威力を向上しなければ、如何に操縦が優秀であっても、最後の決を得ることができない」として意見が対立し、ことあるたびに議論が繰り返された。

陸軍では昭和十七年末に至って、戦闘機の主火力を二〇ミリに転換することが決定され、これを装備した単座戦闘機は昭和十九年三月頃漸く出現した。海軍が昭和十五年から零戦に二〇ミリを搭載したのに比べ、余りに遅かった。

昭和十四年の研究方針改正により、一三ミリ機関砲を重戦闘機に装備することになったので、航空技術研究所は固定機関砲三種、旋回機関砲一種「ホ一〇四」の試作に着手した。同二試製十二・七粍固定機関砲一型「ホ一〇一」はガス利用式で、小倉工廠が試作した。同二型「ホ一〇二」は反動利用砲身後坐式のブレダ一三ミリ機関砲の国産化であり、名古屋工廠が試作を担当した。同三型「ホ一〇三」は二型と同型式で、アメリカのブローニングを模倣し、中央工業株式会社が試作した。

昭和十五年度に前述試作機関砲の審査を行ない、「ホ一〇三」が「一式十二・七粍固定機関砲」として制式になった。初速七五〇メートル／秒、発射速度は八〇〇発／分で、その大きいことが特徴であり、アメリカ製のものと比較して性能的にも大差はなかった。群馬県北足立郡の中央工業新倉工場で量産され、終戦時には二一〇門完成していた。

「ホ一〇三」の特長

一、軽量で構造簡単、取扱容易。

二、尾栓後退に際し加速子を作用させ、尾栓を加速後退する（発射速度大）。

三、給弾は保弾帯式であるから携行弾数に制限がない。

四、口径が大きいので所望の特殊弾を製作できると共に、弾丸の効力が大きい。

一式十二・七粍固定機関砲は一式戦の優秀な性能と相まってその威力を十分に発揮したが、発射速度を大きくするため弾薬は軽量になっていた。

「ホ一〇三」は高発射性能を有するので発条に故障を生じ易く初期のものは故障が多かった

が、発条の自然長が減少したものは早めに交換するなど種々の対策を採った結果、戦争末期には殆ど無故障の状態となった。

昭和十七年三月下旬から約二ヵ月間、南方軍に対し陸軍兵器本部が派遣した航空機関銃「ホ一〇三」現地修理班（名古屋陸軍造兵廠千種製造所にて編成）が対応した故障の主なものは次のようであった。

一、抽弾子準板後端過長のため抽弾子が降下せず突込みを生じたもの
二、抽弾子準板準梁肉が厚いため側板と軋み降下不良を生じ突込みを生じたもの
三、保弾子抜弾抗力過大による送弾不良
四、保弾子不良による斜送弾

本砲用の弾薬は普通弾、曳光徹甲弾、「マ一〇二」および「マ一〇三」であった。「マ一〇二」は七・七ミリ用の「マ一〇一」と同様の特殊実包で、「マ一〇三」は頭部に瞬発信管を付けた炸裂榴弾であった。「マ一〇三」の開発は昭和十三年九月航空技術研究所がブレダ一三ミリ機関砲用弾薬に榴弾の使用を企図して、正式に陸軍造兵廠東京工廠に設計を依頼したときに始まった。当時、各国とも榴弾の最小口径は二〇ミリで、従って信管も二〇ミリ用が最小であったから、その設計には大きな困難が予想された。この設計は東京第一陸軍造兵廠（昭和十五年四月、東京工廠を改編）第三製造所の信管工場長渡邊三郎技師が担当し、苦心の末昭和十五年四月に完成した。これが大東亜戦争の緒戦において一式戦闘機の威力を発揮する大きな力となった。

翼内装備の一式固定機関砲は甲砲を左翼に、乙砲は右翼に装着する。砲架はクロムモリブデン鋼管溶接製で四本のボルトで翼に固定する。逆鈎は電気式、引鉄は機械式に操作し、射撃管制は逆鈎で行なう。従って引鉄は安全器の役目をなす。弾薬箱は片側二五〇発を収容し、弾薬箱装着後の弾薬装填は翼上面給弾口から行なう。空薬莢受は砲架に取付けられ翼下面に開口する。演習時は全弾を収容するが戦時は原則として放擲する。

「ホ一〇三」操作法（飛行機教程別冊「「キ八十四」（四式戦闘機疾風）操縦法」）

一、電源、射撃、装填各開閉器を「接」とする。

二、胴体砲コック把手を一杯に引いて放す、把手は二―三秒後自ら戻る、戻らないときは九〇度回せば戻る、これでも戻らないときは把手を押す、そして九〇度回したときは必ず元の水平に直すこと。

三、操縦桿頭の押釦を押す、押釦を押せば復坐する。

四、もう一度二を行なう、以上で発射準備は完了する。

五、射撃用開閉器を「接」とする。

六、操縦桿頭の安全装置を脱し押釦を押す、押釦は二段接触になっている。

「ホ一〇三」固定機関砲

（昭和十七年三月　明野陸軍飛行学校「「ホ一〇三」固定機関砲教程秘」）

「ホ一〇三」固定機関砲は砲身後坐反動利用式で、発射の際生じるガス圧により砲身および砲尾機関に運動を与え、その後坐に伴い弾薬筒を保弾子より抽出すると共に打殻を排出し、復坐ばねおよび砲身復坐ばねの張力により砲身並びに砲尾機関を復坐させると同時に、装填閉鎖を行ない自動的に発射する。

本砲には甲、乙の二種があり、甲砲は左装填、乙砲は右装填とする。

弾薬筒は金属製保弾子に装し、弾帯として用いる。

本砲は操作を容易にするため油圧槓桿を有する。

本砲の主要諸元は次のとおりである。

口径一二・七ミリ、重量二三キロ、初速七八〇メートル／秒、発射速度九〇〇発／分、砲全長一・二六七メートル、砲身長八〇〇ミリ、二五〇発弾帯の全長六メートル、二五〇発保弾子重量四・三七五キロ、弾薬筒重量八六グラム、普通弾二五〇発二・一五キロ、弾薬筒全長一〇七ミリ、弾丸重量（普通弾）三六グラム、腔綫左転七條等斉

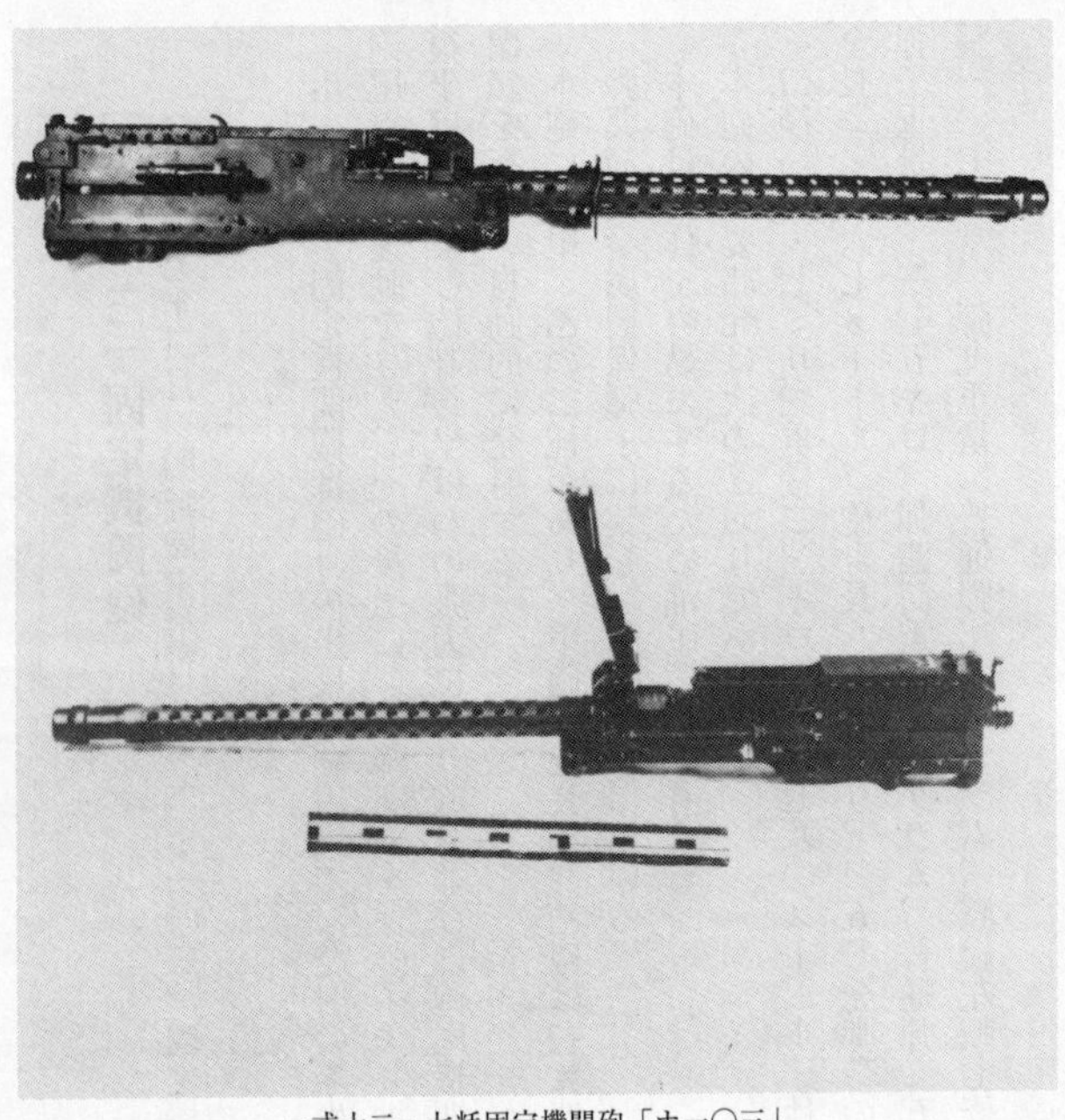

一式十二・七粍固定機関砲「ホ一〇三」

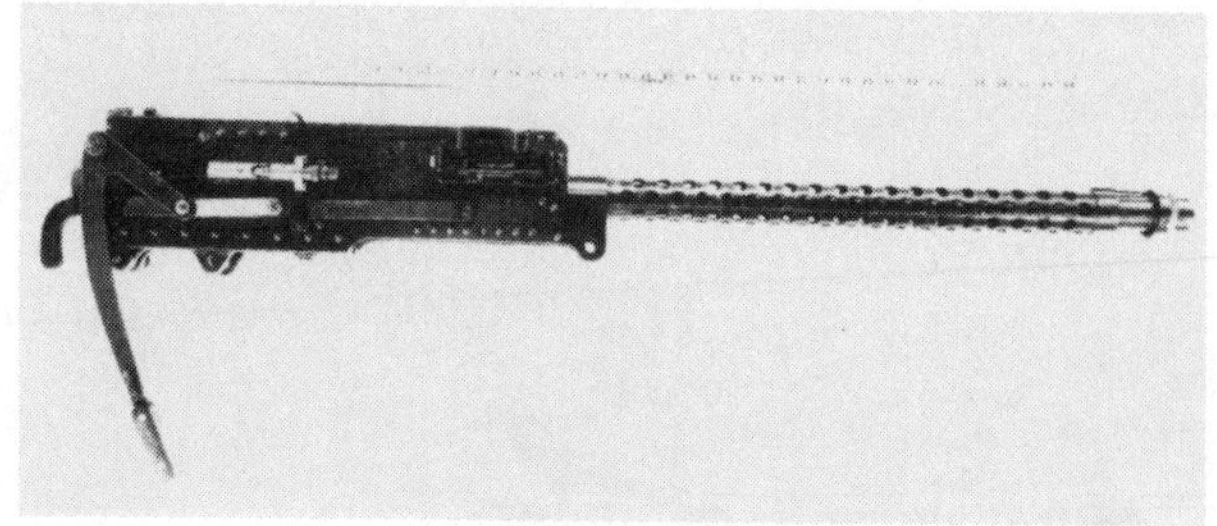

一式十二・七粍固定機関砲「ホ一〇三」

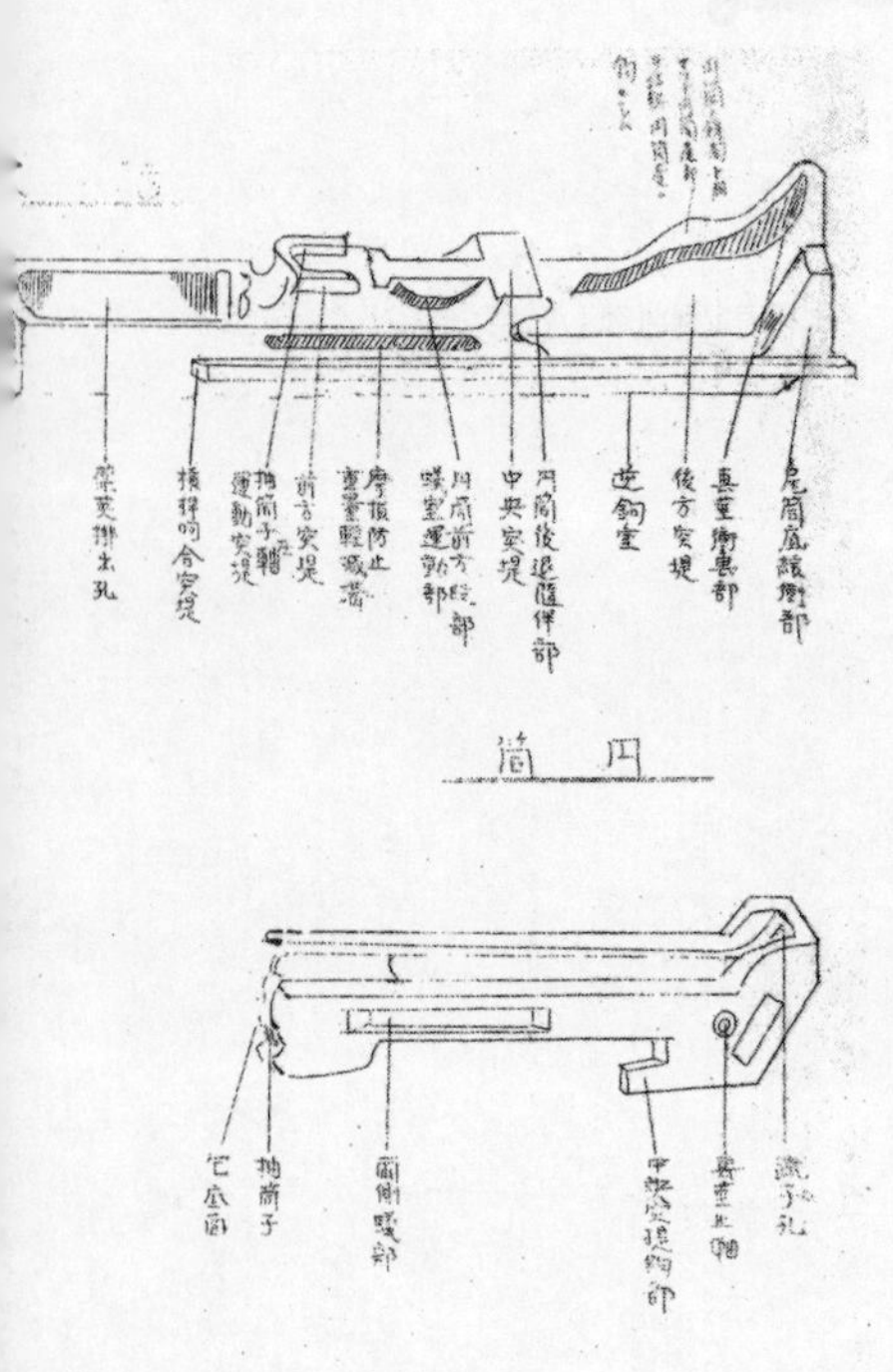

円筒

一式十二・七粍固定機関砲「ホ一〇三」活塞、円筒、尾筒
昭和17年3月明野陸軍飛行学校
「「ホ一〇三」固定機関砲教程」所載（以下同じ）

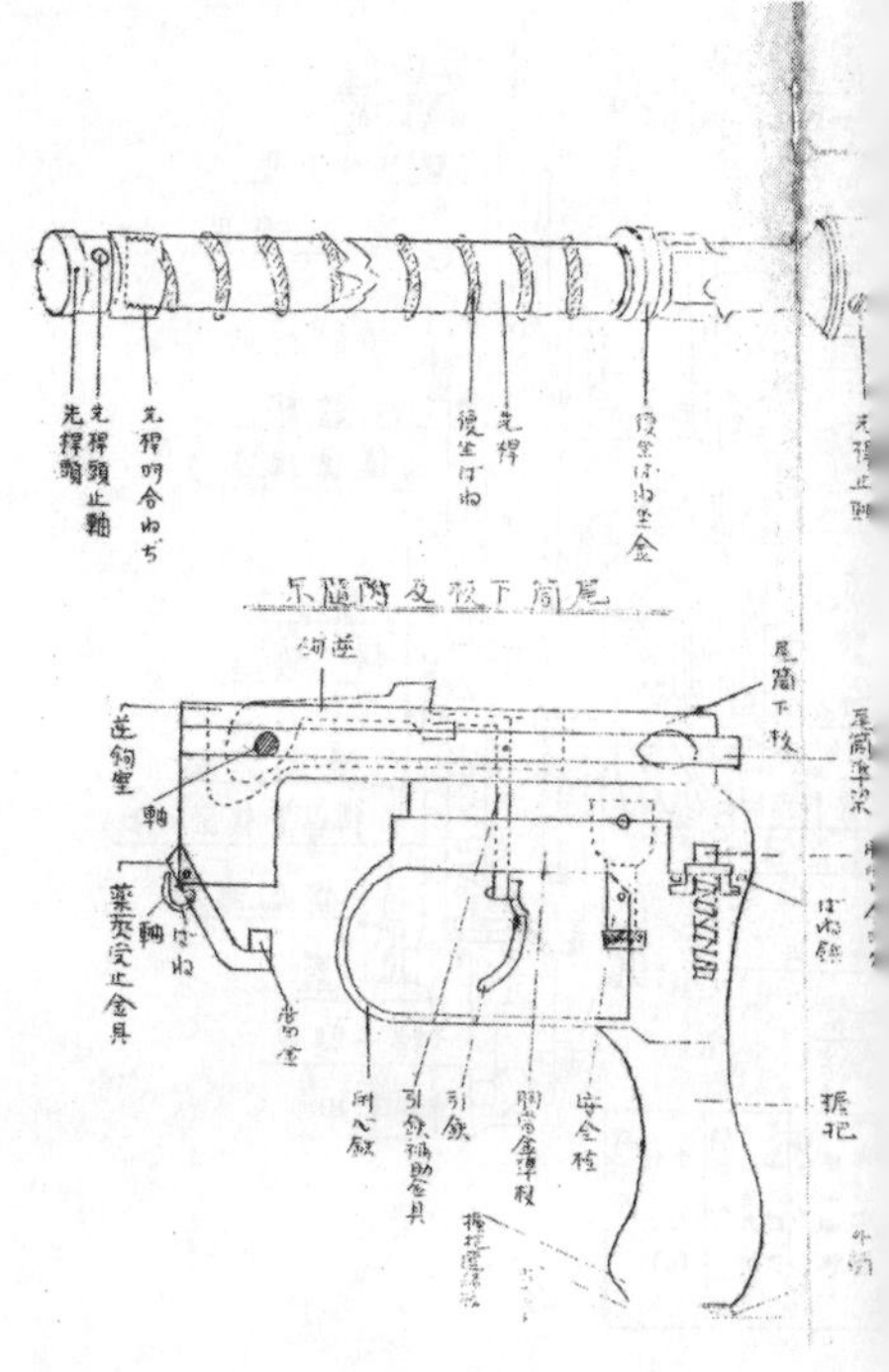

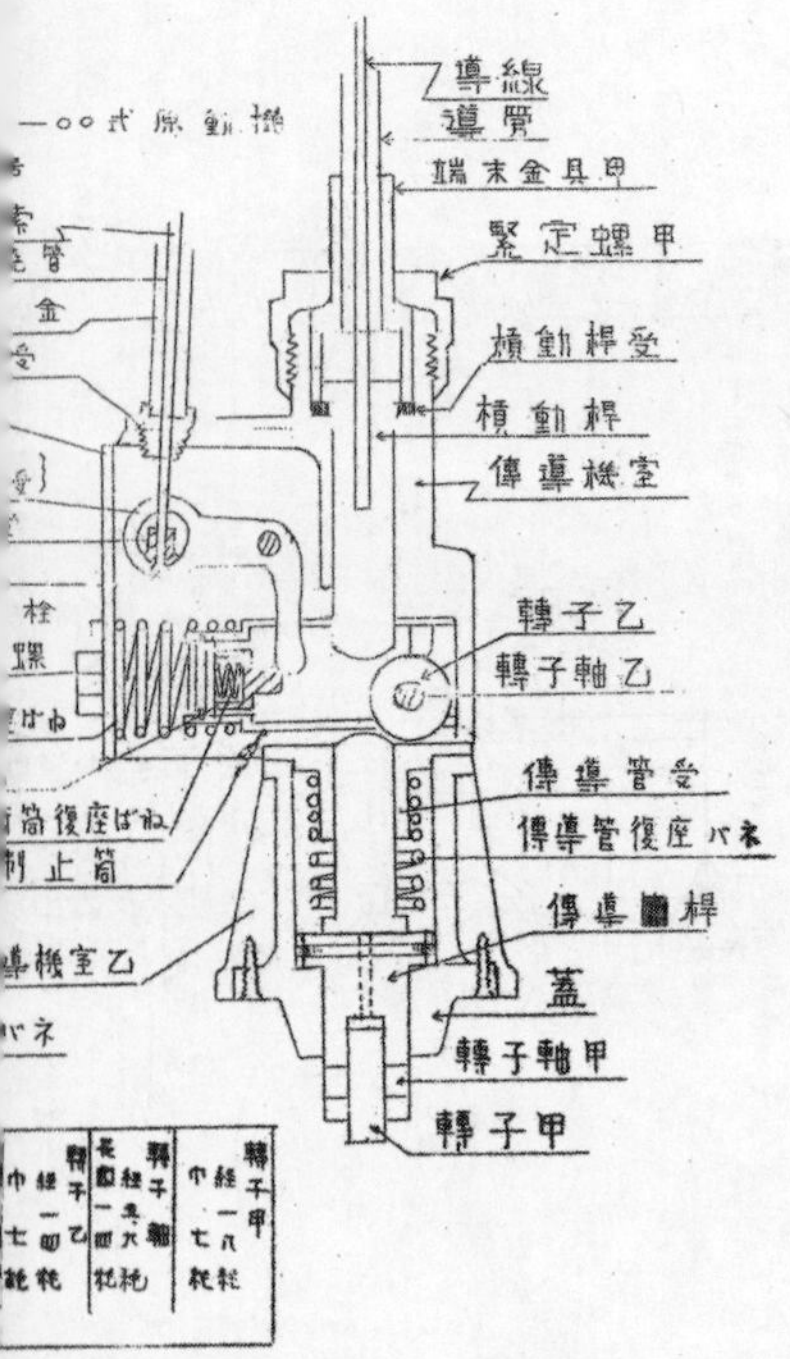

導線
導管
端末金具甲
緊定螺甲
槓動桿受
槓動桿
傳導機室
轉子乙
轉子軸乙
傳導管受
傳導管復座バネ
蓋
轉子軸甲
轉子甲
制止筒

一式十二・七粍固定機関砲「ホ一〇三」
一〇〇式原動機、一〇〇式撃発機

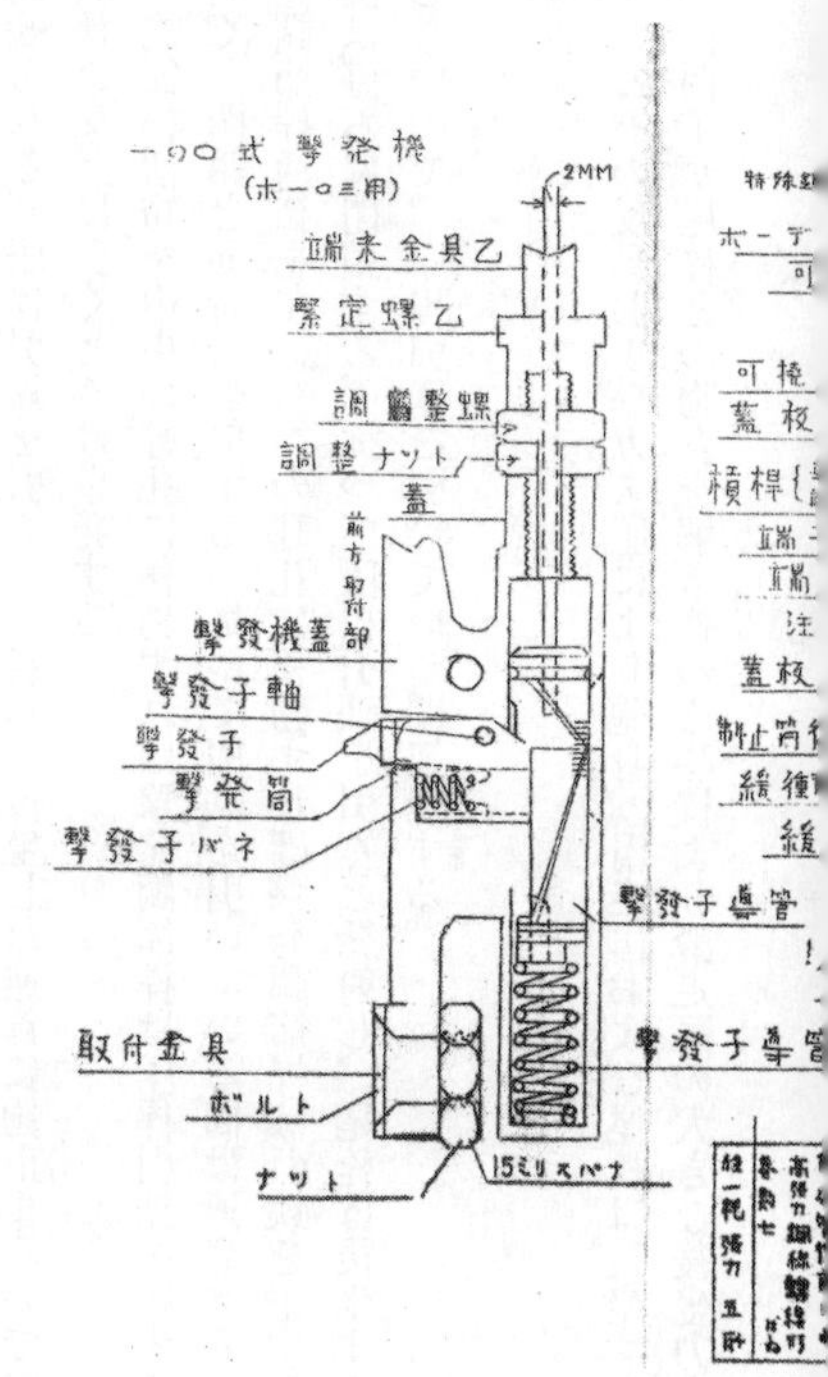

尾栓の後坐に伴う各部の機能

一、槓桿を引く力もしくは油圧槓桿前方油口より油圧を作用させるときは、槓桿受軸を介して尾栓は後坐する。

二、引鉄を引くと逆鉤は押し上げられ、尾栓との鉤止を解くので、尾栓は復坐ばねにより前進する。

三、発射を行なうには三種の方法がある。

(一)引鉄を引き砲尾機関を閉鎖すれば第一弾薬筒は薬室に挿入され、第二弾薬筒は抽弾子に鉤せられる。圧桿引鉄を引くと発射し、復坐した逆鉤に鉤止まるので引鉄および圧桿引鉄を交互に引くときは単発する。

(二)撃発調節桿活筍を中央の駐孔に移動すれば撃発調節桿は圧桿引鉄を圧するので、引鉄を引くと閉鎖と同時に発射する。従って引鉄を引いている間は連発する。

(三)撃発調節桿活筍を左(右)の駐孔に移動すれば撃発調節桿は引鉄を圧するので、砲尾機関は直ちに閉鎖する。従って圧桿引鉄を引くと発射し、尾栓は後坐するが逆鉤に鉤止しないので、圧桿引鉄を引いている間連発する。

発射後の機能

一、発射するとその反動およびガス圧により砲身、滑走匡および尾栓は後坐する。後坐にあたり加速子は閂子が尾栓との吻合を解き終わる時機より滑走匡の大きな後坐力をその先端により尾栓に伝え、これを加速後退させる。

二、打殻は尾栓の後坐に伴い自重または次発弾薬筒により、最後のものは自重または保莢子により排出される。

「ホ一〇三」五〇メートルにおける弾道高

射距離	五〇メートルの弾道高
一〇〇m	〇・〇二四m
一五〇	〇・〇四四
二〇〇	〇・〇六七
三〇〇	〇・一二五
四〇〇	〇・一九三
五〇〇	〇・二七二
六〇〇	〇・三七一

「ホ一〇三」一二・七ミリ弾薬

一、平時用

(一) 普通弾薬筒　訓練、機能検査用

(二) 曳光弾薬筒　訓練、弾道標示のため戦時にも用いる（曳光一〇〇〇メートル）。

普通実包諸元

全備重量八一・〇グラム、弾量三六グラム、装薬量八・五グラム、除銅箔〇・一グラム、全長一〇七ミリ、弾長四三ミリ、弾頭アルミニウム、弾身硬鉛第二種、被甲黄銅第十二種、薬莢雷管黄銅第二種

二、戦時用

(一) 曳光徹甲弾薬筒

堅硬物に対し使用する。

一式曳光徹甲弾諸元

全備重量八六・五グラム、弾量三六・五グラム、装薬量（三番管状薬）三・八グラム、除銅箔〇・一グラム、曳光剤〇・七グラム、点火剤〇・三グラム、弾長四四ミリ、弾身は鋼製、

弾頭内部に硬鉛、弾尾曳光剤は羽二重で蓋をする。
（二） 焼夷弾薬筒
被甲内の黄燐が飛散して焼夷効力を発する。堅いものに命中して被甲が破砕しなければ効力はない。焼夷効力は「マ一〇二」に劣るが、燃焼時間は長い。
（三）「マ一〇二」（特殊焼夷弾）
〇・八ミリ以上のジュラルミンに当たれば破壊し、破壊効力および焼夷効力を有する。信管なし。二〇〇℃以上は自爆するので、一五〇℃以上は使用禁止。
（四）「マ一〇三」
九三式小瞬発信管を有する榴弾。爆薬および焼夷剤を填実。普通の衝撃に対しては安全。砲身加熱に対しても安全。
三、弾薬取扱上の注意
（一）曳光弾は湿気を帯びると効力を失うので注意すること。
（二）焼夷弾、「マ一〇二」、「マ一〇三」は自然発火することはないが、熱地においてはなるべく涼しい場所に置くこと。
（三）「マ一〇二」、「マ一〇三」は過度の衝撃を与えないこと。
（四）「マ一〇二」、「マ一〇三」を使用するときは特に歪輪調整に注意すること。（プロペラを抜くと径三センチの孔を生じる）
（五） 弾帯調整は特に揃えること。

（六）保弾子は二個の方を先に用いること。

（七）保弾子は約三〇回使用できるが、常に点検し緩いもの、硬すぎるもの、変形したものの、挟弾力六キロ以下のものは廃棄すること。二〇発の長さは四八センチで、これより四センチ以上伸びたものは使用しないこと。

（八）弾帯調整に当たっては薬莢の肩部が保弾子に当たるよう挿弾器により十分圧入して弾薬筒後端を斉一にし、塗油して使用する。

四、弾帯調整混合比

平時訓練用　普通弾二～三、曳光弾一

戦時　曳光徹甲弾一、「マ一〇三」（一五〇℃までは「マ一〇二」）一、焼夷弾一

五、色別

徹甲弾―黒、焼夷弾―赤、榴弾―黄、曳光―緑

武装強化要領

二〇ミリ機関砲として陸軍航空が相当数の整備を行なったのは二〇ミリ高射機関砲を飛行機搭載用に改造した旋回用「ホ一」（一〇〇式重爆撃機に装備）が最初で、次いで固定用の「ホ三」であった。「ホ一」は昭和十六年二月浜松において実施した射撃試験の結果命中精度不良であったので、撃発機構を電気式に改めるなどの改修を行なった結果、射撃距離約五〇〇メートルにおいて命中精度良好となり、実用に適すると認められた。「ホ三」は「ホ一」と同様にホッチキス二〇ミリ対空機関砲を応急的に改造したもので、二式復座戦闘機の胴体下方に固定して装備した。

昭和十七年四月、開戦直後から在南方部隊の航空機用機関銃（砲）および弾薬の効力、故障状況等を調査した航空技術研究所の野田耕造少将はその報告を行なった。その報告中、武装強化に関する意見は次のとおりで、これは南方軍の戦訓研究会における搭載機関銃砲の口径増大に関する意見をさらに具体化したものであった。

一、戦闘機の主火力は二〇ミリ機関砲とする。

二、襲撃機は火器による威力発揮を主とし、二〇ミリおよび三七ミリ機関砲とする。

三、軽爆撃機は地上掃射もできるように前方二〇ミリ、後上方、後下方一三ミリとする。
四、重爆撃機は自衛力を増大するため前方一三ミリ二、後上方二〇ミリ二または四、尾部一三ミリ二、下方一三ミリ一と砲数を増加する。また搭乗人員を減少させるため、後上方および尾部は遠隔操縦方式を採用する。
五、八九式旋回機関銃は送弾不良の故障が多いので、「テ三」または「ホ一〇三」に整備変更する。

戦訓並びに銃砲、弾薬の生産状況に基づいて、制式機並びに近く生産を予定している試作機の武装を強化することになり、昭和十七年五月二日陸密第一一五号「飛行機並ニ試作機武装ニ関スル件」が通牒された。その内容は以下のとおりである。

「飛行機並ニ試作機武装ニ関スル件」武装強化要領

一式戦　現制「ホ一〇三」（前方左）一、八九固（前方右）一
改正　　二型より「ホ一〇三」二
摘要　　二型は十七年八月より完成

二式戦　現制　「ホ一〇三」（翼）二、八九固（前方）二
改正　　二型より「ホ一〇三」四
摘要　　二型は十八年三月より完成

二式複戦　現制　「ホ三」（胴体）一、「ホ一〇三」（前方）二、九八旋（後上）一
改正　二型より「ホ五」（胴体）二、「ホ一〇三」（前方）二、九八旋（後上）一
摘要　二型は十八年九月より完成

キ六十一　現制　「ホ一〇三」（前方）二、八九固（翼）二
改正　「ホ一〇三」四
摘要　初号機より武装強化、尚十八年九月完成予定機より「ホ一〇三」二を「ホ五」二に改正予定

九九双軽　現制　「テ四」（前方）一、「テ四」（後下方）一、八九旋（後上）一
改正　二型より九八旋一、「テ三」（後上）一、「テ三」（後下方）一
摘要　二型は十七年四月より完成

キ六十六　現制　「ホ一〇三」（前方）二、「テ三」（後上）一、八九固（尾部）一
改正　二型より「ホ五」二、「テ三」一、八九固一
摘要　一型は十七年六月試作完成、審査合格すれば十八年初頭より生産、二型は十九年十月予定

九七重二型　現制「テ四」（側方）二、「テ四」（後下）一、「テ四」（前方）二、八九固（尾部）一、八九旋（後上）一

改正「テ四」四、八九固（尾部）一、「ホ一〇三」（後上）一

摘要　十八年一月完成機より改正武装

一〇〇式重　現制「テ四」（側方）二、「テ四」（後下）一、「テ四」（前方）一、「テ四」（尾部）一、「ホ一」（後上）一

改正　二型より九八旋四、「テ三」（後下）一、「ホ一」（後上）一

摘要　二型は十七年七月より完成、三型（十八年十月完成）より九八旋（尾部）を「ホ一〇三」に改正武装

備考

一、本武装は新製機のみとし既製機の改修は当分実施せざるものとする。

二、本表以外の制式機の武装は現制のままとする。

三、試作機については別途詮議する。

武装強化要領により新たに装備されることになったのは「テ三」および「ホ五」の二種であった。「テ三」は九八式旋回機関銃を双連にしたもので、その後「一式旋回機関銃」とし

て制式になった。「ホ五」は「ホ一〇三」と同様にアメリカのブローニングの型式を踏襲したもので、軽量で発射速度も大きく、ドイツのマウザー、イギリスのイスパノに比べて綜合威力において劣るものではなかった。

昭和十七年九月陸亜密第三二九六号により陸軍航空本廠長に対し次の航空兵器調弁方が令達された。経費は臨時軍事費物件費兵器費の支弁とした。

品目	員数
試製単銃身旋回機関銃（二型）	五二〇
九八式旋回機関銃	一二〇
試製十二・七粍固定機関砲　甲	一一二〇
同　乙	一一二〇
試製二十粍固定機関砲（ホ五）甲	一二〇
同　乙	一二〇
「イ」式十二・七粍機関銃炸裂榴弾	一〇〇万

「ホ五」

昭和十七年十月に陸軍航空本部旧第二部ないし第八部が第一ないし第八陸軍航空技術研究所として発足し、第三陸軍航空技術研究所が航空に関する武器、弾薬その他射撃、爆撃に関する兵器および航空化学兵器の研究を行なうことになった。

航空機搭載用二〇ミリ機関砲「ホ五」は航空技術研究所が昭和十五年後期から試作を企図し、当時造兵廠の管理工場ではなかった中央工業株式会社技術研究所（北多摩郡小金井町）に試作を命じたものである。試作についても造兵廠の同意を得なければならない制度下において、無断で試作を行なったのは、「ホ一〇三」整備のため製造設備の転換を行ないつつあった造兵廠に、さらに「ホ五」の試作を要求すれば造兵廠が反対するのは明らかで、造兵廠またはその管理工場への試作依頼はまず望みがなく、また迅速を要するこの種研究に不適と考えたからであった。

開戦後一三ミリ級が対戦闘機戦闘における主砲としての地位を確立したため、二〇ミリ級を主砲として採用することには賛否が相半ばした。技術陣の説得により「ホ五」の増加試作が指示されたのは十七年八月で、「ホ一〇三」の生産を減少して「ホ五」の大量整備に移行する決定がなされたのは十七年末であった。しかし当時はまだ量産に移行できる段階に到達していなかった。しかもこの量産は試作図面に所要の修正を加えつつ数ヵ所の製作所で行なわれたため、後日実用部隊における教育あるいは部品の互換性等の点に問題が多く、また故障特に腔発に悩まされ、その対策に多大の苦心が払われた。

東京第二陸軍造兵廠製造設備能力概見表　昭和十七年八月八日調

	種別	製造所	十七年三月実績	十八年三月到達
機関銃	八九固	名古屋千種	一〇〇	一〇〇
		小倉第二	一七〇	一九五
	二式固	小倉第二	〇	〇
	九八旋	名古屋千種	八〇	一七〇
	テ四旋	小倉第二	二五〇	二五〇
	テ三双旋	名古屋千種	五〇	五〇
機関砲	ホ一〇三固	名古屋千種	三〇	三〇〇
		名古屋中央工業	七〇	一五〇
	二〇粍	小倉第二	五九	七〇
	(固、旋)	小倉日立	〇	〇
		小倉芝浦	〇	〇

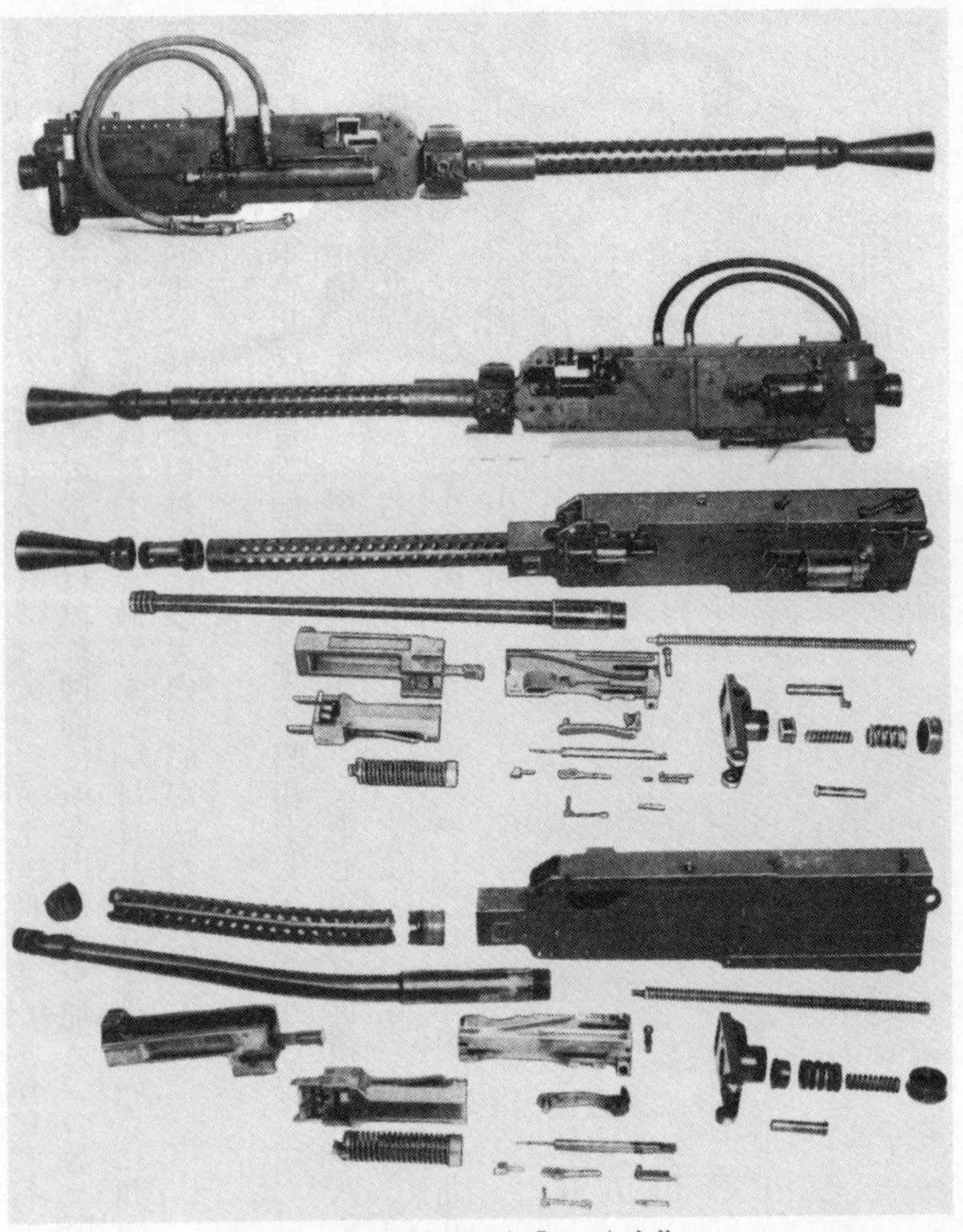

〈上〉二十粍固定機関砲「ホ五」全体
〈中下〉二十粍固定機関砲「ホ五」分解

〈上〉二十粍固定機関砲「ホ五」弾帯
〈下〉飛行機から取外して簡易車台に装載し、野戦兵器とした「ホ五」

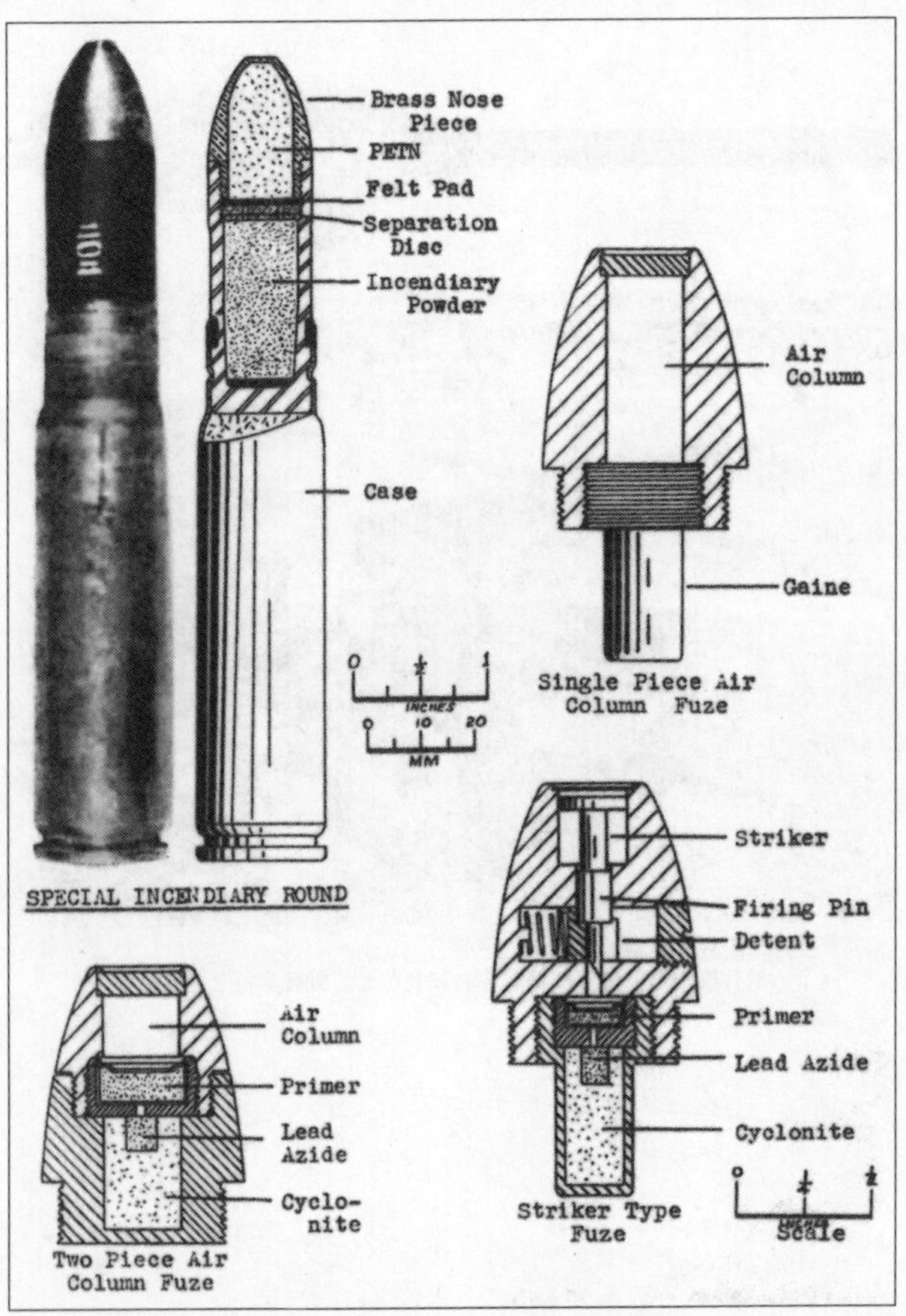

米軍の調査による「ホ五」弾薬筒、信管各種

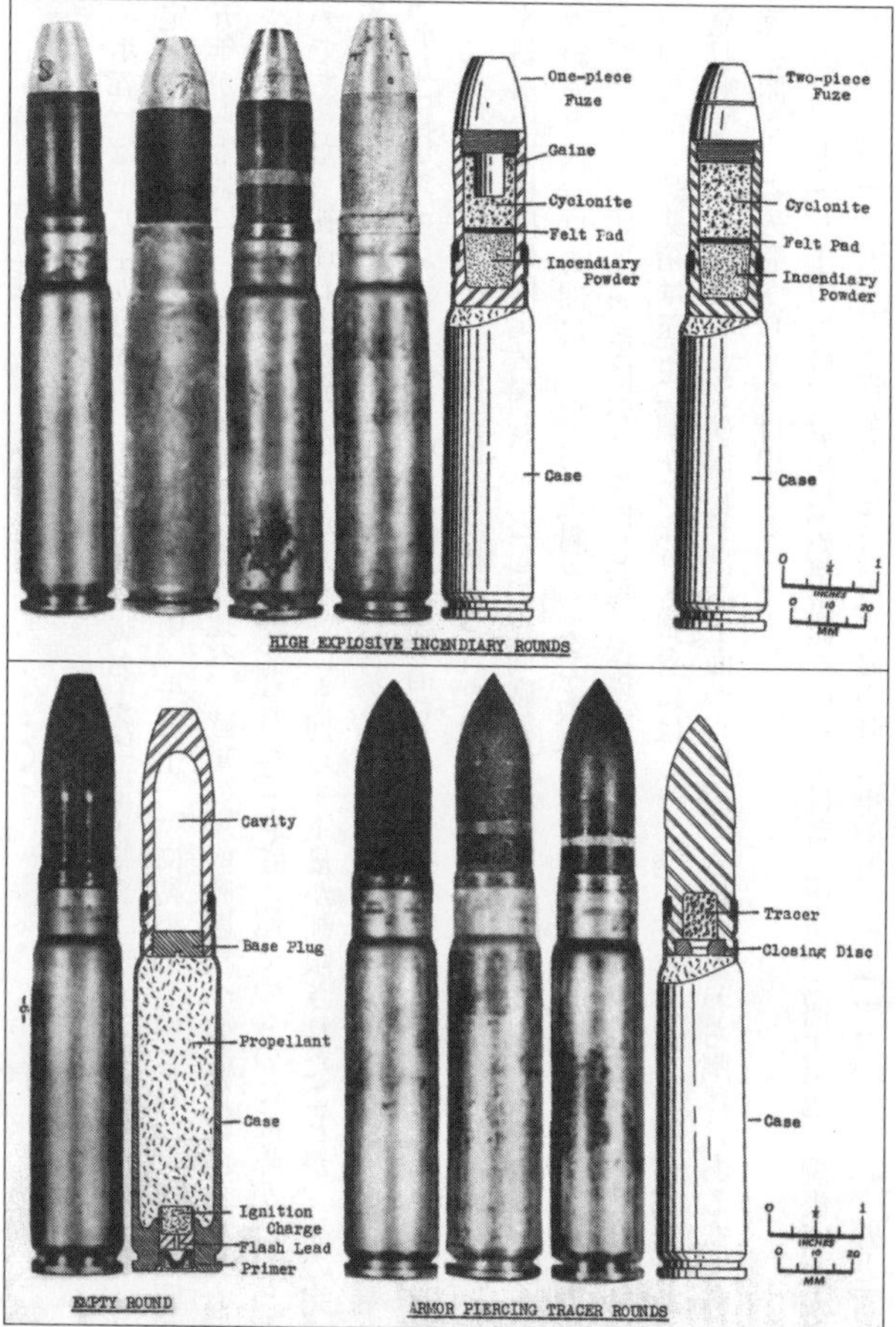

HIGH EXPLOSIVE INCENDIARY ROUNDS

EMPTY ROUND

ARMOR PIERCING TRACER ROUNDS

三七粍　　小倉春日

○　　○

「ホ五」は十八年九月から、先ず二式複戦および「キ六十一」（三式戦闘機）に装備する予定であったが著しく遅延し、十九年三月頃「キ六十一」に初めて装備された。海軍が昭和十五年から零戦に二〇ミリを装備したのに比べ、陸軍の単座戦闘機への装備はあまりにも遅かった。「ホ五」実用化の遅延は弾薬の完成が遅れたことと、砲そのものに故障が多かったためであった。初速および発射速度が大きいにも拘らず重量が制限されたことが、その完成を著しく困難にし、また製造に使用する諸材料の品質不良、製作技術の未熟が大いに影響した。「ホ五」およびその弾薬の不調は終戦まで解消されなかった。

二式復座戦闘機丁（特殊装備）に搭載された機関砲は操縦席と同乗席の間に「ホ五」二門を斜前上方に向け固定装備し、主として夜間戦闘機として使用する目的であった。本装備は操縦席と同乗席の間にある第三燃料タンクを取外し、ここに胴体基準線と三二度の角度で「ホ五」甲、乙各一門を併列に装備した。操縦者天蓋は機関砲発射の爆風に耐えられるよう補強した。弾薬箱は左右二個からなり各弾倉には一一〇発を収容する。給弾口部には約一〇発収容できる。空薬莢および保弾子は翼上面から排出する。すなわち胴体にある空薬莢排出窓を開き、この窓から手で排出する。

一二・七ミリまでの航空機用機関銃（砲）の弾薬は普通実包、徹甲実包、焼夷実包が主体であったが、「ホ五」用弾薬としては曳光徹甲弾に榴弾および「マ二〇二」（マ弾と言われた）が加わった。わが国ではこの榴弾についてはなかなか思わしいものが出来なかった。そこでドイツのマウザー二〇ミリ機関砲および弾薬を購入することとして交渉を開始したが、ドイツ空軍の整備も急を告げていて交渉は進展しなかった。ところがミルヒ元帥以下航空省当局の好意と、ゲーリング元帥が大局的観点から決裁したことにより、十七年十一月二十八日にはドイツ航空省から機関砲と弾薬の譲渡について正式な回答が寄せられた。在独武官は早速購買に着手した。

マ弾は敵機に到達の瞬間に着火することなく、敵機蓋板を貫通後発火する特殊炸裂焼夷弾であり、敵機の燃料槽その他枢要部の破壊を主目的としたもので、一二・七ミリ機関砲用弾薬にも用いられた。

飛行機教程別冊「キ八十四」（四式戦闘機疾風）操縦法より「ホ五」操作法

一、射撃および装填開閉器を「接」とする。

二、翼砲装填コックを続けて二回引く、衝撃を感じる。

三、握把による他「ホ一〇三」に同じ、ただし握把は一段接触になっている。

三式射撃照準器操作法

一、射撃開閉器を「接」とする。

二、光像の明るさを加減するには下部の「撮」を回す、右回しは「明」、左回しは「滅」。

二式軽量二十粍機関砲「ホ五」

「ホ五」には「二式軽量二十粍機関砲」という制式名称がある。

二式軽量二十粍機関砲「ホ五」は砲身後坐反動利用式の航空機搭載用機関砲で、発射の際生じるガス圧により砲身および砲尾機関に後坐運動を与え、その後坐に伴い弾薬筒を保弾子より抽出すると共に打殻を排出し、復坐ばねおよび砲身復坐ばねの弾力により砲尾機関および砲身を復坐させると同時に弾薬筒を装填し、閉鎖し、自動的に発射する。弾薬筒は保弾子に装し弾帯として用いる。

二式軽量二十粍機関砲「ホ五」には甲、乙の二種があり、甲は左装填、乙は右装填である。

本砲用弾薬には二式榴弾、二式曳光徹甲弾、四式榴弾、二式榴弾代用弾がある。二式榴弾には改修二式小瞬発信管を、四式榴弾には四式剛発信管を付けるが、この両信管は空気信管であるから信管の作用限界は射距離約五〇〇メートルである。

航空機搭載の二式軽量二十粍機関砲「ホ五」を簡易な対空用架に装し、砲を改修することなく直ちに対空用高射機関砲として使用することができる。これは使用部隊の実情に応じて適当な簡易架を製作し、要地用または船載用として使用するもので、対空用として使用する場合は信管の作用限界を倍加するため二式小瞬発信管を使用する。ただしこの場合弾薬筒を保弾子に結合するとき遠心子蓋を下方になるように結合しなければならない。そうしないと送弾の途中において遠心子が作用し腔発することがあるからであった。

二式軽量二十粍機関砲主要諸元
口径二〇ミリ、重量三九キロ、初速七三五メートル／秒、発射速度七五〇発／分、砲全長一四三五ミリ、砲身長九〇〇ミリ、弾薬筒重量（榴弾代用弾）約一九〇グラム、弾薬筒全長一四七ミリ、一五〇発弾帯重量約三五・六キロ

昭和十七年九月第五飛行師団司令部は部隊所要兵器過不足表を第三航空軍司令部並びに南方軍総司令部を経由して陸軍大臣に提出した。兵器定数は昭和十六年陸軍航空部隊兵器定数表に定められている。飛行第五十戦隊は戦隊本部と三戦闘中隊、飛行第八戦隊は戦隊本部と一司偵中隊並びに三軽爆中隊（双）、飛行第十四戦隊は戦隊本部と三重爆中隊からなる。

五十戦隊
定数　八九式固定機関銃乙〇、ホ一〇三甲四九、ホ一〇三乙四九
現在　八九式固定機関銃乙四九、ホ一〇三甲一、ホ一〇三乙四九
八戦隊
定数　八九式旋回機関銃三七、試製単銃身旋回機関銃八六

甲 型
全 体

後 視

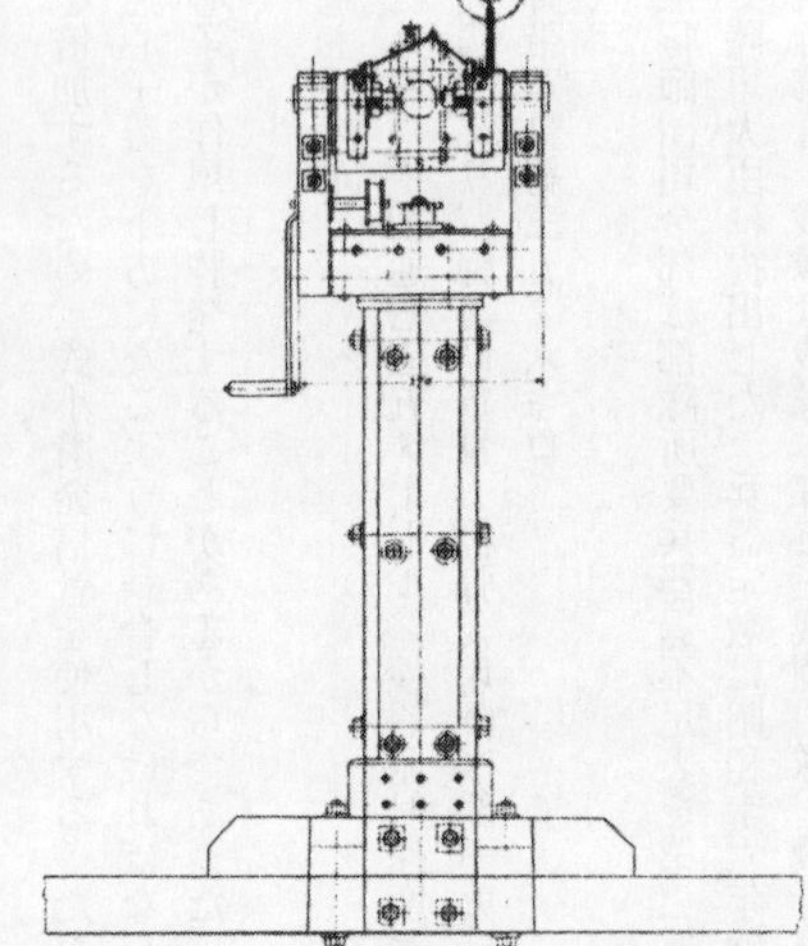

二式軽量二十粍機関砲「ホ五」を利用した
対空用高射機関砲甲型

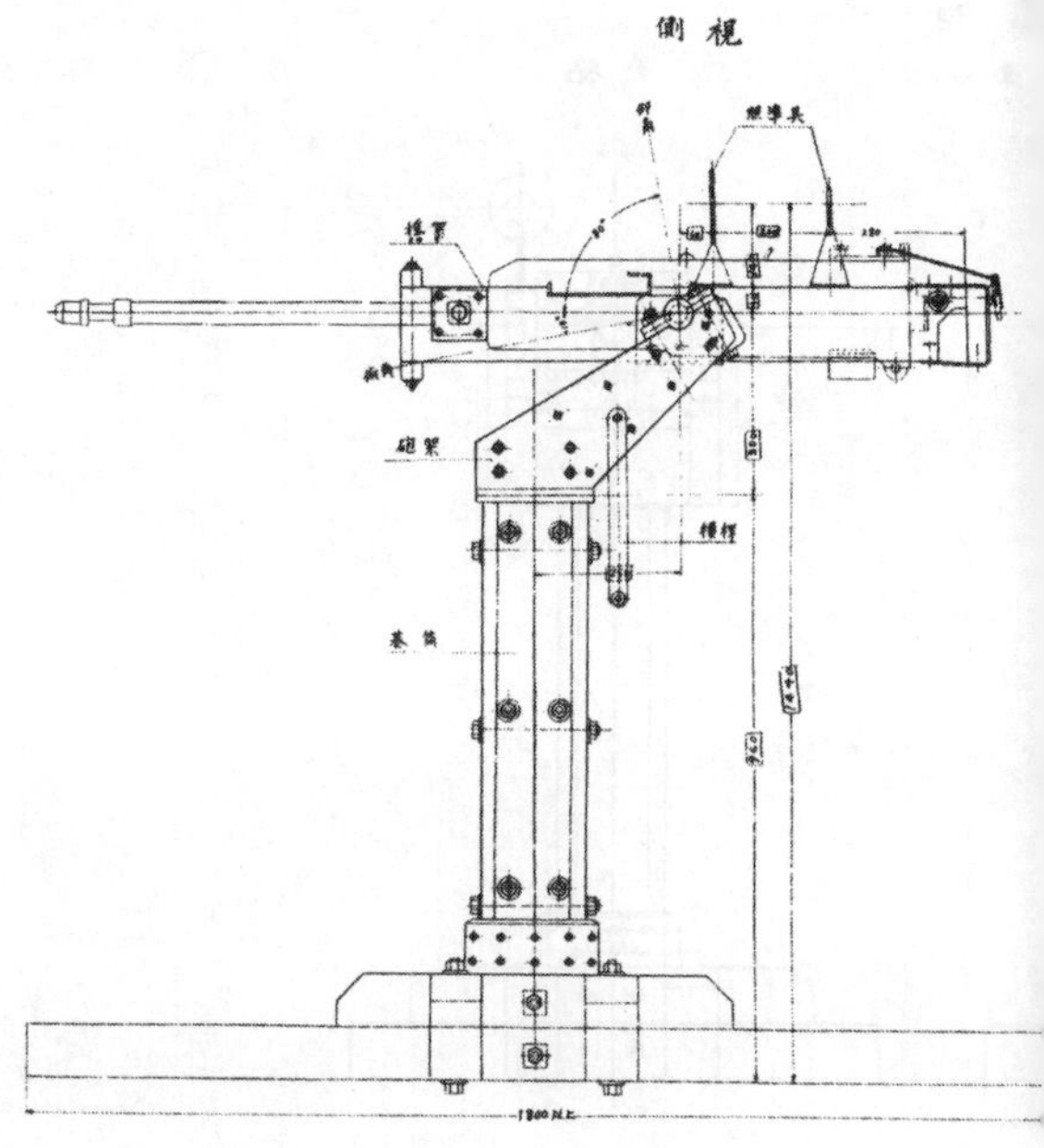

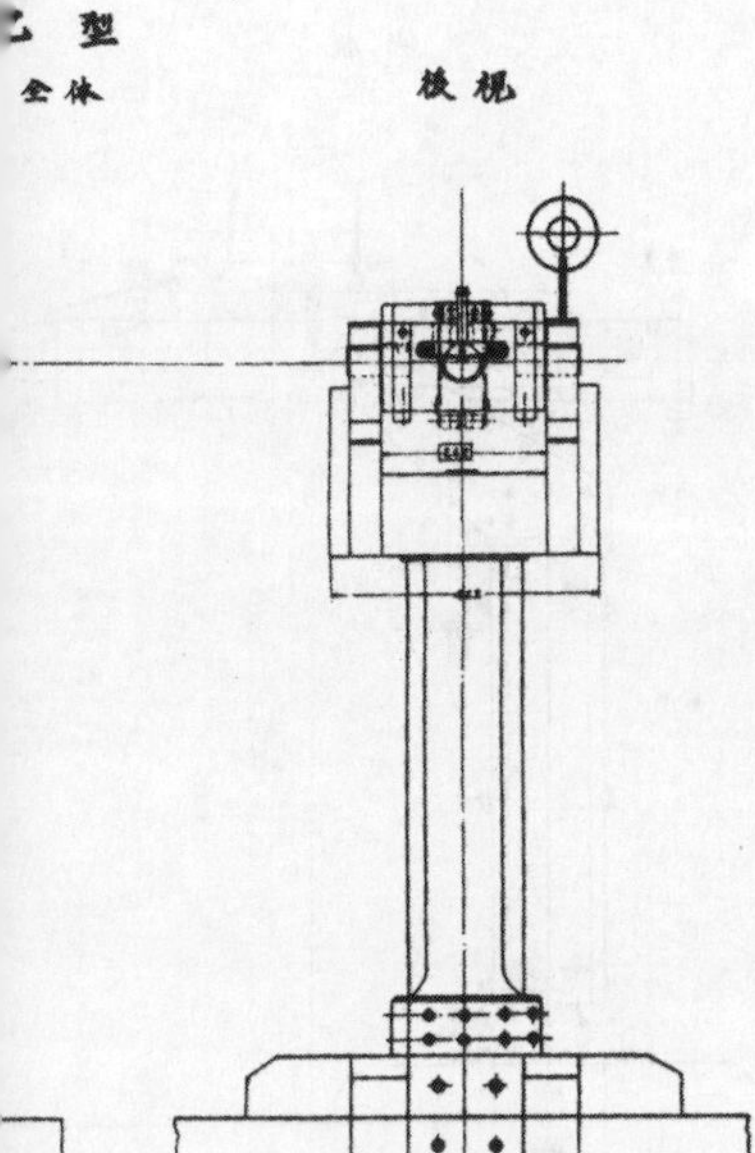
型
全体
後視

二式軽量二十ミリ機関砲「ホ五」を利用した
対空用高射機関砲乙型

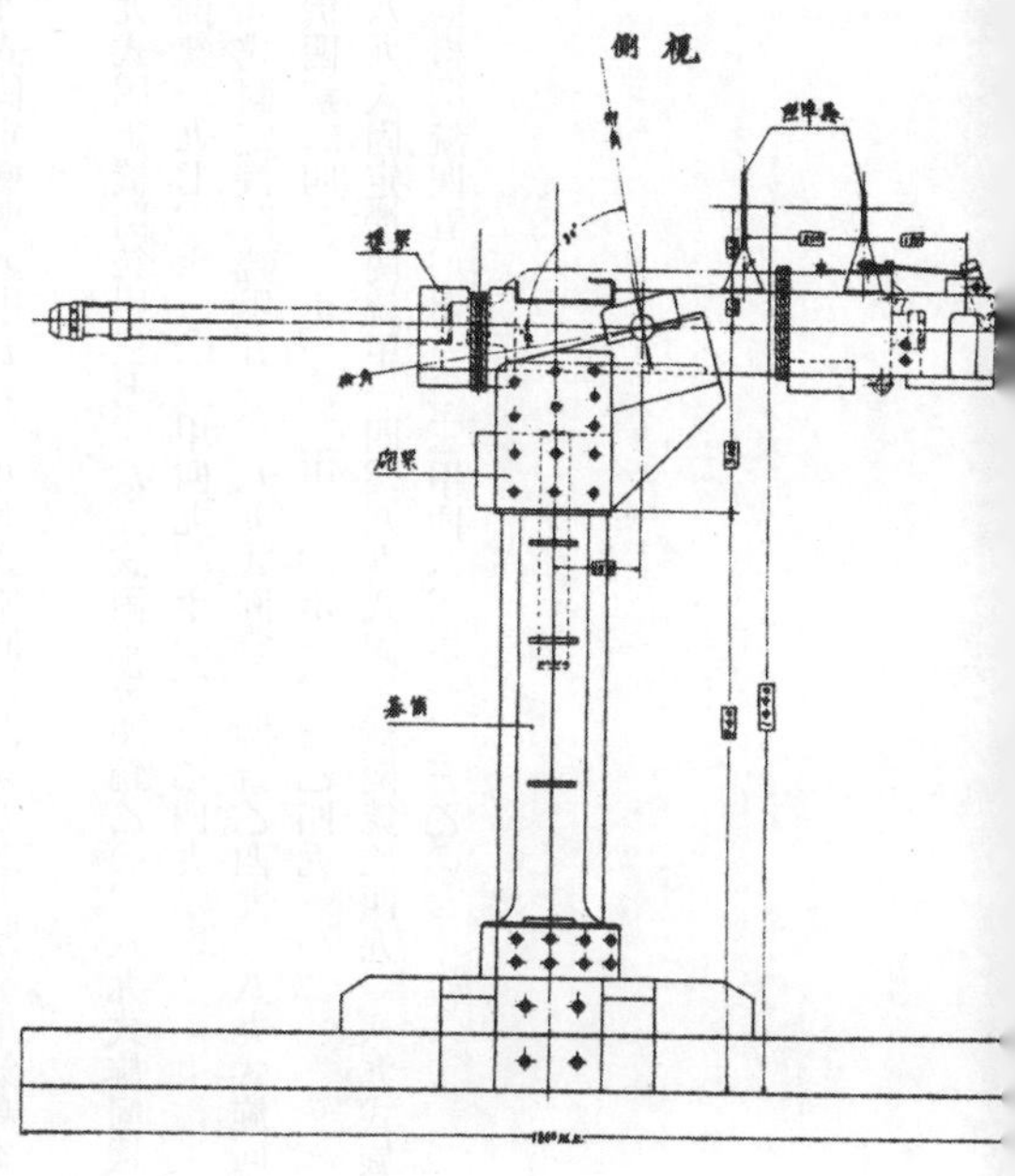

現在　八九式旋回機関銃三八、試製単銃身旋回機関銃八七

十四戦隊

定数　八九式固定機関銃甲三七、八九式旋回機関銃三七、試製単銃身旋回機関銃一一一

現在　八九式固定機関銃甲五一、八九式旋回機関銃五二、試製単銃身旋回機関銃一五五

合計

定数　八九式固定機関銃甲三七、八九式固定機関銃乙〇、八九式旋回機関銃七四、試製単銃身旋回機関銃一九七、ホ一〇三甲四九、ホ一〇三乙四九

現在　八九式固定機関銃甲五一、八九式固定機関銃乙四九、八九式旋回機関銃九〇、試製単銃身旋回機関銃二四二、ホ一〇三甲一、ホ一〇三乙四九

過不足　八九式固定機関銃甲一四、八九式固定機関銃乙四九、八九式旋回機関銃一六、試製単銃身旋回機関銃四五、ホ一〇三甲四八、ホ一〇三乙〇

マウザー二十粍航空用機関砲の購買

昭和十七年七月頃からドイツ製マウザー二十粍航空用機関砲の購買について日独間に交渉があった。

七月三十一日ドイツ在勤武官発陸密電第三〇四号によると、

「マウザー二十粍砲はわが国の要求する条件に合致する、ただしプロペラ圏内を貫通発射するものと翼に装着するものがあり、差異があるのでそのどちらにするか指示を待つ。また弾薬に徹甲弾はあるが、現在ドイツでは炸裂弾および地雷弾によりその目的を達成しているので、目下のところ徹甲弾は実用していないとのこと。本弾の購買を中止するかまたは取得の比率を低下するか指示を待つ。マウザー二十粍機関砲は毎月四〇〇門ずつ五ヶ月間に供給、弾薬は各砲に対し五〇〇発ずつ合計一〇〇万発附属することができる。これはゲーリングの許可を得たものではなく、事務当事者間の交渉であるから、このように取得できるか断言はできない。独空軍に期待できる程度を察知していただきたい。このような状況にあるので、弾薬五〇〇発ずつでマウザー二十粍機関砲を購入するかどうか、至急返答いただきたい」

十一月十八日航空本部はマウザー機関砲二〇〇〇門、同弾薬一五万発の調弁について起案し、

マウザー二十粍航空用機関砲および弾薬筒

翌十九日に決裁を得た。陸軍大臣は陸軍航空本部長に対しマウザー機関砲二〇〇門、同弾薬一五万発を調弁するよう、経費は臨時軍事費物件費兵器費の支弁とするよう命じた。

十一月二十八日、ドイツ在勤武官より陸軍次官宛次のような電報があった。

「陸密電に基づく二十粍航空用機関砲二〇〇梃および秘密弾薬一〇〇万発の譲渡に関し、本日ドイツ航空省より正式に供給する旨の回答があったので、購買に着手した。マウザー二十粍機関砲（含予備品一式）二〇〇梃は十一月以降毎月三〇梃供給、同弾薬約一〇〇万発は十一月以降毎月一五万発供給とのことである。

そもそも本件はドイツ空軍が整備を急いでいるため、交渉の過程において空軍参謀本部の反対に遭い、二回もほぼ否決の運命にあったものをミルヒ元帥以下航空省当局の絶大な好意により「日本の戦力を増すことはすなわちドイツ軍の戦力を増すことになる」とする大局的観点よりゲーリング元帥の決裁を得たものにして、わが国としてはドイツ当局に対し十分の謝意を表すべきものである。就いては大臣および参謀本部よりゲーリング元帥およびミルヒ元帥に対し謝電を発していただきたい。

技術的細部に就いては航空本部宛別電する」

同年十二月九日陸軍大臣、参謀総長の名においてゲーリングおよびミルヒ両元帥に対し「ドイツ空軍自体の整備がいよいよ急がれるときにも拘らず明断をされ、帝国陸軍に多数の機関砲および弾薬を譲渡して日独協力の良き模範を示された、その好意に対し深厚なる感謝と敬意とを表する」旨の謝電を発した。

「ホ二〇三」「ホ三〇一」「ホ四〇一」「ホ五〇一」

昭和十七年十一月陸軍中央部はB-17撃墜の可能性について事前検討を行なったが、航空本部の中間的見解はビルマ方面における対爆撃機戦闘の経験から楽観的でさえあった。十二月二十二日第十二飛行団の一式戦一型の三機編隊は偵察に来たB-17、一機に対し一二・七ミリ機関砲弾三五〇発、七・七ミリ機関銃弾三〇〇発を発射し、多数の命中弾を与えたことは確実と考えられたが撃墜できなかった。翌二十三日にはB-17、一機に対し一式戦九機で約二〇〇キロも追撃して攻撃を加えたが、これもまた撃墜できなかった。

陸軍省軍事課は現地部隊から相次ぐB-17対策の要望に対し、昭和十七年の終り頃B-17対策委員会を設置した。この委員会は航空本部、兵器行政本部その他陸軍の総力を結集したものであった。昭和十八年初頭参謀本部が判断したB-17の性能に対し、一式戦は一型、二型とも速度が劣っており、上昇限度も及ばなかった。とりわけ要部の鋼板厚一六ミリは一式戦の一二・七ミリ機関砲では貫徹できないことは明らかだった。このためB-17基本対策として機関砲の口径増大等を推進することになった。

昭和十八年一月一〇〇式司偵および二式複戦に三七ミリ戦車砲を装備して空中試験が行な

われた。この考案者は航空本部の旗生孝少佐であった。試験の結果発射速度は一〇〇式司偵で三分に一発、二式複戦で三〇秒に一発であった。しかし三七ミリ砲を使用してもB－17のゴム製タンクに絶対に効果があるとは考えられなかった。

十八年度に新規整備を計画した機関砲には三七ミリ「ホ二〇三」、四〇ミリ「ホ三〇一」、五七ミリ「ホ四〇一」があり、これらは何れも搭載機関砲の口径増大というB－17基本対策に基づくものであった。

「ホ二〇三」は昭和十五年に日本特殊鋼株式会社に試作を命じたもので、同社の大角元陸軍砲兵大佐の努力により完成した。これは半自動式の平射歩兵砲に七発入りの弾倉を付けたもので、初速五七〇メートル／秒、発射速度一四〇発／分、重量八〇キロで製作が容易な利点があり、量産に伴い十八年六月柏の防空から南方への転用を発令された飛行第五戦隊の二式複戦に初めて装備された。

三七ミリ航空機関砲は終戦時に名古屋造兵廠熱田製造所で二〇門完成していた。

四〇ミリ、五七ミリ機関砲の研究着手は十六年末頃から十七年初頭で、敵大型機の大量出現を予想し、一発必墜の強力火器の必要を痛感してからであった。

「ホ三〇一」の最初の発案者は萱場製作所の萱場四郎社長で、これを火器として完成したのは第三航空技術研究所の岡本榮一中佐であった。本砲は簡易な構造を持つ重量約四〇キロと軽量な火器で、初速が二三〇メートル／秒と遅いのが欠点であったが、敵大型機に接近して奇襲効果を狙うには最適であった。発射速度は四〇〇発／分で、これを二式戦二型の各翼下

「キ四五」二式複座戦闘機に搭載した九八式三十七粍戦車砲、「ホ二〇三」に換装

試製三十七粍固定機関砲三型「ホ二〇三」全体

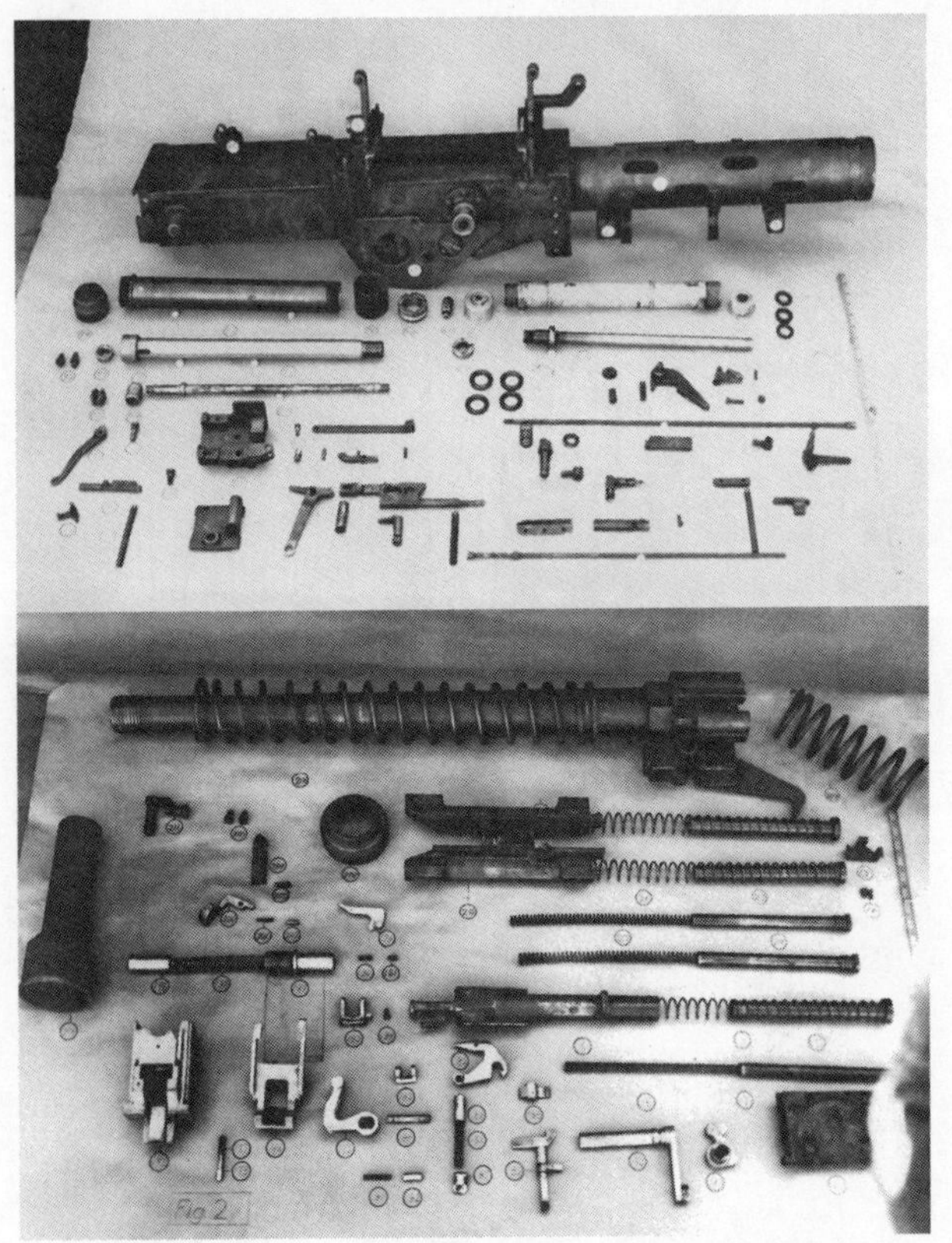

試製三十七粍固定機関砲三型「ホ二〇三」分解

飛行機から取外した「ホ二〇三」を簡易な車台に装載し、野戦兵器に転用したもの

「ホ二〇三」弾薬筒

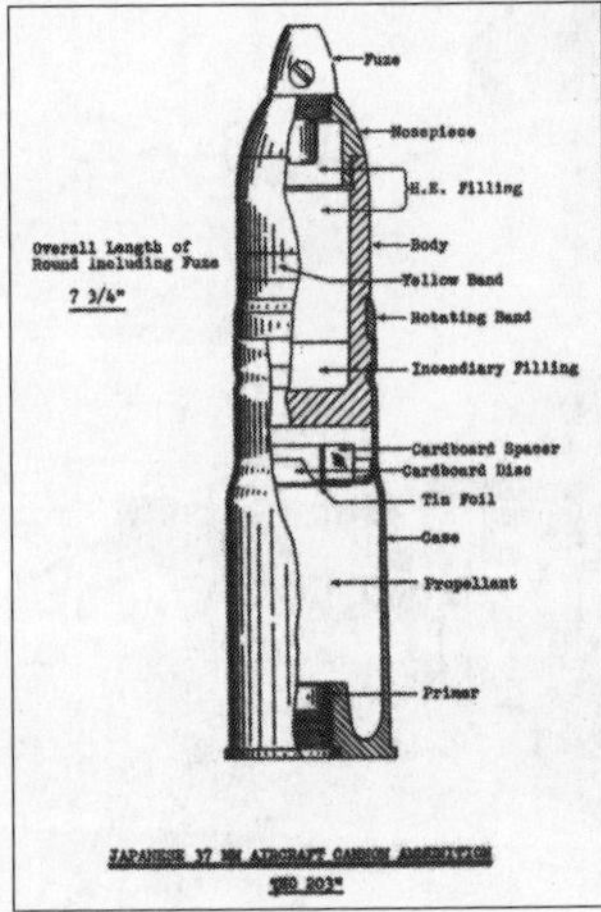

JAPANESE 37 MM AIRCRAFT CANNON AMMUNITION "HO 203"

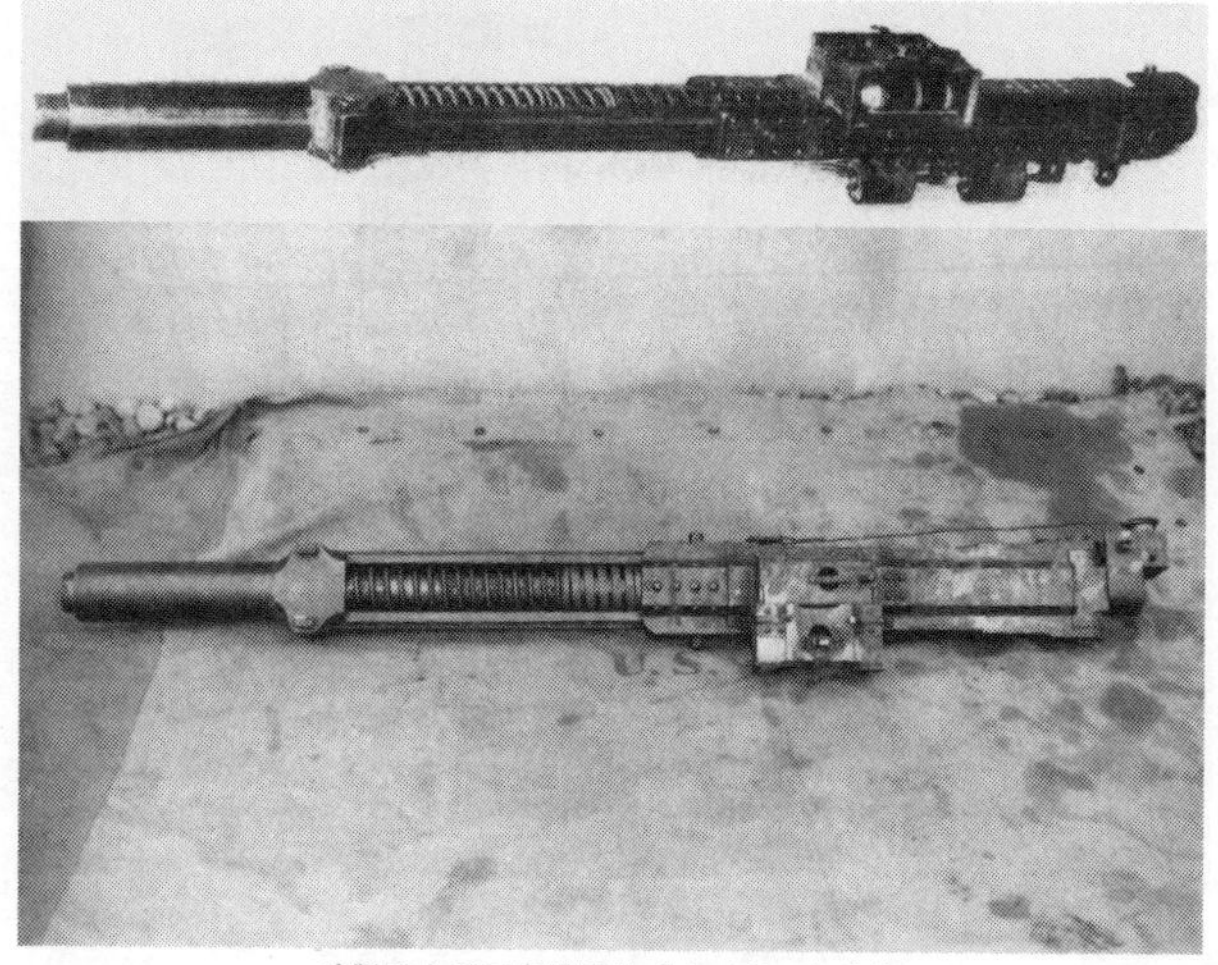

試製四十粍固定機関砲「ホ三〇一」全体

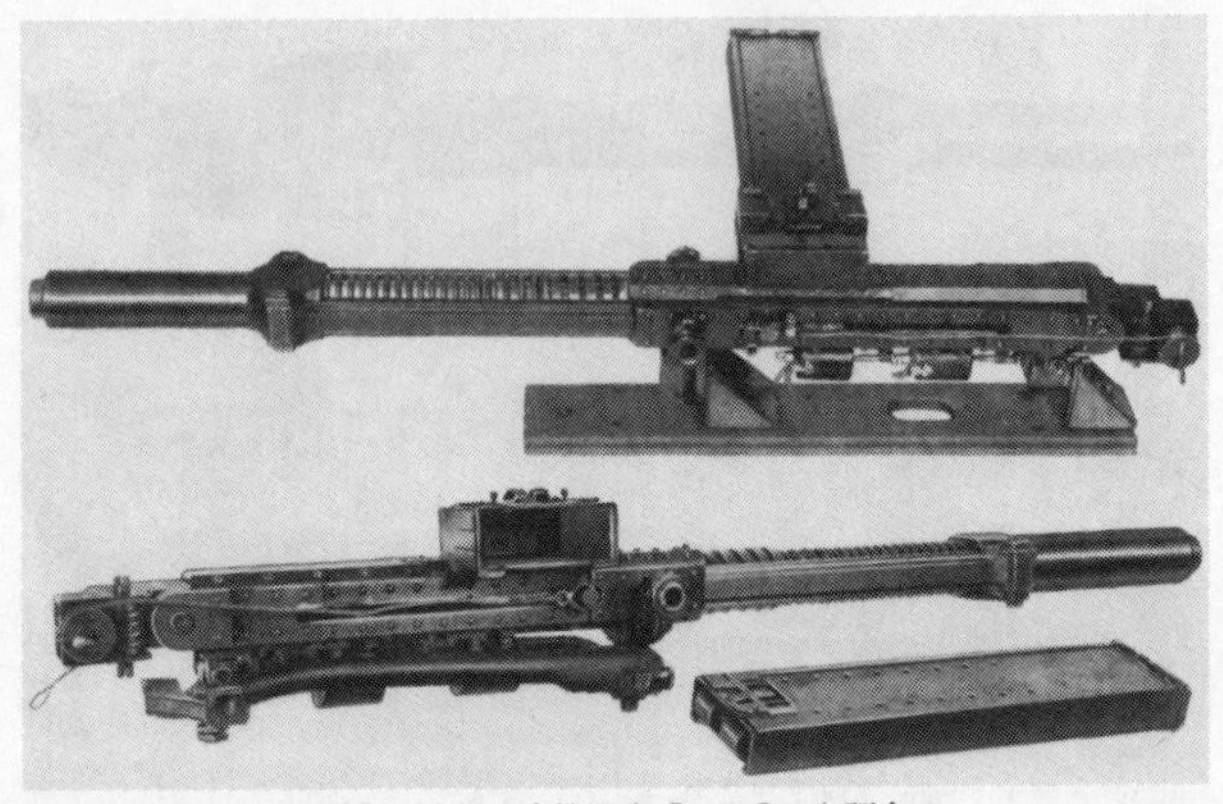

試製四十粍固定機関砲「ホ三〇一」弾倉

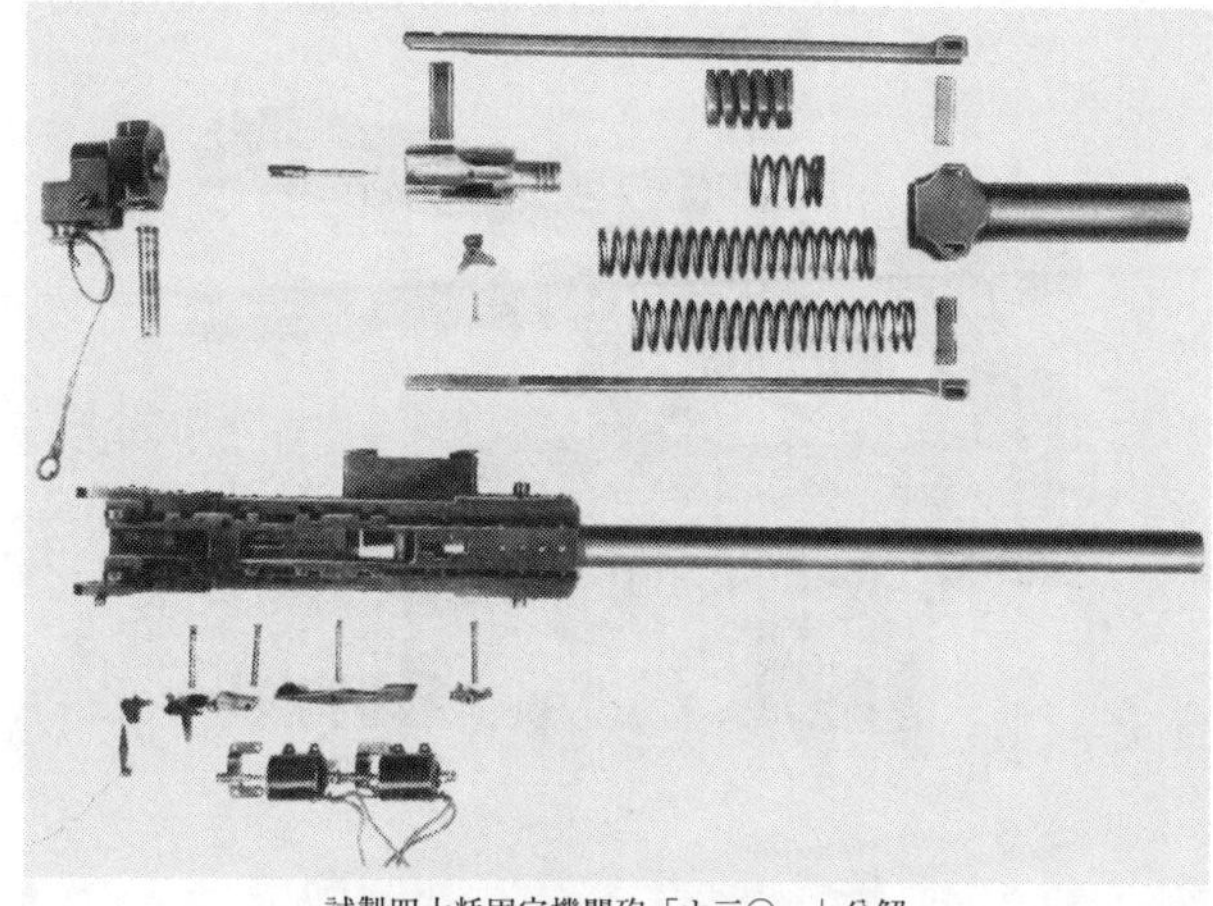

試製四十粍固定機関砲「ホ三〇一」分解

米国アバディーン実験場において射撃試験を行なう「ホ三〇一」

同じく米国アバディーン実験場において射撃試験を行なう「ホ三〇一」

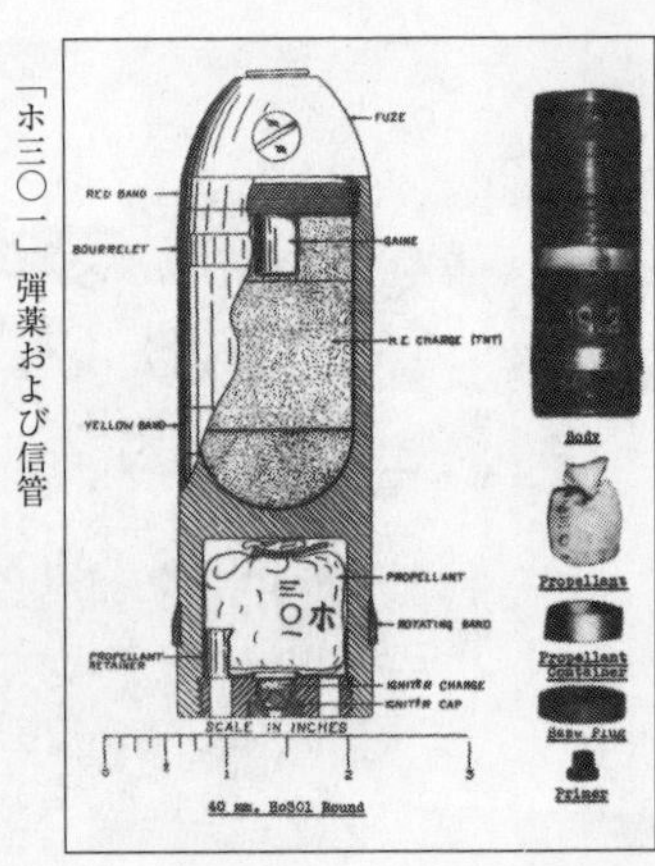

「ホ三〇一」弾薬および信管

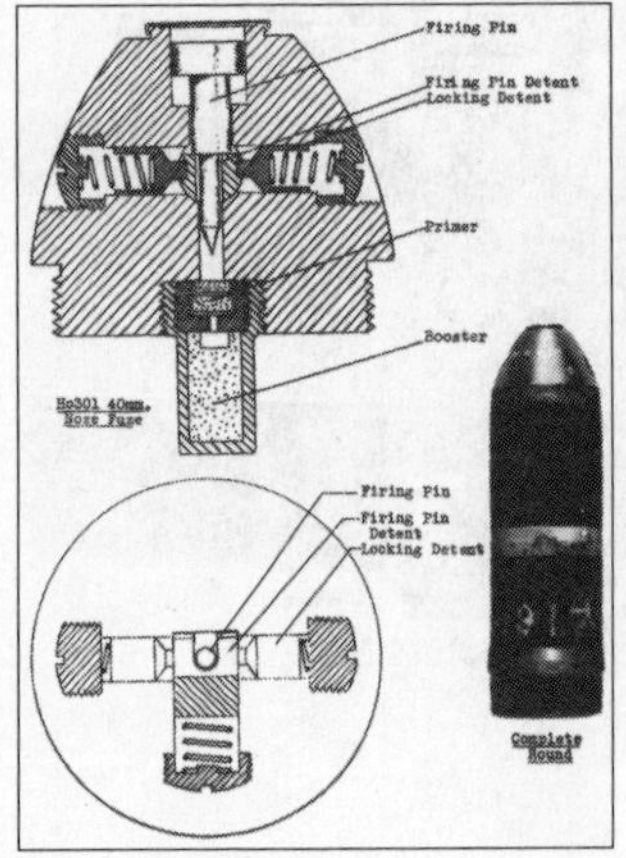

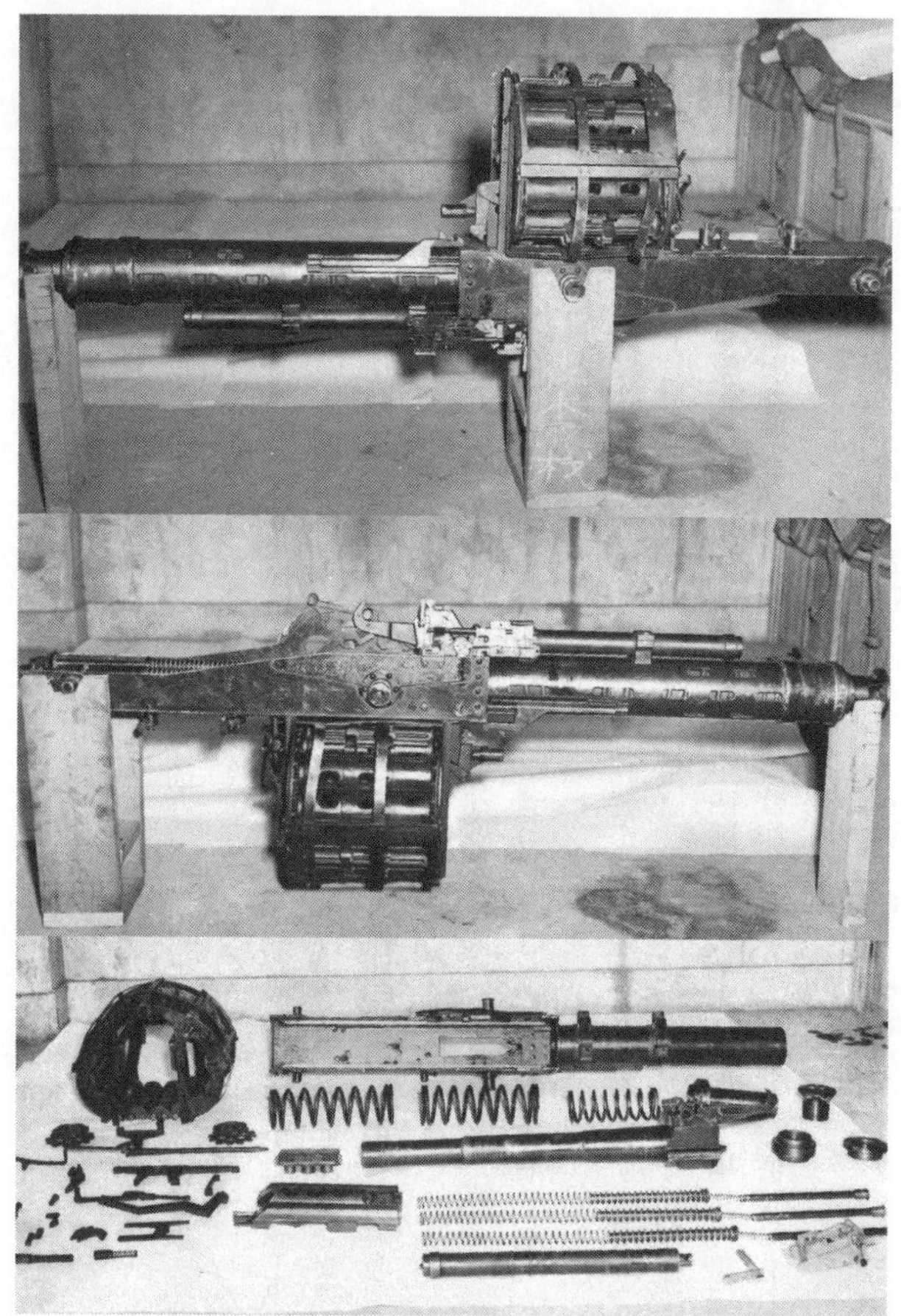

〈上中〉試製五十七粍固定機関砲「ホ四〇一」全体
〈下〉試製五十七粍固定機関砲「ホ四〇一」分解

に一門ずつ装備し、弾薬を各砲一〇発ずつ携行できるようにした二型乙はビルマ戦線に送られたが戦果は小さかった。

「ホ四〇一」は半自動式の五七ミリ砲を自動式に改め飛行機搭載用に改造したもので、日本特殊鋼株式会社が試作した。重量一五〇キロ、初速五〇〇メートル／秒、発射速度八〇発／分、全長約二メートルであった。十九年三月審査を完了し、その後二式複戦に装備した。五七ミリ航空機関砲は終戦時に名古屋造兵廠熱田製造所で二八門、高岡市の高岡工場で一〇門完成していた。その他にも遠州機械㈱や品川精機㈱金沢工場で量産が進んでいた。

「ホ五〇一」は七五ミリ砲を飛行機搭載用に改造したもので、四式重爆撃機に装備してB－29邀撃に使用する予定であったが、試作の段階で終戦となった。

重量四五〇キロ、初速五〇〇メートル／秒、発射速度六〇発／分。

「ホ五〇一」の製作が間に合わなかったので後述のように「キ一〇九」に七糎高射砲が装備された。

弾丸が発射される前に銃（砲）身内で爆発する腔発を絶滅することができず、その完全解決は難題であった。十七年五月頃に一〇〇式小瞬発信管付きの航空機用二〇ミリ榴弾に腔発が起こった。東京陸軍第一造兵廠製造所長の桑田小四郎大佐は部下の信管工場長渡邊三郎技術少佐に命じてその原因を探求させたところ、原因は炸薬ではなく、弾丸の信管にあると報告された。

その翌年渡邊少佐は空気信管を発明した。これは弾丸頭部に空気洞を設け、その空気洞の先端を薄板で覆った構造で、弾丸が敵機に命中すると空気断熱波の作用により発火金に着火するようになっていた。

十九年初頭御前飛行中の四式戦の翼砲「ホ五」が腔発事故を起こした。原因は明らかにならなかったが、信管に原因があるという判断のもとに、その後空気信管が使用されることになった。空気信管は不時発火がなく、また生産が容易であったため「ホ五」だけでなく、「ホ一〇三」その他の火砲にも使用された。

航空本部昭和十九年度航空武器弾薬整備計画

品目	整備目標
九八式旋回機関砲	二五〇〇
「ホ一〇三」	一万五〇〇〇
「ホ五」	一万六〇〇〇
「ホ二〇四」	八〇〇
「ホ一五五」	三〇〇
「ホ四〇一」	二〇〇
「ホ五〇一」	二〇

七・九粍機関銃普通実包五〇万、徹甲実包二〇〇万、焼夷実包五〇万、計三〇〇万

「ホ一〇三」普通弾三〇〇万、「マ一〇二」五〇〇万、「マ一〇三」五〇〇万、曳光徹甲弾

五〇〇万、計一八〇〇万

「ホ五」榴弾六〇〇万、「マ二〇二」六〇〇万、曳光徹甲弾五〇〇万、計一七〇〇万、他に代用弾三〇〇万

「ホ二〇四」榴弾五〇万、焼夷弾二〇万、計七〇万、他に代用弾一〇万

「ホ一五五」榴弾五〇万、徹甲弾二〇万、計七〇万、他に代用弾一〇万

「ホ四〇一」榴弾三万、徹甲弾一万、計四万、他に代用弾一万

「ホ五〇一」榴弾五〇〇〇、他に代用弾五〇〇〇

「ホ一五五」「ホ二〇四」

マリアナ基地からのB‐29は昭和十九年十一月一日初めて本土に飛来し、本格的な攻撃は十一月二十四日から始まった。それから二月二十五日に至る間の爆撃は関東、東海、阪神地区に集中し、航空工業を壊滅するための作戦であった。二月十六日機動部隊が参加するようになってからは様相を一変し、その銃爆撃は港湾、飛行場、航空工業地帯は勿論、交通、通信施設等、軍作戦機能の分断から、ついには一般国民に対する無差別攻撃に発展し、焼夷弾による焼土化作戦にまで拡大した。

陸軍はB‐29を撃墜するため各種の高高度戦闘機を試作したが実用に至らなかった。高高度戦闘機および夜間戦闘機の試作に関連してこれまで実用していた三七ミリ「ホ二〇三」、四〇ミリ「ホ三〇一」の他に、三〇ミリ「ホ一五五」、および三七ミリ「ホ二〇四」が試作された。しかし両砲とも装備機は実用に至らなかった。

開発の重点であった「ホ一五五」は初速（七〇〇メートル／秒）、発射速度（六〇〇発／分）の増大を企図したもので、名古屋陸軍造兵廠が試作を行ない、十八年五月から八月にかけて完成した。装備機種は「キ八三」、「キ八七」、「キ九四」および「キ一〇二丙」であった。

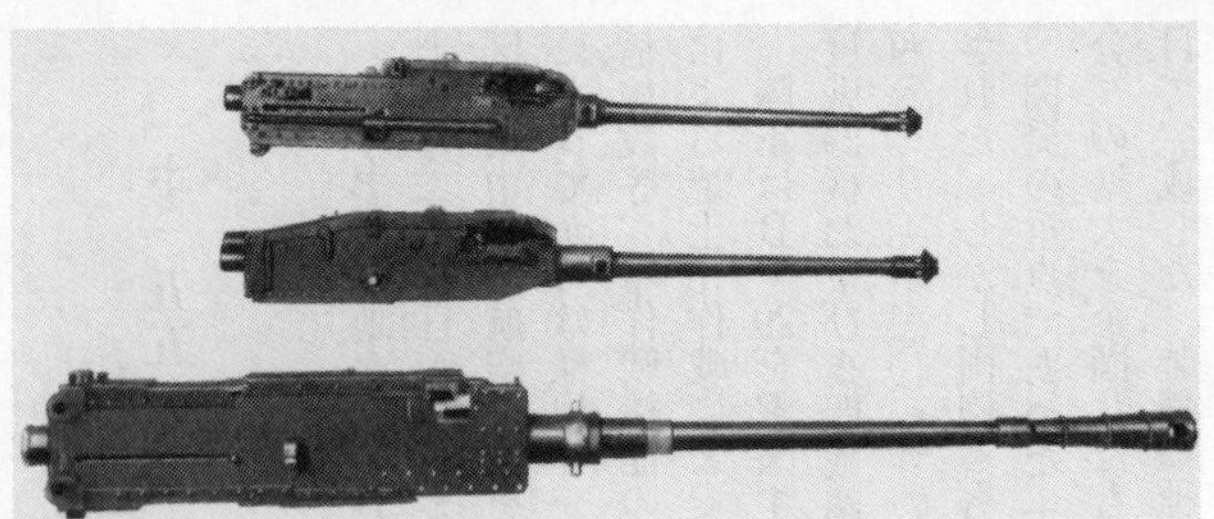

上：一式三十粍機関砲「ホ一五五」一型、中：一式三十粍機関砲「ホ一五五」二型、下：三十七粍機関砲「ホ二〇四」

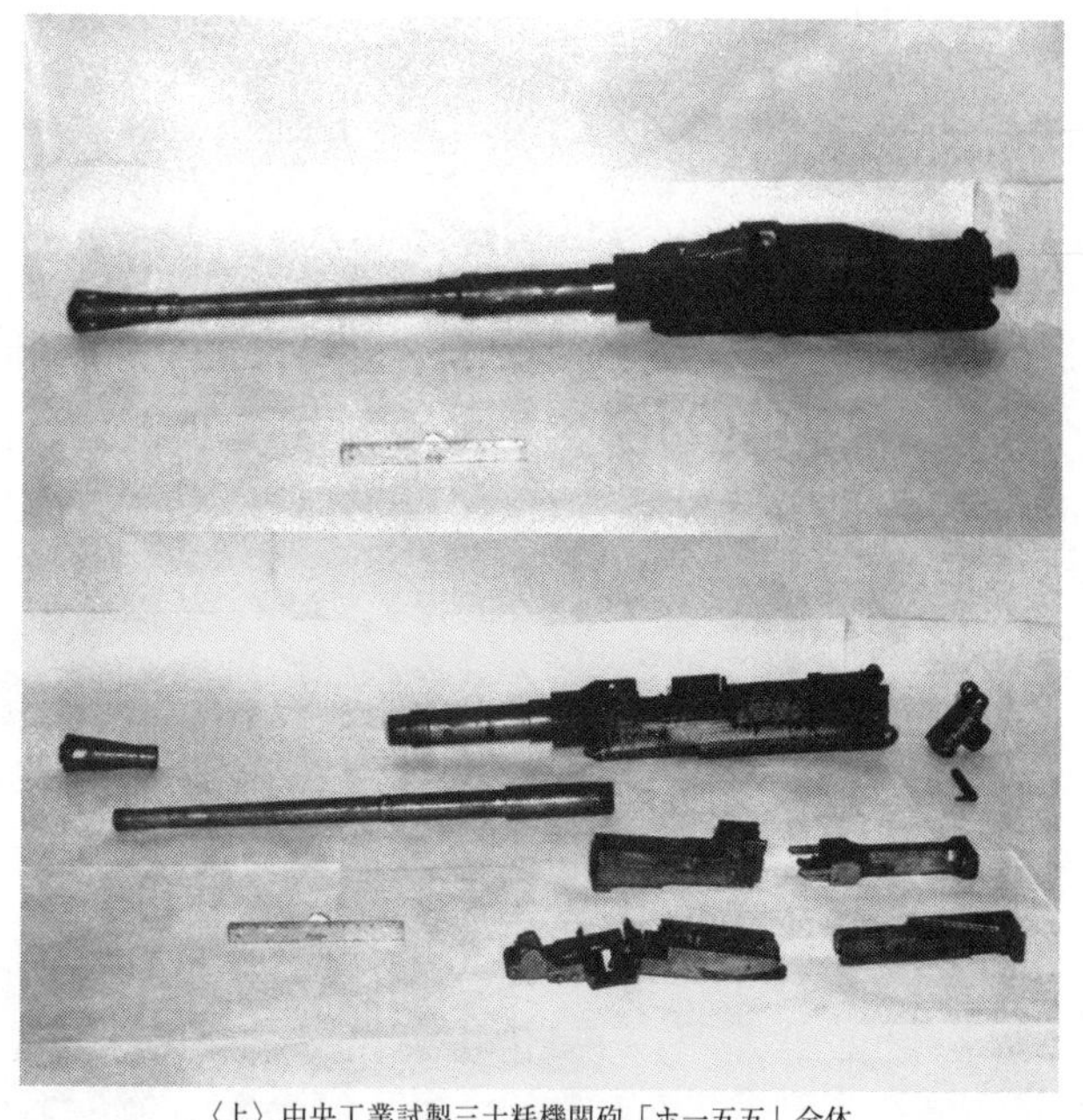

〈上〉中央工業試製三十粍機関砲「ホ一五五」全体
〈下〉中央工業試製三十粍機関砲「ホ一五五」分解

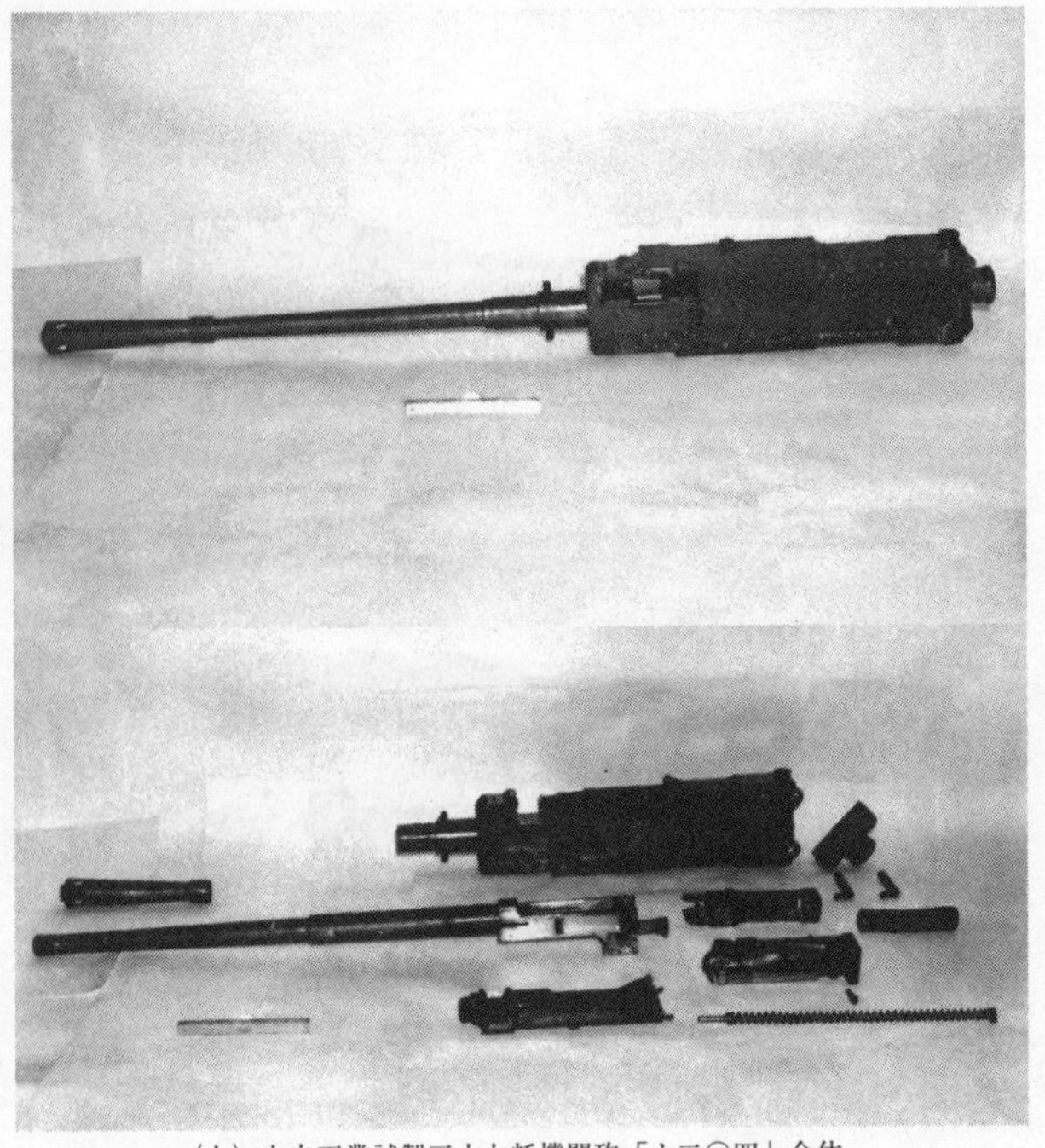

〈上〉中央工業試製三十七粍機関砲「ホ二〇四」全体
〈下〉中央工業試製三十七粍機関砲「ホ二〇四」分解

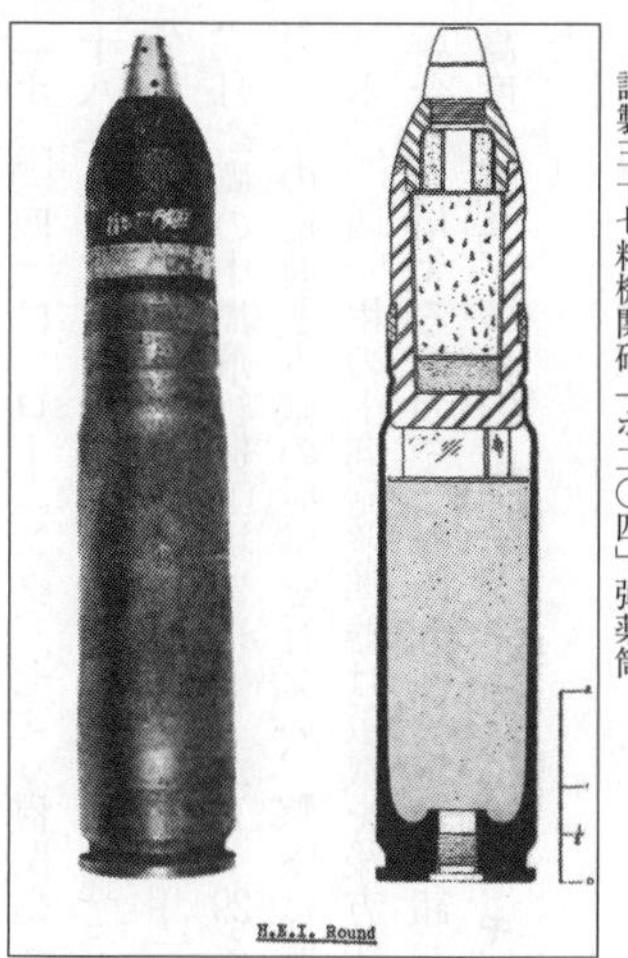

試製三十七粍機関砲「ホ二〇四」弾薬筒

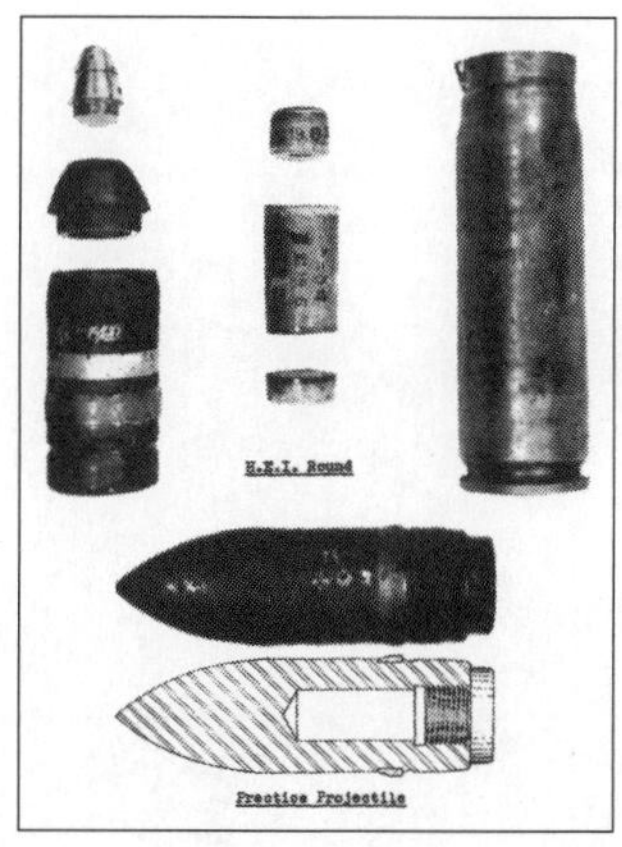

「ホ二〇四」はブローニング三七ミリ機関砲を改造したもので、中央工業株式会社が試作し、十八年九月完成した。「ホ二〇三」より初速（七一〇メートル／秒）、発射速度（四〇〇発／分）に優れており、装備機種は「キ一〇二甲」および一〇〇式司偵四型乙であった。二十年三月三鷹の中島飛行機工場に来襲したB－29を邀撃した「キ一〇二甲」はその一機に対し二〇ミリの掃射と本砲の射撃を行ない、撃墜は確実であったが確認はできなかった。

「ホ二〇四」用の上向砲照準器は敵機を後方から追尾し、その下方を平行同行して射撃する場合に使用するもので、その分画算定基礎諸元は射距離五〇〇メートル・一〇〇〇メートル、高度一万メートル、敵速および自速五〇〇キロ／時、砲の指向角度仰角七〇度となっていた。

「キ一〇九」搭載砲

陸軍中央部では四式重爆撃機の運動性の良いことに着目し、これに大口径火砲を搭載して対B－29防空戦闘機を試作することにし、昭和十八年十一月三菱航空機株式会社に指示した。その後航空審査部部員酒本英夫少佐の意見に基づき、十九年一月新たに七・五センチ高射砲を装備する「キ一〇九」の試作が指示された。この火砲は射程二〇〇〇メートルまではほとんど直進弾道である特性を利用し、B－29の防禦火網の威力圏外から攻撃するのに好適とされたのである。ただし発射速度の関係から一発必中が要求された。

高射砲搭載の「キ一〇九」試作に当たっては、先ず高射砲架の試験が五月までに行なわれ、次いで八月五日から試作第一号機に砲搭載が可能となったので飛行射撃試験が行なわれた。その結果爆風のため操縦席前方の風防ガラスに割れ目が生じる等の事故はあったが、射撃命中精度は全般として良好であった。

四月二十四日から二十八日にかけて大阪造兵廠大津川射場にて行なわれた竣工試験には「キ一〇九」搭載砲二門が供試され、機能試験、射撃試験等を実施した。その結果機能は概ね良好で抗堪性も十分だが撃発機の機能をさらに良好にするよう若干の改修が求められた。

「キ一〇九」四式重爆撃機

「キ一〇九」搭載砲全体

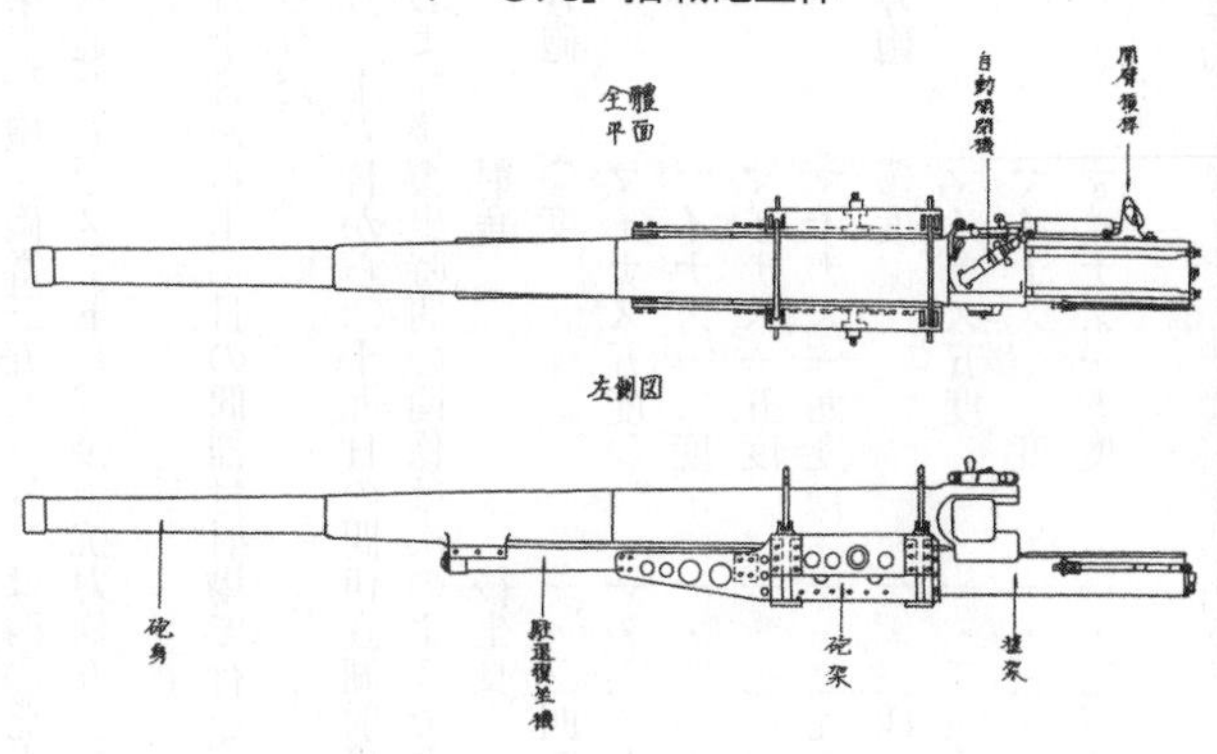

「キ一〇九」搭載砲機体取付および後視

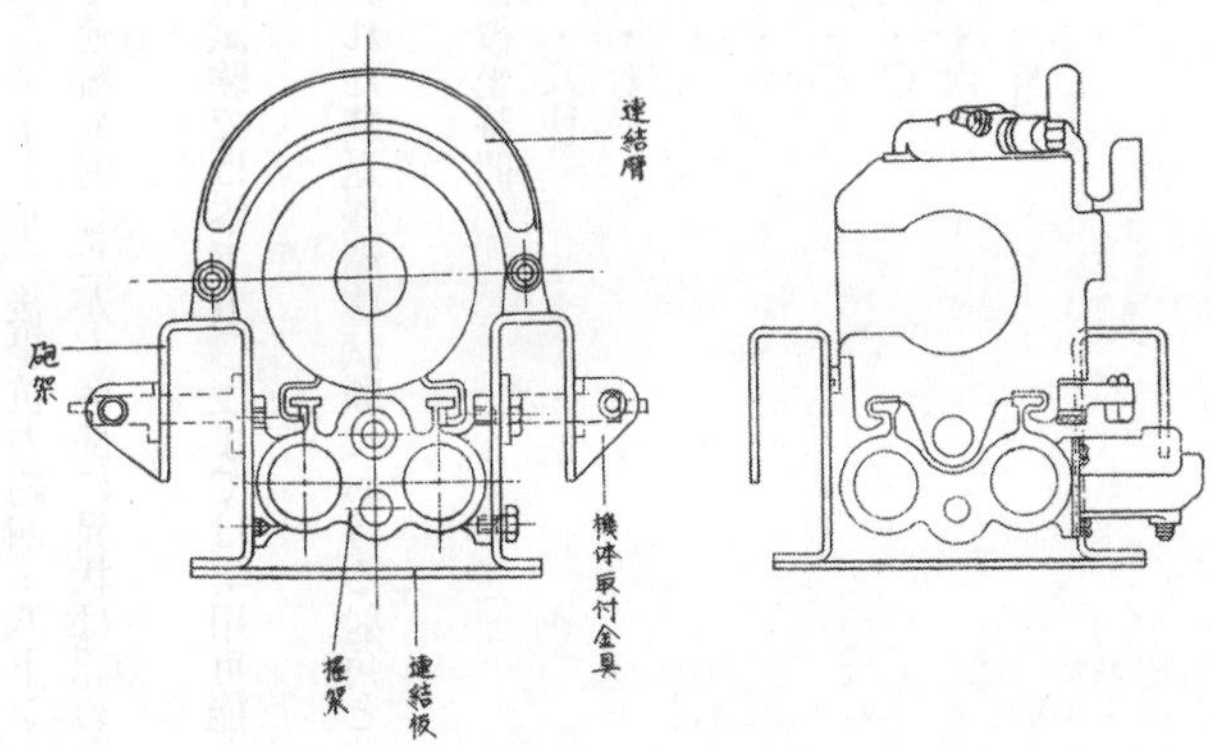

砲身遥架全備重量は七四〇キロであった。射撃試験では第一号砲（砲番三五八二号）は四六発、第二号砲（砲番三五八三号）は四〇発を初速七二〇メートル、後坐抗力約四・八トンおよび初速七五〇メートル、後坐抗力約五・二トンにて連続発射したが、各部に異状は認めなかった。

五月十日から十三日の間稲付射場で行なわれた低温試験では零下五〇度までは実用可能と判定された。

五月二十六日から二十九日の間伊良湖射場で行なわれた駐退機調整試験における射角と後坐長および後復坐時間の関係は次のようであった。

	射角	後坐長	後復坐時間
一号砲	〇度	一・三四三m	一・八秒
	マイナス五度	一・三二七	一・七
	マイナス一〇度	一・三一八	一・三
	マイナス一五度	一・三一二	一・一
	マイナス一九度	一・二九九	一・〇
二号砲	〇度	一・三四一	二・〇
	マイナス五度	一・三三九	一・六
	マイナス一〇度	一・三三二	一・四
	マイナス一五度	一・三三〇	一・二

マイナス一九度　　一・三三〇　　一・〇

電気発火機能は概ね良好だったが発射電磁石の牽引力がやや弱いのでこれを増大する必要があった。撃発機には電気発火不発に備え八八式七高の手動発火機能を残しておくこととした。

十月の東京空襲の際二機を以て邀撃したが、高空性能の不足から有効射程内に接近することができなかったので、ロケットあるいは排気タービン装備の処置がなされた。

昭和二十年一月「キ一〇九」搭載砲射撃訓練用として九四式三十七粍砲用弾薬筒を利用する内膅銃が完成した。

本機は二二機整備した。「キ一〇九」搭載砲は昭和二十年度上半期に大阪造兵廠において一二〇門製造する計画だったが、後に計画表から削除された。

本砲は発射の際生じる反動並びに駐退復坐機の作用により砲身を後復坐させ、かつ復坐途中において自動開閉機構により自動的に閉鎖機を開き、薬莢を排出する。

「キ一〇九」搭載砲主要諸元

口径七五ミリ、砲身全長三・三一二メートル（四四・一六口径）、砲身重量四九〇キロ、全備弾薬筒量八・七〇キロ、弾倉重量約五・九キロ、砲弾一五発入弾倉重量一三六・四キロ、初速七二〇メートル／秒、発射速度約二〇発／分

試製二十粍旋回機関砲

（昭和十九年十月　陸軍航空総監部「試製二十粍旋回機関砲取扱法秘」）

本機関砲は発射の際に生じる火薬ガスの圧力の一部を利用して砲尾機関を開き、薬莢を排出し、撃発機を押す間はさらに復坐ばねの弾撥力により次発の弾薬筒の装填閉鎖を行ない、自動的に発射を復行するもので、砲、弾倉、属品よりなる。

弾倉は併列鼓状型で内部に弾薬筒二〇発を装填し、砲一門に一〇個を付随する。弾薬筒は左右の弾倉から交互に給弾する。

打殻受は一〇〇式旋回銃架の固定架に取付け、約四弾倉（八〇発）を収容することができる。

試製二十粍旋回機関砲主要諸元

口径二〇ミリ、砲全長一・七三五メートル、砲身全長一・二メートル、砲重量（除弾倉）三二・六三キロ、弾倉重量（空）五・三キロ、弾倉重量（二〇発入）一一・二四キロ、発射速度四〇〇発／分、初速八二〇メートル／秒

「キ四九」搭載試製二十粍旋回機関砲

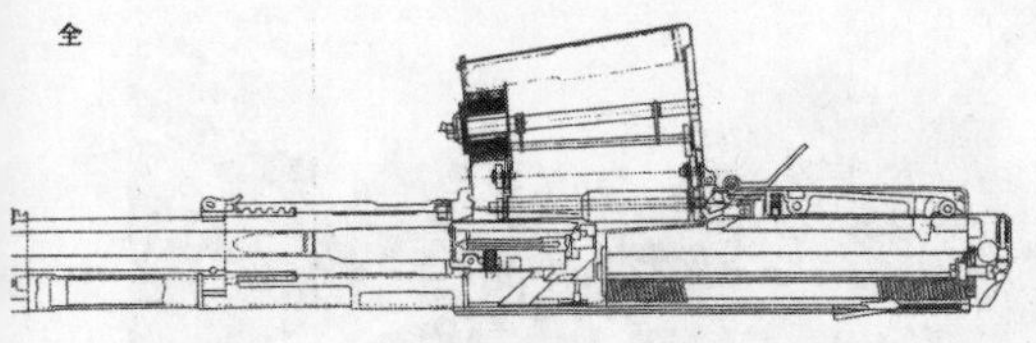

試製二十粍旋回機関砲全体
昭和19年10月陸軍航空総監部
「試製二十粍旋回機関砲取扱法」所載（以下同じ）

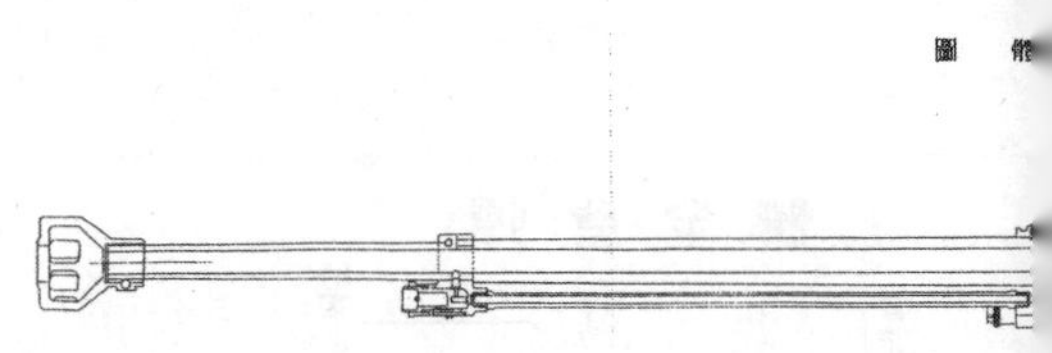

試製二十粍旋回機関砲弾倉

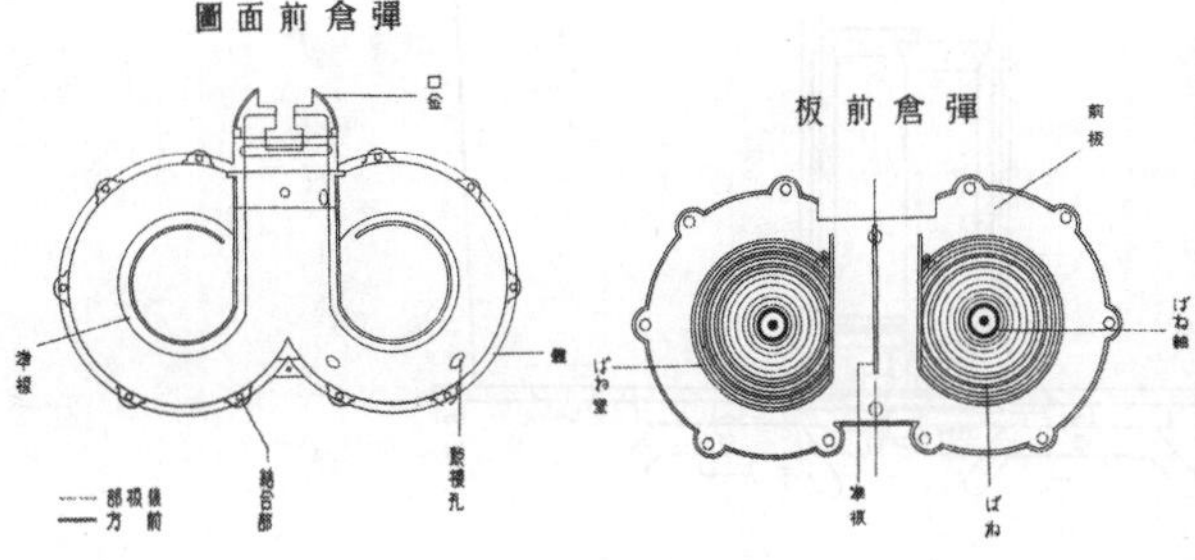

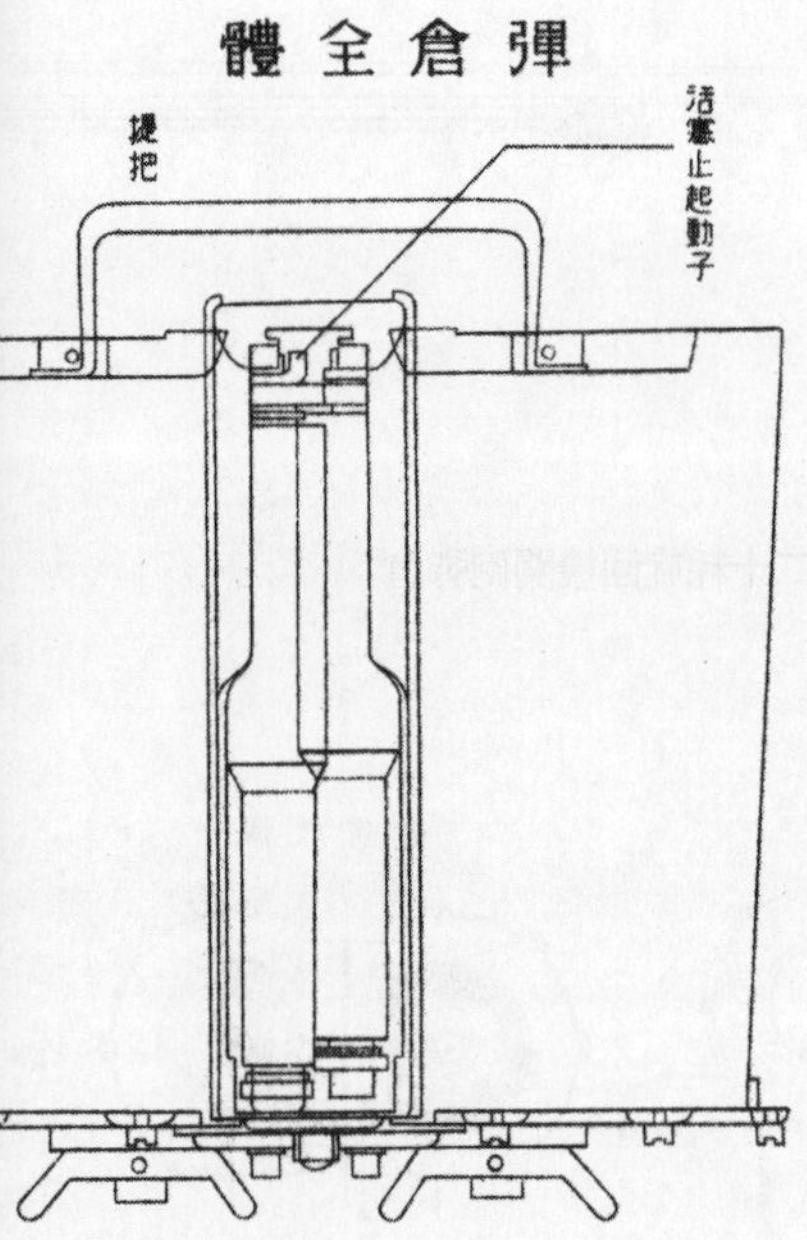
彈倉全體
提把
活塞止起動子

試製二十粍旋回機関砲弾倉、砲口制退器

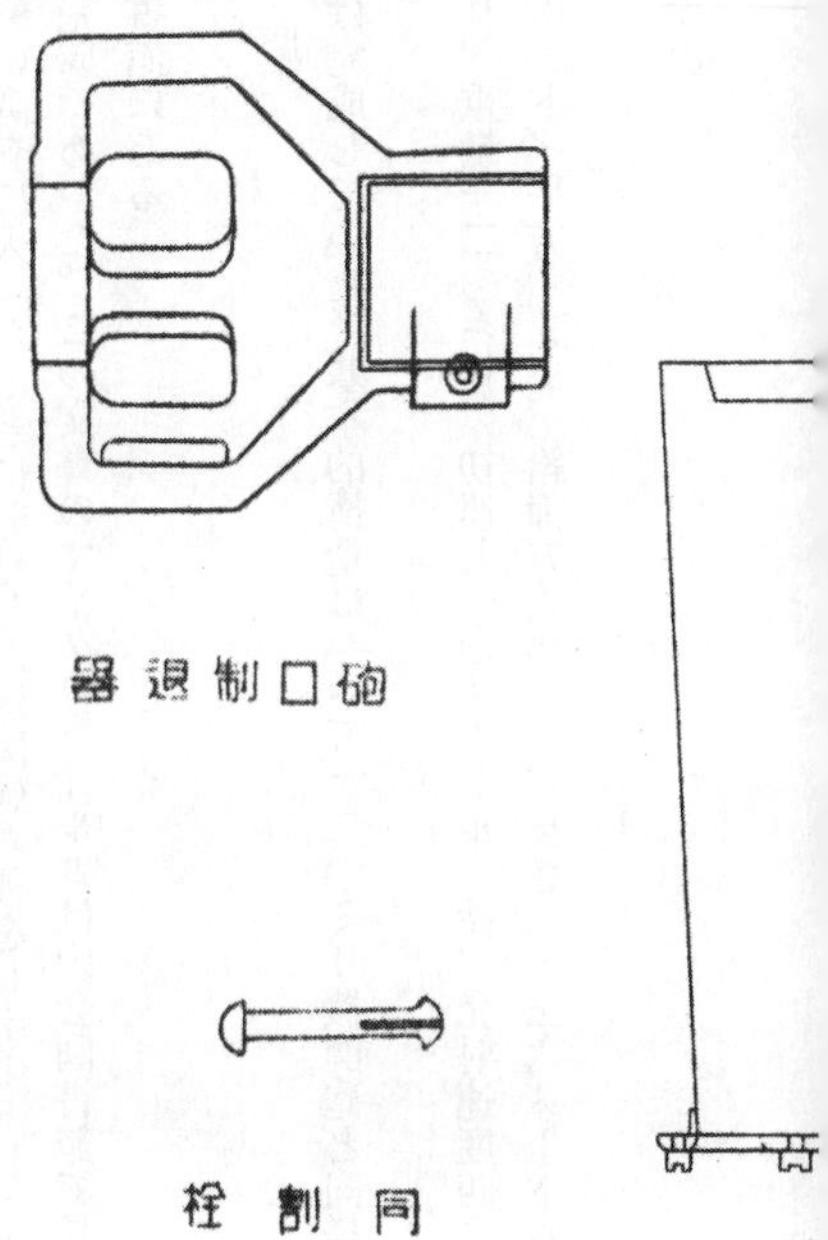

中央工業の最終試作状況

米陸軍 5250th Technical Intelligence Company が一九四六年一月七日付で報告書 JAPANESE AIRCRAFT CANNON（EXPERIMENTAL）を作成した。一九四五年十二月十九日中央工業に調査に入ったときに発見した機関砲六種をレポートしたもので、「ホ二〇四」を除き未完成であった。この文書のマイクロフィルムは国会図書館で見ることができる。原本は米公文書館にある。

一、「ホ二〇四」

この機関砲は完成していた。基本的構造は「ホ五」二〇ミリ機関砲と同様のブローニング型式。

口径三七ミリ、重量一二〇キロ、初速七〇〇メートル／秒、発射速度四〇〇発／分、腔圧三万五五〇〇ポンド／平方インチ、給弾方式ベルト、長さ二・三六メートル、銃身長一・二五メートル

二、「ホ一五五」

この機関砲も「ホ五」二〇ミリ機関砲と同様のブローニング型式で、大型の弾薬を用いる。重量六〇キロは口径に対し比較的軽量である。

口径三〇ミリ、重量六〇キロ、初速七〇〇メートル／秒、発射速度七〇〇発／分、腔圧四万一四〇〇ポンド／平方インチ、給弾方式ベルト、長さ一・八六メートル、銃身長一メートル

三、「ホ五一」

この機関砲はブローニング型式だが何箇所か修正している。修正の結果は不明で未完成。

口径二五ミリ、重量三五キロ、初速七〇〇メートル／秒、発射速度七〇〇発／分、腔圧三万五五〇〇ポンド／平方インチ、給弾方式ベルト、長さ一・五一メートル、銃身長一メートル

四、「ホ一二」

「ホ五」二〇ミリ機関砲をより大きい弾薬を使えるよう改修したもので、未完成。

口径二〇ミリ、重量四〇キロ、初速七九〇メートル／秒、発射速度七〇〇発／分、腔圧四万二六五〇ポンド／平方インチ、給弾方式ベルト

五、「ホ三〇五七」

この機関砲はエリコン型式でベルト給弾様式である。弾丸底部に発射薬を有し、薬莢は使用しない。

口径五七ミリ、重量一〇〇キロ、初速四〇〇メートル／秒、発射速度二〇〇発／分、長さ

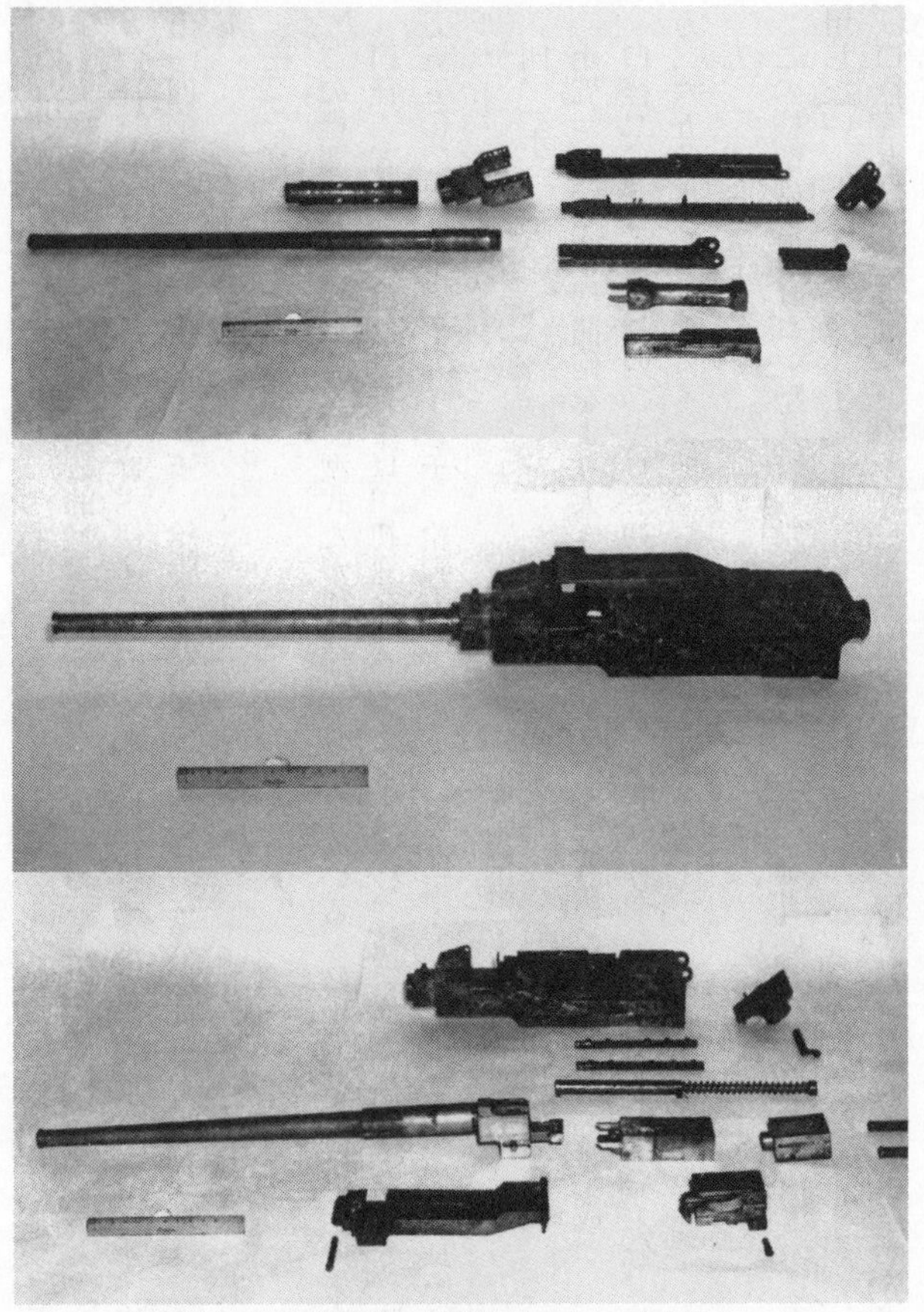

〈上〉中央工業試製二十粍機関砲「ホ一二」分解
〈中〉中央工業試製二十五粍機関砲「ホ五一」全体
〈下〉中央工業試製二十五粍機関砲「ホ五一」分解

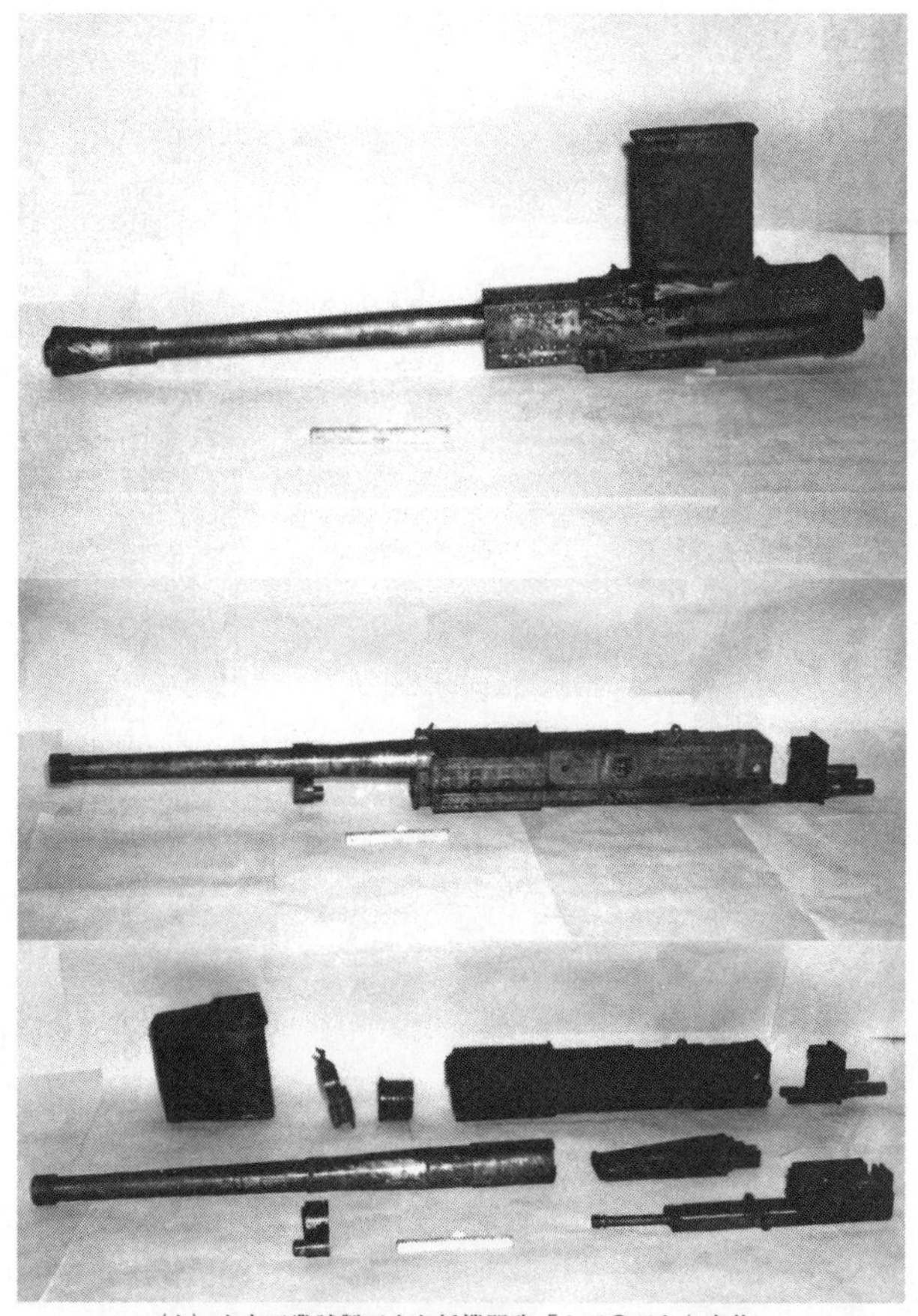

〈上〉中央工業試製五十七粍機関砲「ホ三〇五七」全体
〈中〉中央工業試製五十七粍機関砲「ホ三一五七」全体
〈下〉中央工業試製五十七粍機関砲「ホ三一五七」分解

二・〇七メートル、銃身長一・五メートル

六、「ホ三二五七」

イスパノ型式の大口径機関砲。給弾は弾倉様式で、弾薬筒を用いる。

口径五七ミリ、重量四五〇キロ、初速六七〇メートル／秒、発射速度三〇〇発／分、長さ二・二五メートル、銃身長一・四八メートル

終戦時における各工廠の研究状況

東京第一陸軍造兵廠

一、各種地上および航空二十粍弾丸および信管の共通作業方式に関する研究

（一）地上航空二十粍弾丸の共通作業方式に関する研究（第三製造所）昭和十九年より継続

①曳光徹甲弾の高周波による自動焼入装置の設計完了。

②航空二十粍薄肉榴弾は機能良好なものを完成し多量生産に移行中であったが腔発、過早発が発生したので再度設計を変更し完璧なものを得た。なお航空十三粍薄肉榴弾は基礎研究を完了し機能良好なものを得た。

（二）空気信管に関する研究（第三製造所）

①航空十三粍空気信管は機能良好なものを得た。

②航空二十粍空気信管は研究を完了し制式採用となり多量生産中であったが、偶々腔発、過早発が発生したのでその原因を探求したが、製作上の過誤に起因し、信管機構自体によるものではないことが判明した。

二、航空弾薬の画期的増産に関する研究

（一）各種信管部品の多量生産方式の確立（第三製造所）

①各種信管部品の検査自動化を研究し目下検査機の設計中、かつ検査規格の拡大により多量生産に即応中であった。

②信管組立作業の機械化および流動化について一部研究が完成した。

③ダイカストによる信管部品製作の研究が完成した。

（二）鉄製薬莢の多量生産方式の確立（第一製造所、仙台製造所）昭和十四年より継続

①七・七粍級に関しては既に機能良好なものを得た。

②一二・七粍および二〇粍級に関しては基礎研究を概ね終了した。

名古屋陸軍造兵廠

一、二式軽量二十粍固定機関砲尾筒側板と補強板との鋲締作業に関する研究

（一）取付けられた鋲を電極間に位置して加熱し適度に軟化後両電極を以て加圧鋲締するものとする（千種製造所）。

①尾筒側板と補強板との接合に当り鋲を電熱により溶接する方法を採用することにより従来行なっている冷間鋲打作業に比べて作業時間を約四〇パーセント短縮することができた。

②鋲の抗張力試験を実施したところ冷間鋲打に比べて平均四二パーセント強度が増大

していることが判明した。

③以上の結果により多量生産に対する基礎的事項を把握すると共に尾筒結合後に耐久射撃試験を行なう必要がある。

小倉陸軍造兵廠

一、航空三十粍砲機能向上並びに製造容易化に関する研究（研究所）昭和十九年より継続

(一) 昭和十九年八月下旬名古屋陸軍造兵廠の製作図に従いI型二門の試作を開始した。

(二) 同十月中旬試製砲が完成し、古賀射場において試験を実施した。

(三) 本砲はII型に整備変更されたので十月下旬よりII型を研究開始すると同時に名古屋陸軍造兵廠の製作図による砲並びに研究に基づく改修型砲の試作を開始した。

(四) 同十二月再びI型を整備することに変更されたので、前回試験結果に基づく改正意見を上申すると共に整備用製作図を再調整のうえ関係課所に配付した。

①試作砲試験結果に基づき砲身保持筒、前方蓋板、緩衝筒、上板、下板等の製造を容易化するため部品の鋳鋼化を図った。

②機能、強度向上のため床尾緩衝ばね、滑走筒、尾栓、下板等部品の経始を変更した。

③二十年八月中旬初度製品完成のうえ研究結果の再検討を実施するところであった。

研究進捗度推定三〇パーセント。

二、航空三十七粍砲の機能精度の向上並びに製造簡易化の研究（研究所、糸口山製造所）

昭和十八年より継続

（一）十八年度においては機能向上並びに作業容易化の面より製作図の調整、試作および機能試験を実施した。

（二）十九年度においては鋳鋼化並びに材質低下による耐久度確保につき試験研究を行なった。

（三）二十年度においては細部の機能並びに一般耐久度向上に関し前年度より引続き試験研究を行なった。

①十八年十月研究に着手し十九年三月までに概ね機能を確保した。

②製作並びに材料取得の容易化により多量生産性を向上する。

③二十年五月に至り機能精度耐久度共に著しく向上した。

昭和二十年度整備計画

昭和二十年三月陸軍兵器行政本部が策定した昭和二十年度整備計画では決戦兵器、特攻兵器および航空関係兵器を最重点とし、航空武器については上半期の廠別予定数を次表のように定めた。下半期の余力は考慮することなく、あらゆる資材を挙げて戦力化に努力するとした。「ホ一五五」および同弾薬に関しては設備の拡充を認めている。

砲種	名造	小造	計	摘要
「ホ一〇三」	八〇〇〇		八〇〇〇	
「ホ五」	八四〇〇	一万二六〇〇	二万一〇〇〇	増加することあり
「ホ一五五」	三四〇〇	二〇〇	三六〇〇	名造Ⅰ型一〇五〇、Ⅱ型二三五〇、小造Ⅰ型
「ホ二〇四」	一三〇	一七〇	三〇〇	

「ホ四〇一」　二五〇　二五〇

（単位　万発）

「ホ一〇三」一三ミリ　普通弾一一六〇、「マ一〇三」一四〇、「マ一〇六」一〇〇、「マ一〇二」二六〇、曳光徹甲弾二四〇

「ホ五」二〇ミリ　「マ二〇二」六四〇、「マ二〇六」三三〇、改修二式榴弾二九〇、曳光徹甲弾六四〇

「ホ一五五」三〇ミリ　榴弾一四五、「マ三〇一」一〇〇

「ホ二〇四」三七ミリ　榴弾四、「マ三五二」四

「ホ四〇二」五七ミリ　榴弾二

九〇式高射尖鋭弾七五ミリ　二

航空武器製造実績

小倉陸軍造兵廠（昭和二十年十月推定）

八九式固定機関銃　一九三一年四〇〇梃、一九三二年六〇〇、一九三三年七二〇、一九三四年六〇〇、一九三五年七〇〇、一九三六年七〇〇、一九三七年一一〇〇、一九三八年一四〇〇、一九三九年一四〇〇、一九四〇年一五〇〇、一九四一年一八〇〇、一九四二年二五〇〇、一九四三年一四〇〇（十月中止）

八九式旋回機関銃　一九三一年二〇〇梃、一九三二年三〇〇、一九三三年三六〇、一九三四年三〇〇、一九三五年三五〇、一九三六年三五〇、一九三七年五〇〇、一九三八年一二〇〇、一九三九年一二〇〇、一九四〇年一二〇〇

単銃身旋回機関銃二型　一九四一年三六〇〇梃、一九四二年三九〇〇、一九四三年二五〇〇（十二月中止）

二十粍旋回機関砲　一九四一年三〇〇門、一九四二年五五〇、一九四三年二二〇（七月中止）

二十粍固定機関砲　一九四一年一八〇門、一九四二年三五〇、一九四三年六〇（五月中止）

止）

十二・七粍固定機関砲　一九四三年三〇〇〇（六月から）

二式軽量二十粍固定機関砲　一九四三年一六七〇、一九四四年八七三〇、一九四五年八二五二

三十七粍航空機関砲　一九四三年一〇〇（一九四四年一月から）、一九四四年四二二、一九四五年一五六

名古屋陸軍造兵廠（昭和二十年十月推定）

八九式固定機関銃　一九四一年一一〇〇、一九四二年一三〇〇、一九四三年一二〇〇、一九四四年四一〇（五月中止）

八九式旋回機関銃　一九四一年一一二（五月中止）

九八式旋回機関銃　一九四一年三〇〇（一九四二年一月から）、一九四二年三四〇〇、一九四三年二七〇〇

一式旋回機関銃　一九四一年二〇九（一九四一年十二月から）、一九四二年二五〇〇、一九四三年九〇〇

一式十二・七粍固定機関砲　一九四二年五〇〇（十月から）、一九四三年一万二五〇〇、一九四四年一万五六一〇、一九四五年五三一六

試製航空用四十粍機関砲　一九四三年一〇〇（七月〜一月）

試製二十粍翼内機関砲　一九四四年一万二〇〇〇、一九四五年二九二二
試製航空用三十粍機関砲二型　一九四四年三〇〇（十一月から）、一九四五年一四八
試製航空用三十粍機関砲一型　一九四四年七〇（十月から）、一九四五年一八八（七月まで）
試製航空用三十七粍機関砲　一九四四年五四四（七月から）、一九四五年五七（五月まで）
試製航空用五十七粍機関砲　一九四四年九二（四月から）、一九四五年一二三

東京第一陸軍造兵廠
八九式固定機関銃　一九三三年五二、一九三三年一三〇、一九三四年四三一、一九三五年三七八、一九三六年三二三、一九三七年六六九、一九三八年八七八、一九三九年一四〇五
八九式旋回機関銃　一九三二年一三〇、一九三三年一六八、一九三四年一五三、一九三五年一三四、一九三六年一五四、一九三七年三〇二
八九式旋回機関銃「特」一九三八年三三〇、一九三九年五九一
試製単銃身旋回機関銃　一九三八年二二八、一九三九年五五八
航空機用機関銃回転式　一九二九年二〇

作戦用機関砲弾薬集積状況（明野は昭和二〇年五月一日調、他は三月一日調）

第一教導飛行隊
明野　四式戦闘機（二中隊）、三式戦闘機（一中隊）、キ一〇〇（一中隊）
一二・七ミリ一二万二七二五発、二〇ミリ八万一九八五発
北伊勢　四式戦闘機（二中隊）
一二・七ミリ四万八六九四、二〇ミリ五万四七五七
鈴鹿　四式戦闘機（三中隊、と号）不明
第二教導飛行隊
八日市　一式戦闘機（三中隊）、三式戦闘機（三中隊、と号）
一二・七ミリ四万、二〇ミリ二万二五九
第三教導飛行隊
天竜　一式戦闘機（二中隊）、一式戦闘機（一中隊、と号）
一二・七ミリ四万九八五〇、二〇ミリ二万
富士　一式戦闘機（一中隊、と号）

一二・七ミリ五〇〇〇

第四教導飛行隊

佐野　一式戦闘機（二中隊）
　一二・七ミリ一万七四二八、二〇ミリ一万三〇〇〇

高松　三式戦闘機（一中隊、と号）
　一二・七ミリ五万、二〇ミリ二万

本地原　一式戦闘機（一中隊、と号）、一式戦闘機（二中隊）不明

菰野　三式戦闘機（一中隊、と号）、一式戦闘機（二中隊）不明

老津　一式戦闘機（六中隊）不明

明野教導飛行師団対空火器配当　昭和二十年度

明野　「ホ五」（一二〇門、一五〇〇発）、「ホ二」（六門、二九四〇発）、「ホ一〇三」（一七門、三九〇〇発）、「テ四」（五門、三〇〇〇発）

北伊勢　「ホ五」（四門、六〇〇発）、「ホ二」（四門、一〇二〇発）、「ホ一〇三」（五門、七五〇発）、「テ四」（五門、三〇〇〇発）

天竜　「ホ五」（四門、六〇〇発）、「ホ一〇三」（八門、一二〇〇発）、「テ四」（五門、三〇〇〇発）

富士　「ホ五」（四門、六〇〇発）、「ホ一〇三」（四門、六〇〇発）、「テ四」（五門、三〇

八日市　「ホ一」（一〇門、二〇四〇発）、「ホ一〇三」（八門、一二〇〇発）、「テ四」（五門、一〇〇〇発）

佐野　「ホ五」（四門、六〇〇発）、「ホ一〇三」（四門、六〇〇発）、「テ四」（五門、三〇〇〇発）

高松　「ホ五」（四門、六〇〇発）、「ホ一〇三」（五門、七五〇発）、「テ四」（五門、三〇〇〇発）

作戦用として機関砲一門につき三〇〇発と機関銃一梃につき六〇〇発とする。ただし「ホ一〇三」および「ホ五」用弾薬は当分の間一五〇発とする。

訓練用として機関砲は一門につき三〇発とし、「ホ一〇三」および「ホ五」は一門につき一〇発とし、「テ四」は一銃につき二〇発とする。

明野教導飛行師団対空火器弾薬配当　昭和二十年五月二十日調

七・七ミリ銃用九二式徹甲弾実包

明野　北伊勢　佐野　高松　富士　天竜　八日市

二〇〇〇　二〇〇〇　二〇〇〇　二〇〇〇　二〇〇〇　二〇〇〇

計一万二〇〇〇

七・七ミリ銃用九二式焼夷弾実包

明野	北伊勢	佐野	高松	富士	天竜	八日市
	一〇〇〇	一〇〇〇	一〇〇〇	一〇〇〇	一〇〇〇	一〇〇〇

計六〇〇〇

一二・七ミリ砲用一式曳光徹甲弾弾薬筒

明野	北伊勢	佐野	高松	富士	天竜	八日市
一三〇〇	二五〇	二〇〇	二五〇	二〇〇	四〇〇	四〇〇

計三〇〇〇

一二・七ミリ砲用「マ一〇二」

明野	北伊勢	佐野	高松	富士	天竜	八日市
一三〇〇	二五〇	二〇〇	二五〇	二〇〇	四〇〇	四〇〇

計三〇〇〇

一二・七ミリ砲用「マ一〇三」

明野	北伊勢	佐野	高松	富士	天竜	八日市
一三〇〇	二五〇	二〇〇	二五〇	二〇〇	四〇〇	四〇〇

計三〇〇〇

「ホ五」二〇ミリ砲用二式曳光徹甲弾弾薬筒

明野	北伊勢	佐野	高松	富士	天竜	八日市
五〇〇	二〇〇	二〇〇	二〇〇	二〇〇	二〇〇	

計一五〇〇

「ホ五」二〇ミリ砲用二式榴弾弾薬筒

明野	北伊勢	佐野	高松	富士	天竜	八日市
五〇〇	二〇〇	二〇〇	二〇〇	二〇〇	二〇〇	

計一五〇〇

「ホ五」二〇ミリ砲用「マ一〇三」

明野	北伊勢	佐野	高松	富士	天竜	八日市
五〇〇	二〇〇	二〇〇	二〇〇	二〇〇	二〇〇	

計一五〇〇

「ホ一」二〇ミリ砲用榴弾弾薬筒

明野	北伊勢	佐野	高松	富士	天竜	八日市
一七四〇	四二〇					八四〇

計三〇〇〇

「ホ一」二〇ミリ砲用曳光徹甲弾弾薬筒

明野	北伊勢	佐野	高松	富士	天竜	八日市
四〇〇	二〇〇					四〇〇

計一〇〇〇

「ホ一」二〇ミリ砲用「マ一〇二」

明野	北伊勢	佐野	高松	富士	天竜	八日市
八〇〇	四〇〇					八〇〇

計二〇〇〇

と号機および直掩機装備弾薬数量（各一隊分）　昭和二十年

一式戦闘機	一二・七ミリ	二五〇×一二×二＝六〇〇〇発
三式戦闘機	一二・七ミリ	二五〇×一二×二＝六〇〇〇発
	二〇ミリ	一五〇×一二×二＝三六〇〇発
四式戦闘機	一二・七ミリ	二五〇×一二×二＝六〇〇〇発
	二〇ミリ	一五〇×一二×二＝三六〇〇発
「キ一〇〇」	一二・七ミリ	二五〇×一二×二＝六〇〇〇発
	二〇ミリ	一五〇×一二×二＝三六〇〇発

終戦時における東海軍管区第五十一航空師団航空兵器現況表

種別	型式	員数	主な所在場所
固定機関銃	八九式	二三五	岐阜中一三八、浜松二三、富士二一、岐阜東一九、富山一三

九九式　一四　岐阜東一四

マウザー　二六　明野一〇一、岐阜中八九、小牧一六、清洲一〇

旋回機関銃　八九式　六九九　岐阜中三五八、明野一〇三、浜松六六、金沢三〇、鈴鹿二九

九九式　三　岐阜中二、岐阜東一

一〇〇式　一一　三方原九、小牧二

試製単銃身　五七八　岐阜中二三〇、岐阜東一四三、浜松五九、北伊勢五四

一式　一〇九　浜松四七、岐阜西二九、富山一七、岐阜中一六

九八式　一一八　岐阜中五四、浜松三〇、富山一三、清洲一〇、岐阜西七

固定機関砲　一式十二・七粍　三〇三四　岐阜中八二三、小牧六五三、浜松三七九、明野三四〇

試製二十粍翼内　一二三七　小牧四四五、岐阜中二五八、明野二二〇、清洲八六

「ホ二〇三」（三七ミリ）

三一　明野一八、清洲七、岐阜西四、北伊勢二

「ホ四〇一」（五七ミリ）
四　岐阜中四

旋回機関砲

試製二十粍　一四三　浜松三七、岐阜東二六、北伊勢二六、岐
阜中一八

「ホ二〇四」（三七ミリ）
一一八　岐阜中八九、浜松二〇、小牧九

「ホ一五五」（三〇ミリ）
六五九　岐阜中四五五、鈴鹿一八三、北伊勢一六、
岐阜西三

「キ一〇九」搭載砲二五　岐阜中二五

その他航空火器二九〇〇　岐阜中二八八三、清洲一五、富士二

機関銃弾

七・七ミリ　二八五万八九九六　七尾六〇万三〇〇、北伊勢五〇万六
九二二、浜松三一万二四一三

七・九ミリ　六九万九六五六　三方原二一万三一一七、浜松一六万
七九七五、小牧八万五五〇〇

機関砲弾

一二・七ミリ　一四六万四八九六　各務原四一万七八二〇、鈴鹿三七万

二〇ミリ　九二万七一二三　五八九〇、小牧二三万一二〇〇
　各務原二三万六〇八六、小牧一一万
　八五一〇、三方原九万八五九五
三〇ミリ　一〇〇〇　老津一〇〇〇
三七ミリ　二万八五一四　三方原八〇〇〇、浜松七九五八、七
　尾五九九六、清洲二六五八
五七ミリ　一万一〇〇〇　三方原六〇〇〇、七尾五〇〇〇

昭和二十年十月下志津飛行場に残存していた航空武器を第五教導飛行隊が調査して進駐軍に提出したリストによると八九式固定機関銃三三、同予備銃身四五、八九式旋回機関銃二八、同(特)二、「ホ一〇三」機関砲一三、「ホ五」機関砲二、「ホ一二〇」機関砲一〇、弾薬は七・七ミリが八九式普通実包一七九〇、同旋回銃用三六九七、九二式焼夷実包二万三三〇三、同徹甲実包一一六、一式普通実包二一四〇、同焼夷実包三〇〇、一二・七ミリ弾薬筒二〇七一、「マ一〇二」八八〇、「マ一〇三」二四四六、二〇ミリ弾薬筒各種約三五〇〇発残存していた。

昭和二〇年八月三十一日立川教導航空整備師団が進駐軍の求めに応じて提出した残存軍需品品目員数調書のうち、航空武器の部を以下に示す。

品目・型式	数量	程度上	程度下	摘要
八九式固定機関銃甲	八	八		
八九式固定機関銃乙	六	四	二	
八九式旋回機関銃	一	一		
一式旋回機関銃	二一	二一		
試製単銃身旋回機関銃	二	二		
九八式旋回機関銃	一	一		
一式固定機関銃甲	五七	五五	二	
一式固定機関銃乙	五五	五五		
試製二〇粍翼内固定機関砲甲	一八	一八		
試製二〇粍翼内固定機関砲乙	一九	一九		
「ホ二〇三」	二	二		
「ホ二〇四」	一	一		
「ホ四〇一」	一	一		
二十粍旋回機関砲	二	二		
マウザー機関砲	六	六		
試製単銃身旋回機関砲	一六	一六		地上火器に改修

九八式旋回機関砲	八	八	地上火器に改修
二〇粍旋回機関砲	四	四	地上火器に改修
一式固定機関砲甲	一五	一五	対空火器に改修
一式固定機関砲乙	一六	一六	対空火器に改修
一二・七粍ブローニング機関砲	二	二	
試製各種機関銃	一一	一一	

航空弾薬の部

品目	員数
八九式旋(固)機用八九式普通実包	五万二四六〇
九二式焼夷実包	三五七九
九二式徹甲実包	四〇八五
「マ一〇一」	七七
航空機関銃用一式徹甲実包	一万二九六八
一式焼夷実包	二九四六
一式普通実包	六〇〇〇
「マ一〇四」	五七五〇
航空機関砲用一式普通弾弾薬筒	二万四九一八

一式曳光徹甲弾弾薬筒	七一六四
「マ一〇二」	七三五七
「マ一〇三」	八五四六
「ホ五」用二式榴弾代用弾弾薬筒	二三六五
「マ二〇二」	二七九
二〇粍機関砲用榴弾弾薬筒	二三三七
榴弾代用弾弾薬筒	六〇六五
曳光徹甲弾弾薬筒	三七六
曳光榴弾代用弾弾薬筒	三六〇
「マ二〇一」	三〇
三十七粍機関砲用榴弾代用弾弾薬筒	五五
マウザー二〇粍瞬発自爆榴弾	四五〇

戦略爆撃調査団の質問に対する回答

一九四五年十一月米国戦略爆撃調査団本部軍事調査部は日本の陸海軍などに対し航空兵器に関する質問書を提示した。質問の内容は一九四〇年から一九四五年までの航空兵器全般にわたる詳細なもので、陸軍、海軍に加えて三菱重工業などからも回答書が提出された。以下に射撃兵器に関する質問に対する陸軍側の回答を引用する。

開戦当初は一三ミリ級「ホ一〇三」であったが米軍戦闘機の装甲および機体蓋板の厚さが強化されるにしたがい「ホ一〇三」では威力不足を感じ、二〇ミリ級「ホ五」の研究に着手、審査を終了し、一九四四年後半より逐次整備に移行し新式各種飛行機に装備のうえ一部は実用に供した。これと前後して三〇ミリ級「ホ一五五」、三七ミリ級「ホ二〇三」、「ホ二〇四」、五七ミリ級「ホ四〇一」、「ホ四〇二」の審査に着手し、「ホ二〇三」は一部整備、作戦に使用し相当の威力を発揮した。「ホ一五五」、「ホ四〇一」についても一応整備したが実用に供するには至らなかった。

昼夜間を区分して使用するものは研究していないが、特に大口径砲に移行するにしたがい砲口から生じる砲口焔のために眩惑されることが多くなり、消焔剤および消焔器の審査を促進した。消焔器に関しては「ホ一〇三」、「ホ五」および「ホ二〇三」用のものを若干整備し作戦に使用した。

対B－29用機関砲としては二〇ミリ級「ホ五」を主とし、さらに「ホ一五五」、「ホ二〇三」、「ホ四〇一」を計画、「ホ二〇三」および特殊機関砲「ホ三〇一」（四〇ミリ）は一部作戦に使用した。

上部射撃砲としては「ホ五」二門を「キ四五」に装備し、主として夜間におけるB－29攻撃に使用し相当の成果を収めた。側方射撃砲は陸軍機には採用しなかった。

徹甲弾、榴弾に対しては一般に装甲が強大であるため二〇ミリ以上でなければ大きな効果は期待できなかったが「マ」弾に対しては全機種とも相当の脆弱性を現したものと認められる。B－29に対しては二〇ミリ「マ」弾（一部榴弾混用）二〇発以上、三七ミリ、五七ミリは一発で撃墜は確実であった。

射撃照準機については開戦当初は固定、旋回ともに敵速修正および射手修正を射手自ら実施しなければならない簡単な照準機で、眼鏡式（クレッチアン）より光像式に移行する状況にあったが、一九四三年末以来旋回式は米国の自動式を模倣し若干整備したが実用に至らなかった。固定式は「メ一〇一」と称する自動式を自ら案出し審査中終戦となった。

機関銃（砲）名と主な搭載機種は次のとおり。

八九式固定機関銃（七・七ミリ）キ二一Ⅱ、キ四三Ⅰ、キ四四Ⅰ、キ四四Ⅱ、キ六一Ⅰ

八九式旋回機関銃（七・七ミリ）キ二一Ⅱ、キ四八Ⅱ

「テ四」（七・七ミリ）キ二二Ⅱ、キ四九Ⅱ

九八式旋回機関砲（七・九ミリ）キ四五、キ四六Ⅱ、キ四六Ⅲ

「ホ一〇三」（一二・七ミリ）キ二一Ⅱ、キ四三Ⅱ、キ四三Ⅲ、キ四四Ⅰ、キ四四Ⅱ、キ四四Ⅲ、キ四五、キ四八Ⅱ、キ四九Ⅱ、キ六一Ⅰ、キ六一Ⅱ、キ六七Ⅰ、キ六七Ⅱ（試作）、キ七四、キ八四、キ九三、キ一〇六、キ一〇〇Ⅰ、キ一〇〇Ⅱ、キ一〇二乙

「ホ一」（二〇・〇ミリ）キ四九Ⅱ

「ホ三」（二〇・〇ミリ）キ四五

「ホ五」（二〇・〇ミリ）キ四三Ⅲ（試作）、キ四五、キ四六Ⅲ、キ六一Ⅰ、キ六一Ⅱ、キ六七Ⅰ、キ六七Ⅱ、キ八三、キ八四、キ八七、キ九三、キ九四、キ一〇〇Ⅰ、キ一〇〇Ⅱ、キ一〇二甲、キ一〇二乙、キ一〇二丙（計画中）、キ一〇六

「ホ一五五」Ⅰ（三〇・〇ミリ）キ八三、キ八七、キ九四、キ一〇二丙（計画中）

「ホ一五五」Ⅱ（三〇・〇ミリ）キ八四（試作）

「ホ二〇三」（三七・〇ミリ）キ四五

「ホ二〇四」（三七・〇ミリ）キ四六Ⅲ、キ一〇二甲

「ホ三〇一」（四〇・〇ミリ）キ四四Ⅱ

「ホ四〇一」（五七・〇ミリ）キ四五（試作）、キ一〇二乙

「ホ四〇二」（五七・〇ミリ）キ九三

「ホ五〇一」（七五・〇ミリ）キ九三

マウザー（二〇・〇ミリ）キ六一Ⅰ
三七ミリ対戦車砲　キ四五、キ四六Ⅱ

日本特殊鋼における機関砲製造

元日特金属工業株式会社常務取締役工学博士酒井亀久次郎氏遺稿「火砲製造の想い出」（昭和二十九年十二月）より「飛行機搭載用機関砲の設計製造」の章を引用させていただく。

近代戦において飛行機は重大な役割を占めるに至った。地上部隊の攻撃、艦船の撃破、敵機との交戦等飛行機の使命が戦局の拡大とともに益々加わってきた。さらにもし一朝世界戦の渦中に投じ列強と干戈を交えることありとすれば、飛行機襲撃に対する防衛が喫緊の問題となることは必然である。国土の全域（重要都市だけでも）を防衛するには数に限りある対空高射砲では到底不可能である。飛行機を防禦するには飛行機で対抗するより他はない。然るに列強国の飛行機（例えばB－29）はその要部は完全に装甲されていて到底従来戦闘機等に装備する機銃の類では豆鉄砲同様で効果を期待し得ないのである。これに着眼し陸軍航空技術部は大威力の火砲を戦闘機に装備する計画を立てた。然るにこの目的に相応する兵器は日本にはなかったのである。

当時（昭和十四年四月）同部はわが日本特殊鋼会社へこの問題を持ち込んで来たのである。

その機関砲は口径三七ミリと五七ミリの二種で榴弾の連発式とし、軽快な戦闘機に搭載し射撃し得るという条件の下にこれが設計と製造との交渉を受けたのである。しかしこの種の火砲は本邦は勿論列強国においても類例なく頗る難題であった。

渡辺三郎社長の熱烈な推進の下に引受けることになった。幸い会社には元陸軍に長く勤務した火砲設計に造詣深い大角亨氏、木本寅吉氏等で編制する兵器設計部があった。これが製造部と相協力して設計に当り、独創的な設計案を得た。これを航空本部に提出し承認を得て早速試作に着手し、三七ミリ機関砲二門の試作を終えたのが十六年一月であった。

社内において試験を行ない不備な点を改修し、同年五月航空技術部立会いの下に披露の射撃試験を施行したが、無事良好の成績を挙げ好評を博した。

しかしその後軍部においては飛行機補給の関係から本砲を装備する機運は熟さず、審議に相当の時日を費やしたのは残念であったが、いよいよ時局が緊迫し十七年中頃に至り急遽装備の議が起こり、第一回一〇〇門さらに第二回五〇〇門の注文を受けた。これが民間設計の火砲を国軍の制式兵器に採用した始めである。社内では予め計画していたことなので即時製造の手配を進めた。十八年四月の五門を始めとして月を逐うごとに増産し、同年内（約八ヵ月）に二〇〇門以上を生産し納入した。

これは主として支那方面における敵機との交戦、地上部隊の攻撃、運輸機関、艦船の撃破等に活用し偉勲を奏し、軍部から頻々とその増産の要求に接した。

本砲は当社独自の設計によるもので他の追随を許さないものである関係上、軍の要求に応じるためには従来の他工廠方面の注文を一時打切りとし、専ら本砲の製造に工場の全能力を傾注し、全員必死に増産に邁進した結果終戦までに一〇〇〇門以上を生産した。

これと少々遅れてさらに大型の口径五七ミリ機関砲の設計および製造の要求を受けた。その構造は三七ミリ砲と同形式とし、これまた軍の採用するところとなり、十八年末期から一二〇門以上製造したところで終戦となったのである。

両砲は砲身の後復坐運動によって閉鎖機の開閉、弾丸の装填、空薬莢の蹴出等全く自動的に作用する機構である。弾薬框には一六発の砲弾を収容し、発射弾数は毎分約一五〇発である。弾丸は弾頭瞬発信管を装着する榴弾で、文字通り一触即発炸裂し流石に堅牢を誇る敵機も致命傷を受けて撃墜される。これを戦闘機に装備し敵の爆撃機および戦闘機に追随射撃を行なう。

戦局は逆転して国軍の形勢不利に陥るや敵機は大挙国土に来襲し、本砲はその威力を存分に発揮したことは仄聞したところであったが、軍部から詳しい情報を接受することを得ないで終わったことは残念であった。ただ当時国軍の戦闘機は敵機に比して航速で劣り、追随射撃は困難であったということを耳にした。これは私の兵器製造の棹尾の仕事となったのである。

次に酒井亀久次郎氏の略歴を紹介する。陸軍火砲との深い繋がりが窺える。

明治三十七年六月　大阪砲兵工廠に入所

明治三十七年十一月　任陸軍技手
明治三十八年十二月より四十一年五月まで　ドイツ・クルップ工場を拠点として研修
大正六年五月　任陸軍技師
大正九年九月　軍用自動車調査委員兼務
大正十三年六月より十四年九月まで　フランス・シュナイダー社に駐在
昭和八年六月　依願免本官、日本特殊鋼会社の兵器製造計画に招聘
昭和八年八月　日本特殊鋼合資会社に入社　先ず大阪造兵廠注文の九二式歩兵砲および擲弾筒の生産に着手
昭和十七年十月　日本特殊鋼株式会社取締役に就任
昭和十七年十月　軍の要望により第一兵器部、第二兵器部に拡大改編、第一兵器部長を委嘱
昭和二十年八月二十五日　大東亜戦争終結、兵器製造禁止に伴う会社縮小から辞任
昭和二十三年　進駐軍傘下の重車両修理工場として再生した兵器部門の嘱託として再び日本特殊鋼株式会社に関係
昭和三十年五月　新商号日特金属工業株式会社常務取締役、工場長に就任
昭和三十五年七月　逝去　行年七七歳

戦争末期に軍部の強い要請によって日特鋼の兵器部は陸軍関係を第一兵器部、海軍関係を

第二兵器部と拡大編成換えとなり、前者を酒井取締役が部長として陸軍出身の技術者により編成され、第二兵器部には河村常務が配属された。

河村常務は昭和五年に東大造兵学科を卒業した純民間出身の工学博士で、銃器の設計では河村理論と呼ばれる小銃の命中理論を完成し、次々と独創的な銃尾機関機構を発明して世界各国の特許を取得した。河村氏の手記は後段で紹介する。

第一兵器部、第二兵器部ともそれぞれ日特設計陣の設計による航空機搭載機関砲（海軍では機銃と呼称）の開発製造を行ない、大東亜戦争の航空機搭載用の主力火器は、陸海軍ともに日特技術陣の設計による制式兵器であったことは特筆されるべき事実である。

陸軍用火器は多年数々の陸軍火砲を設計した木本寅吉技師によって自動砲から発達した三七ミリ、五七ミリの砲身後坐式機関砲を生み、海軍用火器は河村技師によって昭和五年以来の自動小銃、機関銃から発達したガス圧利用ベルト給弾の二〇ミリ、三〇ミリ機関銃を生み出した。前者はエリコン二〇ミリ弾倉式機関銃をベルト給弾式に改造したもので、零式戦闘機の威力のもととなり、後者は当時世界最強の威力を有する多数弾発射機関銃であった。第二兵器部は工場を相模原の橋本に新設することになったが、資材の入手も困難となり、本格的生産を開始することなく終戦を迎えた。

戦前から日本特殊鋼㈱において自動火器の開発に携わり、戦後も日特金属工業㈱において機関砲の開発に携わった河村正彌氏が兵器工業会の機関紙「兵器と技術」一九七一年五月号に手記を掲載している。河村氏は昭和五年に日本特殊鋼に入社し、それ以来戦後に至るまで射撃兵器の研究開発に携わった。氏はわが国における機関砲の権威であり他にこの分野の一次資料は殆ど見られないので、海軍用を含めて機関砲の開発に関する部分を引用させていただく。

第二次大戦の初期、ゼロ戦は片翼に一梃ずつエリコン式二〇ミリ機銃（海軍では口径の大小を問わず自動火器を機銃と呼び、陸軍では二〇ミリ以上を機関砲と呼んでいた）を搭載していたが、丸弾倉に収容する弾薬がわずかに四五発であったから、一機の携行弾数は九〇発であった。米国の戦闘機が一三ミリ機銃を片翼三梃計六梃搭載であったから、初期の火力は著しくゼロ戦が有利であったが、九〇発の弾薬を撃ち尽くすとたちまち補助的な七・九ミリ機銃があるだけで貧弱な火力になってしまう。携行弾薬の増加が焦眉の急として騒がれていた。また当時の二〇ミリ機銃一号は短い薬莢で初速が低く弾道が彎曲するので二号機銃が開発され転換されつつあった。

昭和十七年二月十九日海軍航空技術廠から篠崎中佐の命を受けて川北健三大尉と川上陽平中尉が日本特殊鋼に来社し、エリコン二〇ミリ機銃の大改造を依頼した。河村と加瀬衛技師とは夜を日についで設計を進め、昭和十七年七月五日設計を完了、九月に試作完成試験射撃に入り、十一月二十六日供覧射撃を行ない、航本、技術廠、各航空隊から二〇余名が来社し一〇〇発のベルトで連射を行なった。「海軍航空隊の前途が明るくなりました」と激賞され、即日増加試作を命じられ、続いて地上実験、航空実験が一技廠支廠および横須賀航空隊で行なわれ、昭和十八年四月十五日大量生産に入ることが決定された。

これと並行して昭和十七年十一月から二号機銃の改造に着手、昼夜兼行で設計、試作、飛行実験を進め、昭和十八年四月十五日に量産が決定し、ここに二〇ミリ機銃一号四型と二号四型が誕生した。

当時日本特殊鋼の火砲工場は陸軍の監理工場であり、海軍用の兵器は試作程度のことは許されたが、量産に入ることは許されなかったので、弾薬を連結するクリップだけを生産することとして、二〇ミリ機銃は専ら大日本兵器株式会社と豊川海軍工廠で生産された。この機銃を搭載する飛行機はゼロ戦はもちろん雷電、月光、紫電、紫電改と拡大していったが、紫電改の最終型には片翼三梃計六梃の二〇ミリ機銃を搭載していた。携行弾薬は翼桁の関係で一梃一二五発計七五〇発であった。発射速度が約五〇〇発／分程度であったから毎分三〇〇〇発であった。しかも火薬を動力として自動する二〇ミリ機銃一号四型、二号四型は引金を引いた瞬間から一定発射速度で発射されるから、最初の〇・一秒で五発、〇・二秒で一〇発、〇・三秒で一五発発射できたことは紫電改のすばらしい格闘能力となっていた。

陸軍では航空用に主として一三ミリ機関銃が使われていたが、昭和十四年頃から二〇ミリ機関砲の搭載が計画されて河村が研究を命じられていたし、同じ頃三七ミリ、五七ミリ機関砲の搭載が計画されて、日本特殊鋼の木本寅吉、片岡保之助、松村弘技師らが苦心して設計製作した三七ミリ機関砲「ホ二〇三」、五七ミリ機関砲「ホ四〇一」が制式に採用され、同社の大森工場で量産に入っていた。これらの機関砲は砲身の後坐によって鎖栓を開いて空薬莢を蹴出し、小判型の鳥籠のようなエンドレスの保弾帯から弾薬を案内皿の上に突落し、ばね性の挿弾子で薬室に装填すると鎖栓が上昇して閉鎖し、撃鉄が回転して発火する方式であった。発射速度は遅かったが命中すれば大型爆撃機でも空中分解する大威力の弾丸を使用していた。

木本技師の設計した「ホ五〇一」は全長四メートルの七五ミリ機関砲でわずかに二門しか製造されなかったが、世界最大の航空機搭載機関砲であった。これら一連の航空機関砲は立川にあった陸軍航空技術研究所の中島藤太郎中将、野田耕三少将、岡本栄一中佐らが審査制式採用に努力し、当時の双発重戦闘機に搭載された。

河村は昭和十四年頃から陸軍航空技術研究所の要求によって高発射速度の二〇ミリ機関砲を設計し、試験射撃を重ねていた。使用する弾薬は対戦車対空用の薬莢で、対空用は瞬発信管の付いたものであった。初速を出すために薬莢が大きく、始めは眼鏡型二〇発弾倉を使用していたが、弾倉交換は人間がしなければならないから、ベルト給弾方式の研究に入った。このベルト給弾の研究が昭和十七年になって海軍航空用二〇ミリ機銃のベルトにそのまま発展していったのであった。発射速度は七〇〇発／分であったが、この程度の長い弾薬で七〇〇発／分の高発射速度を出すことは容易なことではなかった。

またこの機関砲には初めて細いピアノ線を撚った復坐ばねを用いたので、多数弾の発射試験を行ない耐久性の調査をするため、陸軍省に弾薬の下付願を出したところ、二ヵ月位経って不許可の書類が来た。これは河村を嘱託にして高発射速度の二〇ミリ機関砲を開発しようとした陸軍航空技術研究所長の中島藤太郎中将が予備役になり退官したため、陸軍航空技術研究所と陸軍省との連絡がうまくいかなくなったためであった。このことがあり陸軍の仕事が少々いやになってきたと「防衛技術」一九八六年十二月号に河村が記している。

河村がこの陸軍航空用二〇ミリ機関砲の研究に苦労している頃、日独伊枢軸の関係からドイツのラインメタル社製の二〇ミリ機関砲を輸入して小倉工廠で製造することが決定し、河村の陸軍用航空機関砲の研究は頓挫した。当時のラインメタル社の設計は比較的小さな弾薬で口径だけは二〇ミリであったが、一三ミリに毛の生えたような弾薬であり、威力のある弾薬ではなかった。たまたまこの頃海軍航空技術廠からエリコン二〇ミリ機銃の大改造を要求されたので、このとき以降河村は海軍航空機用機銃に全力を傾注した。

昭和十七年の末、海軍航空用二〇ミリ機銃の設計試作が成功すると、息つく間もなく三〇ミリ機銃の設計に着手するよう命令された。この当時からすでに大型航空機は二〇ミリ級の機銃では撃墜できなくなることを、海軍航空技術廠の射撃部を中心とする技術陣は予想していた。

機銃の設計にはどんな弾薬を使用するかが重大な問題であるが、当時は世界中に三〇ミリ弾薬が存在しなかったから、日本の海軍は無から出発しなければならなかった。昭和十七年十月二十二日空技廠支廠の火工部長黒田麗大佐と高木少佐が日本特殊鋼に来社し、河村にどんな弾薬を希望するか聞いた。軍側から民間の一技師に聞くのは異例であり、軍の期待が大きいことを示していた。昭和十八年二月十七日には研究用試験銃身を完成して支廠火工部へ納入したが、ライフリング火工や薬室火工は谷昌徳技師によったものであった。昭和十八年七月二十日に試作第一号の三〇ミリ機銃が完成した。設計着手から試験射撃までわずかに八ヵ月の短期間であった。

昭和十八年八月二十五日海軍航空本部の薗川中佐以下が来社し、公式連発発射試験が行なわれた。その後装弾子、引金装置、送弾板制限金、起動梃、送帯子などの改良が行なわれて連発機能が次第に確実になったが、多数弾を発射すると尾筒が亀裂したり、遊底が破損したり、装弾子が切断したり、次から次へと疲労破壊が発生し、多くの設計変更を行なって昭和十九年七月十一日に漸く機能良好な三〇ミリ機銃が完成した。直ちに増加試作に移り、同年十二月二十九日までに三七梃、翌二十年一月二十七日までに四二梃の試作を終わって空技廠へ納入した。

「十七試三〇ミリ機銃（DB三〇）」と仮称されていたこの機銃は「五式三〇ミリ機銃」と呼ばれることになった。本機銃はガス利用式で、銃身の中央にガス漏口がある。機構的には陸軍用の二〇ミリ機関砲と同様で銃口部に大きな銃口制退器を有する。わが国で初めて復坐ばねに撚線ばねを使用した。

日本特殊鋼の火砲工場は陸軍の監理工場であったから海軍用兵器を生産することはできなかったので、急遽神奈川県相模原橋本に工場を建設して移転する計画が進められ、生産は急を要するので設計図全部を海軍に提出し、豊川海軍工廠と日本製鋼所とで大量生産に入ることになった。豊川海軍工廠ではそれまで二〇ミリ機銃二号四型を量産していたが、その生産を仙台の多賀城工廠に移して三〇ミリ機銃の生産に切換えた。日本特殊鋼は装弾子のみの大量生産を担当することになった。豊川海軍工廠は昭和二十年八月七日B－29の大空襲によって死者二四〇〇名を出し、壊滅してしまった。日本製鋼所も奮闘して一〇〇〇梃の生産が終わったとき終戦となった。わずかに横須賀航空隊で五式三〇ミリ機銃を夜間戦闘機月光に搭載して試験飛行を行なっていたが、この機銃を四梃搭載するはずであった局地戦闘機震電も試験飛行に成功したのが終戦の二日前であった。

明野陸軍飛行学校「兵器学教程」

昭和六年三月に明野陸軍飛行学校が刊行した「兵器学教程」より参考となる事項を抜粋する。刊行年は古いが航空機関銃の教育に特化した実施学校だけあって、他の学校では見られない充実した内容となっている。大部分は専門的、技術的項目が占めるがそれらは割愛し、機関銃（砲）発達史の概要、機関銃（特に航空機用）に具備すべき性能、連動装置発達の概要についてその要旨を紹介する。

一、機関銃（砲）発達の概要

機関銃の発明は小銃の発明に伴う副産物である。小銃が発明されたのは一四世紀の後半といわれており、機関銃はその後約一世紀を経て、すなわち一五世紀に創造されたものである。

機関銃の発達は概ね次の四期に区分することができる。

第一期　多数銃身を集束し同時に発射するもの

第二期　多数銃身を集束し順次に発射するもの

第三期　単銃身を自動連発し得るもの

第四期　重量を軽減し歩兵一人で携行できる構造のもの

第一期、第二期のものは把手または槓桿の運動により機械的に連続装填および発射を行なうもので、第三期すなわち一九世紀末に至り初めて火薬ガスの圧力または後坐力を利用する自動装置を有する機関銃が現出し、第四期すなわち日露戦争の前頃に重量を大いに軽減した軽機関銃が現出した。欧州戦争においてはこの軽機関銃が歩兵の主要兵器となった。その沿革の概要を述べる。

最初に現出した機関銃を「オルゲス」（Orgues）と称し、多数の銃身を併列し、その一個に点火すると他に伝火し順次急速に発射されるもので、主に騎兵の補助兵器として使用された。この銃は一四五〇年頃発明された。口込、元込の両種があり、元込には栓により一個ずつ閉鎖するものと、一個の栓によってすべて閉鎖するものがある。

その後一八六〇年、アメリカ人「ドクトル・ガットリング」（Dr.Gatling）が機関砲を発明し、南北戦争において北軍に使用されたのでその威力が世界中に知られた。ガットリング機関砲の口径は一一・四ミリ、一二・七ミリ、一六・五ミリの三種がある。一つの中心軸周に六本または一〇本の砲身を等距離に固定し、各砲身に遊底を持ち、野砲のように砲架に積載した。把手を回転すれば弾丸が一個ずつ弾倉から頂上の銃身に落下する。発射速度は五〇〇ないし七〇〇発と称していたが実際は約二五〇発であった。

ガットリング機関砲の情報が各国に伝播する頃ベルギー人「モンチグナー」（Montigner）は霰発砲を発明した。ブラッセルにて製作し堡塁に据付けた。

フランスでは一八六九年に「ミトライユーズ」（Mitrailleuse）が発明され、ナポレオン三世により普仏戦争に使用されたがその用法を誤り、砲兵の代用をさせた結果、期待に反し所望の効果を収められなかった。ミトライユーズは口径一三ミリ、多数の銃身を一つの円筒に収容している。銃身数の実包装填枠を装着する。把手により発射し、銃を左右に動かす。射程は一三〇〇メートル、発射速度は約四〇〇発である。

一八七一年ロシアはガットリング機関砲を英国に注文して製作し、「GORLOFF」と称した。発射速度三〇〇発。

小銃口径の機関銃としてはスウェーデンの「ノルデンフェルト」（Nordenfelt）が発明された。口径一一・四ミリ。銃身は二本、三本、五本、一〇本を一列に配列し、把手により遊底を開閉する。弾丸は実包装填枠を有し、自己の重量により銃身数ずつ落下する。一八七八年英国に採用された。

一八七五年フランスでアメリカ人技師により「ホッチキス」機関砲が発明された。口径三七ミリまたは五三ミリの砲身五本を軸周に配列するもので、遊底は一個。射程四〇〇〇～五〇〇〇メートル。

一八八一年ノルデンフェルトと同様式で銃身が一本または二本の「ガードナー」（Gardner）機関銃がアメリカにおいて考案された。弾丸は装填枠より自己重量により落下し、把手により発射する。ノルデンフェルトより装填、抽筒は迅速となった。一八八二年英国に採用された。

以上の諸機関銃および機関砲は何れも自動装置を持たないので銃手の多大な労力を要した。一九世紀末イギリスに植民地戦が頻繁に起こり、優秀な機関銃を熱望していたとき、「サー・ハイラム・マキシム」（Maxim）は反動利用の自動機構を備えた単銃身「マキシム」機関銃を発明し、機関銃の様式に一大革新を生じた。一八八三年から一八八五年にかけて七・七ミリ、一一・四ミリ、二五・四ミリ、三八ミリを完成した。マキシム機関銃から保弾帯の使用が始まった。水冷式で三脚架を用いた。発射速度六〇〇発。その後次のように多数の新発明が続いた。

一八八九年イギリスでマキシム・マークⅠ、七・七ミリ、反動利用、水冷却、保弾帯、騎兵用。

一八九三年オーストリアで「スコダ」（Skoda）、七・九ミリ、始め反動利用のち圧力利用、保弾帯、騎兵および要塞に支給。

一八九六年デンマークで「レクザー」（Rexer）、マドセン（Madsen）ともいう。反動利用、空気冷却、装弾子（二五発）、最初の軽機関銃でロシアは騎兵用に採用した。

一八九六年イギリスでマキシム・マークⅡ、七・七ミリ、反動利用、空気冷却、三輪車に積載。

一八九八年イギリスでマキシム・マークⅢ、三七ミリ、反動利用、水冷却。

「マキシム」機関銃は銃の反動を利用する自動装置であったが、一八九九年発生ガスの一部を利用する考案がなされた。「ホッチキス」（Hotchkiss）機関銃がそれである。口径八ミリ、空気冷却で保弾帯もしくは保弾板（三〇発）を用いる。

一八九九年ドイツでGerman Maxim、七・九ミリ、反動利用、水冷却、保弾帯、橇または駄載あるいは二輪車銃架。

一九〇二年ドイツの「ベルグマン」（Bergman）、七・九ミリ、反動利用、水冷却、金属保弾帯、橇上三脚架を二人で牽引または二輪銃架。

一九〇二年オーストリアの「シュワルツローゼ」（Schwarzlose）、圧力利用、水冷却、発射速度三〇〇発、保弾帯、三脚架、一九〇六年採用。

一九〇五年米国の「ルイス」（Lewis）、七・七ミリ、ガス利用、空気冷却、鼓胴弾倉（四七発）、アメリカの発明だが最初イギリスで採用された。

その後もフランスのSt.Etienne、イタリアのPirino、イギリスのVickers、アメリカのColt等の発明が相継いだ。


わが国においては明治二十三年「マキシム」機関銃を購入し、二十七年砲兵工廠にて多数急造し台湾征討軍に使用したが予期した効果を収めることができず、二十九年上述の「ガットリング」「マキシム」および「ホッチキス」等を購入し比較試験の結果、「ホッチキス」を最良と認め、日露戦争に使用した。爾後研究の結果「三八式機関銃」が誕生し、漸次改良されて現制の「三年式機関銃」となった。

このような経緯で機関銃は日露戦争により歩兵火器としてその必要を認められ、列強は各々若干の装備をしていたが、欧州大戦に至り長足の進歩を示して軽機関銃、航空機用機関銃等が出現するに至った。

欧州大戦の際各国において使用された機関銃の特徴について述べる。

自動装置は銃身後坐式とガスを利用するものがあり「ホッチキス」機関銃は後者で「ルイス」、「コルト」、「ダルヌ」、「ブローニング」、「八九式旋回機関銃」はホッチキス系である。反動利用・銃身後坐式は「マキシム」系で、パラベリウム、マドセン、ヴィッカース、八九式固定機関銃等がある。他に反動利用でも銃身が後退しないシュワルツローゼ系がある。

給弾装置は保弾帯と弾倉とに大別し、弾倉には固定式と回転式があり、また十一年式のように挿弾子をそのまま弾倉に収容する型式がある。「マキシム」「ホッチキス」等の機関銃は保弾帯、保弾板を用いる式で、垂直弾倉を用いる式にはフランス一九一五年式、「レクザー」「コルト」等の諸機関銃がある。また水平旋回弾倉を用いるものに「ルイス」機関銃がある。

冷却装置は水または空気を用い銃身を冷却するもので、空気冷却には放熱筒を有するものと航空機用のように放熱筒のないもの、および有筒式と称し放熱筒の外部に円筒を付け冷却を容易にするもの等がある。「マキシム」機関銃は水冷却式でその他多くは空気冷却式である。また銃身については損傷を顧慮し多くの機関銃は銃身を交換できる構造になっている。

軽機関銃は欧州大戦の途中から大いに賞用された。軽量で携帯に便利なことを特徴として現今歩兵の主要武器となり、近代戦術の基礎としての戦闘群戦法を生み出す元となった。

航空機用機関銃は軽量で発射速度の甚大なものを必要とし、飛行機機首に固定し該機を操縦して発射の方向を定める固定式と、旋回銃架上に装備し任意の方向に射撃できる旋回式とに分かれる。

一般に現時各国において用いられる軽重機関銃の主なものをあげれば、わが国では三年式、十一年式、英国では「ヴィッカース」、「ルイス」、仏国では「ホッチキス」、「C.S.R.G.1915年式」、独国では「マキシム」、米国では「コルト」、「ブローニング」、イタリアでは「FIAT」、「BRIXIS」等である。

これを要するに機関銃の発達は工芸技術の進歩とあいまって逐次軽量で運搬、取扱の容易なものが相次いで出現し、欧州大戦の末期に至り一躍歩兵の主要兵器と化し、戦後列国はその整備に汲々として、その発達は実に予測できない状況にある。そしてこれと同時に航空機武装の主要兵器となり、現時では列強は皆航空機専用の新機関銃を考案創製し、重量一〇キロ内外で発射速度は一〇〇〇発／分の優良銃を製造するようになった。しかも機上装備はさらに銃数の増加を要求し、固定式では二ないし四銃身、旋回式でも二銃身併列を建制とする情勢にある。また航空機の発達に伴いその馬力を増加し搭載能力が増大した結果大口径（二〇ミリ以上）のものを装備しようとする傾向にあり、既に機関銃の域を脱し一三ミリないし三七ミリ級の自動機関砲を採用しようとする趨勢にある。

二、機関銃（特に航空機用）に具備すべき性能

（一）口径

機関銃は野戦用近戦兵器として発達した関係上、その口径および弾薬を小銃と同一にし、補給を容易にするのが必須の要件であったが、航空機用にあっては必ずしもこれに拘る性質のものではなく、要は目標の種類に応じ弾丸に所望の威力を与えるようにしなければならない。現用七・七ミリ級実包は三〇〇メートル以内の近距離においては各種方向からの射撃で発動機、金属性胴体を貫通し、さらに搭乗者に致命的損傷を与え得るものと認められている。

(二) 弾道性

命中精度が良く発射速度が大きいことが機関銃の最大特性であるから、できるだけ卓越した弾道性を保有し、所望の距離における命中精度を良好にしなければならない。しかし航空機用機関銃は戦闘距離が近少であるから、地上におけるものと同一の基準で要求すべきものではない。

(三) 発射速度

穿貫的威力を要求するため大きな発射速度が必要であることは勿論だが、地上機関銃では弾薬の損耗も併せて考究すべき問題であり、戦闘の要求に応じられるよう規正するものである。しかし航空機用機関銃では目標の移動が迅速で射撃の時機は瞬時にして消え去り、再来を期待できないから、好機において極度の穿貫的威力を発揚することが極めて重要である。従って特に発射速度が大きいことを要する。

(四) 放熱法

機関銃は大きな発射速度を有するから連続射撃に当り発生する熱量も非常に大きく、冷却不十分のときは銃身が過熱し、射撃精度を害すばかりでなく故障が続出し、遂には装薬自爆を生じる他、摩滅衰損を来たし銃の命数を短縮することにつながる。故に冷却法が確実で簡単に行なえること、しかも特別な材料を使用せず、その補充交換が容易で戦場の状況に適合していなければならない。

一方航空機は迅速なる速度を以て飛行するもので、これに装備する機関銃は風により自然に冷却されるので特に放熱装置を設ける必要はない。殊に空中の射撃は地上におけるような多数弾連続射撃の機会は少ない。むしろ航空沍寒（ごかん）の際においては銃尾機関の凍結を来すおそれがあるので、電熱装置を設けこれを保温する必要があるほどである。

(五) 構造

各部の運動はいかに精巧であってもその構造が脆弱で衰損疲労が早いものは戦時の要求に応えられない。なるべく簡単堅牢で部品の数が少なく、その交換性が大きいものが求められる。

構造が簡単で堅牢であることは故障減少の要件であり、またたとえ故障が発生しても空中において風圧沍寒に耐えながら鈍重な服装で、しかも単独でこれを排除しなければならない。一度空中において排除不可能な故障が起こったときは全く戦闘力を失い、志気を阻喪する。従って航空機用機関銃は特に故障の数を減少すると共に、故障を簡単に排除できる構造が求められる。また努めて反動を軽少にして銃尾機関の抵抗を少なくし、射撃中の安定性を良好にして射撃精度の向上を図らなければならない。

（六）操用

初期の射撃準備が簡単で容易に行なえることは特に航空機用機関銃に求められる。また旋回式機関銃では弾倉の交換が簡単であること。航空機用機関銃では操作容易な姿勢にあるとき照準もまた容易であること、射撃中銃の反動が少なく照準の追随が容易に行なえることが必要である。

射撃法は一名で連続射撃を実施できること、特に航空機用旋回式機関銃では上下左右に自由に旋回できる一点支持法により追随射撃が迅速容易であること、旋回式機関銃は特に風圧を減少し、追随移動を容易に実施できるよう重心位置の設定、風圧面積の減少を特に考慮する。

要するに機関銃は瞬時に多数の弾丸を発射し、目標に対し偉大なる射撃効力を発揮し、運動容易にして攻防を問わず、また大きな戦闘と小部隊の戦闘とに拘らず、常に軽易に使用できることが重要である。航空機用機関銃では各機攻防を問わず搭乗者の生命を托すべき唯一無二の戦闘武器であり、地上戦闘のように代用を期待できない特徴がある。従ってその構造が簡単で、故障が少なく、しかも故障の排除が容易で、気象の変化に伴いよくその性能を維持できることが肝要である。

三、連動装置発達の概要

プロペラ通過射撃は前方に対する飛行機の死角を消滅し、銃を飛行機の機首に固定する結果射撃の修正が容易になる利益がある。操縦者自ら飛行機を操縦しつつ射撃を実施できるので、飛行機武装上連動装置が重要な価値を有するようになった。

飛行機の前方における死角を消滅しようとする考案は早くより行なわれたが、一九一五年初めてフランスが「モラン」機の機首に機関銃を装備し、これを実用に供した。同機においては銃身軸延線に対応するプロペラの一部に傾斜を有する鋼製繃帯を施し、プロペラの運動に全然関係なく弾丸を発射し、プロペラに命中しない弾丸は前方に飛行するが、プロペラに命中した弾丸は鋼製繃帯面の斜面により側方に跳飛し、プロペラに危害を及ぼさないよう考案された。この方法は著しくプロペラの重量を増加し、飛行機の能力を阻害するので直ぐに中止となり、次に飛行機の翼の上に銃を装備し、プロペラ外面より前方に対し射撃する方法を採用し、「ニューポール」機等に試みるに至った。この方法は銃の操作に不便を感じたが、銃の発射速度を制限することなく、前方の死角を減少できるので、フランス軍においては爾後暫くこれを採用した。

一方ドイツ軍においては一九一五年夏遂に機関銃連動発射装置を完成し、これを「フォッカー」機に装備し同年秋より「ベルダン」会戦を経て「ソンム」会戦に至る間、この新兵器の威力を最大限発揮して制空権を獲得した。

その後英仏ともにこれに倣って各々特種の連動装置を製作し、空中射撃に新生面を開き、連動装置は大戦間空中における攻撃兵器の一種として極めて重要な価値を有するに至った。

連動装置には多くの種類があるが、構造上の原理はほとんど変わらず、発動機の回転運動に連動して銃の発射を主宰し、プロペラの回転間隙より弾丸を発射させることに帰着するもので、これに使用する固定式機関銃は装填、排弾作用のみを自動的に行ない、発射は連動装置により伝達される発動機の周期的運動によって行なわれる。中には銃尾の運動をも発動機の運動によって行なう機械式銃が現出し、ますますプロペラ面通過射撃の確実性を確保し、かつ発射速度の増大を図るものがあるが、いまだ実績が伴わず、広く採用される機運にはない。オーストリアの「ゲボー」式機関銃等がこの種に属する。

固定銃によりプロペラ回転面を通過して行なう射撃を通過射撃と称し、撃発より弾丸がプロペラ面を通過し終わるまでの所要時間を通過時間と称する。フランスにおける「ビ」式機関銃の実験によれば通過時間は一三七分の一秒であった。明野陸軍飛行学校が「ビ」式機関銃を甲式四型機に搭載して行なった試験では回転数一〇〇〇のとき通過時間は一四〇分の一秒であった。

通過射撃においては機関銃の撃発は連動装置により主宰されるので、その発射速度は銃本然の発射速度とプロペラの回転数および歪輪開角とにより定まり、多くの場合銃本然の発射速度より小さくなる。

連動装置の種類は多いが、撃発に要する動力を発動機より銃に伝達する機構の種類により機械式と油圧式に大別される。機械式は伝達に要する時間はほとんど〇に近く、その作用は確実だが飛行機の発動機により機構が変わるため、同一連動装置を諸種の飛行機に利用することができない不利がある。油圧を利用するものは動力の伝達に若干の時間を要するが、その作用は概して確実で諸種の飛行機発動機に適応し得る利がある。しかし機構が巧妙で取扱に慎重な注意を要する。

航空機関銃（砲）用弾薬

（昭和十五年七月陸軍航空総監部「爆弾工手教程部外秘」）

機関銃用弾薬

一、普通実包

普通実包は弾丸、薬莢および雷管よりなる。弾丸頭部は尖鋭な蛋形で通常硬鉛の弾身に被白銅鋼製の被甲を装する。弾丸の径は口径よりやや大きく、被甲は腔綫と相俟って弾丸に旋動を与え、火薬ガスに対する緊塞作用をなすのみならず、腔内運動間弾身の変形を防ぐ。薬莢は半起縁式で装薬には無煙薬を用いる。

二、徹甲実包

徹甲実包は弾丸の構造を異にする以外普通実包に類似する。弾丸は通常弾尾狭窄弾で黄銅製被甲および特殊鋼製弾身よりなる。弾丸は鋼板に命中すると被甲の頭部は圧壊され後方に反跳し、弾身は鋼板を貫通する。徹甲実包は飛行機の装甲部、発動機、燃料タンク等の侵徹、破壊並びに搭乗者の殺傷に用いる。

三、焼夷実包

焼夷実包は弾丸の構造を異にする以外普通実包に類似する。弾丸は白銅製被甲、被白銅硬鉛製弾身および焼夷剤（黄燐）よりなる。弾身には頭部に八條の溝およびこれを連結する一條の横溝がある。横溝に対応する被甲の部に噴気孔を設けハンダで閉塞する。発射に際し弾丸の銃腔内運動中噴気孔のハンダは熱により熔融し、弾頭部に填実された黄燐は熔融して弾身頭部の縦溝、横溝を経て噴気孔より流出し、空気に触れて燃焼する。

焼夷実包は通常他の実包と混用して飛行機の燃料タンク、気球の気嚢等に点火し、これを燃焼し、併せて曳煙、曳光により弾道を指示する。

四、曳光実包

曳光実包は弾丸の構造を異にする以外普通実包に類似する。弾丸は被甲内部に鉛心および光剤を収容する。発射に際しては火薬ガスにより点火剤に、次いで曳光剤に点火し赤色の閃光を発しつつ飛行する。

曳光実包は通常他の実包と混用し曳光により弾道を指示するに用いる。

機関砲用弾薬

一、榴弾弾薬筒

榴弾弾薬筒は弾丸、炸薬、信管、薬筒等よりなる。弾丸は鋼製で幅五ミリの銅製弾帯一條を装する。弾頭には信管孔を設け瞬発信管を装着する。炸薬には通常茗亞薬を用い炸薬室に直接圧搾填実する。薬筒は完全弾薬筒式で装薬には無煙薬を用い、薬莢外面には使用砲種を明瞭にするため標識を施す。

榴弾は飛行機の破壊並びに搭乗者の殺傷に用いる。飛行機の重要部位に命中すればその炸裂威力によりこれを撃墜し、また重要部位でなくても飛行継続が困難となる損傷を与えることがある。

二、曳光榴弾弾薬筒

曳光榴弾弾薬筒は弾丸、炸薬、曳光剤、点火剤、信管、薬筒等よりなる。弾丸は鋼製で幅五ミリの銅製弾帯一條を装する。弾丸の上半部は炸薬室で、弾頭部に信管孔を設け瞬発信管を装着する。下半部は曳光剤室で上部に曳光剤を、下部に点火剤を圧搾填実する。炸薬には通常茗亞薬を用い炸薬室に直接圧搾填実する。薬筒の構造は榴弾の薬筒に類似する。

曳光榴弾は発射に際し装薬より点火剤を経て曳光剤に点火し、弾丸は赤色の曳光を発しつつ飛行し、弾道を指示する。弾丸効力は榴弾よりやや劣る。

曳光榴弾は弾道指示の他飛行機の破壊および搭乗者の殺傷に用いる。

三、榴弾代用弾弾薬筒

榴弾代用弾弾薬筒は弾丸の構造を異にする他榴弾弾薬筒に類似する。弾丸は軟鋼製で弾量を榴弾と同一に規正するため弾底部より円筒形の孔を穿ち底栓で密塞する。

榴弾の代用として教育訓練に用いる。

四、曳光代用弾弾薬筒

曳光代用弾弾薬筒は炸薬および信管を異にする以外曳光榴弾弾薬筒に類似する。炸薬室には炸薬に代えて砂を填実する。弾頭部信管孔には信管に代えて同形の軟鋼製仮信管を装着する。曳光機能は曳光榴弾と同じ。

曳光榴弾に代用し教育訓練に用いる。

航空用機関砲弾薬

（昭和十九年十月陸軍航空総監部「航空用機関砲弾薬取扱ノ参考極秘」）

機関銃弾薬は実包と呼称するのに対し機関砲弾薬は弾薬筒と呼称する。従って打殻は機関銃が薬莢と称するが機関砲では薬筒と称する。銃砲の区分は特に明示されたものはないが、概ね弾丸内部に炸薬を装し弾頭部に信管を装着するものを砲とし、そうではないものを銃とする。この資料では七・九ミリ級以下を銃とし、一二・七ミリ級以上を砲としている。

一、一式十二粍七機関砲弾薬筒

十二粍七機関砲弾薬一式曳光徹甲弾弾薬筒（戦用弾薬）

射距離三〇〇メートルにおいて一二ミリ防楯鋼板を、射距離七〇〇メートルにおいて一〇ミリ防楯鋼板を侵徹する。

「マ一〇二」（特殊焼夷弾弾薬筒、戦用弾薬）

命中の衝撃により炸裂すると同時に発火剤に点火し、燃料タンクに対する焼夷効力を発揮する。

「マ一〇三」（榴弾弾薬筒、戦用弾薬）

頭部に瞬発信管を装着する。射距離二〇〇メートルにて二ミリボール紙に対し作用率九〇パーセント以上で、腔発または過早発火を生じることはない。

十二粍七機関砲弾薬一式普通弾弾薬筒（平時訓練用弾薬）

全備重量八六・〇グラム。

十二粍七機関砲弾薬一式曳光弾弾薬筒（平時訓練用弾薬）

全備重量八六・五グラム。

本機関砲弾薬の射距離に応じる経過時間および五〇メートル位置における弾道高は次のとおりである（昭和十七年九月「ホ一〇三」普通弾仮射表）。初速八〇三・五メートル／秒。

射距離（m）	経過時間（秒）	弾道高（m）
一〇〇	〇・一三	〇・〇二三
四〇〇	〇・六二	〇・一九二
七〇〇	一・二八	〇・五〇〇
一〇〇〇	二・一四	〇・九二〇

二、「ホ五」二十粍機関砲弾薬筒

二式榴弾弾薬筒（戦用弾薬）

弾頭部に一〇〇式小瞬発信管（体をジュラルミン製としたもの）を装着し、内部に焼夷剤および爆薬を填実する。全備重量一九〇グラム。

二式曳光榴弾弾薬筒（戦用弾薬）

弾頭部に一〇〇式小瞬発信管（体をジュラルミン製としたもの）を装着し、内部に焼夷剤および爆薬、底部に曳光剤を填実する。曳光距離は約一〇〇〇メートル。全備重量一九六グラム。

二式曳光徹甲弾弾薬筒（戦用弾薬）

頭部を尖鋭にし、射距離一〇〇〇メートルにおいて厚さ二〇ミリの優良防弾鋼板を貫通する。曳光距離は約一〇〇〇メートル。全備重量二三〇グラム。

「マ二〇二」（戦用弾薬）

「マ一〇二」と同一機能を有する。

二式榴弾代用弾弾薬筒（平時訓練用弾薬）

全備重量約一九〇グラム。

二式曳光榴弾弾薬筒（平時訓練用弾薬）

全備重量約一九六グラム。

本機関砲弾薬の射距離に応じる経過時間および五〇メートル位置における弾道高は次のとおりである（「ホ五」仮射表榴弾代用弾）。初速八三一・九メートル／秒。

射距離（m）	経過時間（秒）	弾道高（m）
一〇〇	〇・一三	
四〇〇	〇・六八	〇・二七
七〇〇	一・五〇	〇・七六

一〇〇〇　　　　　二・八三　　　　一・九五

三、二十粍旋回・固定機関砲弾薬筒

榴弾弾薬筒（戦用弾薬）

弾頭部に九三式小瞬発信管を装着し、その後方に爆薬および焼夷剤を填実する。全備重量二九六グラム。

曳光榴弾弾薬筒（戦用弾薬）

弾頭部に一〇〇式小瞬発信管を装着し、その後方に爆薬および焼夷剤を、弾底部に曳光剤を填実する。全備重量三〇〇グラム。

曳光徹甲弾弾薬筒（戦用弾薬）

頭部を尖鋭にし、射距離三〇〇メートルにおいて厚さ二〇ミリの優良防弾鋼板を貫通する。全備重量三三二グラム。

「マ二〇一」

本弾は三ミリ以上のジュラルミン板に命中すると炸裂し焼夷効力を発揮する。二ミリ以下のジュラルミン板には信管は機能せず単に貫通する。

曳光榴弾代用弾薬筒（平時訓練用弾薬）

全備弾量約三〇〇グラム。

榴弾代用弾薬筒（平時訓練用弾薬）

全備重量二九六グラム。

本機関砲弾薬の射距離に応じる経過時間および五〇メートル位置における弾道高は次のとおりである(技研実測値)。初速八四六メートル/秒。

射距離(m)	経過時間(秒)	弾道高(m)
一〇〇	〇・一二	〇・〇二
四〇〇	〇・五七	〇・一四
七〇〇	一・二四	
一〇〇〇	二・一三	

四、「ホ一五五」三十粍機関砲弾薬筒

榴弾弾薬筒(戦用弾薬)

弾頭部に一〇〇式小瞬発信管を装着し、その後方に炸薬および焼夷剤を填実、底部に四〇式薬莢爆管を装着する。全長二九〇ミリ、全備重量二七三グラム、初速六八七メートル/秒。

「マ三〇二」(戦用弾薬)

本弾は十二粍七機関砲および二十粍機関砲「マ」弾と同一機能を有する。

榴弾代用弾弾薬筒(平時訓練用弾薬)

弾頭部に仮信管を装着し、重量規正のため填砂する。

五、「ホ二〇三」三十七粍機関砲弾薬

榴弾弾薬筒(戦用弾薬)

弾頭部に一〇〇式小瞬発信管を装着し、その後方に炸薬および焼夷剤を填実、底部に四〇式薬莢爆管を装着する。全長一九四・三ミリ、全備重量四七五グラム、初速五七六メートル／秒。

「マ三五一」（戦用弾薬）

本弾は二十粍機関砲以下の「マ」弾と同様の機能を有する。

榴弾代用弾弾薬筒（平時訓練用弾薬）

弾頭部に仮信管を装着し、重量規正のため填砂する。

六、「ホ二〇四」三十七粍機関砲弾薬

榴弾弾薬筒（戦用弾薬）

本弾は「ホ二〇三」機関砲榴弾と同じ弾丸を用い、薬筒底部に九六式薬莢爆管を装着する。全長二二七・五ミリ、全備重量九八八グラム、初速七三〇メートル／秒。

徹甲弾弾薬筒（戦用弾薬）

弾頭部を尖鋭にし弾底信管を装着する。試作中。

「マ三五一」（戦用弾薬）

本弾は「ホ二〇三」機関砲「マ」弾と同一である。

榴弾代用弾弾薬筒（平時訓練用弾薬）

弾頭部に仮信管を装着し、重量規正のため填砂する。

七、「ホ四〇一」五十七粍機関砲弾薬

榴弾弾薬筒（戦用弾薬）

一式十二粍七機關砲彈藥

燒夷彈

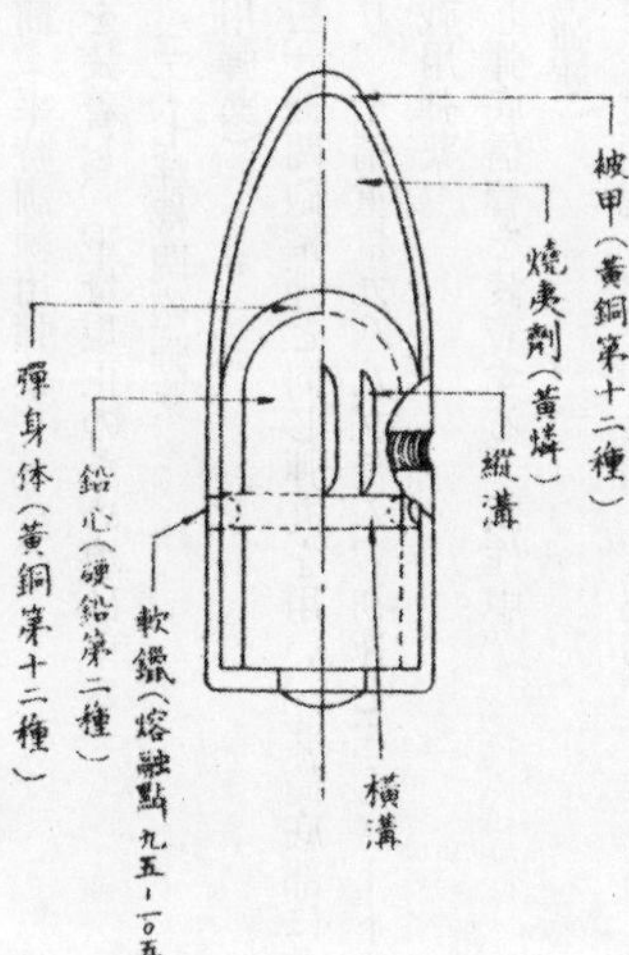

一式十二・七粍機関砲弾薬筒各種
昭和19年10月陸軍航空総監部
「航空用機関砲弾薬取扱ノ参考」所載（以下同じ）

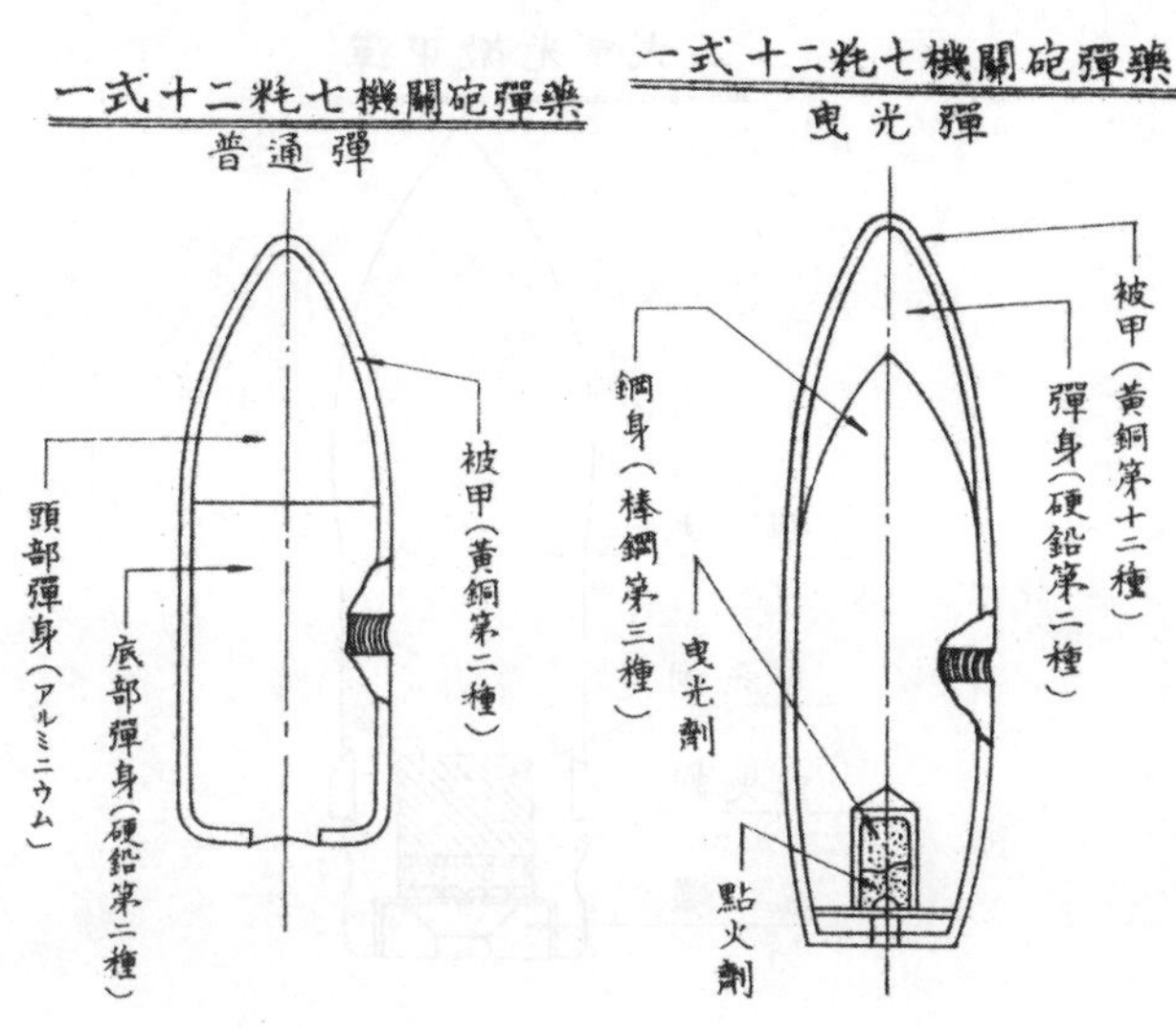

「ホ五」二十粍機関砲弾薬筒各種

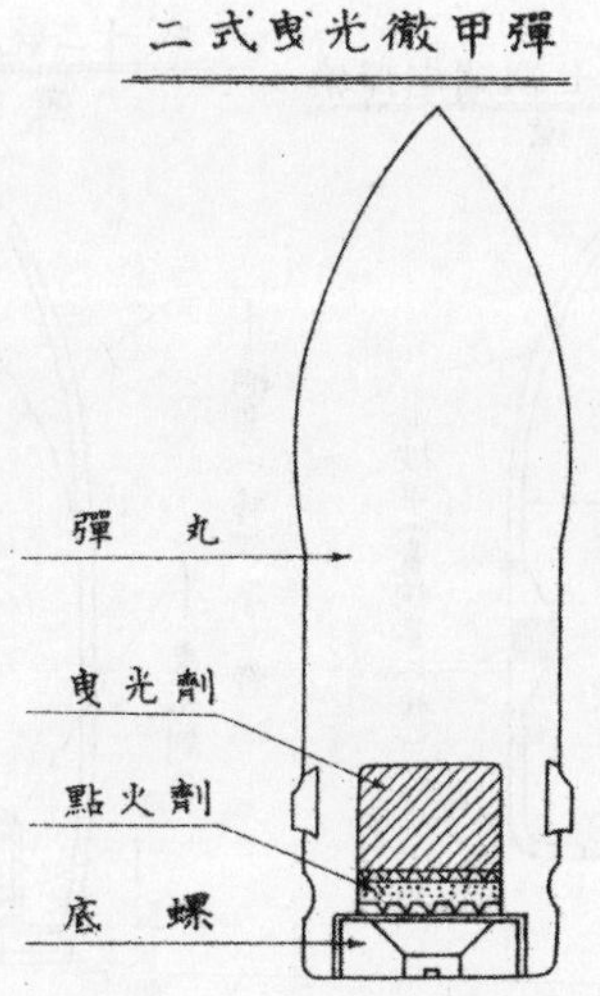

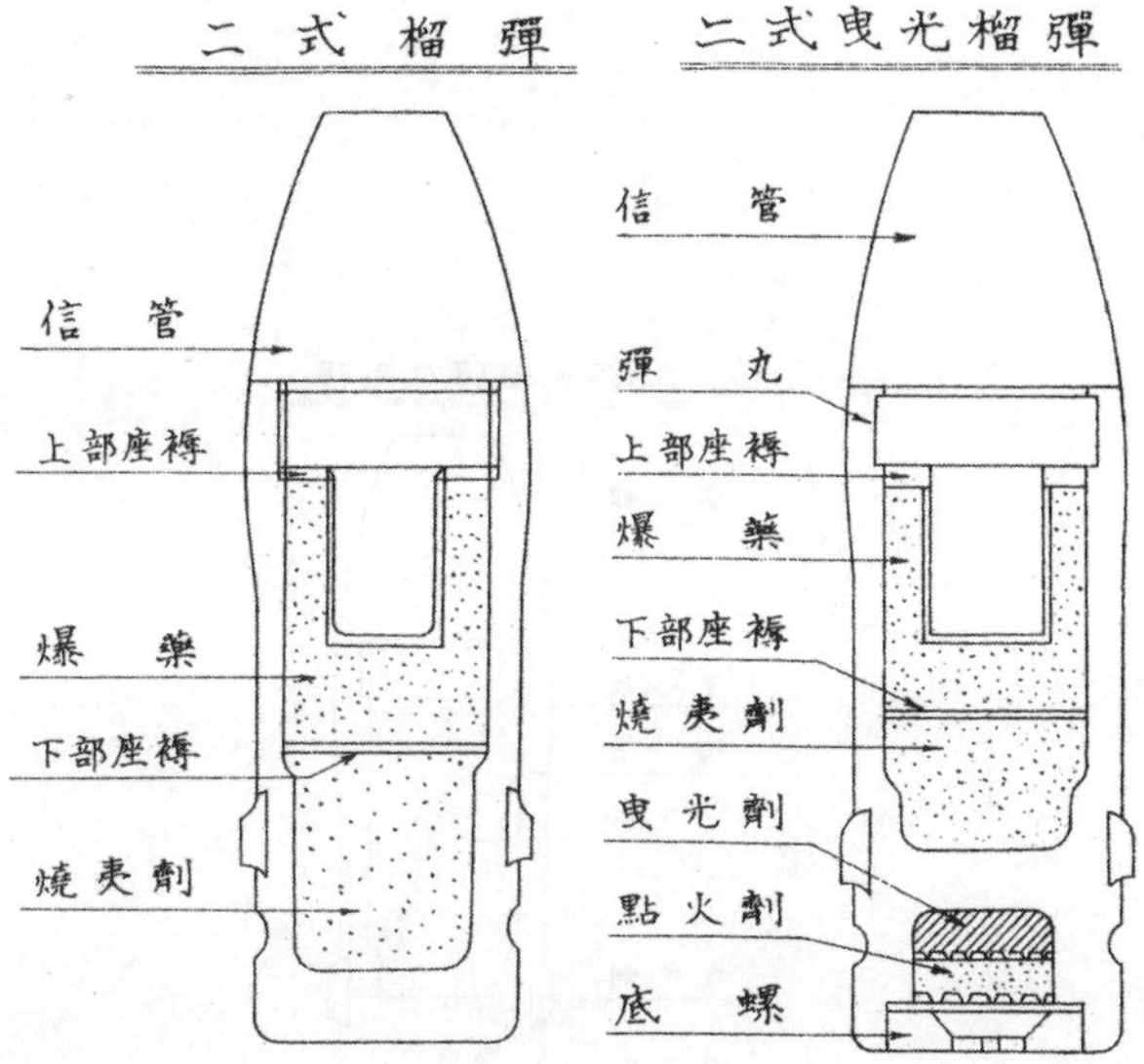
二式榴彈
信管
上部座褥
爆藥
下部座褥
燒夷劑
二式曳光榴彈
信管
彈丸
上部座褥
爆藥
下部座褥
燒夷劑
曳光劑
點火劑
底螺

「ホ五」二十粍機関砲弾薬筒各種

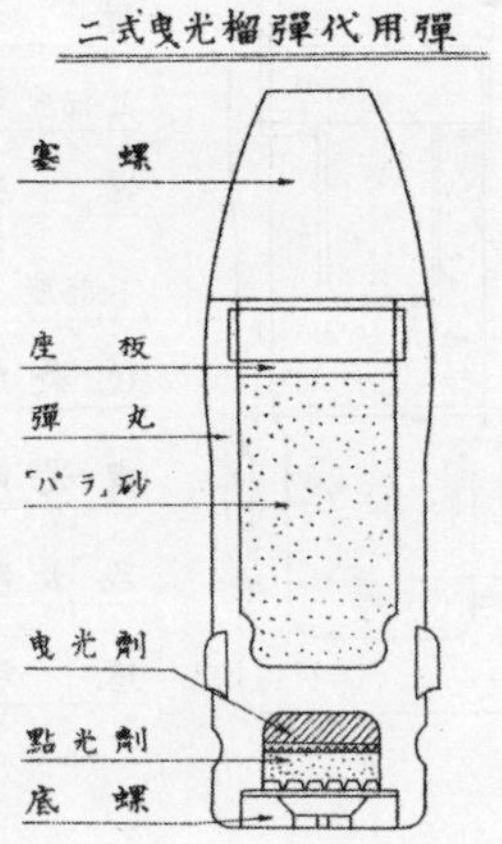

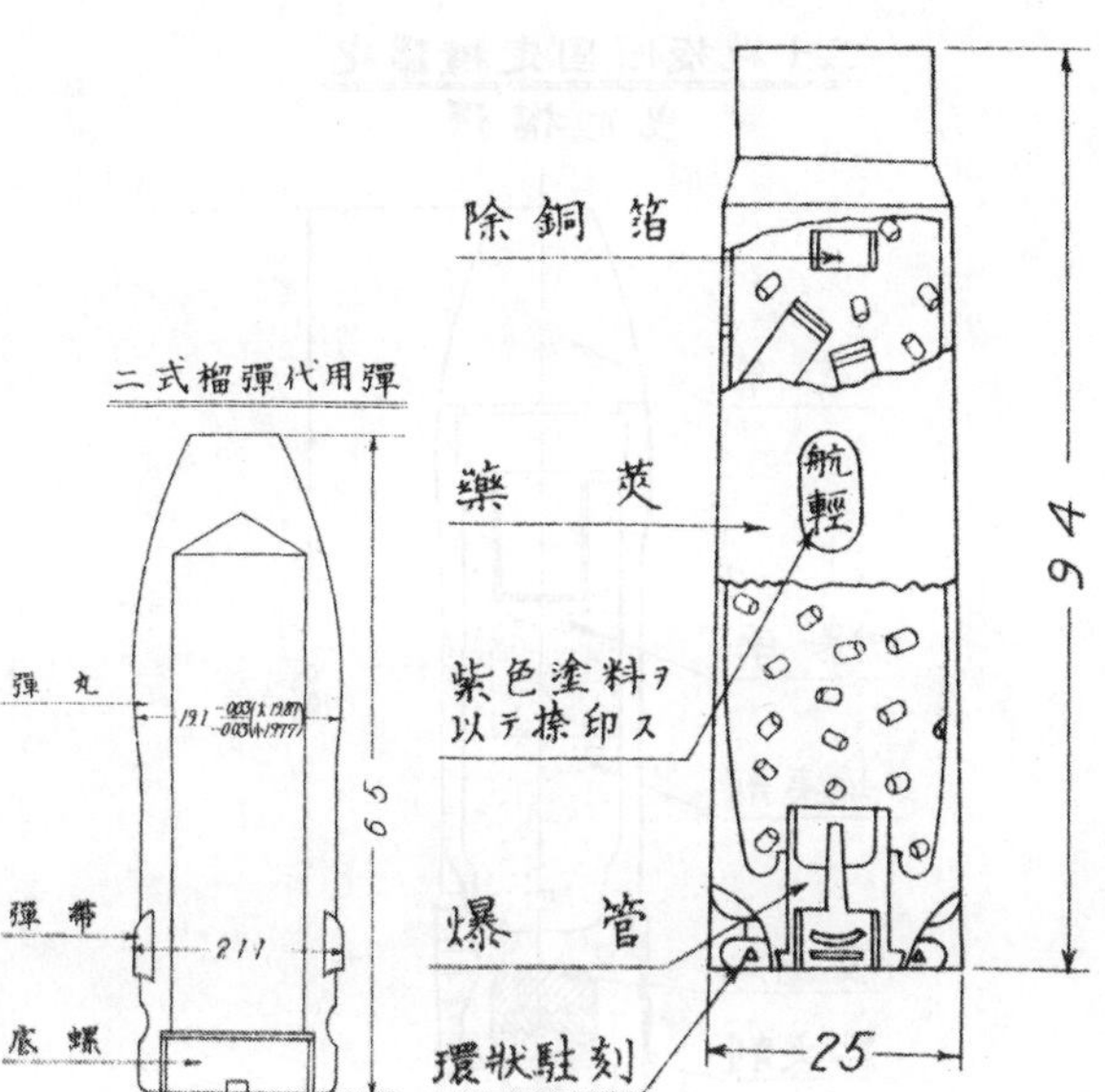

藥筒
除銅箔
藥莢
航
輕
紫色塗料ヲ
以テ捺印ス
爆管
環狀駐刻
94
25
二式榴彈代用彈
彈丸
彈帶
底螺
65
21.1

二十粍旋回固定機關砲

曳光榴彈

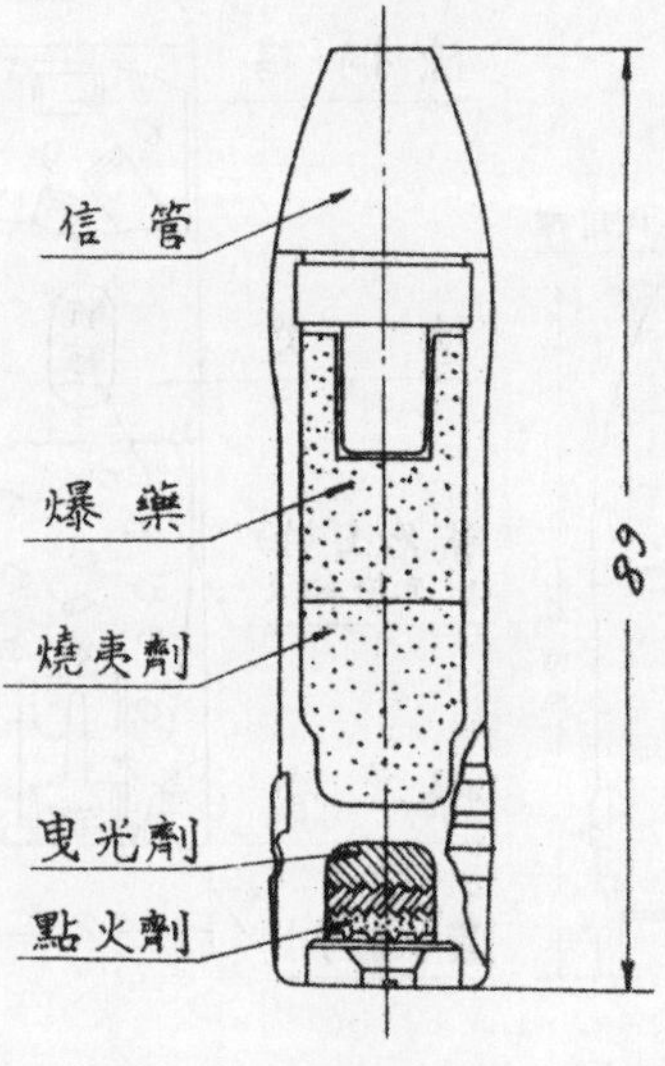

信管

爆藥

燒夷劑

曳光劑

點火劑

89

二十粍旋回・固定機関砲弾薬筒各種

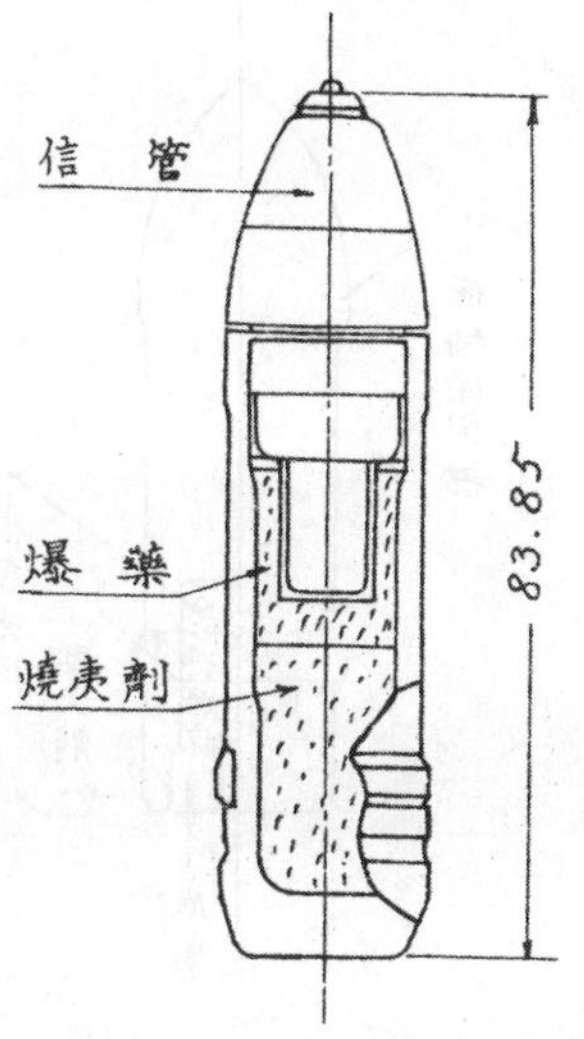

二十粍旋回固定機關砲

曳光徹甲彈

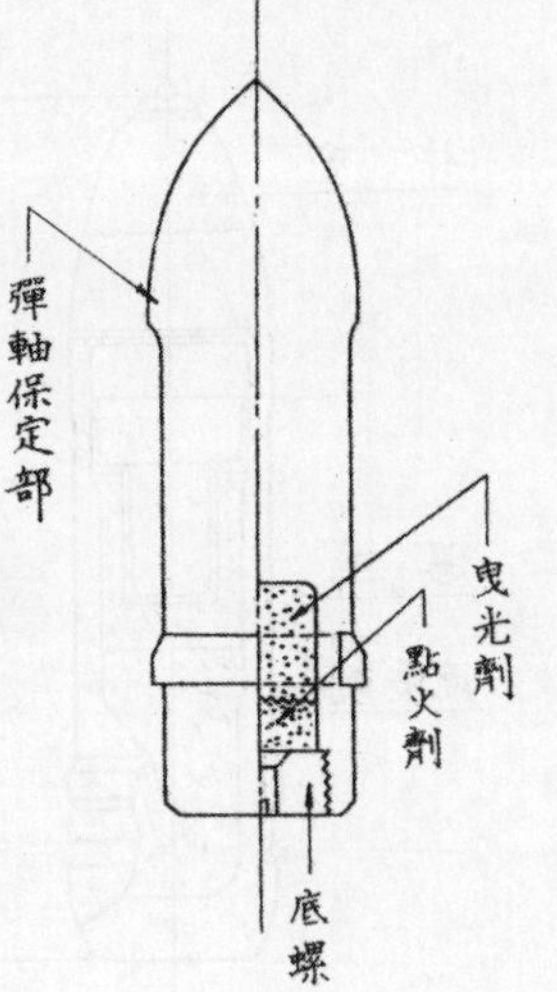

二十粍旋回・固定機関砲弾薬筒各種

二十粍旋回固定機關砲
榴彈代用彈

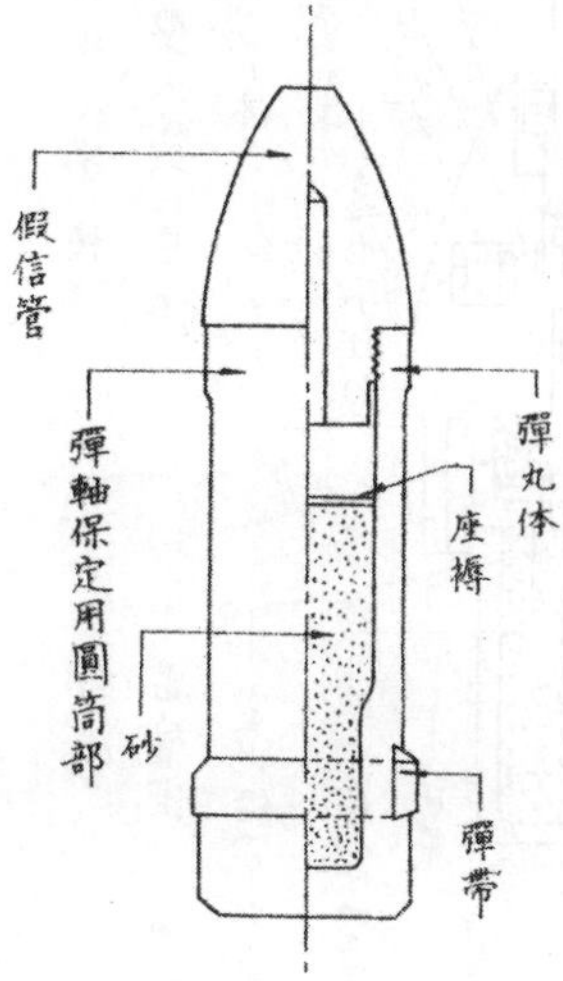

假信管
彈軸保定用圓筒部
砂
彈丸体
座梼
彈帶

二十粍旋回固定機關砲
曳光榴彈代用彈

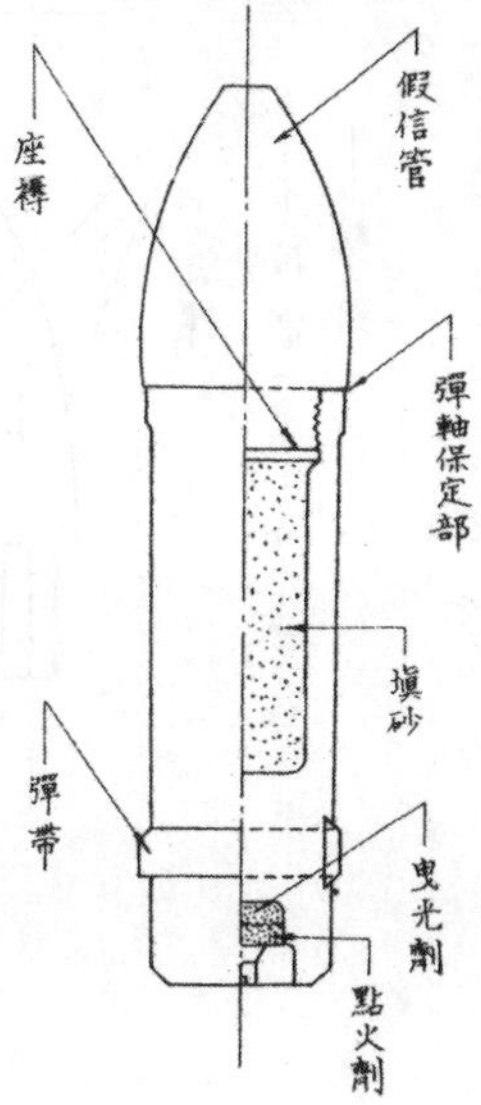

座梼
假信管
彈軸保定部
塡砂
彈帶
曳光劑
點火劑

一式小瞬發信管

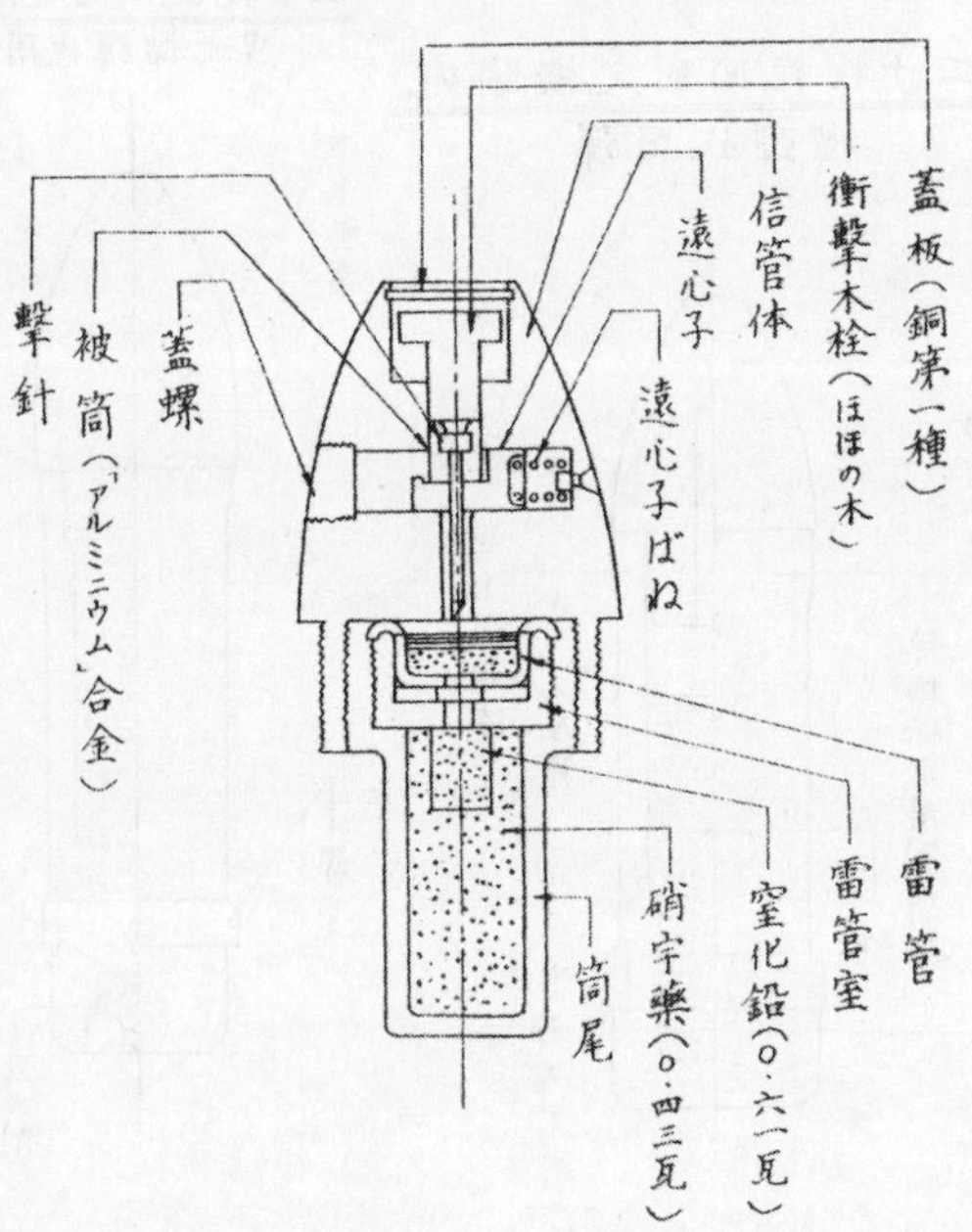

蓋板（銅第一種）
衝撃木栓（ほほの木）
信管体
遠心子
遠心子ばね
撃針
被筒（「アルミニウム」合金）
蓋螺
雷管
雷管室
窒化鉛（〇・六一瓦）
硝宇薬（〇・四三瓦）
筒尾

九三式小瞬發信管

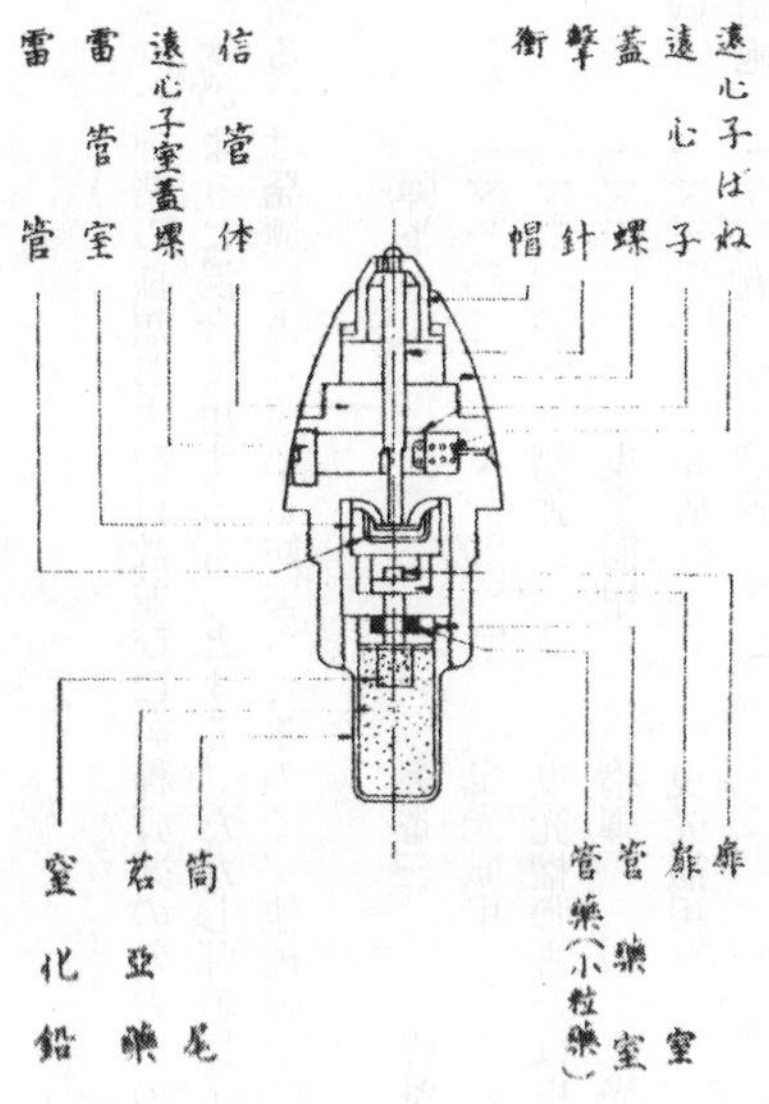

弾頭部に一〇〇式小瞬発信管を装着し、その後方に炸薬を填実、底部に四〇式薬莢爆管を装着する。全備重量約二一〇〇グラム、初速五〇〇メートル／秒。

榴弾代用弾弾薬筒（平時訓練用弾薬）

弾頭部に仮信管を装着し、重量規正のため填砂する。

弾種の配合

弾種配合の割合は配当された弾薬の種類および員数並びに各種弾薬の効力上の特性等を考慮して決定するが、一般に次のように混合使用するものとする。ただし弾道標示を兼ねる曳光弾等を連接すると光芒あるいは発煙により照準を妨害されるので、他種弾薬二に対し一の割合に連接する方がよい。

砲の種類	弾番一	弾番二	弾番三	弾番四
一式十二粍七機関砲	「マ一〇三」	「マ一〇三」	曳光徹甲	
「ホ五」二十粍機関砲	「マ二〇二」	榴弾	曳光榴弾または曳光徹甲	
「ホ五」二十粍機関砲	「マ二〇二」	曳光徹甲	榴弾	曳光榴弾
「ホ一五五」三十粍機関砲	「マ三〇一」	榴弾	曳光徹甲	
「ホ二〇三」三十七粍機関砲	「マ三五一」	榴弾		
「ホ二〇四」三十七粍機関砲	「マ三五一」	榴弾	徹甲弾	
「ホ四〇一」五十七粍機関砲	榴弾			

「マ」弾は高温および衝撃に対し感度鋭敏なので、できる限り清涼な場所に保管し、特に保弾子より抽出する場合には頭部を打撃しないよう注意を要する。

一〇〇式小瞬発信管は九三式小瞬発信管に比べて構造が簡単で一層鋭敏になった。本信管の機能は砲腔内部において撃針等は発射の慣性により後方に押付けられているので雷管を衝撃することはない。弾丸が砲口を出るとき弾丸速度は最高となり、それから空気抵抗により徐々に減少する。すなわち弾丸を後方から押す火薬ガスの圧力がなくなると内部の慣性も無くなり、今度は弾丸頭部に作用する空気抵抗により内部は逆慣性を受けて前方に押出される。このとき遠心子と被筒との吻合が解かれ、遠心子が開いたまま飛行するので目標に命中すると撃針が雷管を衝撃し爆薬に点火する。

弾薬の取扱（昭和十七年七月　陸軍航空総監部「武装教程上巻」）

一、弾帯調整

弾帯の調整は挿弾機または手作業により、またはこれらを併用する。挿弾機は実包を保弾子に挿入して一〇発一連の弾帯を調整する器具である。

弾帯収容箱に弾帯を填実するには保弾子の保持環一個を有する端末を先にして弾頭を機首に向けて装入しつつ少量のスピンドル油を塗布し整頓重畳する。

弾帯収容箱を機体に装着するには給弾口より垂下した鎖に保弾子の保持環を掛けた後、鎖をゆっくりと引きつつ機体に挿入する。次いで鎖を引上げ、弾帯を機関銃に装填する。

二、鼓胴型弾倉の填実

弾倉ばね軸に装填器を取付け、弾倉口金部に装填補助口金を取付ける。装填器に実包を五発ずつ収容し弾列が乱れないよう注意しつつ装填器を上下して一発ずつ逐次装填する。

弾倉から実包を抽出するには装填器を軽く上下しつつ前方に押出す。

空中戦闘（昭和十九年九月　陸軍航空総監部「空中戦闘教程」）

一、固定火器戦闘

要旨

固定火器戦闘は操縦と射撃により成立する。すなわち固定火器戦闘の要は如何なる場合においても敵をわが照準視界内に導き、これに有効な射弾を送り、その致命部に命中させ、迅速に撃墜することにある。そのためには態勢の如何を問わず所望の時機に敵をわが前方威力圏内に見出し得る機動を必要とし、この機動を実施し得る操縦技量があって初めて成立するもので、背進しつつ火戦を支え得る旋回火器戦闘と根本的に違うところである。

固定火器の射撃の特性

固定火器は射撃精度良好で飛行機の機動力と相俟って大きな威力を発揮する。しかし通常火器自体の射向を変えることはできない。また射撃有効時間を制限され、かつ多数機による集中射撃は困難である。

射撃部位の選定

空中目標に対し攻撃の目的で行なう射撃は搭乗者および器材に対し致命的打撃を与えるこ

とを第一義とする。そのためには搭乗者特に操縦者を射殺することが最も効果的である。従って通常の場合これを予期命中点として射撃諸元を決定する。また発動機、油槽等もまた有効な射撃部位で、今次の事変の経験では敵に火災を起こさせて撃墜したことが多い。大型機に対して特にそうであった。

命中密度

敵に対する射撃威力は一弾の効力と命中射弾との相乗積であり、今日のような火器の口径増大の傾向は一弾の効力を益々大きくし、射撃威力の増大を招来した。空中射撃は彼我共に高速度での運動中に実施するものであるから一発毎に目標位置および発射位置に変化を来し、射撃諸元を刻々変化させなければならない。故に理論的には集束弾の効力を期待するものではなく、一発毎に厳密な狙撃射撃を実施し、その綜合結果として射撃部位に対し稠密なる射弾を集中し、効果を期待すべきものである。その密度は搭乗員の上半身を射撃部位とする場合には、口径により異なるが、七・七ミリで概ね一平方メートルに四発以上を要するもので、致命部位のさらに大きな目標に対してはその密度をこれより減じても目的を達成するものである。故に火器の口径および精度、致命部位の面積等に基づき自ら決定する命中弾の密度を顧慮し、射距離、照準操作、発射弾数等を適切とすることが重要である。

各火器一発の各射距離に応じる弾丸効力（キロ）は次のとおりである。

	五〇m	一〇〇m	二〇〇m	一〇〇〇m
七・七ミリ	三〇一・六	二五七・二	一七七・〇	四二・九

一二・七ミリ	一〇〇七・五	九一七・二	七三二・六	一四九・四
二〇ミリ	三八〇三・九	三三三二・九	二五九六・二	五五〇・四
三七ミリ	五六三二・二	四〇九四・一	三一五九・七	一二七六・六

（摘要）七・七ミリは八九固定普通弾、一二・七ミリは「ホ一〇三」普通弾、二〇ミリは「ホ三」普通弾、三七ミリは「ホ二〇三」試製榴弾

携行弾数

携行弾数は飛行機の任務特にその要求される戦闘時間に基づき決定されるが、搭載重量、搭載位置等により制限を受けるものであるから口径の増大に伴い、これを減少するのはやむを得ない。

戦闘機に装備する七・七ミリ級の携行弾数は欧州大戦の経験に基づき一銃概ね五〇〇発を標準とするが、今次事変の経験によれば陸軍において七四機撃墜のため一機体あたり平均二一七発、海軍において一二四機撃墜のため一機体あたり平均一五二発を使用した。何れも二銃装備であるから一銃につき約八〇ないし一〇〇発を使用した結果を示している。従って五〇〇発を節用すれば辛うじて戦闘任務に支障はない程度である。

戦闘機用固定火器の各種口径に応じる携行弾数および発射速度の趨勢

口径	携行弾数	発射速度	全弾発射所要時間
七・七ミリ級	五〇〇～六〇〇	一〇〇〇発／分	約三〇秒
一三ミリ級	三〇〇	七〇〇発／分	約二六秒

二〇ミリ級　六〇～一〇〇　四五〇発／分　約八～一三秒

このように空中において真にその威力を発揮できる全弾発射所要時間はわずか二〇ないし三〇秒であるから、空中においては発射弾数の増加により所望の命中密度を期待するのは適当でなく、射撃開始の距離、照準を適切かつ正確に行なうことによりこれを求めなければならない。

空中においては弾薬の節用に特に注意を必要とする。すなわち弾薬の欠乏は戦闘力の喪失を意味するからである。

射距離

射距離は火器の精度、弾丸の効力、存速、攻撃方向等により決定される。すなわち火器の精度が良好で弾道が低伸し、また一弾の効力が強大で目標致命部位の面積を増大し、かつ弾丸の存速が大きく目標修正量が小さくなるに従い射距離を大きくすることができるものである。しかし現用の照準具では一定の限度を超えることは不可能である。

どの火器においても射距離を短縮するに従いその効力は幾何級数的に増加するもので、状況が許す限り近距離射撃を企図するのは携行弾数の関係と相俟って極めて重要である。

装備火器の数

単座戦闘機における装備火器の数は飛行機に要求する任務、機動性、火器の口径、発射速度等により決定される。単座戦闘機の火器数増加は至短時間における発射弾数の増加と射弾による目標捕捉率の増大および故障に対する顧慮を目的とする。

至短時間における発射弾数の増大は射距離の短小なこと、射撃好機の瞬間的なことにより要求されるもので、そのためには発射速度および装備火器数の増加を必要とする。しかし発射速度は技術的に制限されるので自然火器数の増加を要するものである。火器数の増加は機動性の低下、装備部位の狭小等に関係があるので必要の最小限度に止めなければならない。口径増大に関しても携行弾数、初速、発射速度の低下および重量の増大は直ちに装備火器数と関係があることを顧慮しなければならない。

現在は一般に一三ミリ級三門、二〇ミリ級二門を装備し、さらにそれ以上の火器を装備する趨勢にある。

突進

固定火器により戦闘射撃を実施するためには目標に向かい突進し、この間射撃のために必要な姿勢をとり、照準を完了し、爾後これを持続しつつ発射し、所望の効果を収め、目標に衝突する前に離隔しなければならない。この行動を「突進」といい、この行動を開始する点を「突進開始点」という。

突進方向の選定にあたってはわが射撃効力を発揚し、かつ敵の弱点に乗じることを主眼とするが、攻撃開始位置によりその方向を限定される場合がある。敵機の弱点は視界、射界および行動の難易により生じる。突進方向の特性および利害の大要を述べる。

「離隔」とは敵と近接した状態から敵との距離または高度を取ることで、次の攻撃のため間合いを取ることをいうこともある。戦闘を中絶するため敵との距離または高度を取ることは

「離脱」という。

「攻撃開始位置」とは単機では突進開始点に占位のための機動を開始する位置、編隊以上では指揮官の攻撃下令位置をいう。

「視界」とは翼、胴体等に遮られることなく遠距離を通視できる空界をいう。視界はその目的により「戦闘視界」、「編隊視界」、「射撃（照準）視界」等に区分する。

（一）後上方突進

制高の利を有する場合は攻撃開始点の位置に関係なく遂行できるのみならず、自機の速度の大小が攻撃の能否に関係することが少なく、かつ近接するに従って目標移動の角度が小となり、併進する関係上至近距離に近接してから相当の射撃時間があるので、射撃操作容易にして射撃効果を発揚し得る方向である。機軸に一致する場合においては特に有利となる。これに加えて高度および速度の優勢を有するために爾後の機動が容易となる利がある。しかし現時のように搭乗者の後方に防楯を備えるもの、あるいは複座機等にあっては敵にとって最も有利な射界であることを忘れてはいけない。

「制高の利」とは位置のエネルギーを運動のエネルギーに変えることにより速度を大きくし、敵の反撃を防止することができる。防御的戦闘法をとることができない固定火器による戦闘に価値がある。

（二）後下方突進

攻撃開始位置に拘らず実施できる方向で、有効な射距離を保持できる場合は後上方突進と同等あるいはそれ以上の射撃効力を発揚できるが、関係位置および彼我の速度により射距離内に達しないことがある。なお多座機以外の機種に対しては敵の視死界特に射死界を利用できる公算が大きいが、速度が逓減するのと制高の利を有しないために敵の反撃に対し危険である。

「視死界」とは翼、胴体等により通視を遮られる空界のことで、搭乗者および飛行機の姿勢を変化しても通視不可能な部分を「絶対視死界」という。

「射死界」とは翼、胴体、その他の原因により射撃不能の空界をいう。

㈢　前上方突進

前上方に突進開始点を得た場合にのみ実施できる突進で、攻撃開始点の制限を受けることが大きいが、わが速度の影響を受けることがなく、攻撃経過は神速で敵火に曝露する時間が小さい利点がある。しかし至近距離における射撃時間が僅少で射撃操作は比較的困難である。

㈣　前下方突進

前方に攻撃開始点を選定できた場合にのみ実施できる突進で、概して前上方突進に似た利点があり、射撃時間はやや長いのを通常とするが、敵の反撃の危険が大きい不利がある。この方向は敵の視死界に乗じ得る公算が大きい。

㈤　側方突進

敵の迅速な行動間においてはどの方向から突進しても側方突進の傾向を有するもの

で実用の機会が大きい。利害は一般に敵の機軸を外れた突進なるが故に、照準持続のために行なう操作は目標の移動角度が大きいから困難となるのみならず、視死界および射死界を利用できる公算は小さい。しかし主翼および多座機の発動機架死角を利用して前側方突進を有利とする場合が少なくない。

(六) 直上方突進

攻撃開始点がその能否を決するもので、敵の機動に拘らずこれに対応することができる。かつその経過が神速の利があるが機体の設計強度上その運動を不可能とする場合があるのみならず、射撃時間が僅少で効力の発揚が困難である。時として過速に陥り、照準および離脱が困難となることがある。

二、旋回火器戦闘

要旨

固定火器による戦闘が純然たる攻勢戦闘であるのに比べ、旋回火器による戦闘は特殊の場合を除き自己防衛を目的とする守勢戦闘になることが多い。しかし常に受動的と専断するのは大きな誤りで、一度戦闘を交えれば自主積極攻勢を以て行動して初めて自己防衛の目的を達することができるのである。

旋回火器射撃の特性

旋回火器は射界が広く射向の付与を迅速に行なうことができる。また機動力が敵に劣る場合においても簡単な機動により容易にその火力を発揮できる。しかし目標の移動に伴う修正が複雑で射撃精度は固定火器より劣るのを通常とする。敵に対する火力の集中は容易なので敵戦闘機に対してはこれにより火力の優越を期すことを要する。

射界

旋回火器戦闘に最も関係を有するのは射界である。すなわち自己の装備火器は装備位置、銃架等の関係から射撃できない射死界が存在するのは免れないもので、これが旋回火器装備機の弱点である。故に旋回火器による戦闘は如何にしてこの射死界の減少を図るかにあり、かつその機動は如何にして敵をわが火器の有効射界に現出させるかにより決定される。射死界消滅のために採る手段は次のとおりである。

（一）火器の配置を適切に行なう。

（二）機動により敵機を射界に捉える。

（三）編隊側方火網による。

射撃火網の構成

旋回火器が固定火器に対し有利な点は射界内における射向の変換が自在で火網の構成を可能とすることである。すなわち多座機編隊等旋回火器のみを以て空中戦闘に任ずる場合においては各火器の射向の選定を適切にして濃密な火網を構成し、敵機にその火力を集中指向し、火力の優越により敵機の撃墜を図り、あるいは編隊相互の側防により共通射死界を消滅して敵の近接を妨害する等遺憾なく旋回火器の威力を発揚することが緊要である。

「共通射死界」とは編隊内のどの飛行機よりも射撃できない射死界をいう。

射距離

旋回火器の射撃は固定火器に比べて射撃開始の距離が大きいのを通常とする。すなわち旋回火器においては敵機を撃墜することが最良だが、敵機に対し損傷を与え、その攻撃企図を放棄させることにより、その目的を達成できる場合が少なくない。故に目標の射撃部位は固定火器より増大させてよく、また固定火器のように自己の意志のまま戦闘を遂行することはできないので、戦闘をできるだけ遠距離で行なうことが必要である。

旋回火器戦闘の要領

（一）機動による戦闘

軽快な機動により敵を視界に捉えつつ行なう戦闘で、通常旋回性能に優れた単機で実施する戦闘である。この戦闘法は同方側、交互旋回等によるが射手は旋回のため慣性の影響を大きく受ける。

（二）速度による戦闘

速度の増加により敵機を後方射界に捉え、かつ速やかに離脱を企図する戦闘法である。高速度の複多座機において実施することが多い。

（三）編隊による戦闘

編隊火網の構成により速度の大小に拘らず実施できる戦闘法で、各射死界を編隊内の側方火力あるいは編隊相互の側防火力により消滅させるものである。

三、各機種戦闘の特性

各機種の戦闘上の特性はその目的、性能、型式、装備等により異なる。飛行機の戦闘能力は機動力と火力により保持されるもので、多くの場合機動力と火力とは反比例するのが普通である。以下各機種の戦闘上の特性に関し略述する。

（一）単座戦闘機

単座戦闘機は主として敵機を空中において捕捉撃滅することを目的とする。性能は敵の如何なる機種よりも速度が優越し、かつ火力が強大であることを要する。従って性能の要求は通常速度、急上昇、急降下、旋回の順序とする。航続距離はあらゆる手段を講じて増大を図り、進攻戦闘の任務を達成しなければならない。

型式は単発動機あるいは双発動機で極力空気抵抗の減少を図り速度の増大を期す。故に翼面荷重は自ら増大する。一般の型式は低翼単葉引込脚尾輪である。なお双発動機の場合は技術上胴体内に縦に装備することが可能であればその性能はさらに増加する。単発動機ではクールホーヘン式のように胴体内にこれを収容できれば双発動機に劣らない性能を期待できる。

火力装備は二〇ミリ機関砲二門、一三ミリ級二門を必要とする。無線装備は任務の特性上特に必要とする。

戦闘法は高速疎開戦闘を採用する。なお防空戦闘を目的とする近距離用の戦闘機では特に上昇力および火力の強大を図る。

(二) 複座戦闘機

複座戦闘機は一般に空地における敵機の攻撃に任じる他、遠距離、夜間戦闘等に使用する。

性能は火力強大で速度卓越し、特に航続距離が大きいことを要する。

装備は固定火器を単座戦闘機とほぼ同様とし、旋回銃は後方のみ射界を有し射手が銃と一体になって操用し得るものとし、弾倉よりも保弾帯を可とする。

戦闘法は概ね単座戦闘機に準じるが状況により後方火器を利用することがある。

(三) 多座戦闘機

主として爆撃部隊の直接掩護に任じるもので、性能および型式は中型もしくは大型爆撃機と同じである。

装備は旋回機関砲を少なくとも六門以上装備する。

戦闘法は火力を以て唯一の戦闘手段とする。

(四) 司令部偵察機

主として航空作戦指導の資料を迅速に収集するための捜索に任じる。

性能は高々度の行動に適しかつ速度の優越を要する。他の性能の総てを犠牲にしても戦場に現出を予想する如何なる敵機よりも高速であることを企図する。航続距離は遠距離爆撃機より大きいことを理想とする。

戦闘上の装備は後方に対する火器一を有するのを通常とする。

戦闘法は極力空中戦闘を避け、天候、気象、高度等を利用し隠密行動に努める。敵機に捕捉された場合は快速を利用し一挙に離隔を図るものとする。

(五) 軍偵察機
軍作戦資料収集のため遠距離の地上捜索を実施し、時として地上攻撃に任じる。

性能は敵の妨害を排除するため適当な機動性を必要とする。従って速度、航続距離は共に司令部偵察機より小さい。

装備は通常固定火器一、旋回火器一を装備する。

戦闘法は概ね司令部偵察機に準じるが状況により機動を以て敵機と戦闘する。この際固定、旋回火器の何れを用いるかは彼我の性能の差により異なる。

(六) 直協偵察機
主として第一線地上部隊直接協同の任務に服す。

性能は軽易に狭小な地域に離着陸できることを要し、常用高度は一般に低い。

型式は単発動機装備の小型機で翼面荷重を小さくし、少なくとも旋回、固定火器各一を装備する。

戦闘法は旋回半径が小さいので旋回銃戦闘を実施するが、敵の機動力によっては固定銃で戦闘し反撃することができる。

(七) 軽爆撃機

主として地上の敵機、軽易な諸施設の破壊並びに地上軍隊の攻撃に任じる。

性能は降下爆撃を可能とし軽快に行動できることを要する。

型式は単発動機または双発動機装備で複座または三座とする。

空中戦闘上の装備は単発動機では固定、旋回火器各一、双発動機では旋回火器二以上を装備する。

戦闘法は編隊構成による戦闘を主とするが状況により旋回火器を主とする各個戦闘を実施することがある。

（八）重爆撃機
主として地上の敵機、諸施設の破壊に任じる。

性能は航続距離と速度とを主要性能とする。

型式は双発動機装備とする。

装備は旋回火器四以上を装備する。

戦闘法は編隊構成による火力戦とする。

（九）遠距離爆撃機
長遠なる距離における重要諸施設の攻撃に任じる。

性能は長遠なる航続力と独立自衛力の増大とを主眼とする。

型式は多発動機装備とするがさらに研究の余地あり。

空中戦闘上の装備は旋回火器五以上を装備する。

戦闘法は編隊構成による火力戦とする。

（一〇）　襲撃機

地上の敵機または地上軍隊等の襲撃に任じる。性能、型式は低空性能が特に卓越し行動軽快なもので通常複座となす。装備は比較的大きい火砲を装備するかまたは多砲装備で爆弾を併用する。戦闘法は固定砲および旋回砲を併用する防御戦闘を主とし、状況により固定砲を以て反撃することがある。

四、編隊

編隊構成の動機は警戒力の増強にあったが、爾後攻撃力増強の目的により機数を増加し、遂に現今の編隊、編隊群となった。編隊構成の理論は編隊員相互の目視連絡による索敵警戒力の増強にあり、これをさらに空中戦闘の見地からすると編隊長の攻撃力を最高度に発揮するため索敵特に警戒力を僚機を以て補うことにある。大部隊においては部隊の柔軟な戦闘機動の発揮により戦力の集散統合発揮と敵の索敵に対する部隊の掩護を十分考慮しなければならない。

編隊相互の目視連絡は編隊構成の基礎をなす。目視連絡が稠密でないときは戦闘に際し編隊長はその決心を適時部下に示すことができないだけでなく、機動が掣肘を受けることになる。すなわち編隊員相互の目視連絡の限界はまた編隊構成の限界ということができる。編隊構成の基礎が目視連絡にあることから編隊員は相互にその視界内に位置することが必要であり、編隊構成の可能界は飛行機の固有視界により変化する。

「索敵」とは空中において機影を発見し、その彼我を識別し、機種兵力を認識することをいう。

「警戒」とは空中の敵機から奇襲されないよう、索敵後これに対応する処置を施し得る距離において敵機を発見するための索敵をいう。

各種隊形の利害得失

編隊の隊形はその使用の目的により雁行、縦長、梯形、菱形等の隊形を採用する。

（一）雁行隊形

編隊あるいは編隊群の隊形を雁行形に開くもので、左右に対する目視の連絡は容易だが隊形保持並びに行進方向の変換はやや困難である。しかし機に応じた機動により敵の包囲集中攻撃に適するので戦闘隊形としては本隊形をとることが多い。

（二）縦長隊形

編隊あるいは編隊群の隊形を縦長に配置するもので、前方に対し後方の随は容易だが距離を短縮すると渦流に煽られ、延伸すると連繋を失い易い。従って本隊形は天候、気象、地形等の関係で部隊の雁行隊形での通過ができない場合等主として航法、夜間飛行に採用される。戦闘において本隊形で敵に遭遇すれば前方部隊の戦闘に後方部隊が適宜戦闘に加入することはできない。また後方から逐次敵のため蚕食されるおそれがある。

「跟随」とは前方の飛行機に従って飛行すること。

「蚕食」とは蚕が桑の葉を端から食べて遂には全部食べつくすことをいい、ここでは外方から逐次攻撃されることをいう。

（三）梯形隊形

左または右に梯形を形成するもので一方面に対する索敵警戒が容易で小部隊では指揮掌握および跟随容易なので哨戒行動、夜間、悪天候および着陸の際等に多く採用される。しかし後方および一翼方面から敵に蚕食および奇襲されやすいので注意を要する。

「奇襲」とは被攻撃機が攻撃機の行動全経過を発見できなかったか、または途中からこれを発見したが全然これに対応する処置の余裕がない場合の攻撃をいう。

（四）菱形隊形

編隊または編隊群の隊形を菱形に配置するもので、部隊の団結が強固で前後左右の連携が容易なので爆撃機等の火網構成に用いることがある。しかし編隊長が撃墜されると編隊の団結保持が困難となるのみならず編隊長機および後方機を同時に攻撃される恐れがあるので注意を要する。

一式戦闘機武装法

（昭和十八年二月　陸軍航空総監部「武装教程別冊一式戦闘機武装法秘」）

本機は操縦席前上方左側に「ホ一〇三」機関砲を、右側に八九式固定機関銃または「ホ一〇三」機関砲を装備し得るもので携行弾数は機関銃一銃につき五〇〇発、機関砲一門につき二五〇発である。

照準具は八九式固定機関銃用照準具を使用し、引鉄装置は電気式で左右切換開閉器およびガス槓桿上の押釦により左右の銃砲同時に、あるいは片方のみ操作することができる。弾薬の装填は機関銃の場合装填槓桿により、機関砲の場合脚およびフラップと同一系統の油圧装置により、あるいは手動装填槓桿により行なう。

機関銃取付金具は前方および後方の二個よりなり、前方取付金具の銃取付孔軸心は胴体軸線の上方四六四・七ミリ、胴体軸線の左右各二二〇ミリに位置し、後方取付金具は第二円框に螺着せられ上下左右の調整を行なうことができる。上下調整ねじの中心は〇・五ミリ偏位し前後左右に約二ミリ移動することができる。

機関砲取付金具の砲取付孔軸心は胴体軸線の上方四七六ミリ、胴体軸線の左右各二二〇ミリに位置し、その構造は機関銃取付金具と概ね同じである。

銃砲を交換装備するときはこれに応じる取付金具を装着換えする。

弾倉は給弾口、誘導筒および収容箱よりなる。給弾口はその下方を誘導筒に駐栓止し、上方は機関銃装填架または機関砲装填口部に装着固定する。誘導筒は収容箱と給弾口の中間にあって機体に固定し、下方の二個の転子は収容箱の転子と相俟って弾帯の整流を良好にする。

収容箱は機関銃および機関砲下方の弾倉架に胴体左または右外側より挿入する。銃砲用共左右各一個の予備を有する。

保弾子受は左右独立し上部、下部の二個よりなる。保弾子取出口は車輪格納室にあり鎖板を有する。収容数は機関銃が七〇〇発分、機関砲が四二〇発分である。

保弾子は約三〇回使用できるが、伸びたもの、変形したもの、挟弾力六キロ以下のものは使用しない。二〇発分の長さは四六センチでこれより一センチ以上伸びたものは使用しない。

打殻受は機関銃または機関砲下面にありその排出筒は下方において左右一体となり胴体下面中央に鎖板を付けた取出口がある。収容数は機関銃の場合約六五〇発、機関砲の場合約二〇〇発なのでこれ以上射撃する場合は取出口鎖板を開いて排出しながら射撃する。

発射起動機は発動機後蓋右側に装着し発動機の回転により機関銃用は九五式発射連動機、機関砲用は一〇〇式発射連動機を作動させるカム装置で、カム山の高さは機関銃用が四・五ミリ、機関砲用が六ミリである。

装備した機関銃を操作するため装填操作装置を有し、銃固有の大槓桿に代用して小槓桿用槌を有す。その構造は九七式戦闘機のものと概ね同じである。

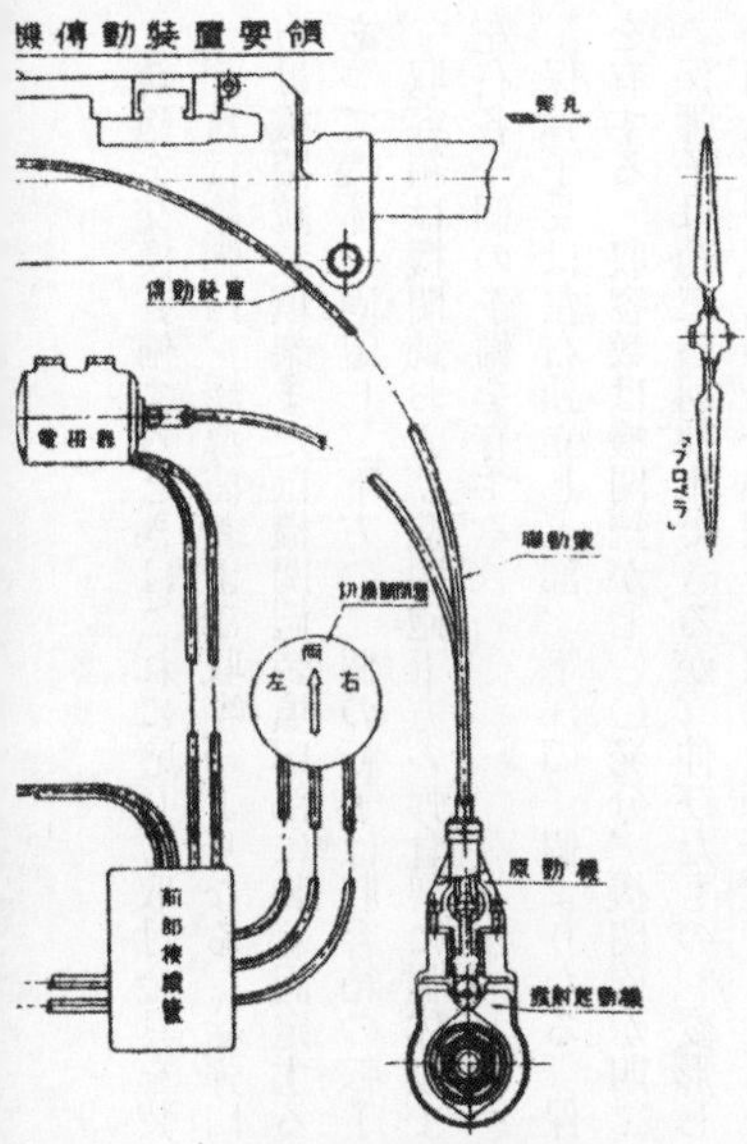

一式戦闘機

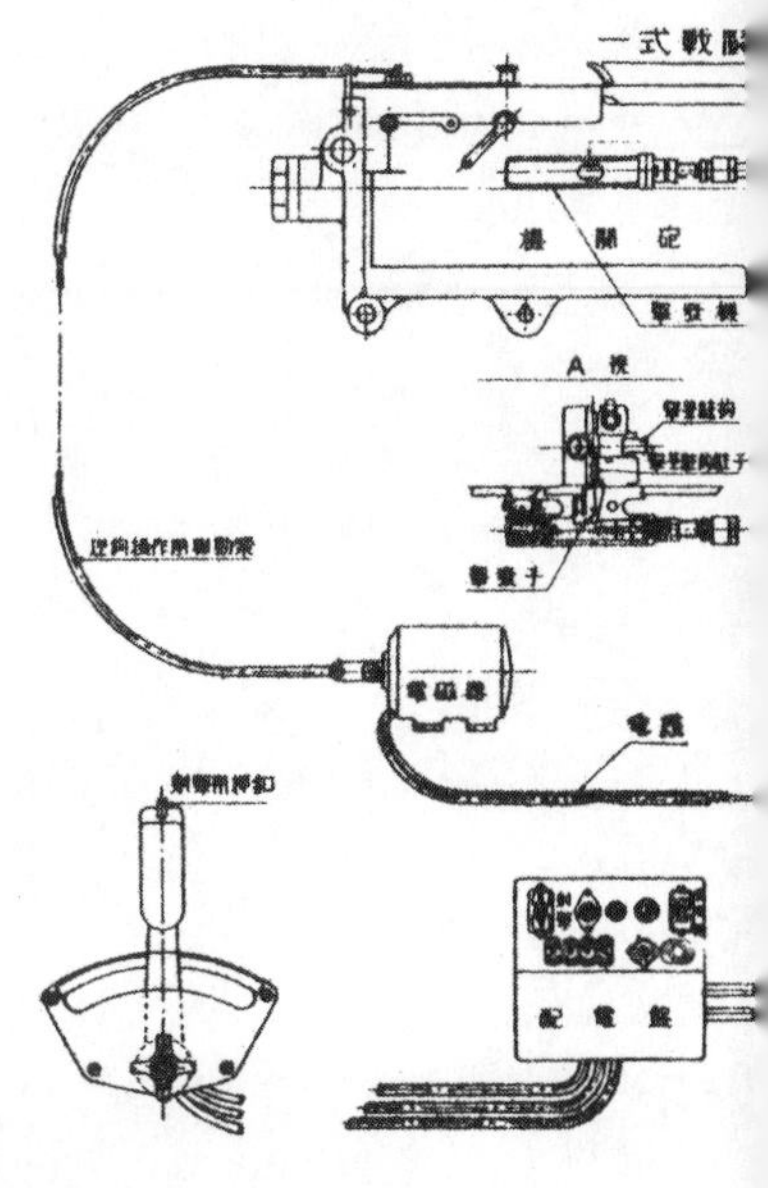

一式戦闘機伝動装置要領
昭和18年2月陸軍航空総監部
「武装教程別冊一式戦闘機武装法」所載

引鉄装置は電磁器の牽引力を利用するもので、ガス槓桿上の押鈕は二段に作用し、これを圧すると機関砲では第一段において機関砲用発射連動機が作動し、第二段において逆鉤が解脱し尾栓復坐と共に発射する。機関銃では第二段において機関銃用発射連動機が作動して発射する。押鈕を放すとまず尾栓は逆鉤に鉤し、次いで発射連動機は作動を停止する。

二式戦闘機武装法

（昭和十八年二月　陸軍航空総監部「武装教程別冊二式戦闘機武装法秘」）

本機は操縦席前上方に八九式固定機関銃二銃、左右主翼内のプロペラ圏外に「ホ一〇三」機関砲各一を装備し、弾薬は機関銃各五〇〇発、「ホ一〇三」機関砲各二五〇発を携行できる。

機関銃の取付金具は前方および後方の二個よりなり、銃腔中心は胴体軸線の上方五五四ミリ、左右各二五五ミリに位置し、後方取付金具は上下左右の調整を行なう。

照準具は八九式固定機関銃用照準具を使用し、発射は機関銃の場合ガス槓桿前側にある引鉄握把により、機関砲の場合電気式でガス槓桿頭部の押釦により行なう。弾薬の装塡は機関砲の場合脚およびフラップと同一系統の油圧装置により、機関銃の場合装塡操作槓桿により行なう。

機関銃用弾倉は給弾口、誘導筒および収容箱よりなる。給弾口は上部を機関銃装塡架に装着固定し、下部は誘導筒上部に嵌装してその位置を保持する。

誘導筒は給弾口と収容箱との間にあって機体に固定し、上部は給弾口に嵌入し下部は収容箱上面に連なる。中央に二個の転輪を有し弾帯の整流を良好にする。

収容箱は左右各二個を有し一個は予備とする。後側は保弾子収容室をなし胴体側方より装脱する。収容弾数は左右各五〇〇発とする。

打殻受は叉状をなしその上方は左右機関銃下面において誘導筒に駐栓止し、誘導筒は左右合体して一個の排出筒上部に固定する。排出筒下面は胴体の下面をなし蓋を有する。その収容数は三〇〇個とし、これ以上携行する場合は離陸前排出口蓋を開いておく。

保弾子受は上部および下部排出筒並びに収容箱左右各一個よりなる。上部排出筒はその上端を機関銃装填架保弾子排出口に正対し、その下端を下部排出筒に駐栓止としその位置を保持する。下部排出筒は収容箱上方に固定する。

収容箱は弾倉収容箱内の一室でその収容数は左右各五一〇個とする。

発射起動機は発動機の後方に装着し、その回転により一式発射連動機を作動させるカム装置で、右側のものは右銃用、左側のものは左銃用とする。回転数はプロペラと同じでカム山の高さは五ミリである。

本機の発射連動機は一式発射連動機で九五式発射連動機を改造したものである。

装填操作装置は機関銃の大槓桿に代えて機関銃の装填を行なうもので、取付座、装填槓桿、故障排除槓桿等よりなる。

引鉄装置は発射連動機および機関銃撃発調整機に運動を与え射撃を行なわせるもので、引鉄握把、原動機操作機、機関銃信号装置用開閉器、連動索等よりなる。引鉄握把はガス槓桿に装着する。原動機操作機は発射にあたりこれを操作しなければ引鉄を引けない安全装置を兼ねるもので、原動機操作把手を停止の位置に置けば引鉄握把を引くことはできず、作動の位置に置けば引鉄握把を引くことができる。

機関銃の装填発射操作は、弾帯を碍子に鉤して装填槓桿を二回操作する。原動機操作把手を作動の位置に置くと信号灯が点灯する。次いで引鉄握把を握れば連続発射する。

固定機関砲取付架は特殊鋼管製で四本の植込ボルトおよびナットにより両翼内に固定され、中央に前方および後方取付金具を有し、上下、左右の調整は後方取付金具により行なう。

機関砲用弾倉は給弾口と収容箱からなり、給弾口は外翼と中翼内に固定され、一端は機関砲装填口に他端は収容箱に対し、機関砲装填口側上面に小蓋板を有する。収容箱は外翼内にあって翼下面より着脱する。下面は翼面の一部をなす。収容弾数は左右各二五〇発である。装填の場合は翼上面の円形覆を外して行なうのが便利である。

打殻受は排出筒および打殻収容覆からなる。排出筒は機関砲取付架に鋲着され翼下面に開口し、蓋板により閉塞される。打殻収容覆は演習時これを翼下面に取付け、保弾子と共に打殻を収容する。収容数は保弾子共約三〇発分で打殻だけでは約一〇〇個となる。従ってこれ以上携行するときは打殻収容覆を外し射撃間排出する。

保弾子受は排出口、収容箱および排出筒よりなる。排出口は機関砲の保弾子排出口に取付け、砲より排出する保弾子を収容箱に導く。収容箱は機関砲取付位置の内側に装着し、後側面には駐栓により開閉する蓋を有する。排出筒は収容箱下面に結合され外側の取出口は打殻収容覆に通じ、蓋板により閉塞される。その収容数は約三〇〇個だが三〇発以内の射撃をする場合は取出口の蓋板を開放しておき打殻と共に打殻収容覆に収容する。冷却筒は砲身冷却用で主翼前縁と前桁間に取付けられ、その先端には砲身保護用の覆を有する。

油圧装置は機関砲の装填操作に使用するもので、油圧槓桿、油圧導管、機関砲用切換四方コック、手動ポンプ等よりなる。機関砲用切換四方コックおよび手動ポンプは操縦席内の右側に位置する。

引鉄装置は逆鉤操作機、圧桿引鉄操作機よりなる。逆鉤操作機は押釦開閉器、電磁器、電纜、鋼索等よりなり、電源より電磁器までを電気回路とし、電磁器、逆鉤間は鋼索により電磁器の作動を逆鉤に伝える。押釦開閉器はガス槓桿把手内にある。

機関砲の装填発射操作は次の手順により行なう。

一、弾帯を挿入し碍子に鉤する。

二、回転計の示度が一〇〇〇となるようガス槓桿を操作する。

三、機関砲用切換四方コックの把手を後方に倒して「断」より「始」の位置にする（このとき圧力計指針は二五キロ付近から二〇キロ付近に低下し、暫くして再び二五キロ付近に急騰する）。

四、機関砲用切換四方コックの把手を前方に倒して「終」の位置にする（このとき圧力計指針は再び二〇キロ付近となり、暫くして二五キロ付近に急騰する）。以上の操作により尾栓は後退して逆鉤に鉤し油圧槓桿は復位する。

五、配電盤の発電機開閉器、蓄電池開閉器、射撃用開閉器を「接」とし、槓桿頭の押鈕を押す。このとき逆鉤は解脱し、尾栓は復坐し、抽弾子は第一弾薬筒起縁部に鉤する。
六、第三項および第四項を各一回反復して尾栓を逆鉤に鉤し、把手を「断」に復位する。
七、圧桿引鉄操作把手を後方に倒して「安全」より「撃発」の位置とし、押鈕を押せばその間連続発射する。
八、押鈕を離せば尾栓が逆鉤に鉤して停止する。射撃しないときは圧桿引鉄操作把手を「撃発」より「安全」の位置に置くものとする。

「ホ一〇三」機関砲の射距離五〇メートルにおける弾道高（昭和十六年一月技研調整）

射距離（m）	弾道高（m）
一〇〇	〇・〇二四
二〇〇	〇・〇六七
三〇〇	〇・一二五
四〇〇	〇・一九三
五〇〇	〇・二七二
六〇〇	〇・三七一

二式戦闘機（二型）武装法

（昭和十九年七月　陸軍航空総監部「武装教程別冊二式戦闘機〈二型〉武装法秘」）

本機の二式戦闘機と異なるところは搭載機関銃が八九式固定機関銃から八九式固定機関銃（改）に変更されたこと、発射連動機が一式発射連動機から二式発射連動機甲に変更され、それに伴い発射起動機も変更されたことである。八九式固定機関銃の改良箇所については記載がない。

八九式固定機関銃の射距離五〇メートルにおける弾道高表

射距離（m）	弾道高（m）
一〇〇	〇・〇一
二〇〇	〇・〇五
三〇〇	〇・一〇
四〇〇	〇・一五
五〇〇	〇・二三

二式戦闘機

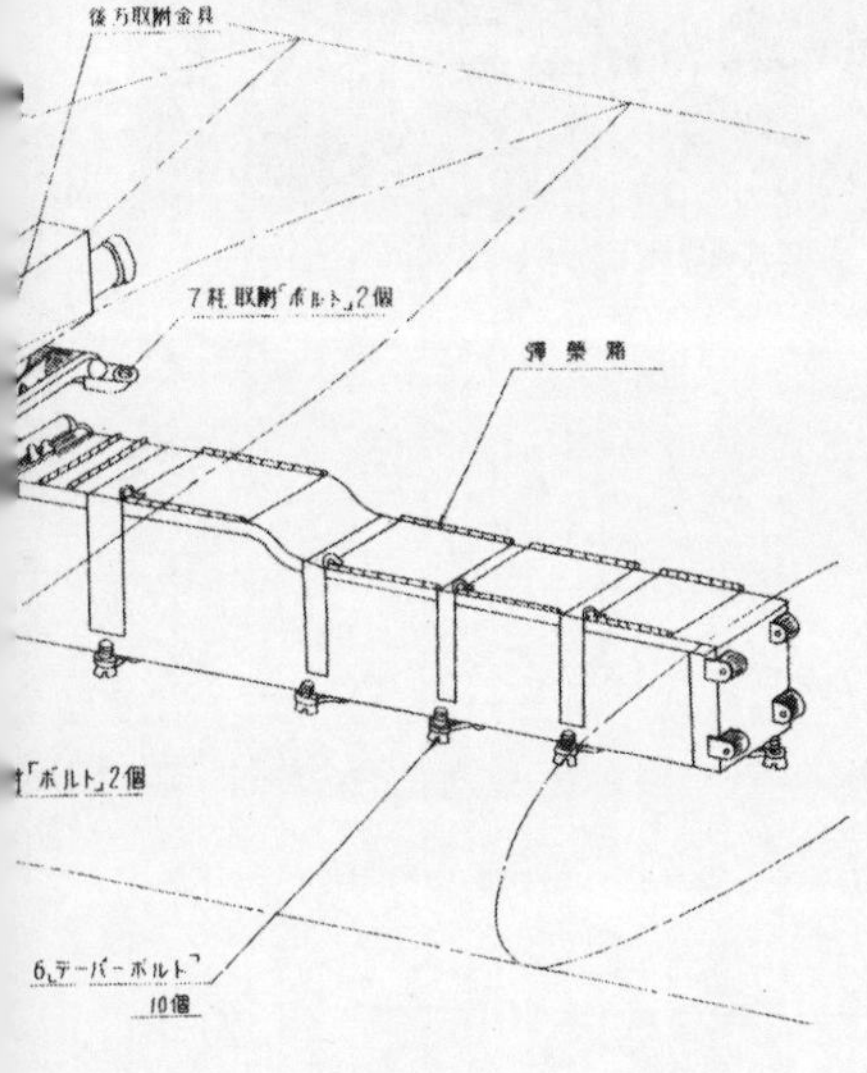
後方取附金具
7粍取附「ボルト」2個
弾薬箱
「ボルト」2個
6、テーパーボルト
10個

二式戦闘機翼内射撃装置取付
昭和18年2月陸軍航空総監部
「武装教程別冊二式戦闘機武装法」所載（以下同じ）

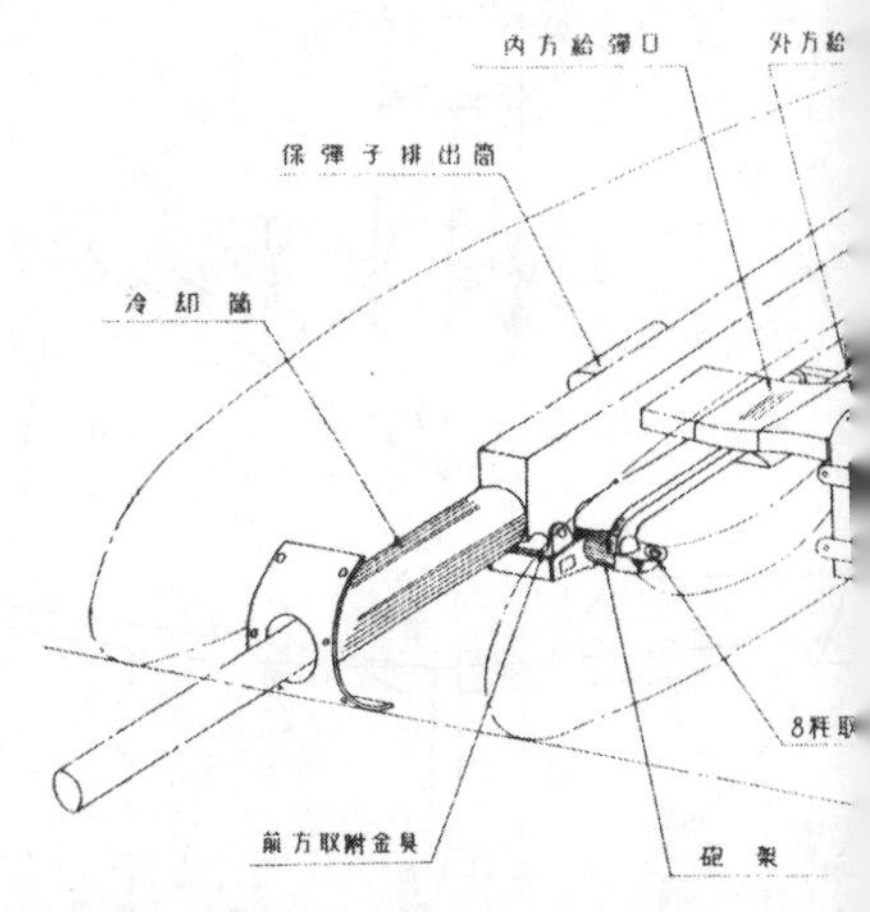

射撃装置主要寸法

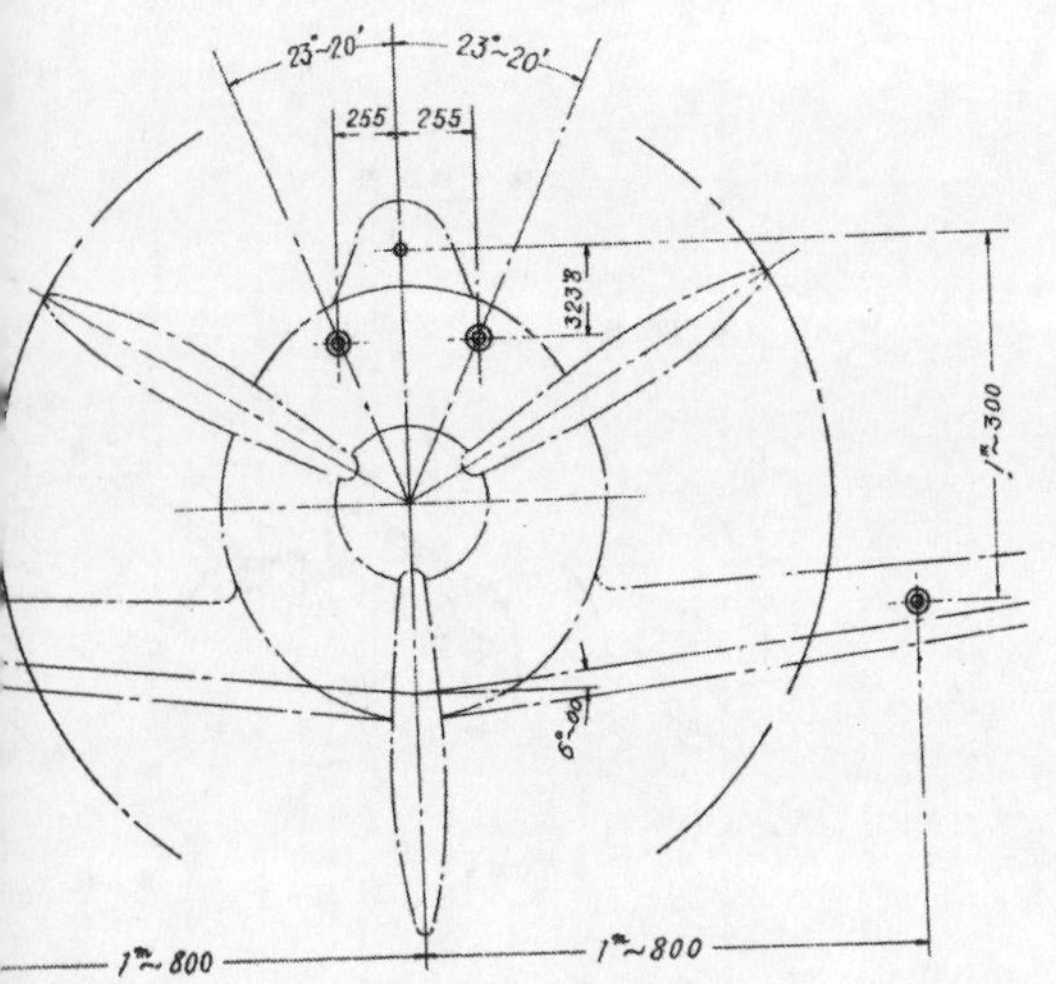

二式戦闘機射撃装置主要寸法

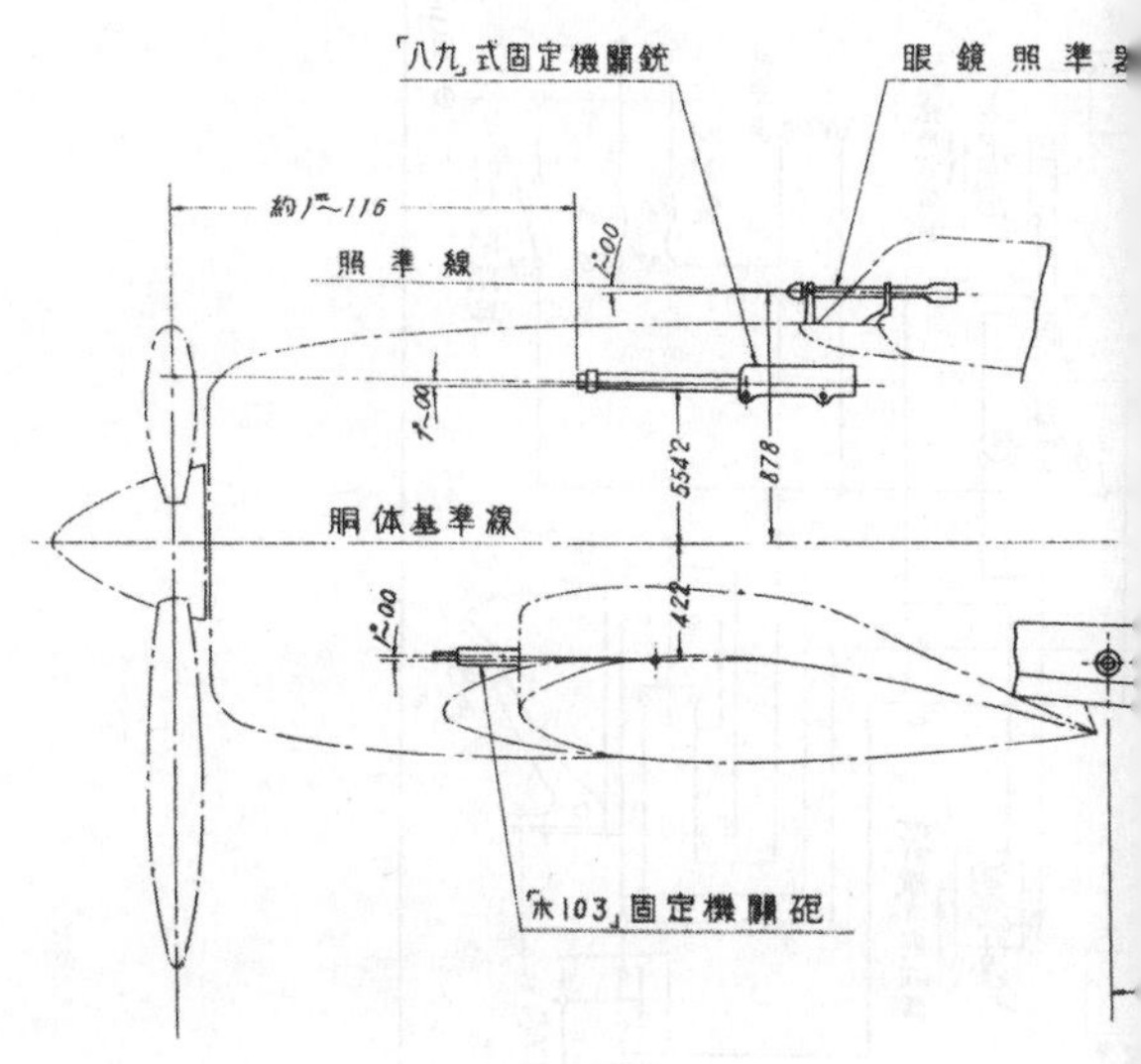

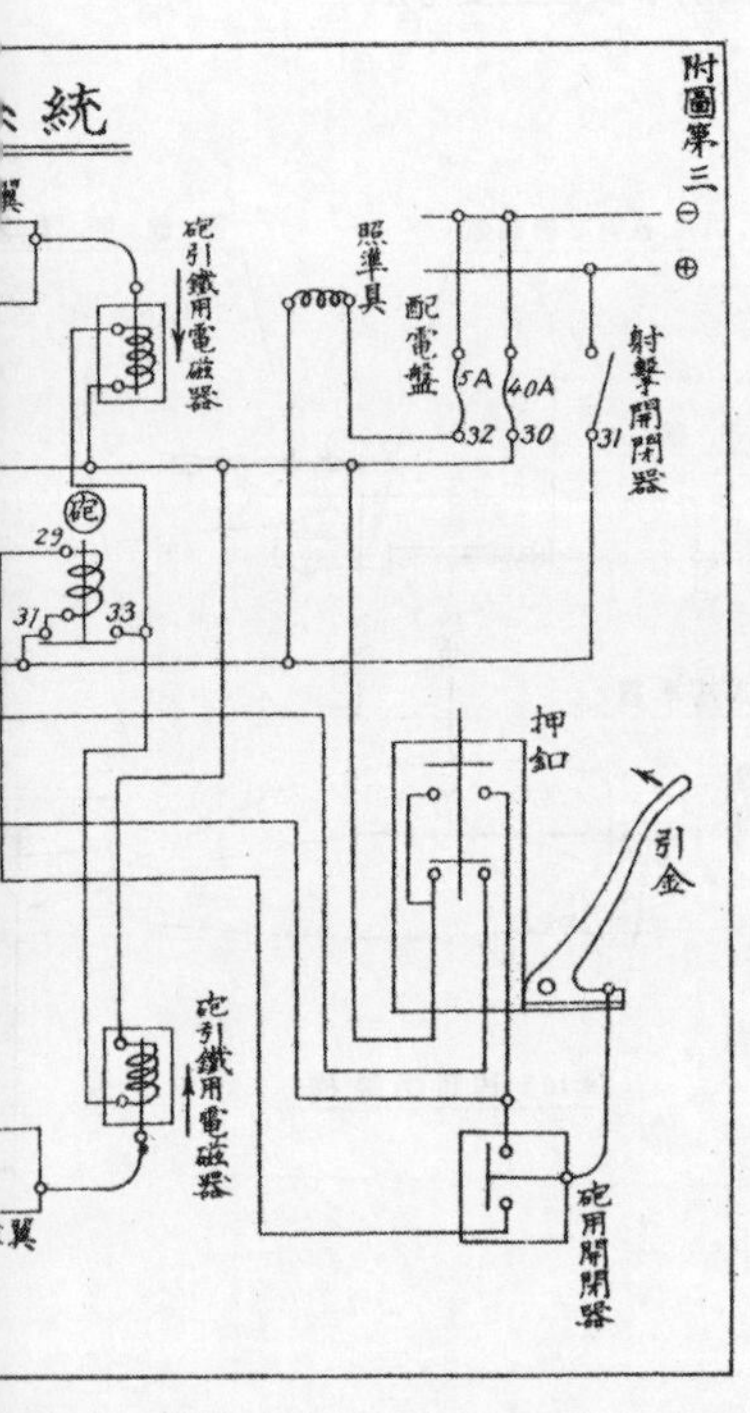

附圖第三
統
砲引鐵用電磁器
照準具
配電盤
5A
40A
32
30
31
射擊開閉器
29
31
33
押釦
引金
砲引鐵用電磁器
砲用開閉器

二式戦闘機射撃用電気系統
昭和19年7月陸軍航空総監部
「武装教程別冊二式戦闘機（二型）武装法」所載

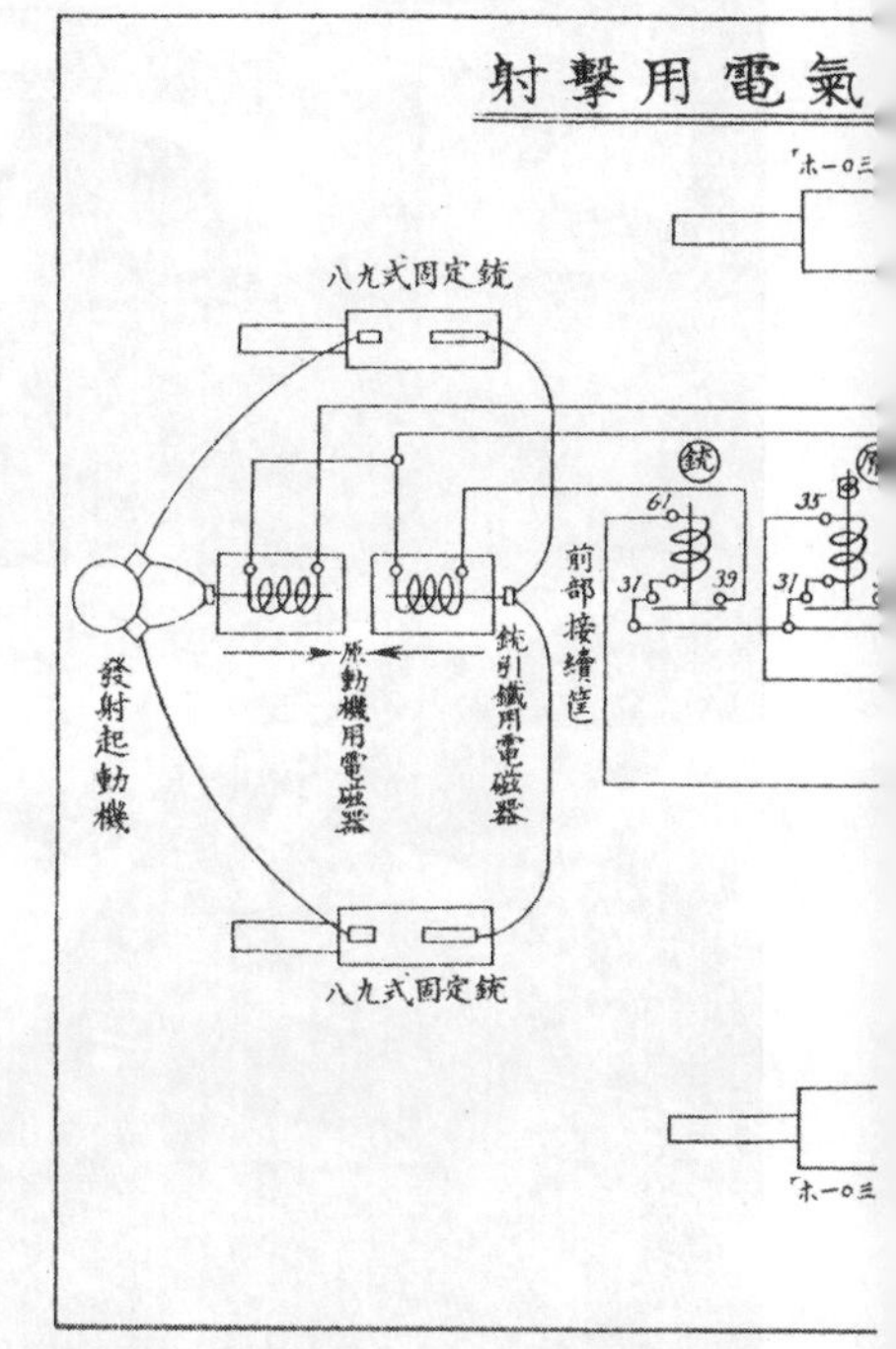

〈上〉三式戦闘機
〈下〉「キ六一」二型機首に装備された一式十二・七粍固定機関砲

二式発射連動機

（昭和十九年十一月　陸軍航空総監部「武装教程別冊二式発射連動機取扱ノ参考」）

本発射連動機は従来の九五式発射連動機を改良したもので、機関銃（砲）と連動装置の同調発射時期における射弾散布界を小さくするよう機能の確実を期したもので原動機、伝導装置、撃発機よりなる。

本発射連動機には甲、乙の二種がある。すなわち八九式固定機関銃「改」用を甲、一式十二粍七固定機関砲用を乙と称する。甲、乙は撃発機が違うだけである。

発射にあたり、連動索を牽引すると槓桿が旋回し作動桿および制止桿はそれぞれ軸を支点として旋回し、制止桿は切断子との鉤止を解き、切断子は補助ばねの張力により突出しカムに接する。切断子の突出と共に作動桿転子乙は切断片側面を圧し、これを切断子内に入れ摺動桿、切断片、切断子の軸線は一致する。カムが回転しカム山が作用すると切断子と摺動桿とは切断片を介して一体運動をなし、摺動桿に接続した導線は後方に突出して遊底は閉鎖し、作動子頭が降下していればこれを圧して撃発する。しかし撃鉄が後退しているときに遊底が閉鎖した場合は作動子頭は撃鉄に接し降下することはできない。さらにカムが回転し撃鉄が復位し、次のカム山により撃鉄が突出し、作動子頭を圧して撃発する。

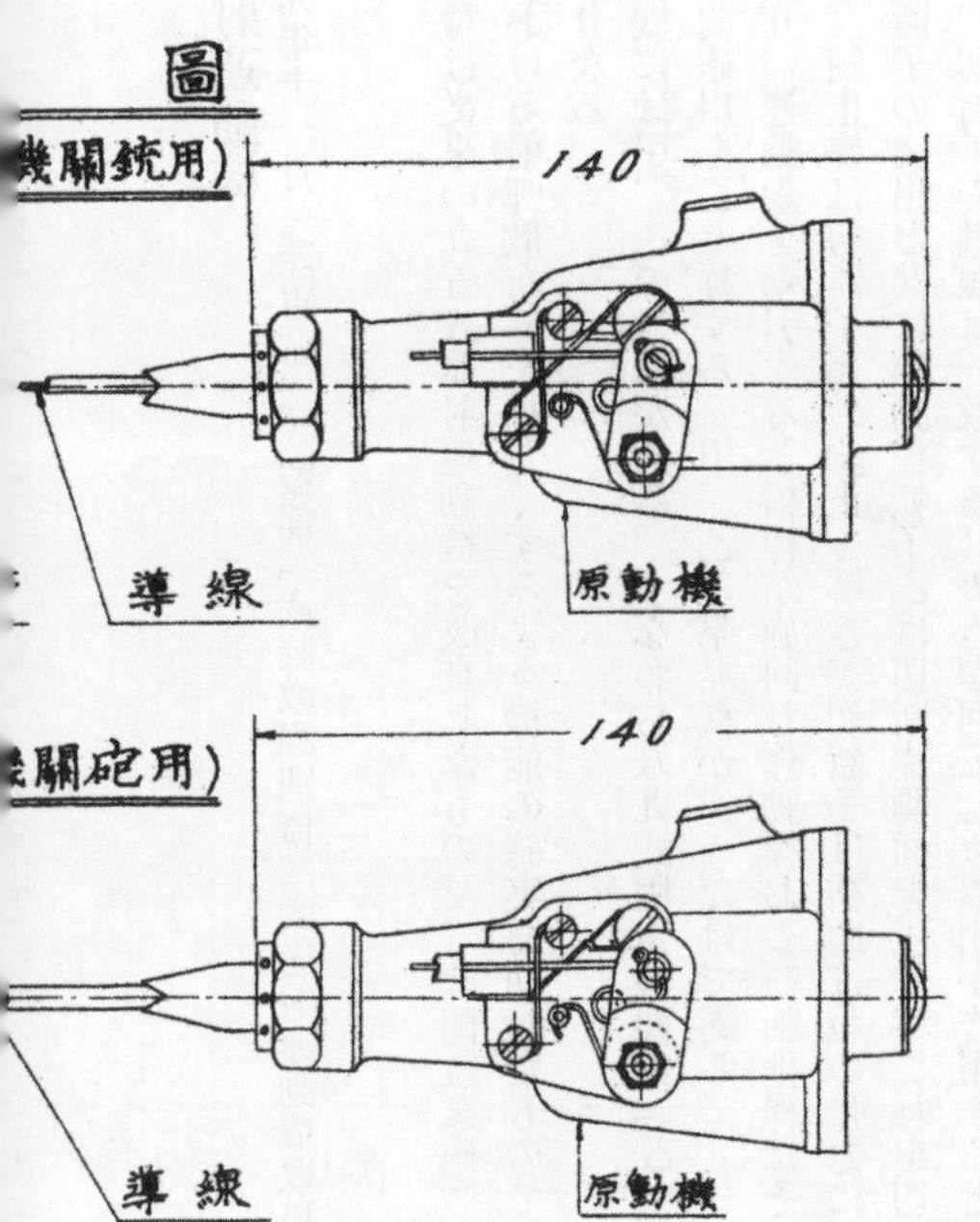

圖
機關銃用)
140
導線
原動機
機關砲用)
140
導線
原動機

二式発射連動機甲・乙
昭和19年11月陸軍航空総監部
「武装教程別冊二式発射連動機取扱ノ参考」所載

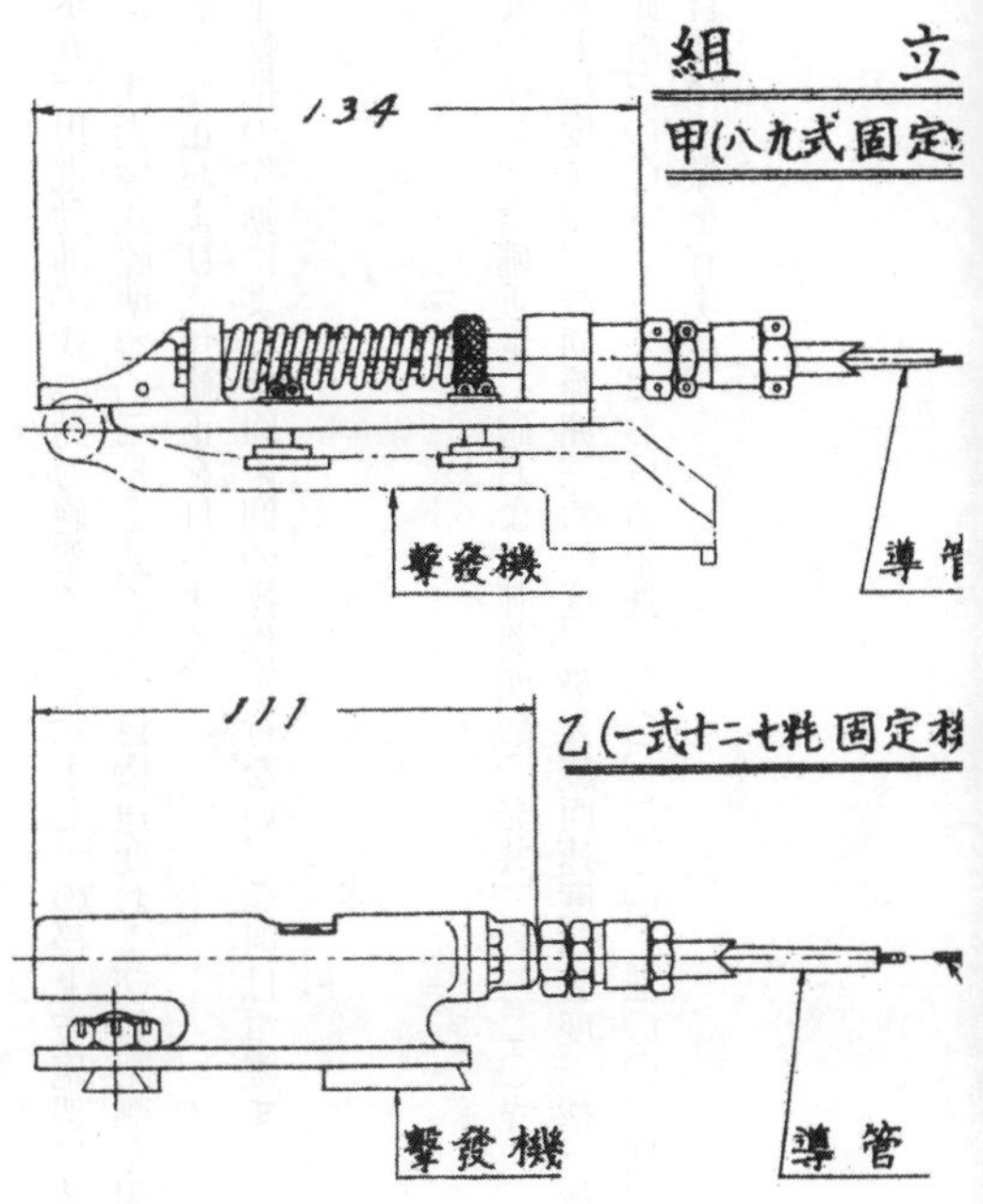

三式砲架（昭和十九年十月　陸軍航空総監部「三式砲架取扱ノ参考」）

本砲架は「ホ五」用電動油圧式の動力砲架で「キ六十七」の後上方砲架に装備する。砲架右側砲中央前に二式光像式照準器乙三号を装着し、自機速度および射距離を測合することにより自動的に射手修正および高角修正を付与する。

本砲架は油圧転把の作動により旋回俯仰の操作を行ない、発射は電鍵または膝押により行なう。

三式砲架主要諸元

砲架重量一九〇キロ、全備重量（砲および弾薬四〇〇発共）約三二〇キロ、俯仰範囲俯角二〇度より仰角七〇度まで、旋回範囲三六〇度、最大旋回速度四五度／秒、最大俯仰速度四〇度／秒、射距離三〇〇メートルにおける敵速一〇〇、二〇〇、三〇〇、四〇〇キロ／時に応じる四種の目標修正環を有する。

三式砲架
昭和19年10月陸軍航空総監部
「三式砲架取扱ノ参考」所載

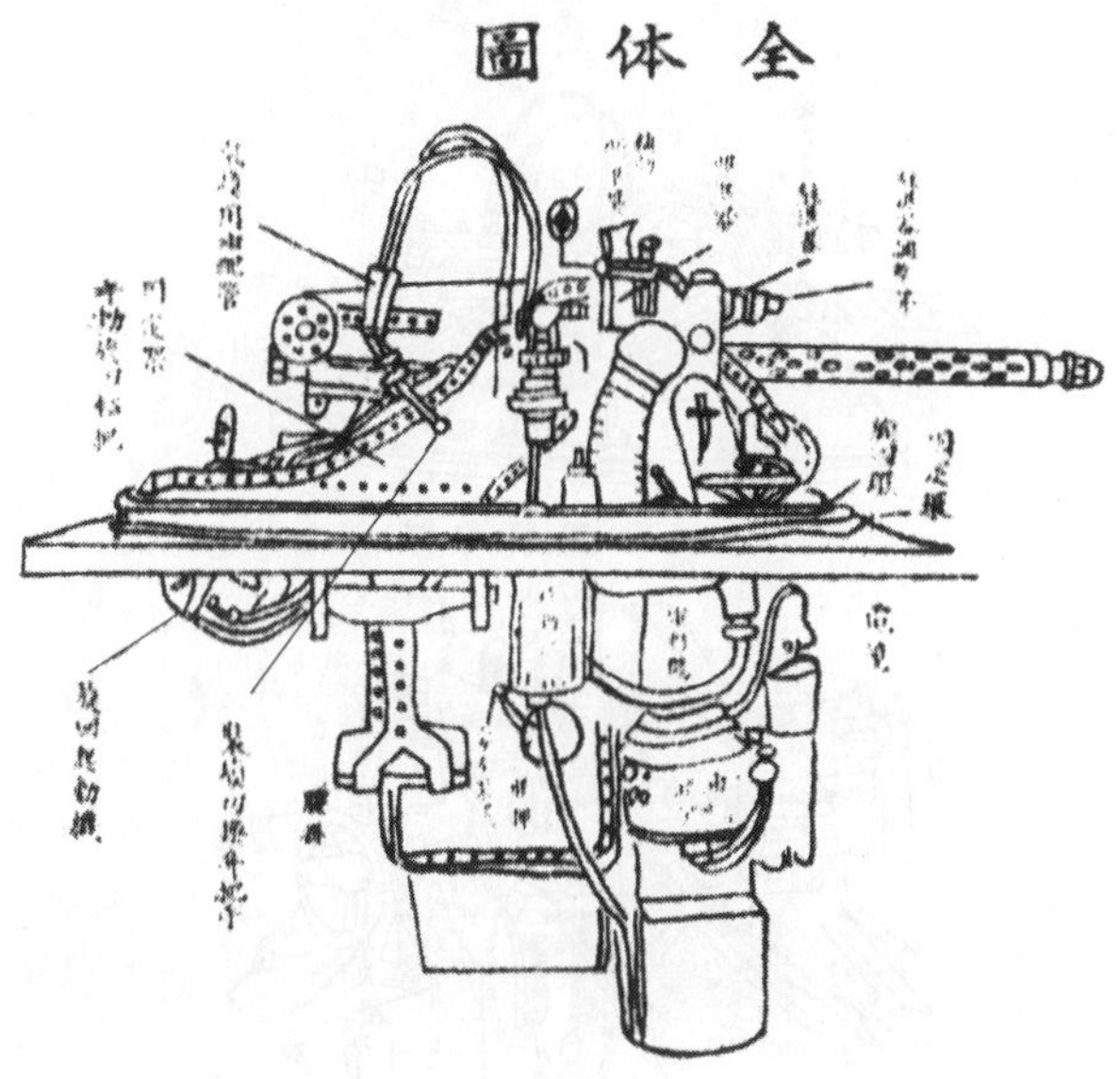

三式砲架
昭和19年10月陸軍航空総監部
「三式砲架取扱ノ参考」所載

揺架

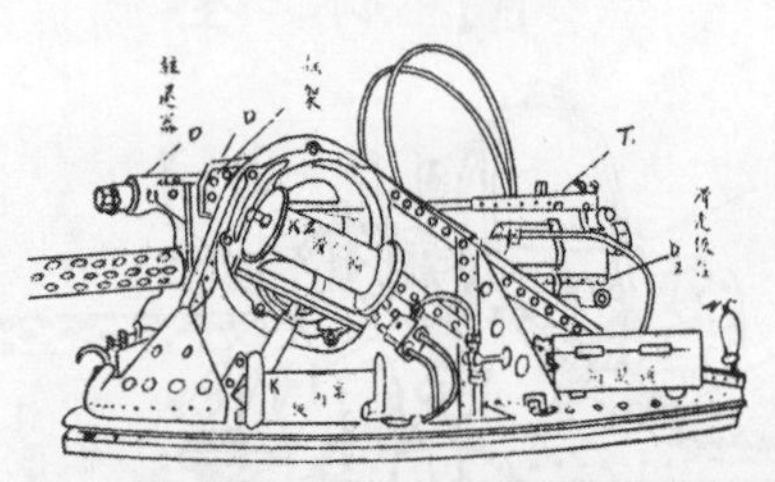

照準裝置圖

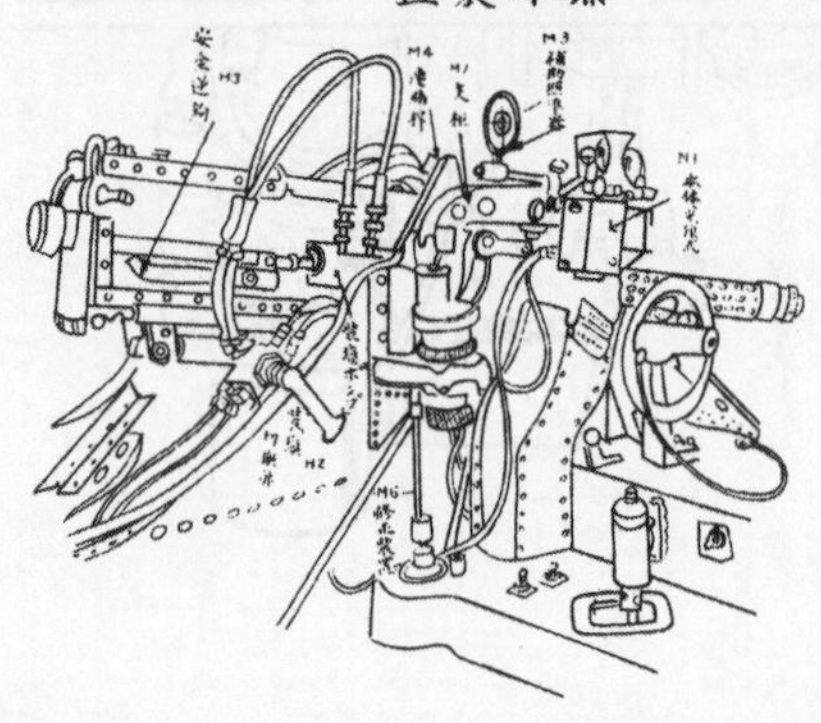

三式砲架
昭和19年10月陸軍航空総監部
「三式砲架取扱ノ参考」所載

薬莢収容匣

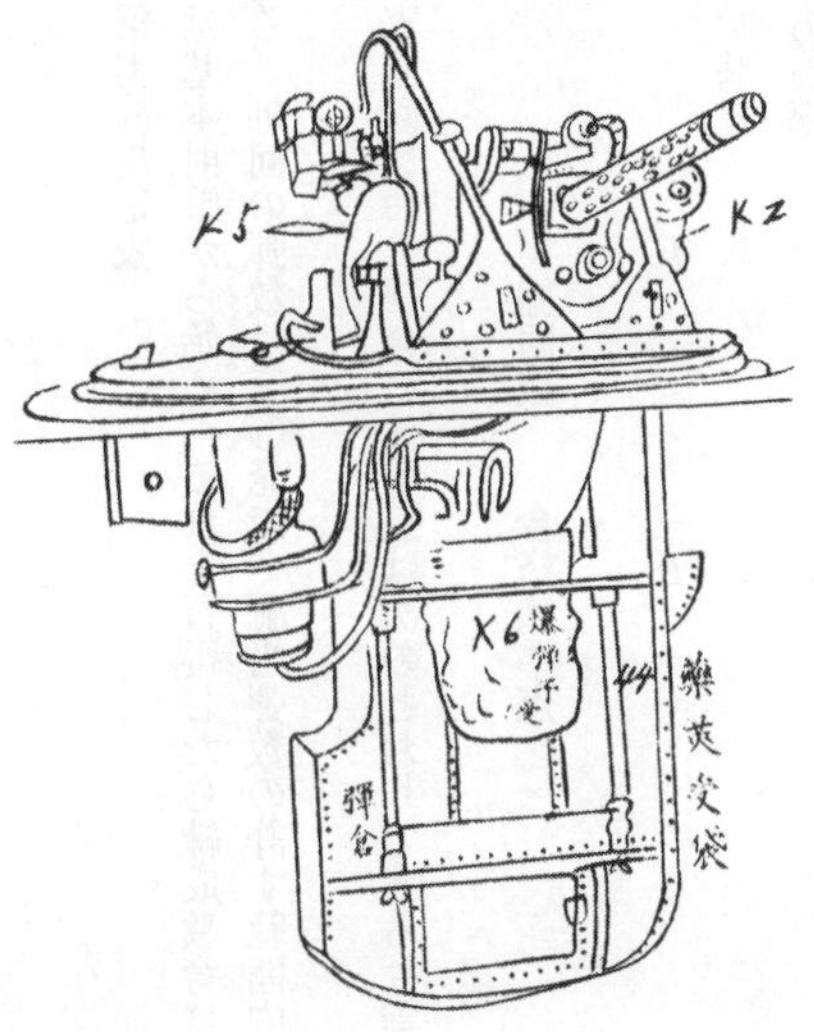

航空兵射撃教育

（昭和十七年六月　陸軍航空総監部「航空兵射撃教範空中射撃ノ部」）

一、戦闘隊基本射撃実施規定表

戦闘隊の射撃演習は基本射撃から始め、これを習得したら練成教育に入る。照準法は環形法または目測法による。毎回の弾数は三〇発で、配当弾数の許す範囲内で実施回数を増やすことができる。

（一）基本射撃

基本教育の課目、実施回数および合格標準点は次のとおりである。実施順序に従って示す。

	実施回数	合格標準点
浮標的射撃	三	三五
布板的射撃	五	一五
吹流的側方射撃	八	一五
吹流的後上方射撃	一〇	一〇
吹流的前下方射撃	四	八
吹流的前上方射撃	四	

（二）練成教育

布板的射撃	二	四〇
吹流的側方射撃	四	一八
吹流的後上方射撃	六	一八
吹流的前下方射撃	四	一二
吹流的前上方射撃	四	一〇

二、重爆隊（軽爆（双発）隊）爆撃者および機上射手基本射撃実施規定表

基本教育の課目、実施回数等を実施順序に従って示す。教育の進歩に伴い夜間射撃を実施する。吹流射撃においては通常四分の一の焼夷実包を挿入する。速度に応じ適宜弾倉交換を行なわせる。（　）内は単銃身のものを示す。

（一）基本教育

	実施回数	合格標準点	毎回弾数	射距離（m）
浮標的射撃	二		二〇×二	三〇〇
平行同行射撃	二	一二	二〇×二	一〇〇
平行追越射撃	四	九（七）	二〇×二（三〇）	一〇〇～二〇〇
直下平行追越射撃	四	一〇（八）	二〇×二（三〇）	一〇〇～二〇〇
直上平行追越射撃	四	七（五）	二〇×二（三〇）	一〇〇～三〇〇

下方斜交追越射撃	四	五（三）	二〇×二（三〇）	一〇〇〜三〇〇
布板的射撃	四	一〇（三）	二〇×二（三〇）	三〇〇
対進射撃	四	二（一）	四〇×二（四〇）	二〇〇〜三〇〇

（二）練成教育

平行追越射撃	二	一二（一〇）	二〇×二（三〇）	二〇〇〜三〇〇
直下平行追越射撃	二	一一（九）	二〇×二（三〇）	二〇〇〜三〇〇
直上平行追越射撃	三	九（七）	二〇×二（三〇）	二〇〇〜三〇〇
下方斜交追越射撃	四	七（五）	二〇×二（三〇）	二〇〇〜四〇〇
吹板的射撃	二	一五（一三）	二〇×二（三〇）	三〇〇
対進射撃	六	二（二）	四〇×二（四〇）	二〇〇〜四〇〇

三、軽爆（単発）隊（襲撃隊）爆撃者および機上射手基本射撃実施規定表

基本教育の課目、実施回数等を実施順序に従って示す。吹流射撃においては通常四分の一の焼夷実包を挿入する。速度に応じ適宜弾倉交換を行なわせる。（ ）内は単銃身のものを示す。

（一）基本射撃（昼間）	実施回数	合格標準点	毎回弾数	射距離（m）
浮標的射撃	二		二〇×二（三〇）	三〇〇〜四〇〇

平行同行射撃	二	一〇	二〇×二（三〇）	一〇〇～二〇〇
平行追越射撃	五	一〇	二〇×二（三〇）	一〇〇～二〇〇
直下平行追越射撃	五	一〇	二〇×二（三〇）	一〇〇～二〇〇
側上方平行追越射撃	五	八	二〇×二（三〇）	一〇〇～二〇〇
下方斜交追越射撃	五	六	二〇×二（三〇）	一〇〇～三〇〇
下方蛇行追越射撃	四	四	二〇×二（三〇）	一〇〇～三〇〇
（二）練成教育（昼間）				
平行追越射撃	二	一二	二〇×二（三〇）	二〇〇～三〇〇
直下平行追越射撃	三	一二	二〇×二（三〇）	二〇〇～三〇〇
側上方平行追越射撃	三	九	二〇×二（三〇）	二〇〇～三〇〇
下方斜交追越射撃	三	八	二〇×二（三〇）	二〇〇～四〇〇
上方斜交追越射撃	三	六	二〇×二（三〇）	二〇〇～四〇〇
下方蛇行追越射撃	三	六	二〇×二（三〇）	二〇〇～四〇〇
（三）練成教育（夜間）月明時に実施、目標は点灯する				
平行追越射撃	二	八	二〇×二（三〇）	一〇〇～三〇〇

四、司偵隊偵察者基本射撃実施規定表

基本教育の課目、実施回数等を実施順序に従って示す。吹流射撃においては通常四分の一の焼夷実包を挿入する。射手機の速度を目標機の速度より五〇ないし一〇〇キロ大きくする。仰角は二〇ないし四〇度とする。

	実施回数	合格標準点	毎回弾数	射距離（m）
（一）基本教育				
直下平行追越射撃	六	一〇	三〇	一〇〇～二五〇
（二）練成教育				
直下平行追越射撃	四	一二	三〇	一〇〇～二五〇
斜交射撃	六	八	三〇	一〇〇～二五〇

航空兵戦闘射撃

一、戦闘隊戦闘射撃実施規定表

実包による射撃は総て単機で行なう。基本射撃の成績不良の者に対しては実包による射撃を実施しないことがある。交戦時間および技量進度に応じ携行弾数を変更することができる。

教育区分　練成教育

課目	実施回数	毎回弾数	目標
前方接敵後上方射撃	八	実包三〇×二	吹流的
二〇〇キロ以上の速度で直進、突進射撃をも実施する。			
急降下射撃	八	実包三〇×二	吹流的
教育末期には最大限機動する目標に対し射撃する。			
対爆撃機		写真	実敵
三〇〇キロ以上の速度で直進する。			
対戦闘機		写真	実敵
実戦的空中戦闘を行なう。			

二、爆撃隊爆撃者および機上射手戦闘射撃実施規定表

軽爆隊、襲撃隊、重爆隊共実施の細部は中隊長がこれを定める。射撃は適宜高空、払暁、薄暮、極寒、酸熱時等において実施する。配当弾数の許す範囲において適宜全弾携行射撃を実施する。最小実施回数は編隊、中隊各三回とする。目標は吹流的とし毎回弾数は一人当り四〇×二とする。

課目

逐次攻撃に対する集中射撃

同時攻撃に対する集中分火射撃

逐次攻撃に対する編隊機動による集中射撃

同時攻撃に対する遠距離集中分火射撃

機関砲弾薬支給定数

一、戦闘隊（一式戦、二式戦、キ六一）
一式戦の武装「ホ一〇三」二
二式戦の武装「ホ一〇三」四、「キ六一」の武装は二式戦に同じ。
（一）は二式戦および「キ六一」部隊定数。
個人　練成教育
航空機用十二・七粍機関砲一式普通弾弾薬筒一二〇〇
一式曳光徹甲弾弾薬筒四〇〇
保弾子五〇〇
中隊　戦闘射撃、調整射撃用他
航空機用十二・七粍機関砲一式普通弾弾薬筒六〇〇〇（八〇〇〇）
保弾子一八五〇（二五〇〇）
戦隊　戦闘射撃、調整射撃用他（一個中隊に対し）
航空機用十二・七粍機関砲一式普通弾弾薬筒一〇〇〇

保弾子三五〇

二、戦闘隊（キ六一、二式複戦）

「キ六一」の武装「ホ五」二、「ホ一〇三」二

二式複戦武装「ホ五」二、「ホ一〇三」一、九八旋一

個人　練成教育

航空機用十二・七粍機関砲一式普通弾弾薬筒九〇〇

一式曳光徹甲弾弾薬筒三〇〇

保弾子四〇〇

二十粍旋回、固定機関砲榴弾代用弾弾薬筒三〇〇

曳光榴弾代用弾弾薬筒一〇〇

中隊　戦闘射撃、調整射撃用他

航空機用十二・七粍機関砲一式普通弾弾薬筒六〇〇〇

保弾子一八五〇

二十粍旋回、固定機関砲榴弾代用弾弾薬筒三〇〇

曳光榴弾代用弾弾薬筒一〇〇

戦隊　戦闘射撃、調整射撃用他（一個中隊に対し）

航空機用十二・七粍機関砲一式普通弾弾薬筒一〇〇〇

保弾子三五〇

三、軽爆隊（キ六六）

「キ六六」一型武装「ホ一〇三」二、「テ三」一、八九固一

「キ六六」二型武装「ホ五」二、「テ三」一、八九固一

（）は二型部隊定数とする。

個人　練成教育

航空機用十二・七粍機関砲一式普通弾弾薬筒三〇〇

一式曳光徹甲弾弾薬筒一〇〇

保弾子一〇〇

二十粍旋回、固定機関砲榴弾代用弾弾薬筒（一〇〇）

曳光榴弾代用弾弾薬筒（三〇）

中隊　戦闘射撃、調整射撃用他

航空機用十二・七粍機関砲一式普通弾弾薬筒二三〇〇

保弾子六〇〇

二十粍旋回、固定機関砲榴弾代用弾弾薬筒（一〇〇）

曳光榴弾代用弾弾薬筒（三〇）

戦隊　戦闘射撃、調整射撃用他（一個中隊に対し）

航空機用十三・七粍機関砲一式普通弾弾薬筒三〇〇
保弾子一〇〇
二十粍旋回、固定機関砲榴弾代用弾弾薬筒（一〇〇）
曳光榴弾代用弾弾薬筒（三〇）

四、重爆隊（九七式二型、一〇〇式）
九七重二型武装「テ四」四、八九固一、「ホ一〇三」一
一〇〇式重武装八九旋四、「テ三」一、「ホ一」一
（）は一〇〇式重部隊定数とする。
個人　練成教育
航空機用十二・七粍機関砲一式普通弾弾薬筒三〇〇
一式曳光徹甲弾弾薬筒一〇〇
保弾子一〇〇
二十粍旋回、固定機関砲榴弾代用弾弾薬筒（一〇〇）
曳光榴弾代用弾弾薬筒（三〇）
中隊　戦闘射撃、調整射撃用他
航空機用十二・七粍機関砲一式普通弾弾薬筒二三〇〇
保弾子六〇〇

二十粍旋回、固定機関砲榴弾代用弾弾薬筒（一〇〇）
曳光榴弾代用弾弾薬筒（三〇）
戦隊　戦闘射撃、調整射撃用他（一個中隊に対し）
航空機用十二・七粍機関砲一式普通弾弾薬筒三〇〇
保弾子一〇〇
二十粍旋回、固定機関砲榴弾代用弾弾薬筒（一〇〇）
曳光榴弾代用弾弾薬筒（三〇）

航空機用照準具（水戸陸軍飛行学校幹部候補生ノートより秘）

航空機用照準具の種類は次のとおりである。

一、環形照準具

照門、照星、同乗者用または操縦者用の補助。八九式固定照準眼鏡では眼の位置が狂い易く不正確。常に五四センチを保つことは困難。ラインメタルの構造は同一だが照準法を変え、眼の位置に関係なし。

二、眼鏡式照準具

操縦者用、固定銃の照準具は易しいものであることを要する。射手修正は不要。

眼鏡式照準具と環形照準具は利害が相反する。

眼鏡式の利点

(一)昼夜を分かたず、各機種に使用できる。環形の夜間使用は不利。

(二)倍率一倍、光明度は適当。

（三）円筒形のため中心軸の判定容易。

眼鏡式の欠点

（一）光学的に内容が複雑。

（二）曇止不十分（円筒内に湿気が入ってはいけないが、その点十分ではない）

（三）視界が狭い（接眼鏡より八〇ミリ離れて最大限二八度）

（四）光学的に目標を変歪する。

（五）気密のために修理困難。

三、光像式

飛行機の速度が大きくなるに従い照準困難となり、また修正量が大きくなるため環形、眼鏡式では制限が付けられ、環を幾らでも大きくするわけにはいかない。光像式はこれらの欠点を補い、かつ極めて小型で風防ガラスの中に入る。一式戦闘機、二式戦闘機、操縦者、同乗者何れにも使用できる。

光像式の利点

（一）光像簡易。

（二）視界が広く、視死界が小さい。錯覚が少ない。

（三）射手修正の機構を有する。眼鏡式にはない。

（四）破損、故障が少ない。

（五）光学的に気密を要しない。

(六) 直射光線を受けても照準できる。(眼鏡にも色ガラスがある)

光像式の欠点

(一) 分画板に目標の確認困難。

(二) 眼の位置に掣肘を受ける。

(三) 比較的目標の近距離に入らなければ使用できない。(空中射撃には大抵間に合う)

照準具は旋回銃においては照門環と照星(移動照星および固定照星)とからなり、固定銃においては照準眼鏡(軽爆撃機においては環形照準器)よりなる。

照門環は中心位置を示す小環(試製単銃身旋回銃二型、九八式旋回銃、一式旋回銃では十字線)とこれを中心とする二個の同心環とを同一平面上に重ねたもので、これを銃身軸と直交するよう装着し、照門環の半径と環より眼に至る距離との比、または照門環の半径と環より照星に至る距離との比を目標修正量と射距離との比に等しくして、照準にあたり目標をこの環形上適当な位置に投影させるよう操作し、銃身に所望の角度と方向を付与する。

八九式旋回機関銃用照門環と眼との距離は五四センチで射距離二〇〇メートルを基準とし、大環は目標の時速二〇〇キロ、小環は一〇〇キロに応じる。

試製単銃身旋回銃二型の照門環を前方照門托座(後方照門托座)に装着した場合、照星と照門環の距離二九センチ八五(五七センチ一五)、射距離三〇〇メートルを基準とし眼と照門環との距離に関係なく大環は目標の時速四〇〇キロ(二〇〇キロ)、小環は二〇〇キロ(一〇〇キロ)に応じる。

九八式旋回銃の照星と照門環の距離四〇センチ、射距離三〇〇メートルを基準とし眼と照門環との距離に関係なく大環は目標の時速三二〇キロ、小環は一八〇キロに応じる。

一式旋回銃の照星と照門環の距離三五センチ四、射距離三〇〇メートルを基準とし眼と照門環との距離に関係なく大環は目標の時速四〇〇キロ、小環は二〇〇キロに応じる。

移動照星は垂直軸周を回転する回転軸と両端に照星桿および風板を装着した連結板および平行桿からなり、照星桿の上端には照星球を有す。連結板の長さと照門環より回転軸に至る距離との比を飛行機の速度と弾丸固有の初速との比に等しくするときは、照門環の中心と照星球とを通じる線は風板の作用により実際弾丸の飛行する方向を示し、自動的に銃身をこの照準線に対し射手修正を取らせる。

照準眼鏡は固定銃の照準具として用いるもので、その原理は照門環と同じである。照準眼鏡では射距離三〇〇メートルを基準とし、その分画は目標の時速三〇〇キロ、二〇〇キロ、一〇〇キロに応じる。

軽爆撃機固定銃用環形照準器は概ね旋回銃用照門環および固定照星に類似する。照門の環形は眼と照門環との距離三〇センチ、射距離三〇〇メートルを基準とし、大環は目標の時速四〇〇キロ、小環は二〇〇キロに応じる。

空中射撃学（昭和十六年改訂　陸軍航空士官学校「空中射撃学教程全」）

目標が地上にある場合と空中にある場合とを問わず、射撃位置が空中にある射撃を空中射撃という。空中射撃は次の特性を有する。

火器は飛行機と共に常に高速度で移動し、しかもその速力の変化は大きい。弾丸は固有の初速と発射時の飛行機の速度とに支配され、固有の弾道諸元に変差を生じる。

射撃高度の変化は空気密度の変差を伴うので、弾丸に作用する空気抗力を異にし、経過時間および弾道に変差を生じる。

目標が自己と同一平面上にあることは極めて稀で、多くの場合高度差を有し弾道を変化させる。

目標は主として敵飛行機であるから予め目標の速度に応じ弾丸の経過時間内における移動量を修正し、目標の未来位置に対し弾丸を発射する。この修正を目標修正という。自己の飛行機を停止しているものと仮定した場合の、目標の移動に応じる修正である。

弾丸は射向と飛行方向との関係により固有初速と飛行速度との合速度方向に飛行する。故に飛行方向と射線が一致しない場合はこの合速度方向を目標に導くため射向を修正して射撃しなければならない。この修正を射手修正という。目標は固定しているものと仮定し、自己機の移動による偏差を修正することである。

目標修正と射手修正との関係を合わせ修正することを関係移動修正という。

空中射撃は極めて短時間に終わる。従って射撃諸元判定および発射のために費消できる時間は極めて微少であるから照準具、照準法はこれに適するものを用い、射撃の実施は好機に乗じ迅速に効力を発揚するよう努めなければならない。

飛行機の操縦の適否が射撃の成果に大きく影響する。固定銃射撃における照準は飛行機の適切な操縦により初めて正確を期すことができるのは勿論、旋回銃射撃においても操縦者と射手の密接な連繋のもとに効果を発揮することができる。

空中射撃の精度は照準具の結構および射撃体の移動により生じる誤差に起因し、地上射撃に比べて一般に不良である。特に旋回銃は固定銃に比べて命中精度が低下する。これは旋回銃架の振動および一点支持的固定法による銃の振動に起因するものである。また目標致命部の体積は常に非常に小さい。故に命中した弾丸は目標の種類、構造等に適応し、良く最大効力を発揮しなければならない。このため目標の性質に応じ諸種の特種効力を有する弾丸を使用する。

射撃は狭小な座席内において鈍重な服装をし、強大な風圧、気圧および気温の激変、冱寒、酸素の不足、飛行機の運動、動揺特に遠心力等多くの困難な状況の下に実施するのを常とする。その火器操用の困難は地上における射撃に比べることもできない。これも命中精度不良の遠因をなす。

空中における火器の故障は戦闘力を喪失させるもので、はなはだ危険である。故に航空機用火器はこの点において最も考慮されなければならない。また空中勤務者は火器の構造機能および取扱法に精通し、故障の予防および故障の迅速な排除に熟達することが肝要である。

機上に携行できる弾薬数は飛行機の構造、搭載量等により一定の制限を生じ、しかも弾薬の補充は着陸しなければ不可能である。弾薬を射耗した飛行機はたとえ優秀な性能と戦士とを有しても全く戦闘力を喪失したものと言うしかない。故に弾薬節用の必要は地上における射撃に比べ特に大きい。

地上射撃においては一指揮官の下に秩序的に射撃を指揮できるが、空中射撃においては各射手を指揮し射撃を統制することは至難である。すなわち空中射撃においては射手自ら全般の状況を判断し、協同の精神に沿うよう独断で自己の射撃を律することが必要である。

航空兵器略号一覧

（昭和十九年一月一日調　陸軍航空本部技術部航空兵器略号一覧表）

制式名称　八九式固定機関銃
制式年月日、番号　昭七、五、二十八　陸普三三八三
装着飛行機　キ二〇Ⅱ、二七、三〇、三二、三六、四三Ⅰ、四四Ⅰ・Ⅱ、五一、六六、七一、七九
取扱区分　普
製作所　名古屋造兵廠、小倉造兵廠

制式名称　八九式旋回機関銃
制式年月日、番号　昭四、十、二十五　陸普四八九四
装着飛行機　キ二一Ⅰ・Ⅱ、三〇、三二、四八Ⅰ、七六
取扱区分　普
製作所　名古屋造兵廠、小倉造兵廠

制式名称　九八式固定機関銃
制式年月日、番号　昭十五、六、二十　陸普四二一〇
製作所　名古屋造兵廠、小倉造兵廠
取扱区分　普

制式名称　九八式旋回機関銃
制式年月日、番号　昭十五、六、二十　陸普四二一一
装着飛行機　キ四五Ⅱ、四六Ⅲ、四八Ⅱ・Ⅲ、四九Ⅱ・Ⅲ、六七、七〇、七一、八二
取扱区分　普
製作所　名古屋造兵廠、小倉造兵廠

制式名称　九四式旋回機関砲
制式年月日、番号　昭十、三、二十六　陸普一五五六
取扱区分　普
製作所　名古屋造兵廠、小倉造兵廠

略号　テ一
兵器名称　試製単銃身旋回機関銃

制式名称　仕様書附図にて決定
制式決定　昭十二、十一、十五　航二支発一九九
取扱区分　秘
製作所　小倉造兵廠

略号　テ二
兵器名称　試製単銃身旋回機関銃
取扱区分　極秘
製作所　名古屋造兵廠

略号　テ三
兵器名称　二銃身旋回機関銃
制式名称　一式旋回機関銃
制式決定　昭十七、一、八　陸普六四
装着飛行機　キ四八Ⅱ・Ⅲ、四九Ⅱ・Ⅲ、六六
取扱区分　普
製作所　小倉造兵廠

略号　テ四
兵器名称　試製単銃身旋回機関銃（二型）
制式名称　仕様書附図にて決定
制式決定　昭十七、二、十六　航二支発二三
装着飛行機　キ一五、二一Ⅰ・Ⅱ、三九、四六Ⅰ・Ⅱ、四八、四九、五一、五四
取扱区分　極秘
製作所　小倉造兵廠

略号　テ五
兵器名称　試製単銃身固定機関銃
取扱区分　極秘
製作所　小倉造兵廠、中央工業

略号　テ五（二型）
兵器名称　試製七・九粍固定機関銃　「テ五」の発射速度を大きくしたもの
制式決定　中止
取扱区分　極秘
製作所　小倉造兵廠、中央工業

略号　テ六
兵器名称　二銃身固定機関銃「テ五」の双連
取扱区分　極秘
製作所　小倉造兵廠、中央工業

略号　ホ一
兵器名称　試製二十粍旋回機関砲
装着飛行機　キ四九Ⅰ・Ⅱ・Ⅲ
取扱区分　極秘
製作所　小倉造兵廠

略号　ホ一（二型）「ホ五」を旋回式としたもの
取扱区分　極秘
製作所　日特

略号　ホ二
兵器名称　試製二十粍固定機関砲

取扱区分　極秘
製作所　日特

略号　ホ二（二型）
兵器名称　試製二十粍固定機関砲「ホ五」を改修したもの
取扱区分　極秘
製作所　日特

略号　ホ三
兵器名称　試製二十粍固定機関砲（二型）
制式名称　仕様書附図にて決定
制式決定年月日、番号　昭十四、十一、二十　航二発三三一
装着飛行機　キ四五Ｉ
取扱区分　秘
製作所　小倉造兵廠

略号　ホ四
兵器名称　試製二十粍旋回機関砲（四型）

取扱区分　極秘
製作所　日特

略号　ホ五
兵器名称　試製二十粍翼内固定機関砲
装着飛行機　キ四五Ⅱ、六一Ⅱ、八三、八五
取扱区分　極秘
製作所　中央工業

略号　ホ五（二型）
取扱区分　極秘

略号　ホ六
兵器名称　試製二十粍翼内固定機関砲
取扱区分　極秘
製作所　小倉造兵廠

略号　ホ七

兵器名称　試製二十粍翼内固定機関砲　「ホ一」、「ホ三」の弾薬を利用し「ホ五」式とする

取扱区分　極秘

製作所　名古屋造兵廠

略号　ホ十

兵器名称　試製電気雷管式十三粍機関砲

取扱区分　極秘

製作所　名古屋造兵廠

略号　ホ五一

兵器名称　試製二十五粍固定機関砲

取扱区分　極秘

製作所　日特

略号　ホ五二

兵器名称　試製二十五粍固定機関砲

取扱区分　極秘

製作所　小倉造兵廠

略号　ホ一〇一
兵器名称　試製十二・七粍固定機関砲（一型）
取扱区分　極秘
製作所　小倉造兵廠

略号　ホ一〇二
兵器名称　試製十二・七粍固定機関砲（二型）
取扱区分　極秘
製作所　名古屋造兵廠

略号　ホ一〇三
兵器名称　試製十二・七粍固定機関砲
制式名称　仕様書附図にて決定
制式決定年月日、番号　昭十五、十一、十四　航兵機密九〇
装着飛行機　キ四三Ⅰ・Ⅱ、四四Ⅰ・Ⅱ・Ⅲ、四五Ⅰ・Ⅱ、四九Ⅲ、六一、六六、六七、七四、七六、八二、八三、八四、八五

取扱区分　秘
製作所　中央工業
略号　ホ一〇三（三型）
兵器名称　試製十二・七粍固定機関砲「ホ一〇三」を軽量化したもの
取扱区分　極秘
製作所　中央工業
略号　ホ一〇三（三型）
兵器名称　試製十二・七粍旋回機関砲「ホ一〇三」を旋回式としたもの
取扱区分　極秘
製作所　名古屋造兵廠、中央工業
略号　ホ一〇四
兵器名称　試製十二・七粍旋回機関砲
取扱区分　極秘
製作所　小倉造兵廠

略号　ホ一五一
兵器名称　試製三十粍機関砲　「ラ式」固定・旋回共通
取扱区分　極秘
製作所　小倉造兵廠

略号　ホ一五二
兵器名称　試製三十粍機関砲　「ラ式」固定・旋回共通（保弾帯押込式）
取扱区分　極秘
製作所　中央工業

略号　ホ一五三
兵器名称　試製三十粍機関砲　「ラ式」固定・旋回共通（垂直鎖栓式）
取扱区分　極秘
製作所　小倉造兵廠

略号　ホ一五五
兵器名称　試製三十粍機関砲（ブローニング式）
取扱区分　極秘

製作所　名古屋造兵廠

略号　ホ一五五（二型）
兵器名称　試製三十粍機関砲（長さ短縮）
取扱区分　極秘
製作所　名古屋造兵廠

略号　ホ二〇一
兵器名称　試製三十七粍旋回機関砲（一型）
取扱区分　極秘
製作所　小倉造兵廠

略号　ホ二〇二
兵器名称　試製三十七粍旋回機関砲（二型）
取扱区分　極秘
製作所　名古屋造兵廠

略号　ホ二〇三

兵器名称　試製三十七粍旋回機関砲（三型）
取扱区分　極秘
製作所　日特

略号　ホ二〇四
兵器名称　試製三十七粍固定機関砲
取扱区分　極秘
製作所　日特

略号　ホ三〇一
兵器名称　試製四十粍固定機関砲
取扱区分　極秘
製作所　中央工業

略号　ホ三五一
兵器名称　試製四十七粍機関砲
取扱区分　極秘
製作所　小倉造兵廠

略号　ホ四〇一
兵器名称　試製五十七粍固定機関砲
取扱区分　極秘
製作所　日特

略号　ホ四〇一（二型）
兵器名称　試製五十七粍固定機関砲
取扱区分　極秘
製作所　日特

略号　ホ四〇二
兵器名称　試製五十七粍固定機関砲
装着飛行機　キ九三
取扱区分　極秘
製作所　日特

略号　ホ五〇一

兵器名称　試製七十五粍固定機関砲
取扱区分　極秘
製作所　日特

兵器名称　八九式旋回・固定機関銃弾薬

制式名称	制式制定年月日	番号
八九式普通実包	昭六、九、十五	陸普三八六二
八九式徹甲実包	昭六、九、十五	陸普三八六二
八九式焼夷実包	昭六、九、十五	陸普三八六二
八九式曳光実包	昭六、九、十五	陸普三八六二
九二式徹甲実包	昭九、四、九	陸普二一一六
九二式曳光実包	昭十、二、十八	陸普七五四
九二式焼夷実包	昭九、四、九	陸普二五四八
九九式特殊実包	昭十五、十一、二十八	陸密二六〇一

取扱区分　普
製作所　東一造

兵器名称　航空機用機関銃弾薬

制式名称　　　　　　　制式制定年月日　　　番号
一式普通実包　　　　　昭十六、九、十三　　陸普六八九七
一式焼夷実包　　　　　昭十六、九、十三　　陸普六八九七
一式徹甲実包　　　　　昭十六、九、十三　　陸普六八九七
取扱区分　普
製作所　東一造

兵器名称　航空機用十二・七粍機関砲弾薬
制式名称　　　　　　　制式制定年月日　　　番号
一式普通弾弾薬筒　　　昭十六、七、一　　　陸普四九六五
一式曳光弾弾薬筒　　　昭十六、七、一　　　陸普四九六五
一式曳光徹甲弾弾薬筒　昭十六、七、一　　　陸普四九六五
取扱区分　普
製作所　東一造

兵器名称　九四式旋回機関砲弾薬
制式名称　　　　　　　制式制定年月日　　　番号
九四式榴弾弾薬筒　　　昭十一、六、九　　　陸普三四五八

九四式曳光榴弾弾薬筒　昭十一、六、九　陸普三四五八
取扱区分　普
製作所　東一造

兵器名称　軽量二十粍機関砲弾薬
制式名称　制式制定年月日　番号
二式榴弾弾薬筒　昭十七、六、十六　陸普三九七六
二式曳光徹甲弾弾薬筒　昭十七、六、十六　陸普三九七六
二式曳光榴弾弾薬筒　昭十七、六、十六　陸普三九七六
取扱区分　普
製作所　東一造

兵器名称　二十粍固定・旋回機関砲弾薬
制式名称　制式制定年月日　番号
榴弾弾薬筒　昭十四、二、二十　航二発三三二五
曳光榴弾弾薬筒　昭十六、八、七　航二発三三四三
曳光徹甲弾弾薬　昭十六、八、七　航二発三三四五
取扱区分　秘

製作所　東一造

略号　マ一〇一
兵器名称　七・七粍固定・旋回機関銃弾薬
取扱区分　機密
製作所　東一造

略号　マ一〇二
兵器名称　十二・七粍機関砲弾薬（特殊焼夷）
取扱区分　機密
製作所　東一造

略号　マ一〇三
兵器名称　十二・七粍機関砲弾薬（榴弾）
取扱区分　機密
製作所　東一造

略号　マ一〇四

兵器名称　七・九粍機関銃弾薬（一式機関銃、九八式旋回・固定機関銃用）
取扱区分　機密
製作所　東一造

略号　マ二〇一
兵器名称　二十粍特殊炸裂焼夷実包（ホ一、ホ三用）
取扱区分　機密
製作所　東一造

略号　マ二〇二
兵器名称　二十粍特殊炸裂焼夷実包（ホ五用）
取扱区分　機密
製作所　東一造

略号　マ二〇三
兵器名称　二十粍電気雷管式実包
取扱区分　極秘
製作所　東一造

略号　マ三〇一
兵器名称　三十粍特殊炸裂焼夷実包（ホ五用）
取扱区分　機密
製作所　東一造

略号　マ三五一
兵器名称　三十七粍特殊炸裂焼夷実包（ホ五用）
取扱区分　機密
製作所　東一造

航空機関銃・砲諸元一覧

八九式旋回機関銃　製作所小造、名造　型式ガス利用　口径七・七ミリ　全長一〇七九ミリ　砲身長六三〇ミリ　重量二四・八（除弾倉）キロ　初速八一〇・三メートル／秒　発射速度一四〇〇発／分　使用弾薬八九式普通実包、九二式焼夷実包　実包重量二四・四グラム　弾丸重量一〇・五グラム　保弾子重量五・六グラム　装着機体キ二一（Ⅱ）

八九式固定機関銃　製作所小造、名造　型式ガス、反動　口径七・七ミリ　全長一〇三五ミリ　砲身長七三二ミリ　重量（甲）一二・七キロ、（乙）一二・三キロ　初速八二〇メートル／秒　発射速度九〇〇発／分　使用弾薬同上　実包重量二四・四グラム　弾丸重量一〇・五グラム　保弾子重量八グラム　装着機体キ四三（Ⅱ）、キ四四（Ⅱ）、キ六一（Ⅰ）、キ七九

九八式旋回機関銃　製作所名造　型式銃身後坐反動利用、旋回門子式　口径七・九二ミリ　全長一〇七八ミリ　砲身長六〇〇ミリ　重量七・二キロ　初速七五〇メートル／秒　発射速

度一〇〇〇発／分　使用弾薬一式普通実包　実包重量二六・六グラム　弾丸重量一二・八グラム　装着機体キ四五、キ四九（Ⅱ）、キ六七、キ四八（Ⅱ）乙

九八式固定機関銃　製作所名造　型式銃身後坐反動利用、旋回門子式　口径七・九二ミリ　全長一一八〇ミリ　砲身長六〇〇ミリ　重量一〇・一キロ　初速七五〇メートル／秒　発射速度一〇〇〇発／分　使用弾薬同上　実包重量二六・六グラム　保弾子重量四・四グラム

一式旋回機関銃　製作所名造　型式反動利用、円筒門子式　口径七・九二ミリ　全長一〇五一ミリ　砲身長六三〇ミリ　重量一六・七キロ　初速七五〇メートル／秒　発射速度二二〇〇発／分　使用弾薬一式普通実包、一式徹甲実包、一式焼夷実包　実包重量二六・五グラム　弾丸重量一二・八グラム　装着機体キ四九（Ⅱ）、キ四八（Ⅱ）乙

試製単銃身旋回機関銃「テ三」　製作所小造　型式銃身後坐反動利用　口径七・七ミリ　全長一二五一ミリ　砲身長七二一ミリ　重量一四・四キロ　初速八三〇メートル／秒　発射速度一〇〇〇発／分　使用弾薬八九式普通実包、九二式焼夷実包　実包重量二四・六グラム

同上（二型）「テ四」　製作所小造　型式ガス反動利用　口径七・七ミリ　全長一〇六九ミリ　砲身長八一〇ミリ　重量九・三キロ　初速八一〇メートル／秒　発射速度七三〇発／分

使用弾薬同上　実包重量二四・六グラム

一式十二・七粍固定機関砲「ホ一〇三」　製作所小造、南部　型式砲身後坐反動利用　口径一二・七ミリ　全長一二六七ミリ　砲身長八〇〇ミリ　重量二三・三キロ　初速七八〇メートル／秒　発射速度八〇〇発／分　使用弾薬一式曳火徹甲弾、一式普通弾、一式曳光弾、マ一〇二、マ一〇三　全備弾薬筒量八六・〇グラム　弾丸重量三六・五グラム　保弾子重量一六グラム　装着機体キ四三（Ⅱ）、キ四四（Ⅱ）、キ四五、キ六一、キ八四、キ六七

九四式旋回機関砲　製作所小造　型式反動利用　口径二〇・〇ミリ　全長一七六五ミリ　砲身長七〇〇ミリ　重量五四キロ　初速六八〇メートル／秒　発射速度二八〇発／分　使用弾薬九四式旋回機関砲弾薬　全備弾薬筒量二二一グラム

試製二十粍旋回機関砲　製作所小造　型式ガス利用　口径二〇・〇ミリ　全長一七四二ミリ　砲身長一二〇〇ミリ　重量三〇キロ　初速（ホ一）八二〇メートル／秒、（ホ三）八〇〇メートル／秒　発射速度四〇〇発／分　使用弾薬榴弾弾薬筒、榴弾代用弾、曳光徹甲弾、曳光榴弾、マ二〇一　全備弾薬筒量三〇〇グラム　弾丸重量一三〇グラム　装着機体キ四九（Ⅱ）、キ四五

試製翼内二十粍固定機関砲　製作所小造、名造、南部　型式砲身後坐反動利用　口径二〇・〇ミリ　全長一四五〇ミリ　砲身長九〇〇ミリ　重量三七キロ　初速七五〇メートル／秒　発射速度七五〇発／分　反動八〇〇キロ　使用弾薬二式榴弾、二式榴弾代用弾、二式曳光榴弾、二式曳光榴弾代用弾、二式曳光徹甲弾、マ二〇二　全備弾薬筒量二〇〇グラム　弾丸重量八四グラム　装着機体キ八四、キ六七、キ六一、キ四五

ホ五（二型）（「ホ五」旋回）製作所名造　型式砲身後坐反動利用　口径二〇・〇ミリ　全長一四五〇ミリ　砲身長九〇〇ミリ　重量三五キロ　初速約八〇〇メートル／秒　使用弾薬二式榴弾、二式榴弾代用弾、二式曳光榴弾、マ二〇二　全備弾薬筒量（榴弾）一九〇グラム　弾丸重量八四・五グラム　保弾子重量三四・五グラム　装着機体キ六七（Ⅱ）試作第一号完成期十九年四月　審査完了期十九年十月

ホ一五五、製作所名造　型式ガス利用、連発機構を有す　口径三〇・〇ミリ　全長一七五〇ミリ　砲身長一〇〇〇ミリ　重量五〇キロ　初速七〇〇メートル／秒　発射速度六〇〇発／分　反動一五〇〇キロ　使用弾薬「ホ一五五」用榴弾、榴弾代用弾、徹甲弾　全備弾薬筒量（榴弾）五二〇グラム　弾丸重量二三五グラム　装着機体キ八三　試作第一号完成期十八年五月　審査完了期十九年五月

ホ一五五（二型）　製作所名造　型式同上　口径三〇・〇ミリ　全長一五一〇ミリ　砲身長九八〇ミリ　重量五〇キロ　初速七〇〇メートル／秒　発射速度五〇〇発／分　反動一五〇〇キロ　使用弾薬同上　全備弾薬筒量（榴弾）五二〇グラム　弾丸重量二三五グラム　装着機体キ八四　試作第一号完成期十八年八月　審査完了期十九年五月

ホ二〇三　製作所日特　型式反動利用　口径三七・〇ミリ　全長一五〇〇ミリ　砲身長八〇〇ミリ　重量八〇キロ　初速五七〇メートル／秒　発射速度一四〇発／分　反動七〇〇キロ　使用弾薬「マ三五一」用榴弾、榴弾代用弾、徹甲弾　全備弾薬筒量（マ三五一）八三八グラム　弾丸重量（榴弾）四〇〇グラム　装着機体キ四五　審査完了期十九年三月

ホ二〇四　製作所小造、南部　型式砲身後坐反動利用　口径三七・〇ミリ　全長二五〇〇ミリ　砲身長二三〇〇ミリ　重量一三〇キロ　初速七一〇メートル／秒　発射速度一〇〇発／分　反動一三〇〇キロ　使用弾薬四式榴弾、四式榴弾代用弾、四式徹甲弾、四式徹甲代用弾、四式焼夷弾（マ三五二）　全備弾薬筒量（榴弾）九八五グラム　弾丸重量（榴弾）四七五グラム　装着機体キ九八、キ一〇二、キ一〇八　試作第一号完成期十八年六月　審査完了期十九年三月

ホ三〇一　製作所南部　型式エリコン式、ガス圧利用　口径四〇・〇ミリ　全長一五〇〇

ミリ　砲身長八〇〇ミリ　重量四〇キロ　初速三二〇メートル／秒　発射速度四〇〇発／分　反動八〇〇キロ　使用弾薬「ホ三〇一」用榴弾、榴弾代用弾　全備弾薬筒量五八〇グラム　装着機体キ四四（Ⅱ）　審査完了期十八年十二月

ホ四〇一　製作所日特　型式砲身後坐反動利用　口径五七・〇ミリ　全長二〇〇〇ミリ　重量一五〇キロ　初速五〇〇メートル／秒　発射速度八〇発／分　反動一〇〇〇キロ　使用弾薬「ホ四〇一」用榴弾、榴弾代用弾、徹甲弾　全備弾薬筒量二一〇〇グラム　弾丸重量一五〇〇グラム　装着機体キ一〇二　審査完了期十九年三月

ホ四〇二　製作所日特　型式同上　口径五七・〇ミリ　全長四五〇〇ミリ　重量四〇〇キロ　初速約七〇〇メートル／秒　発射速度約八〇発／分　反動一五〇〇キロ　全備弾薬筒量四〇〇〇グラム　弾丸重量二七〇〇グラム　装着機体キ九三　試作第一号完成期十九年四月　審査完了期十九年十二月

ホ五〇一　製作所日特　型式反動利用　口径七五・〇ミリ　重量四五〇キロ　初速五〇〇メートル／秒　発射速度約六〇発／分　装着機体キ九三　試作第一号完成期十九年九月　審査完了期二十年三月

萱場製作所試製機関砲

萱場四郎が大正六年に設立した萱場研究所は震災で一旦事業を中止したが、昭和二年に東京芝区に萱場製作所を設立し、主に海軍向けの計器類を製造していた。社長の萱場四郎は海軍艦政本部に勤務し、造兵に関する研究業務に従事していたが、大正十三年に航空に関する業務を併せて委嘱され、主として航空母艦に関係する各種新兵器の開発に携わった。萱場四郎の著書に「支那軍はどんな兵器を使ってゐるか」があるが、珍しい写真資料を満載した労作である。この本は萱場自身が歩いて調べ上げたもので、兵器に対する並々ならぬ熱意を感じさせる。

萱場四郎は航空武器や無反動砲をも研究開発した。兵器として採用されてはいないが独創的なアイデアに富み、日本特殊鋼や中央工業と並びわが国兵器開発の一翼を担っていたのである。幸い終戦時に米軍が萱場製作所から押収した写真が数葉残されているので、航空武器に関するものをここに収録する。これらの航空武器が海軍向けであったか、陸軍向けであったかは分からない。

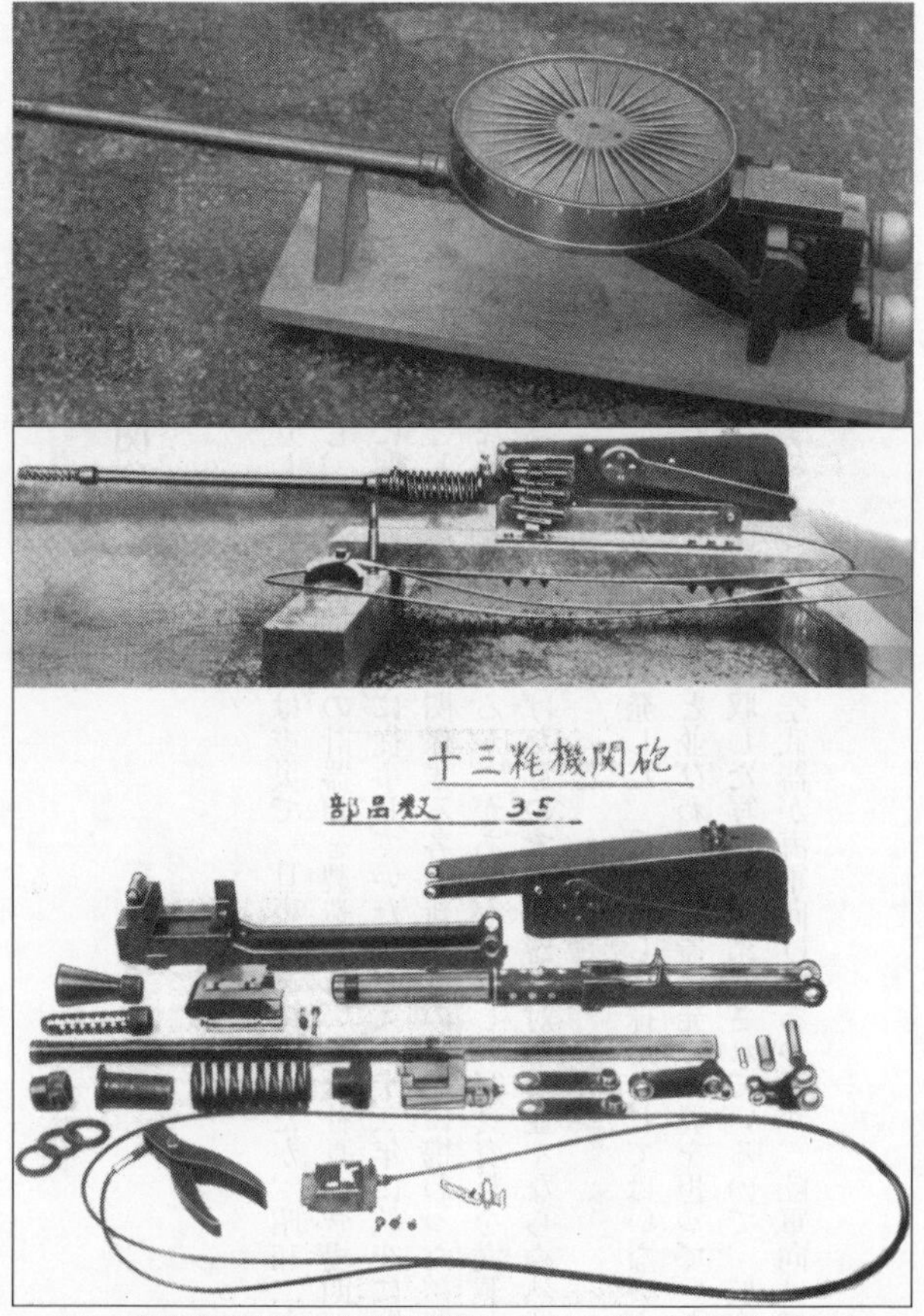

〈上〉萱場製作所試製十三粍旋回機関砲、ドラム弾倉、特異な形状の尾筒
〈下〉萱場製作所試製十三粍固定機関砲、部品数は35と少ない

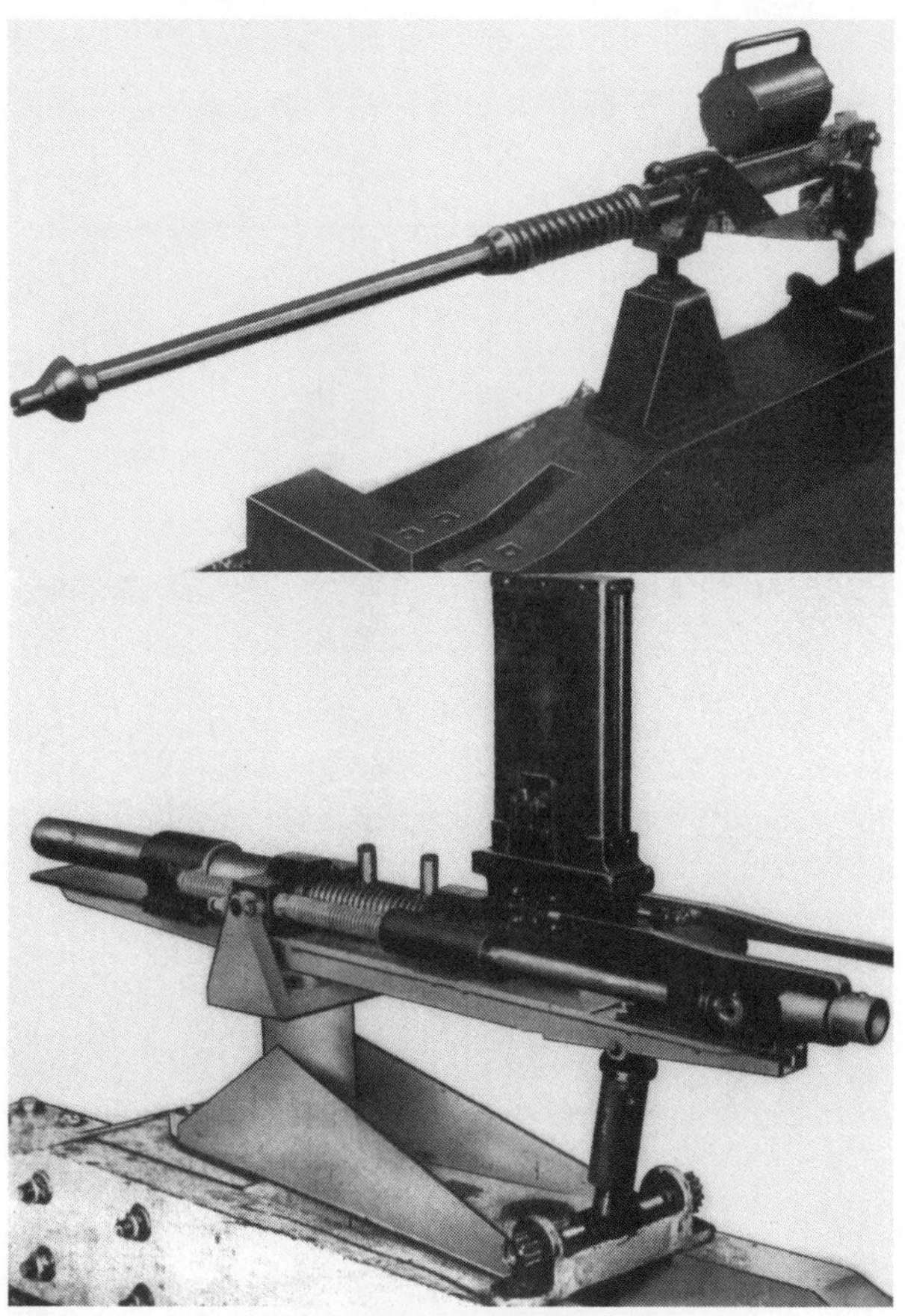

〈上〉萱場製作所試製二十粍機関砲
〈下〉萱場製作所試製四十粍機関砲（無反動）

あとがき

子供のときから飛行機が好きだった。航空雑誌の発売を毎月心待ちにして、発売日には棚に重ねられた本の中から一番きれいに写真が印刷されているものを選んで買うという懲りようであった。当時の印刷は今日のようにきれいではなかったから、本によってはインクにムラがあった。今でも写真を見れば飛行機の名前ぐらいは覚えている。

子供の自分には飛行機の機関銃が弾をプロペラに当てないで発射するのが不思議だった。プロペラは一分間に一八〇〇回から二四〇〇回位回転するから二枚羽のプロペラでもプロペラが銃口の前に来るのは一秒間に六〇回から八〇回位になり、一方機関銃は一秒間に一六、七発弾が出る。この大速度の両方のものの間にあって、自分の機関銃弾が自分のプロペラを撃たないように自動的に働く、発射連動機という精密機械があることは大分後になってから知ったことで、その後もそれを研究することはなかった。

今回このような本を編纂するにあたり、多くの資料に目を通したが、その中には数点の発射連動機に関する軍の教科書があり、何とか理解しようと目を皿のようにして読んだが文字だけではいかにも難解で、図解はされているがその図がよくわからない。それでも本文を繰り返し目で追っているうちにいくらか理解できたような気がしてきたが、本当に分かっているか自信はない。

本書はわが陸軍における航空機関銃と航空機関砲の発達、およびそれに関連する事項について当時の資料を編纂したもので、航空機の機体そのものについては触れていない。資料は防衛研究所所蔵の陸軍省大日記類に負うところが大きいが、陸軍各飛行学校の教科書および個別の兵器に関しては筆者が所有する資料による。最後の項に使用した航空兵器略号一覧表は靖国神社偕行文庫の所蔵である。この版は陸軍航空本部技術部が昭和十九年一月に調査したものだが、翌二十年の版がもしあれば航空武器の最終開発状況がより詳しく分るであろう。

一九四六年一月の米軍レポートには試製五十七粍固定機関砲「HO3057」が記載されている。「ホ三五一」の誤記とは思えないので、昭和十九年一月以降に試作された機関砲であろう。他にも試作されていたものが多数あるはずだから、航空兵器略号一覧表の昭和二十年版があれば名称だけでも知ることができるのだが。

実は当初は航空爆弾と同じ本にするつもりだった。途中まで爆弾と並行して編集してきたが、航空武器に関する分量が先行してかなりふくらんできたため、陸軍の航空爆弾はひとまず中止し、次の機会まで残すことにした。

昭和十三年八月、陸軍士官学校刊「航空学教程巻一航空兵器ノ部」に「航空武器」とは航

甲式四型戦闘機

空機に搭載し攻撃および自衛のため使用される機関銃、機関砲等を称すとある。「航空兵器」という言葉には武装以外の機体全体が含まれるので本書の内容とは異なり、爆弾も採録しないことにしたから、「陸軍航空武器」という書名でいくことにした。

「甲式四型戦闘機ノ部」という小さな本がある。昭和四十三年に神田の古書展で見つけて購入したがそのまま五〇年間しまったままになっていた。この本は昭和七年十月に刊行された甲式四型戦闘機の説明書だが、あらためて内容を見ると機関銃に関する記述が何もない。機体の説明は細かいところまで洩れなく書いてあるようだが、装備する機関銃については何も書いていない。機関銃はヴィッカースだが飛行機とは別物だから別に取扱法があったと思うが、機関銃を取付ける架台は機体附属の部品だから、書いていないのは不自然であり、説明書として不完全である。

この背景には陸軍航空初期の時代における機体第一、機関銃第二の風潮が見えてくる。武装軽視の風潮はその後も止むことなく、結果として二〇ミリ機関砲の導入を遅らせてしまったことは反省しなければならない。

本書に収載した資料は長い年月をかけてすこしずつ入手したもので、このような本にできるとは思っていなかった。この本の制作に着手して初めて中を見たものも多く、こんな資料もあったのかと驚くことがあった。この五〇年間に何回か大きな発掘があった。水戸飛行学校の資料は地方の古書目録で見つけたもので、一幹部候補生があらゆる資料を残してくれていた。手書きのノートには教官が演壇で話す内容がそのまま筆記されており、極秘事項まで話して書き取らせている。教官が赤エンピツで〝良好〞と評価を書き込んでいるから、教場の空気は真剣なものであったろう。昭和十七、十八年はそういう年だったのかと思う。資料にはほとんど秘密、用済後焼却の印が押されているので、よく持ち帰れたものだと思うが、おそらく情勢が厳しくなる前に部隊勤務が決まり、その際実家に送っておいたのではないか。そのような例は聞いたことがある。

別の例は英国で出たものだが、KOKUHONBU（航空本部）と鉛筆で表書きされた典範等印刷物の一括ものがある。昭和十八年、十九年に刊行された全く未使用の各種教範が数十冊あり、中には同じものも複数ある。連合国軍の英軍将校が終戦直後に航空本部から押収し、記念品として母国に持ち帰ったものと想像している。里帰りさせることができてよかったと思っている。

ヴィッカースE型のカタログは昭和四十七年に神田の古本屋で入手したが、その当時はこれがわが国の航空用固定機関銃の原型であるとは知らなかったので、今回の作業で認識を新たにした。それにしても立派な本で紙質、印刷、製本のレベルが違う。本書には比較参考のため図面を収録しておいた。

わが国の各飛行学校が発行した教科書には印刷、製本等のレベルに大きな差がある。明野飛行学校だけは立派な教科書を製作しているが、他の諸学校では明野の図面をトレースして使ったりしている。紙質が悪いことと相俟って非常に不鮮明である。現場でしっかり実地教育するとしても、もう少し見やすく分りやすい教科書を作れなかったものかと思う。説明書とか取扱法、教程といった種類の本の目的とするところは兵器の故障の原因を見つけ、速やかに修理するための分解結合の方法を細かく説明することにあり、そのために過半の紙面を費やしている。本書には各兵器の故障修理法は触れていないが、軍隊特に航空部隊ではそれが一番重要なことであった。

なお一部の諸元は学校によって違う場合がある。特に発射速度については各学校が自ら試験した成績を記載しているようだから、どれも間違いとはいえない。本書にはそのまま転載しているので整合性に欠ける嫌いがあるが、これも航空学校の多様性の一面と見做したい。

航空武器のまとめに着手するのが遅くなった理由は指針となる資料または先行研究がないからであった。陸戦兵器に関しては兵器沿革史や砲兵沿革史等旧軍の専門家が著した信頼できる基礎資料があるので、研究が迷うことはなかった。航空武器に関してはそういった拠り所がないので、基礎から積上げて行かなければならない。これはやはり航空史には門外漢の筆者ではなく、航空史専門の研究者の仕事だろうとためらうところが大きかった。ところが先年何気なく戦史叢書の「陸軍航空兵器」をめくってみると、随所に航空武器に関する記述があることに気づいた。これはと思い全体を通して読むと、各時代に分散してはいるが、航空武器の発達について一通り解説していることが分った。「陸軍航空兵器」が出たことは知っていたがどうせ航空機の本だろうと勝手に思い込んでいたから、内容を確認していなかったのだ。

昭和四十一年から刊行が始まった戦史叢書には筆者も大きな期待を寄せていたが、当初刊行されたものを見ると兵器に関する技術的な記述はあまりなく、筆者にとっては厚冊の割りにはそれほど資料価値を見出せなかった。そのときの先入観がずっと残ったのかその後も戦史叢書は全く読んでいなかったが、靖国神社に偕行文庫が開設されて閲覧室に戦史叢書がずらりと並べられ、手軽に見ることができるようになり、ある日そのうちの一冊「陸軍航空兵器」を手にとって見るとパッと眼が開く思いがした。長年知りたかったことが書いてあることに気がついたというわけである。

実はこれも二〇年位前のことで、その後も陸軍航空武器のまとめに着手することはなく、陸戦兵器専門にやってきたが、ここにきてそろそろ航空機関銃をやらなければいけないと思うようになった。火砲の研究が一段落し、その他の陸戦兵器についても一通り研究が終わったので、自分の中で航空武器からいつまでも目をそらしておくわけにはいかなくなった。航空武器は機体の一部であるから、航空機の専門家ではない筆者がこの作業をやってもよいのかという疑念は残っていたが、戦後七五年も経つのに未だまとまった研究書が出ていないという現状から、ひとまずやってみることにした。

令和元年秋から作業に取り掛かり、途中新型コロナウイルス流行という国難に遭いながらも自宅に自粛しながら作業を進めた。こうして終わってみると研究不足な部分や資料の欠落により未解明の領域がたくさん残っているが、今後新たな資料が出現すれば書き換えてもらえばよい。特に陸軍技術本部から陸軍航空技術研究所へ移った後の資料が全く見られないというのは不可解と言うしかない。本書ではこの分野に米海軍編纂の THE MACHINE GUN や米軍が作成した各種調査レポートを利用した。

今回も産経新聞出版グループ潮書房光人新社のNF文庫に加えていただくことになり、関心ある読者に陸軍航空武器小史を手にとっていただくことを喜びとするものであります。編集を担当された小野塚氏に深甚の謝意を表します。

二〇二〇年十一月

佐山二郎

NF文庫書き下ろし作品

NF文庫

日本陸軍航空武器

二〇二一年一月二十四日　第一刷発行

著　者　佐山二郎

発行者　皆川豪志

発行所　株式会社　潮書房光人新社

〒100-8077　東京都千代田区大手町一-七-二

電話／〇三-六二八一-九八九一(代)

印刷・製本　凸版印刷株式会社

定価はカバーに表示してあります

乱丁・落丁のものはお取りかえ致します。本文は中性紙を使用

ISBN978-4-7698-3197-6　C0195

http://www.kojinsha.co.jp

NF文庫

刊行のことば

第二次世界大戦の戦火が熄んで五〇年――その間、小社は夥しい数の戦争の記録を渉猟し、発掘し、常に公正なる立場を貫いて書誌とし、大方の絶讃を博して今日に及ぶが、その源は、散華された世代への熱き思い入れであり、同時に、その記録を誌して平和の礎とし、後世に伝えんとするにある。

小社の出版物は、戦記、伝記、文学、エッセイ、写真集、その他、すでに一、〇〇〇点を越え、加えて戦後五〇年になんなんとするを契機として、「光人社NF（ノンフィクション）文庫」を創刊して、読者諸賢の熱烈要望におこたえする次第である。人生のバイブルとして、心弱きときの活性の糧として、散華の世代からの感動の肉声に、あなたもぜひ、耳を傾けて下さい。